ASP.NET与SQL Server 网站开发实用教程

刘小伟　王　萍　编著

電子工業出版社
Publishing House of Electronics Industry
北京 · BEIJING

内容简介

本书通过ASP.NET基础知识、SQL基础知识、网站开发范例和ASP.NET与SQL网站开发实训指导4大环节，全面介绍了ASP.NET和SQL Server的基础知识和面向实际的应用技巧，并循序渐进地安排了一系列行之有效的实训项目。ASP.NET基础部分包括ASP.NET开发基础、C#编程基础、常用内置对象及其应用、ASP.NET的控件和ADO.NET数据库操作等内容；SQL基础部分包括Web数据库基础、SQL的应用、SQL的其他功能和应用等内容。每章都围绕实例进行讲解，步骤详细、重点突出，可以手把手地教会读者进行实际操作。网站开发范例部分列举了两个完整而典型的实例，分别介绍了新闻系统、电子商场的规划和具体设计方法，通过详细的分析和设计过程讲解，引导读者将ASP.NET和SQL与实际应用紧密结合起来，启发读者逐步掌握开发实用动态网站的技能。实训指导部分精心安排了一系列实训项目，这些项目涵盖了ASP.NET和SQL的主要功能和应用的巩固训练。此外，在基础部分的每章最后都安排了一定数量的习题，在应用范例部分的每章最后安排了举一反三强化训练项目，在实训指导部分的每个实训项目最后都安排有思考与上机练习题，读者可以用来巩固所学知识。

本书适合作为各级各类学校和社会短训班的教材，同时也是Web编程和Web数据库的相当实用的自学读物。

图书在版编目（CIP）数据

ASP.NET与SQL Server网站开发实用教程/刘小伟，王萍编著.—北京：电子工业出版社，2006.11
ISBN 7-121-03239-2

Ⅰ. A… Ⅱ. ①刘…②王… Ⅲ. ①主页制作—程序设计—教材②关系数据库—数据库管理系统—教材 Ⅳ. ①TP393.092②TP311.138

中国版本图书馆CIP数据核字（2006）第116055号

责任编辑：李　莹
印　　刷：北京天竺颖华印刷厂
装　　订：三河市金马印装有限公司
出版发行：电子工业出版社
　　　　　北京市海淀区万寿路173信箱　邮编：100036
　　　　　北京市海淀区翠微东里甲2号　邮编：100036
开　　本：787×1092　1/16　印张：25.25　字数：630千字
印　　次：2006年11月第1次印刷
定　　价：37.00元

凡所购买电子工业出版社图书有缺损问题，请向购买书店调换。若书店售缺，请与本社发行部联系，联系电话：（010）68279077。邮购电话：（010）88254888。
质量投诉请发邮件至zlts@phei.com.cn。
服务热线：（010）88258888。

前　言

动态网站是指能动态更新的交互式网站。动态网站的内容更新和维护是通过基于数据库技术的管理系统完成的，它将网站从单纯静态页面制作延伸到对信息资源的组织和管理。动态网站除了要设计网页外，还要通过数据库和编程来使网站具有更多自动的和高级的功能。例如网站中的信息需要实时更新，就应通过数据库编程来制作网站，这样就可以通过后台管理系统方便地管理网站；还有如会员管理系统、新闻发布系统、在线采购系统、商务交流系统等，都是用数据库做成的。动态网站开发设计是当今最流行且极具挑战性的工作之一。

ASP.NET是由Microsoft公司推出的一种建立在公共语言运行库上的编程框架，是Microsoft.NET战略的很重要的组成部分，主要用于在服务器上生成各种Web应用程序。由于Web开发与数据库是密不可分的，要开发动态网，就必须掌握必要的数据库技术。SQL Server是Microsoft公司推出的基于客户/服务器结构的关系数据库管理系统，它功能强大、操作简便，广泛用于数据库系统后台。基于此，将ASP.NET和SQL Server有机结合起来成为一种比较完善的Web开发环境，正在被越来越多的开发者所采纳。

本书遵循初学者的认识规律和学习习惯，结合作者多年的教学和实践经验，以短期内轻松学会ASP.NET和SQL Server的主要功能、掌握ASP.NET和SQL Server开发实用网站的技能、进行必要的模拟岗位实践训练为目标，精心安排了“ASP.NET与SQL基础知识”、“网站开发范例”和“网站开发实训指导”3部分内容，用新颖、务实的内容和形式指导读者快速上手，十分便于教师施教、读者自学。

本书融合了传统教程、实例教程和实训指导书的优点，但又不是简单的三合一，而是根据读者的实际需要和今后可能的应用，使3个环节相辅相成，巧妙结合。既有效地减轻了读者的学习负担，又能让读者高效地学会解决实际问题的方法和技巧。

全书共分为以下4篇：

- 第一篇（ASP.NET应用基础）：安排了5章内容。着重介绍了ASP.NET网站开发的基础知识、C#编程基础、常用内置对象及其应用、ASP.NET的控件和ADO.NET数据库操作初步等内容。这些内容既囊括了ASP.NET的基本知识点，也是学习第三篇和第四篇的前提。
- 第二篇（SQL应用基础）：安排了3章内容。着重介绍了Web数据库的基础知识、SQL的应用、视图的应用、索引的应用和存储过程的应用等内容。这些内容也囊括了SQL Server的基本知识点，同时也是学习第三篇和第四篇的前提。
- 第三篇（网站开发范例）：共安排了2章内容。着重通过一个完整的新闻系统设计范例和一个电子商场设计范例来介绍综合使用ASP.NET和SQL完成实用网站开发的具体过程。

这两个范例既融入了ASP.NET和SQL的主要知识点，又体现了当今主流的Web系统开发与应用。

• 第四篇（ASP.NET与SQL网站开发实训指导）：共安排了2章内容。着重通过4个基础实训项目和1个综合实训项目来进行“任务驱动”和“模拟实战训练”。各个实训项目都有很强的针对性、实用性和可操作性，并能引导读者在熟悉ASP.NET和SQL主要功能的基础上深刻理解它们在网站开发中的具体应用。

本书由刘小伟、王萍编著。此外，张源远、俞慎泉、胡乃清、彭钢、余强、郭军、刘飞、陈德荣、廖皓等也参加了本书的实例制作、校对、排版等工作，在此表示感谢。由于编写时间仓促，编者水平有限，书中疏漏和不妥之处在所难免，欢迎广大读者和同行批评指正。

为方便读者阅读，本书配套资料请登录“华信教育资源网”(http://www.hxedu.com.cn)，在“教学资源”频道的“综合资源下载”栏目下载。

目 录

第一篇 ASP.NET应用基础

第二篇 SQL应用基础

第三篇 网站开发范例

第一篇　ASP.NET应用基础

ASP.NET是由微软公司推出的一种建立在公共语言运行库上的编程框架，是Microsoft.NET战略的很重要的组成部分，主要用于在服务器上生成各种Web应用程序。ASP.NET提供了许多比其他Web开发模式更强大的优势，具有执行效率高、工具支持强大、适应性强、简单易学、可靠性高、可扩展性强、安全性高等特点，是目前最流行、最有效的Web开发工具。为了使读者快速掌握ASP.NET的基本概念、功能和应用，本篇将结合实例系统介绍以下知识要点：

◊ ASP.NET的基础知识
◊ ASP.NET开发环境的创建
◊ C#编程基础
◊ ASP.NET的内置对象
◊ ASP.NET的主要控件
◊ ADO.NET数据库操作

第1章　ASP.NET开发基础

ASP.NET是Microsoft.NET的重要组成部分。作为战略产品，它不仅仅是Active Server Page（ASP）的升级版，它还提供了一个统一的Web开发模型，是开发人员生成企业级Web应用程序所需的各种服务的有效平台。本章将介绍ASP.NET的相关基础知识，重点介绍以下内容：

- Microsoft.NET的基本概念
- ASP.NET的基本特性
- 开发环境的创建和使用
- ASP.NET网站开发的一般方法

1.1　Microsoft.NET简介

微软公司推出的Microsoft.NET平台是一个面向XML Web服务的平台。由于ASP.NET是.NET的一部分，本节先对Microsoft.NET作一个简单介绍。

提示： XML（可扩展的标记语言）是一套定义语义标记的规则，这些标记将文档分成许多部件并对这些部件加以标识。它也是元标记语言，即定义了用于定义其他与特定领域有关的语义化、结构化的标记语言的句法语言。

1.1.1　.NET平台的基本思想

为顺应“网络经济”的潮流，Microsoft公司提出了一种旨在帮助人们能在任何时候、任何地方、利用任何工具都可以获得网络上的信息，充分享受网络资源与服务的战略，即.NET战略。

Microsoft.NET平台的基本思想是：将重点从连接到互连网络的单一网站或设备上，转移到计算机、设备和服务群组上，使其通力合作，提供更广泛更丰富的解决方案。用户将能够控制信息的传送方式、时间和内容。计算机、设备和服务将能够相辅相成，从而提供丰富的服务。企业可以提供一种方式，允许用户将它们的产品和服务无缝地嵌入自己的电子构架中。

1.1.2　.NET的目标

.NET是一个全面的产品家族，它建立在行业标准和Internet标准之上，提供开发、管理、使用以及XML Web服务体验，扩展了通过任何设备随时随地操作数据和进行通信的能力，形成一个统一的开发环境。其具体目标主要是：

- 为Internet网络和分布式应用程序的开发提供一个新的开发平台。
- 简化应用程序开发和部署。
- 为构建Web Service提供一个标准平台。

• 改善系统和应用程序之间的交互性和集成性。

• 使应用程序对任何设备都能够进行访问。

1.1.3 .NET开发平台的主要内容

.NET开发平台是一组用于建立Web服务器应用程序和Windows桌面应用程序的软件组件，用该平台创建的应用程序在Common Language Runtime（CLR）（通用语言运行环境）（底层）的控制下运行。

.NET开发平台使得开发者创建运行在Internet Information Server（IIS）（因特网信息服务器）Web服务器上的Web应用程序更为容易，它也使创建稳定、可靠而又安全的Windows桌面应用程序更为容易。.NET开发平台包括以下内容。

• .NET Framework（架构）：包括：Common Language Runtime（CLR）（通用语言运行环境），这是用于运行和加载应用程序的软件组件，是新的类库，分级组织了开发者可以在他们的应用程序中用来显示图形用户界面、访问数据库和文件以及在Web上通信的代码集。

• .NET开发者工具：开发者工具主要有Visual Studio.NET Integrated Development Environment（IDE）（Visual Studio.NET集成开发环境），用来开发和测试应用程序；.NET编程语言（例如Visual Basic.NET和新的Visual C#），用来创建运行在CLR下并且使用类库的应用程序。

• ASP.NET：这是一个取代以前的Active Server Pages（ASP）的特殊类库，用来创建动态的Web内容和Web服务器应用程序，这些都将采用诸如HTML、XML和Simple Object Access Protocol（SOAP）（简单对象访问协议）等Internet协议和数据格式。

1.1.4 .NET的技术优势

与其他Web服务平台相比，Microsoft.NET平台主要具有以下突出的技术优势。

• 良好的数据支持：Microsoft.NET提供的ADO.NET是一个新的数据访问模型。由于ADO.NET数据组的自动化和可视化生成，编程变得很容易。可以任意从Oracle、SQL Server、DB2或其他数据源中拖入一个表格到ADO.NET设计平台上进行处理。

• 采用基于Web的界面：ASP.NET提出了一个可轻松直观创建模块网页的新标准。利用ASP.NET事件模型及其“代码隐藏”，建立交互网页就如同在Visual Basic中建立Windows表单应用程序一样容易。另外，ASP.NET的跟踪、定型、调试也很简单，可以非常容易地得到所需的跟踪数据。

• 在.NET上创建Web服务方便、快捷、可靠：Microsoft完全兼容Web服务协议标准，Microsoft的工具和应用程序可以通过Web服务与其他系统相互连接。比如，一个Word文档可从Web服务中重新获取数据，Exchange应用程序可通过Web服务发布数据，SQL Server程序也可被自动显露为Web服务。

• 处理XML简便：使用Microsoft平台中的XML性能，可以使代码简练、易读性强，且运用XML访问数据库也很容易进行。

• 良好的客户端支持：.NET提供了大量的客户端支持，如智能的“非触摸”部署，滴流下载，确保应用程序完整性的版本控制，以及灵敏的库缓存等。

总之，.NET的基础性、实用性、精准性，明显优于其他Web服务平台，它改变了应用程序服务器软件平台的经济性。使用.NET平台和Visual Studio.NET，公司可以创建和部署它们所需要的速度更快的应用程序。

1.2 ASP.NET的特性

ASP.NET也称为ASP+，它是由ASP（Active Server Pages，即活动服务器页面）发展而来的。但ASP.NET并不是ASP的简单升级，而是Microsoft推出的新一代Active Server Pages脚本语言。ASP.NET作为.NET的一部分，其全新的技术架构为网络应用程序的创建带来极大的方便。

1.2.1 ASP.NET的开发语言

ASP.NET的开发语言包括Visual Basic.NET、Visual C#、JScript.NET和Visual J#.NET等，其中最常用的是Visual Basic.NET和Visual C#。

1. Visual Basic.NET

Visual Basic.NET与Visual Basic（VB）的语法相似，VB的开发者能十分容易地过渡到.NET。但Visual Basic.NET使用CLR和类库取代了类似的VB组件和插件，并提供了不少全新的功能，如对多线程和结构化异常处理的支持等。

2. Visual C#

Visual C#是一种用于编写可控制代码的语言。这是一种简练、新型的面向对象和类型可靠的编程语言。C#（读为C sharp）是从C/C++发展而来的，与C/C++同属一个语系。C/C++开发者能十分容易地过渡到.NET。本书主要以该语言为蓝本来介绍ASP.NET的实际应用。

3. JScript.NET

JScript.NET是JavaScript（或ECMA Script）脚本描述语言的更新版，是应用广泛的现代脚本语言。作为一种真正面向对象的语言，JScript.NET仍保留其“脚本”特色，它保持与JScript以前版本的完全向后兼容性，同时包含了强大的新功能并提供了对公共语言运行库和.NET Framework的访问。

4. Visual J#.NET

Visual J#.NET也是一种新型的语言，Visual J++ Java的开发者能十分容易地过渡到.NET。Visual J# .NET是Visual Studio的一个外接式附件，它使程序员能够使用Java语法写应用程序，但最终的应用程序使用.NET Framework类库和CLR。

1.2.2 ASP.NET的基本特点

ASP.NET是.NET开发平台关键的一部分，是创建动态Web内容和复杂Web应用程序的利器。下面主要从体系结构、编程模型、状态管理等方面简要介绍ASP.NET的基本特点。

1. 体系结构

在体系结构方面，ASP.NET可以相当灵活地创建能够在Internet Information Server（IIS）和.NET开发平台上运行的Web应用程序。ASP.NET通过Internet Server Application

Programming Interfaces（ISAPI）与IIS通信。ASP.NET拥有一个高速缓存，可以通过提供其中经常使用的页面来提高性能。此外，ASP.NET还包括一个跟踪用户会话的状态管理服务。

提示： 事实上，ASP和ASP.NET可以共存于同样的IIS服务器上：IIS将对于ASP页面的请求（带有.asp扩展名）指向ASP，将对于ASP.NET页面的请求（带有.aspx或.asmx扩展名）指向ASP.NET。

2. 编程模型

ASP.NET采用事件—驱动编程模式，允许开发者创建出一旦特定事件发生就能执行的代码，比如，在加载、卸载或单击页面上的控件时执行的一段特定代码。ASP使用线性代码处理模型，每条ASP代码线都掺杂了静态HTML，并且按照在ASP文件中出现的顺序加以处理。

3. 状态管理

ASP.NET为Web应用程序管理提供了方便，状态管理可跟踪每个会话数据，即用户在与Web站点发生交互时生成的数据。例如，用户购物车内当前的产品信息，或者用户目前是否登录到了该站点上。

4. 代码隐藏

ASP.NET使事件处理代码“隐藏”在表示代码之后，ASP.NET　Web表单将用户接口（UI）编程分为商务逻辑和内容表示两部分。

与由Web表单页面生成的事件发生交互的逻辑或程序代码被称做“代码隐藏”页面。扩展名.aspx.vb或者.aspx.cs表明页面是否包含Visual Basic.NET或C#代码。这些代码隐藏页面被编译成Dynamic Link Libraries（DLLS）（动态链接库），这项技术得益于ASP.NET性能的提高。

5. 其他特点

除以上几点外，ASP.NET还具有以下特点。

· 性能优越：ASP.NET性能大大优于ASP，这主要是因为以CLR为目标的代码是编译执行的，而用于ASP的脚本语言则是解释执行的。当代码第一次使用时，由于要被编译，起始页面加载可能会慢些，但在随后的页面请求中，该页面将从动态输出缓存中的已编译过的代码中读出。当识别到缓存页面的控件事件或查询字符串中的变化时，ASP.NET还能够专门缓存。甚至ASP.NET测试版也比ASP要快。

· 增加的语言支持：ASP.NET允许开发者使用CLR支持的任何语言，包括VB.NET和C#。ASP仅仅支持VBScript与JScript这样的解释型脚本描述语言。

· 改进的调试支持：基于ASP.NET的Web应用程序的开发者既可以使用包含在.NET Framework SDK中的调试器，也可使用集成在Visual Studio中的调试器。除了允许开发者逐步检查代码、设置断点外，ASP.NET还支持跟踪，它允许开发者跟踪一个应用程序的执行，然后观察跟踪结果。要排除ASP页面的故障，开发者不得不散布带有自定义的Response.Write声明的代码来显示应用程序中特定点的变量值。调试完后，必须将这些代码行清除或者注释掉，以便应用程序作为产品运行时，不会输出调试信息。可以轻松地设置跟踪开或关，并且同单独的Web页面或者大范围的Web应用程序一起工作。

1.3 建立和使用开发环境

要使用ASP.NET进行Web程序的开发和运行，首先要建立一个特定的开发环境，即.NET开发平台。该平台由以下3个部分组成：

- 用于加载和运行应用程序的新的软件基础结构——.NET Framework及ASP.NET；
- Visual Studio.NET开发环境；
- 支持上述结构的编程语言。

本节主要介绍.NET开发平台的安装和配置方法。

1.3.1 IIS的安装和配置

下面以在Windows 2003下安装和配置IIS 6为例来说明。

（1）选择【开始】|【控制面板】命令，在出现的“控制面板”窗口中双击【添加或删除程序】图标，出现如图1-1所示的“添加或删除程序”对话框。

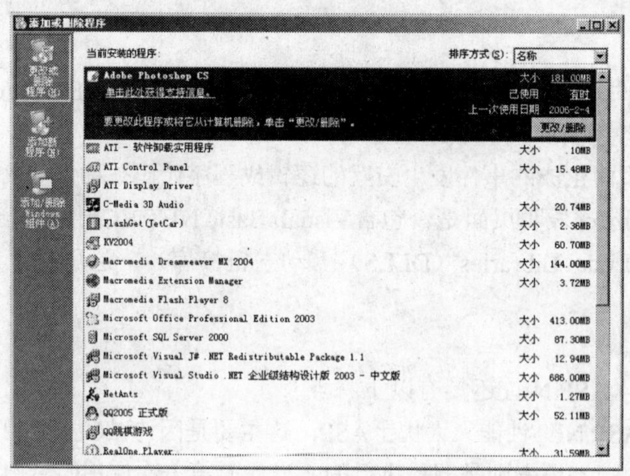

图1-1 “添加或删除程序”对话框

（2）单击对话框左侧的【添加/删除Windows组件】图标，出现如图1-2所示的“Windows组件向导”对话框。

（3）选取“组件”栏中的“应用程序服务器”选项，再单击【详细信息】按钮，出现如图1-3所示的“应用程序服务器”设置对话框。

（4）在“应用程序服务器”设置对话框中，选中ASP.NET、“Internet信息服务（IIS）”和“启用网络COM+访问”3个选项。

（5）“Internet信息服务（IIS）”需要进行进一步的详细设置，选中“Internet信息服务（IIS）”，单击【详细信息】按钮，进入如图1-4所示的“Internet信息服务（IIS）”设置对话框。

（6）在“Internet信息服务（IIS）”设置对话框中，选中FrontPage 2002 Server Extensions、“Internet信息服务管理器”、“公用文件”和“万维网服务”等选项，单击【确定】按钮，返回“应用程序服务器”设置对话框。

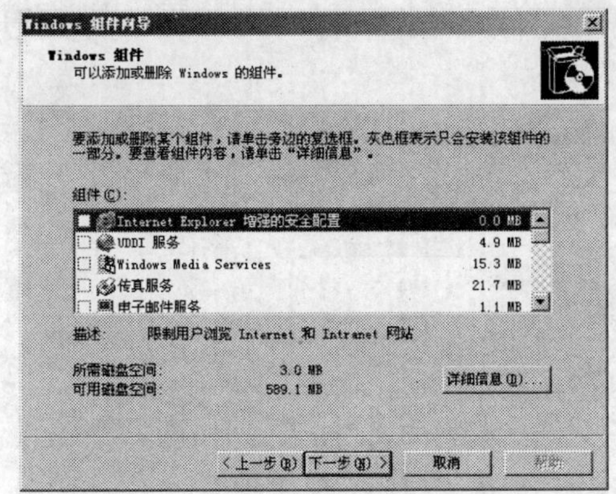

图1-2 “Windows组件向导”对话框

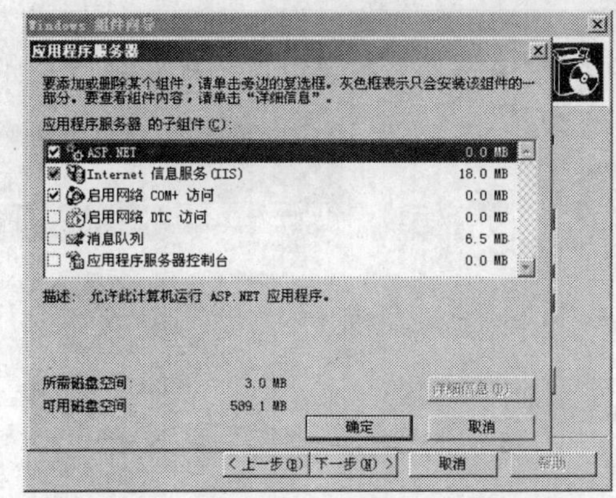

图1-3 “应用程序服务器”设置对话框

（7）单击【确定】按钮，返回“Windows组件向导”设置对话框。单击【下一步】按钮，即可开始安装，如图1-5所示。

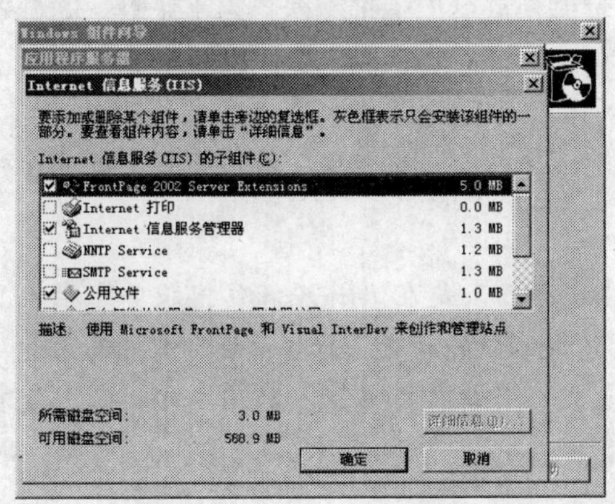

图1-4 “Internet信息服务（IIS）”设置对话框

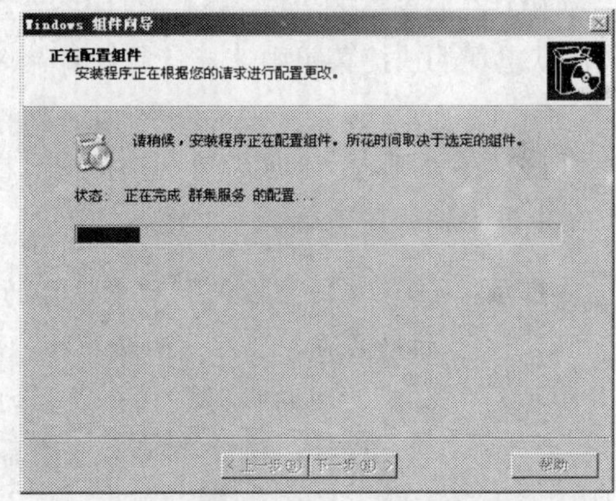

图1-5 “Windows组件向导”设置对话框

（8）安装完成后，选择【开始】|【管理工具】|【Internet信息服务（IIS）管理器】命令，便会出现“Internet信息服务（IIS）管理器”窗口，如图1-6所示。

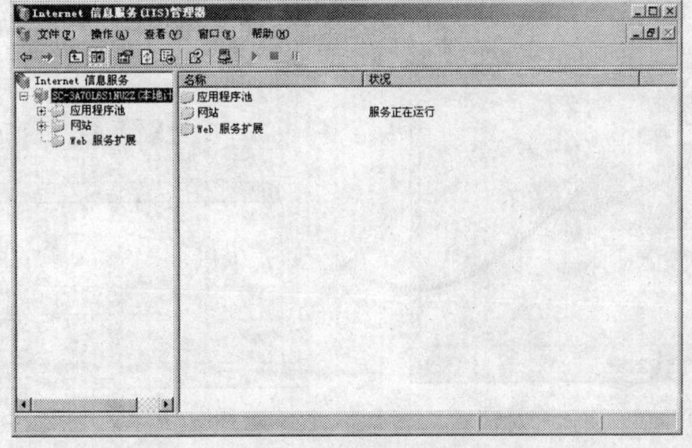

图1-6 Internet信息服务（IIS）管理器

（9）在左窗格的“Internet信息服务”栏中选择“Web服务扩展”选项，再在右窗格中将常用的Web服务扩展设置为“允许”，如图1-7所示。

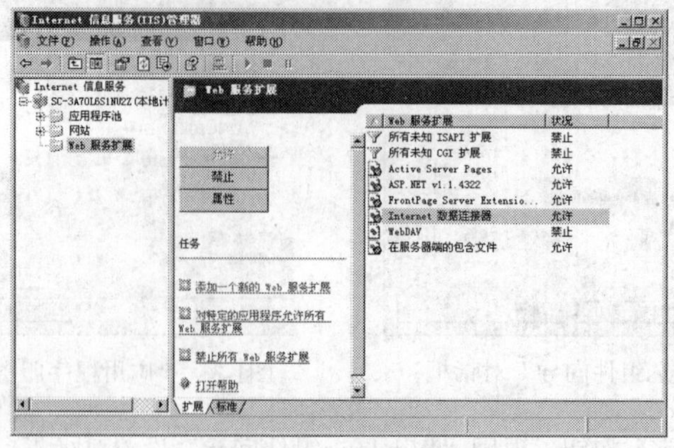

图1-7　Web服务扩展

（10）在左窗格的“Internet信息服务”栏中展开“网站”选项，然后右击“默认网站”选项，从出现的快捷菜单中选择【属性】命令，出现如图1-8所示的“默认网站 属性”对话框。

（11）在“网站”选项卡“网站标识”栏的“描述”文本框中输入网站名称，在“IP地址”文本框中输入IP地址。

提示： ①在“网站标识”栏中设置的网站名称，只是在“Internet信息服务”栏中显示的名称，当有多个站点时，用于区分不同的站点。此外，没有其他的用途。

②在“网站标识”栏中设置的IP地址必须与服务器本身的固定IP相同。没有固定IP时，仅作为测试服务器，最常用的设置为127.0.0.1。

（12）如果是作为运行的服务器，还需要将域名绑定到网站的属性。单击【高级】按钮，出现“高级网站标识”对话框，如图1-9所示。

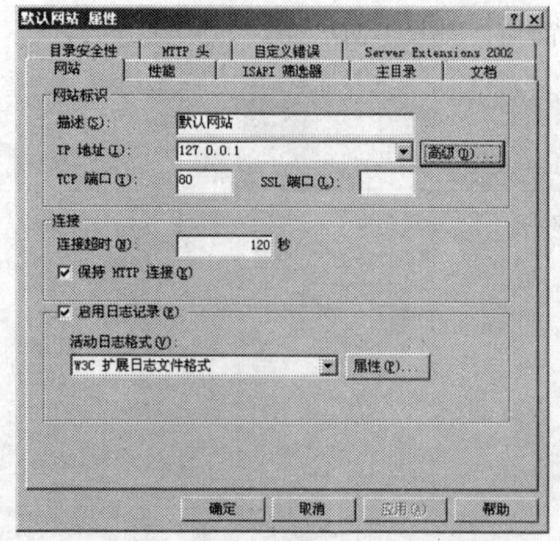

图1-8　“默认网站 属性”对话框

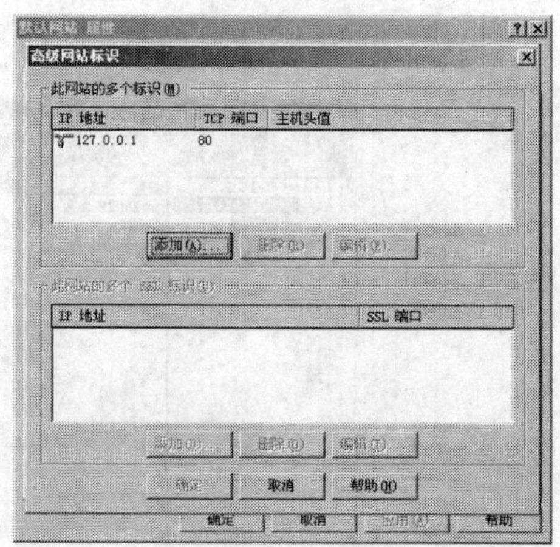

图1-9　“高级网站标识”对话框

（13）单击【添加】按钮，出现“添加/编辑网站标识”对话框。在这里IP地址不是特别重要，可以设置，也可以选择“全部未分配”，“TCP端口”一般为80，“主机头值”文本框中填写不带http://的域名，可是二级域名，如图1-10所示。如果只是用做测试，可以不绑定任何域名，通过IP地址进行测试。

（14）单击“主目录”标签，进入“主目录”选项卡，如图1-11所示。在这里可以设置网站存放的本地路径。

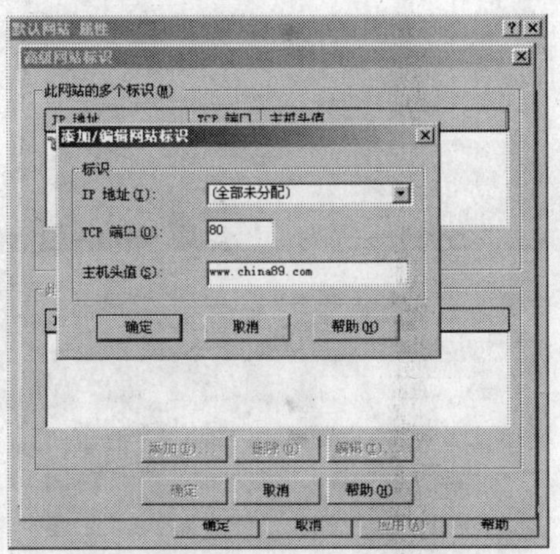

图1-10　“添加/编辑网站标识”对话框

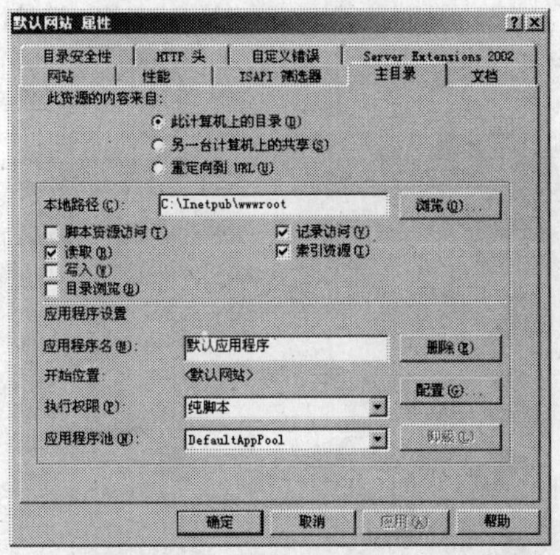

图1-11　“主目录”选项卡

（15）由于IIS 6.0默认不支持父目录，但有很多程序都使用了父目录，所以在需要时，可以开启。单击“主目录”选项卡中的【配置】按钮，出现“应用程序配置”对话框。单击“选项”标签，然后选中“启用父路径”复选框，如图1-12所示。最后单击【确定】按钮返回即可。

（16）单击“文档”标签，进入“文档”选项卡。在这里可以设置网站默认主页的名称以及顺序，如图1-13所示。

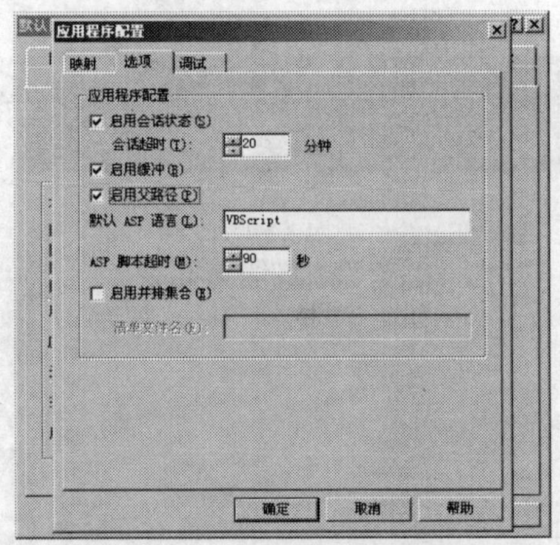

图1-12　“应用程序配置”对话框

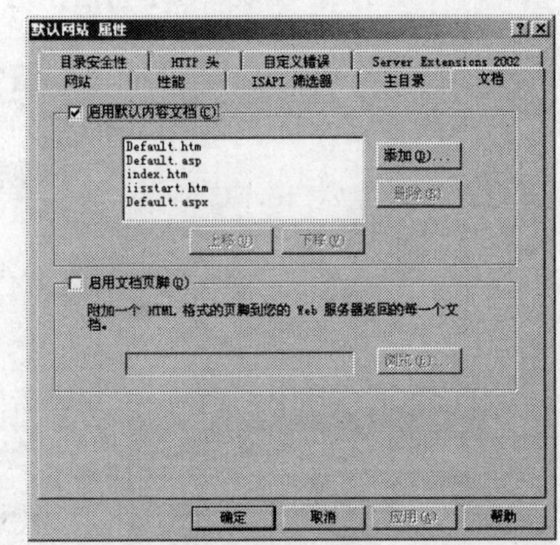

图1-13　“文档”选项卡

1.3.2 Visual Studio.NET 2003的安装

Visual Studio.NET 2003是Microsoft的第二代开发工具，能用于构建和部署功能强大而安全的连接Microsoft.NET的软件。接下来，介绍Visual Studio.NET 2003的安装方法。

（1）将“VS.NET（上）A”光盘放入光驱，将自动弹出Visual Studio.NET安装程序界面，如图1-14所示。

（2）单击1图标或“Visual Studio.NET系统必备”文字链接，将出现如图1-15所示的“插入光盘”对话框，提示插入系统必备光盘。

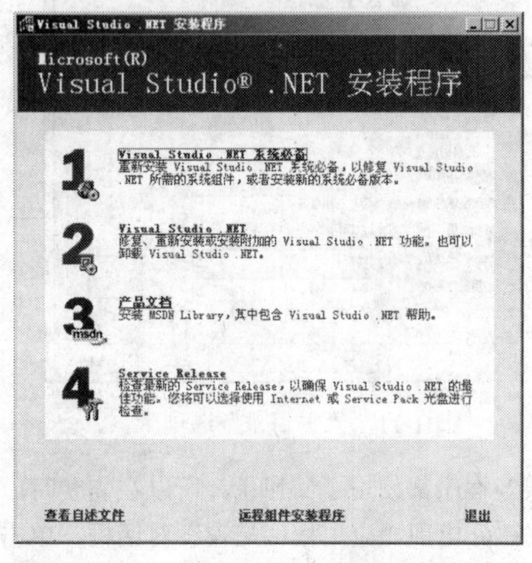

图1-14 Visual Studio.NET安装程序界面

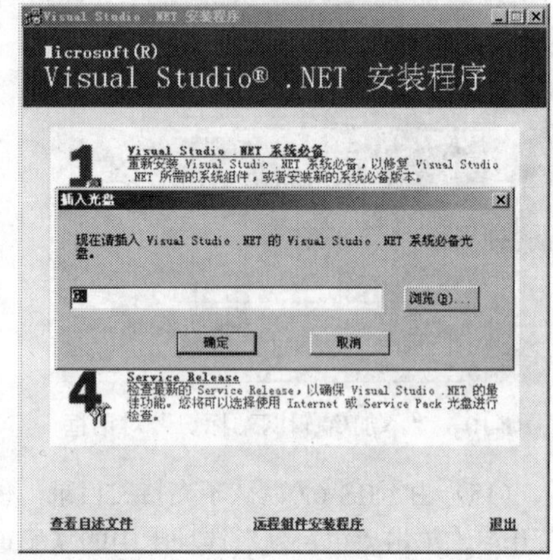

图1-15 提示插入系统必备光盘

（3）将“VS.NET（上）A”光盘从光驱中取出，插入“系统必备”光盘。然后单击【确定】按钮，出现如图1-16所示的提示框。

（4）约1分种后，出现如图1-17所示的提示框。

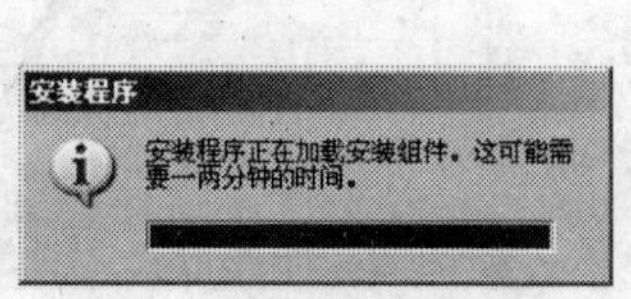

图1-16 安装程序提示框

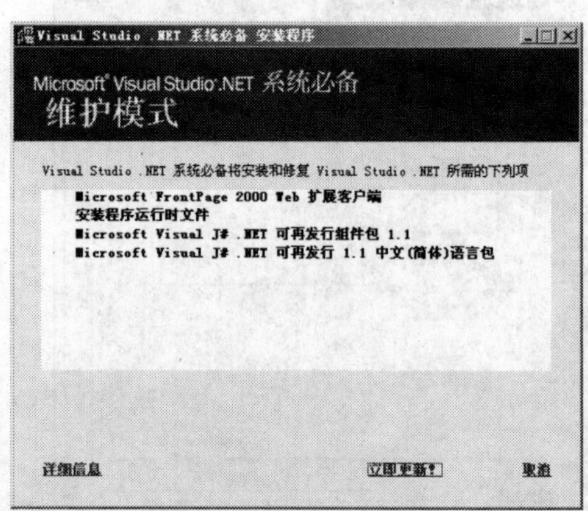

图1-17 安装系统必备

（5）单击【立即更新】按钮即可开始安装，如图1-18所示。安装过程是全自动的，安装完成后会出现如图1-19所示的提示。

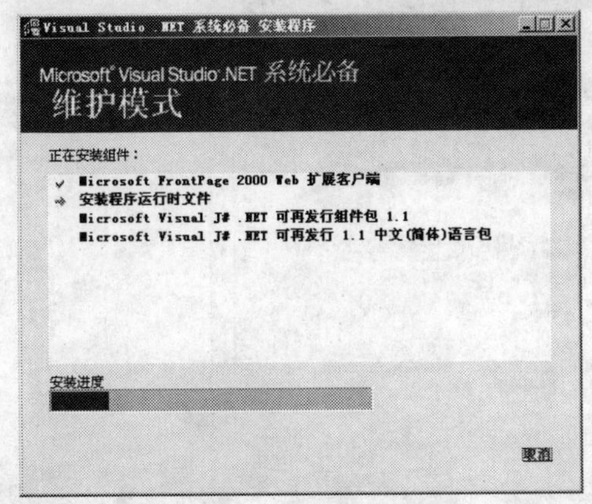

图1-18　正在安装系统必备

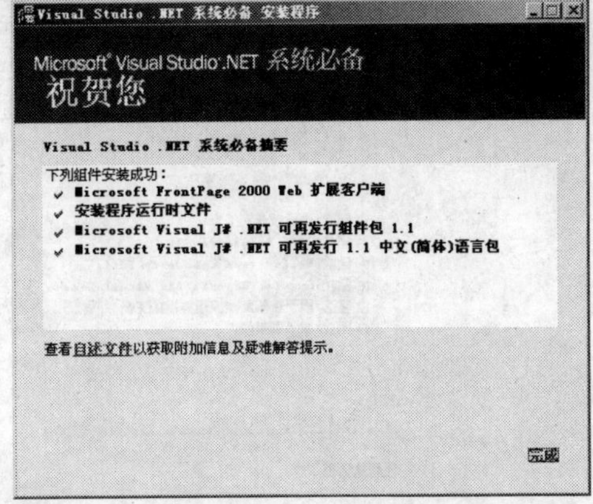

图1-19　安装完成

（6）单击【完成】按钮，返回Visual Studio.NET安装程序界面。

（7）单击图标或“Visual Studio.NET”文字链接，提示插入Visual Studio.NET光盘1，在光驱中插入Visual Studio.NET光盘1，然后单击【确定】按钮，程序开始复制必要的临时文件并加载必要程序，完成后将出现如图1-20所示的安装程序起始页。

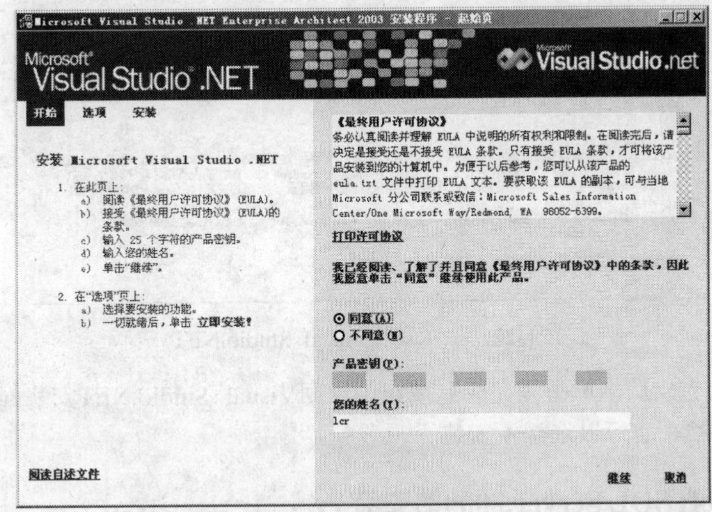

图1-20　安装程序起始页

（8）选择“同意”单选项，在“产品密钥”文本框中输入一串由25个字符组成的产品密钥，然后单击【继续】按钮，出现如图1-21所示的安装程序选项页。

（9）在“选择要安装的项”栏中选择安装选项，然后在“功能属性”的“本地路径”栏设置安装路径，最后单击【立即安装！】按钮，Visual Studio.NET安装程序开始安装，如图1-22所示。

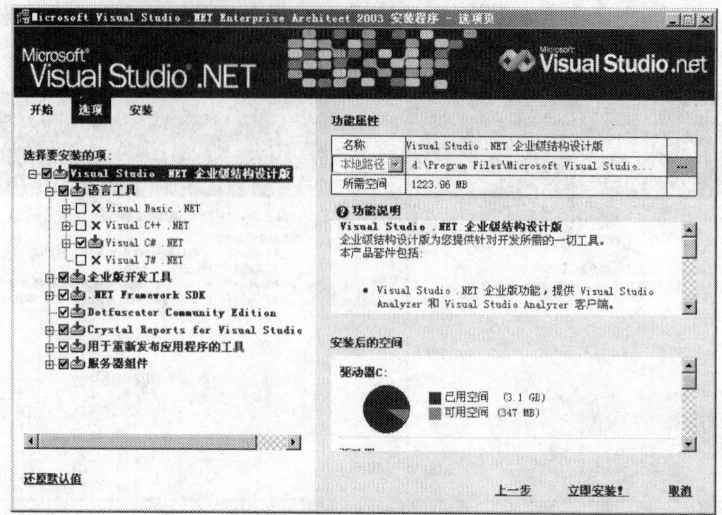

图1-21　安装程序选项页

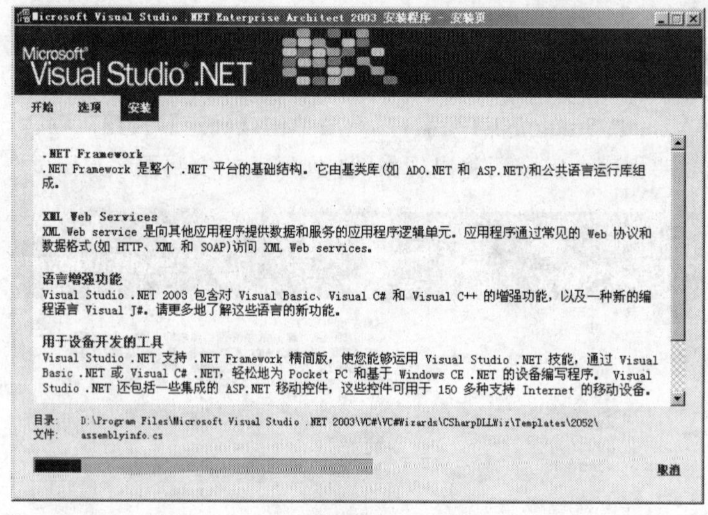

图1-22　正在安装Visual Studio.NET

（10）安装完成后，单击【完成】按钮，返回Visual Studio.NET安装程序界面，可以接着安装产品文档，也可以选择不安装。

1.3.3　Microsoft SQL Server 2000的安装

Microsoft SQL Server 2000是优秀的开发数据库解决方案，需要安装上该数据库服务器程序，才能创建出完整的Web系统。具体安装过程如下：

（1）将Microsoft SQL Server 2000光盘放入光驱，出现Microsoft SQL Server 2000安装向导界面，如图1-23所示。

（2）单击“安装SQL Server 2000”文字链接，出现如图1-24所示的安装组件选择界面。

（3）再单击“安装数据库服务器”文字链接，出现如图1-25所示的安装欢迎界面。

图1-23　Microsoft SQL Server 2000 安装向导界面

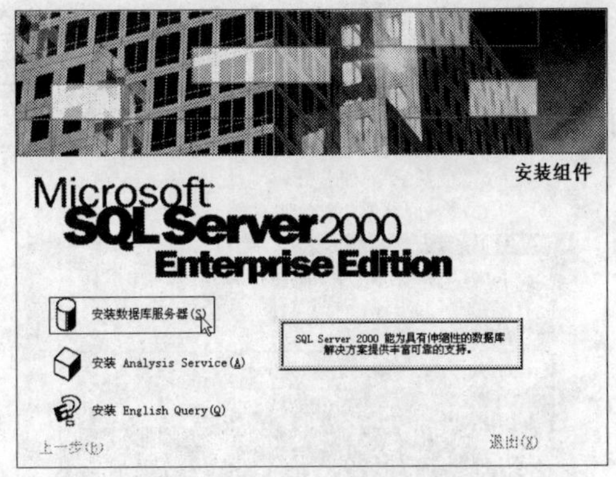

图1-24　安装组件选择界面

（4）单击【下一步】按钮，出现计算机名选择界面，选择“本地计算机”单选项，如图1-26所示。

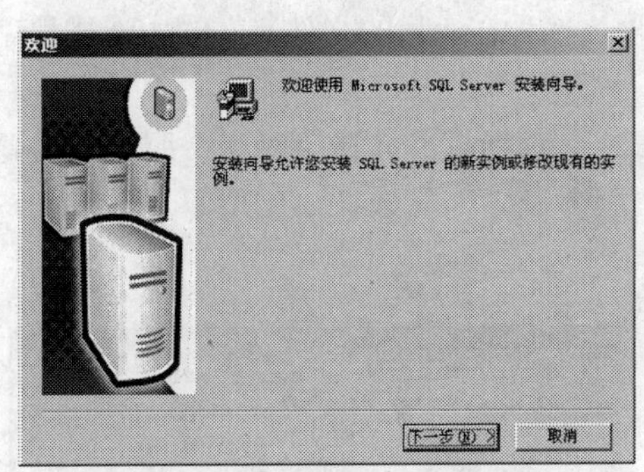

图1-25　安装欢迎界面

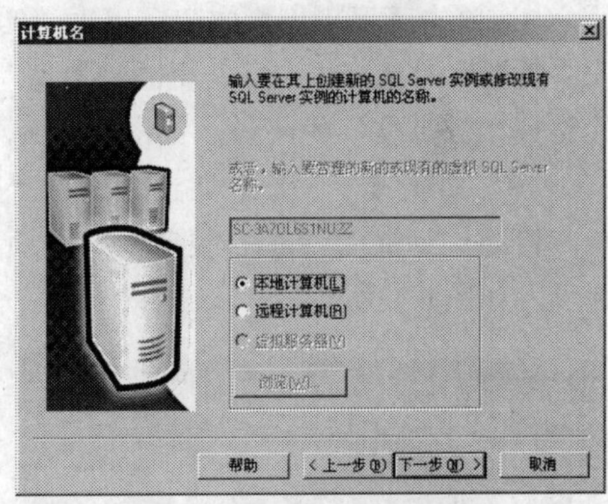

图1-26　选择计算机名

（5）单击【下一步】按钮，出现“安装选择”对话框，选择“创建新的SQL Server实例，或安装客户端工具”单选项，如图1-27所示。

（6）单击【下一步】按钮，出现“用户信息”对话框，在“姓名”文本框中输入姓名，在“公司”文本框中输入公司名称，如图1-28所示。

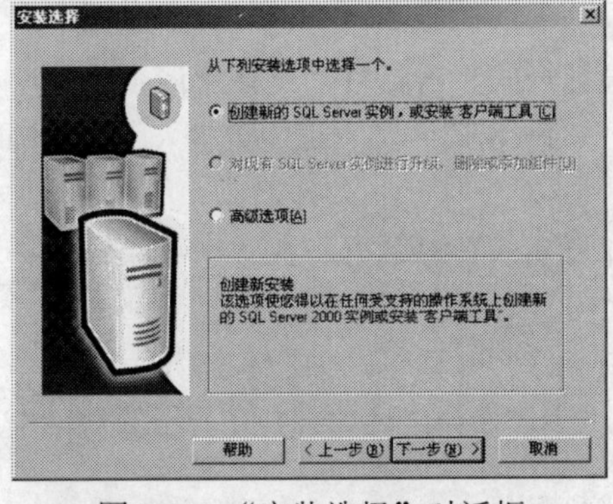

图1-27　“安装选择”对话框

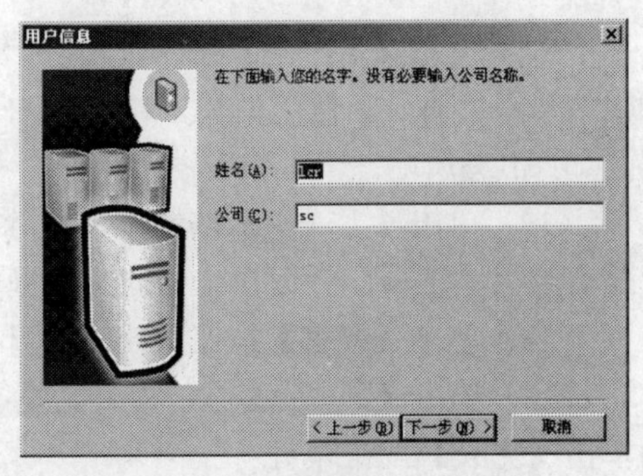

图1-28　“用户信息”对话框

（7）单击【下一步】按钮，出现“软件许可证协议”对话框，如图1-29所示。

（8）单击【是】按钮，出现“安装定义”对话框，选择“服务器和客户端工具”单选项，如图1-30所示。

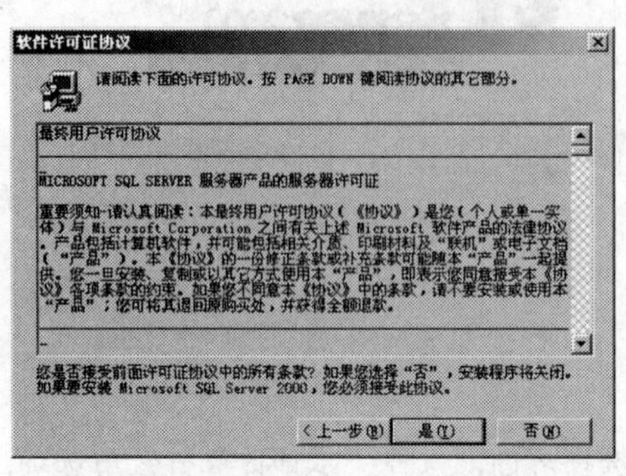

图1-29　“软件许可证协议”对话框

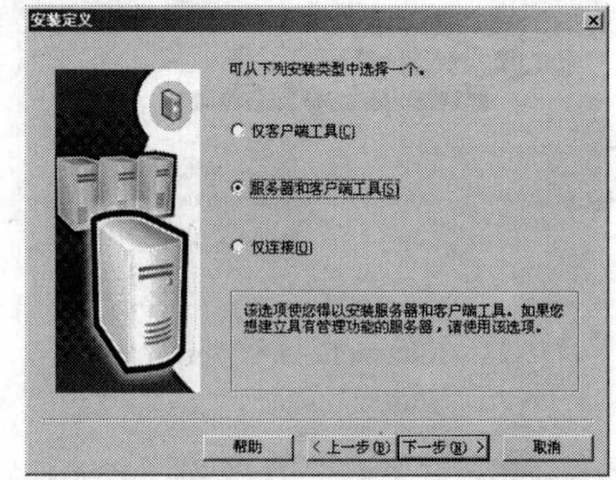

图1-30　“安装定义”对话框

（9）单击【下一步】按钮，出现“实例名”对话框，直接单击【下一步】按钮，出现“安装类型”对话框。选择其中的“典型”单选项，然后在“目的文件夹”栏中选择程序文件的路径和数据文件的路径，如图1-31所示。

（10）单击【下一步】按钮，出现“服务账户”对话框，选择“对每个服务使用同一账户，自动启动SQL Server服务”单选项，在“服务设置”栏选择“使用本地系统账户”单选项，如图1-32所示。

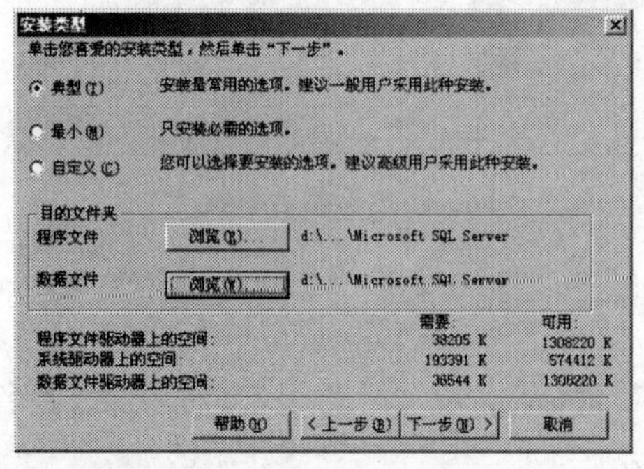

图1-31　“安装类型”对话框

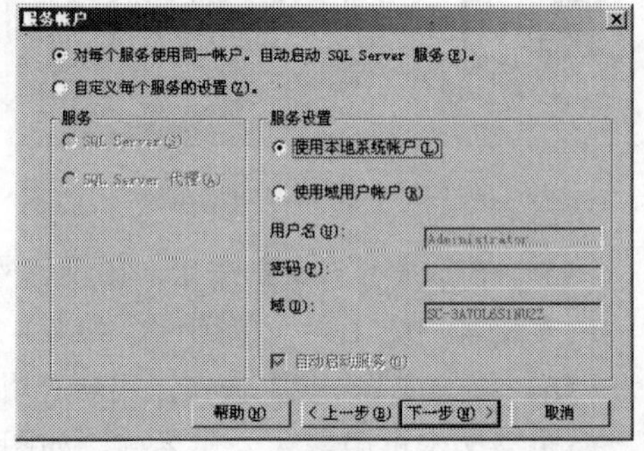

图1-32　“服务账户”对话框

（11）单击【下一步】按钮，出现“身份验证模式”对话框，选择“混合模式”单选项，然后在“输入密码”文本框中输入密码，在“确认密码”文本框中再输入一次相同的密码，如图1-33所示。

（12）单击【下一步】按钮，出现“选择许可模式”对话框，在“许可模式”栏选择“每客户”单选项，然后在其后的文本框中输入10，如图1-34所示。

（13）单击【继续】按钮，出现“开始复制文件”对话框，如图1-35所示。

（14）单击【下一步】按钮，开始复制文件，完成后会出现如图1-36所示的对话框。最后单击【完成】按钮即可。

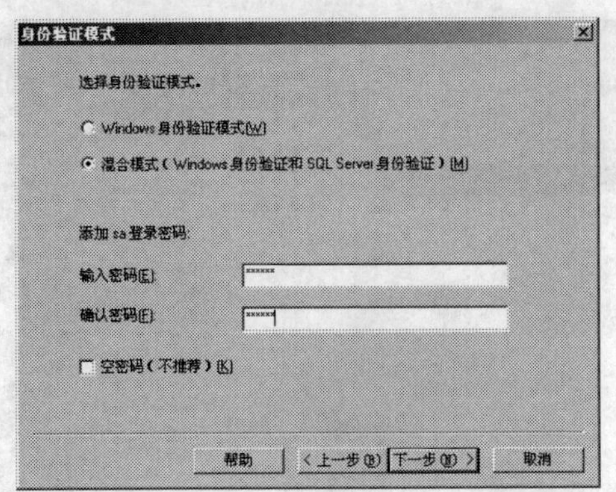

图1-33　“身份验证模式”对话框

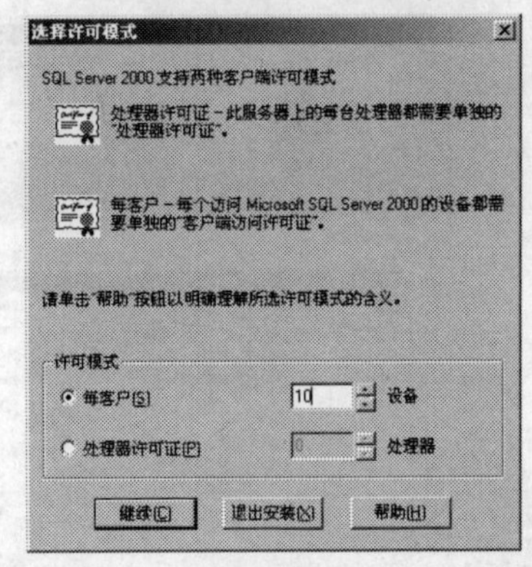

图1-34　“选择许可模式”对话框

图1-35　“开始复制文件”对话框

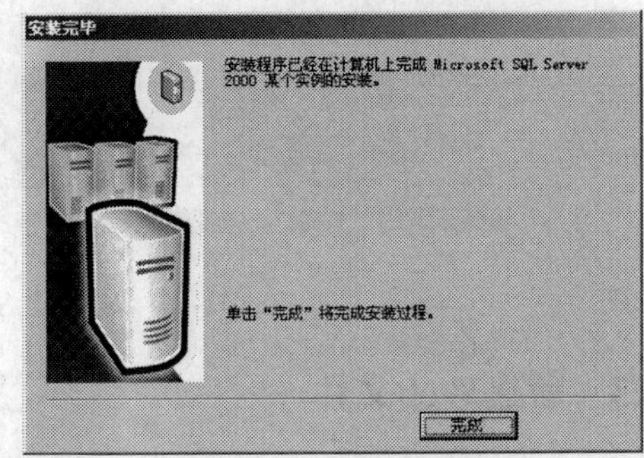

图1-36　“安装完毕”对话框

1.4　ASP.NET网站开发体验

ASP.NET网站开发是在Visual Studio.NET环境下实施的，本节先初步体验Visual Studio.NET的基本操作。

1.4.1　启动Visual Studio.NET

安装上Visual Studio.NET 2003后，启动Visual Studio.NET，方法如下。

选择【开始】|【所有程序】|【Microsoft Visual Studio.NET 2003】|【Microsoft Visual Studio.NET 2003】命令，即可启动Visual Studio.NET 2003，启动后将出现如图1-37所示的界面。

1.4.2　新建Web项目

Visual Studio.NET 2003一般是按项目来管理程序的，在开发Web程序前，先应新建相应的项目。新建项目的方法如下。

选择【文件】|【新建】|【项目】命令，出现如图1-38所示的“新建项目”对话框。在“项目类型”栏中选择“Visual C#项目”，然后在“模板”栏中选择“空Web项目”图标，再单击【确定】按钮即可创建一个新的空白Web项目。

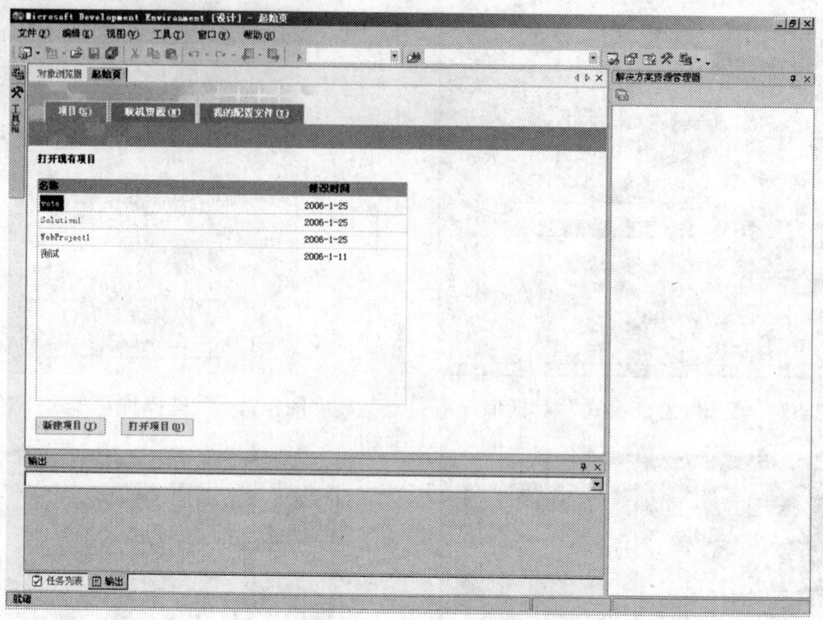

图1-37　Visual Studio.NET 2003的界面

1.4.3　新建Web文件

Visual Studio.NET 2003常见的Web文件有“Web窗体”、“Web用户控件”、“HTML页”和“Web类”等。一般情况下，要新建Web文件，应先创建Web项目。具体操作方法是：在“解决方案资源管理器”中，右击项目名称，选择【添加】|【添加Web窗体】命令（如图1-39所示），出现如图1-40所示的“添加新项”对话框，在“名称”文本框中输入文件名，然后单击【打开】按钮。

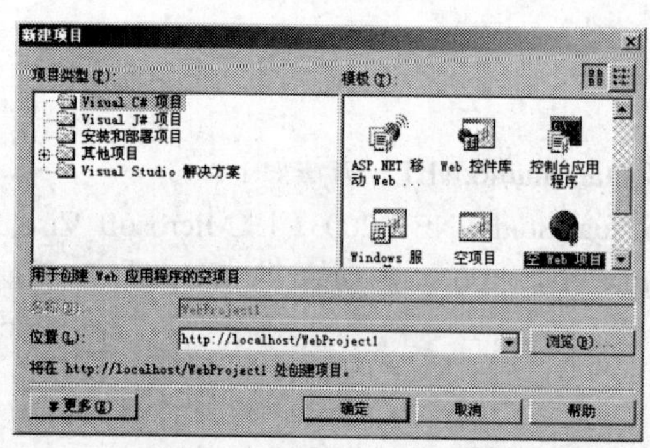

图1-38　“新建项目”对话框

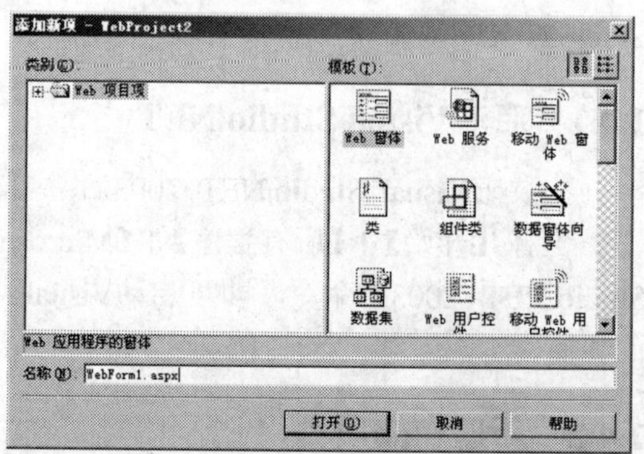

图1-39　选择添加“Web窗体”

1.4.4　使用Visual Studio.NET 2003的面板

Visual Studio.NET 2003主要的面板有“工具箱”、“解决方案资源管理器”、“属性”和“服务器资源管理器”。而这些面板通常都是隐藏着的，但可以看到面板的标题，它们分别位于Visual Studio.NET 2003窗口的两侧，当鼠标指向它们时便会展开，移开时便会自动隐藏。要让面板一直处于展开状态，可以单击面板标题上的【自动隐藏】按钮，再单击一次又可切换回自动隐藏状态，如图1-41所示。

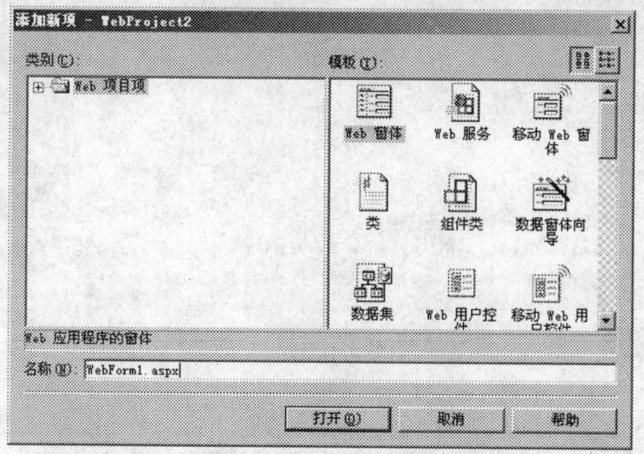

图1-40　“添加新项”对话框

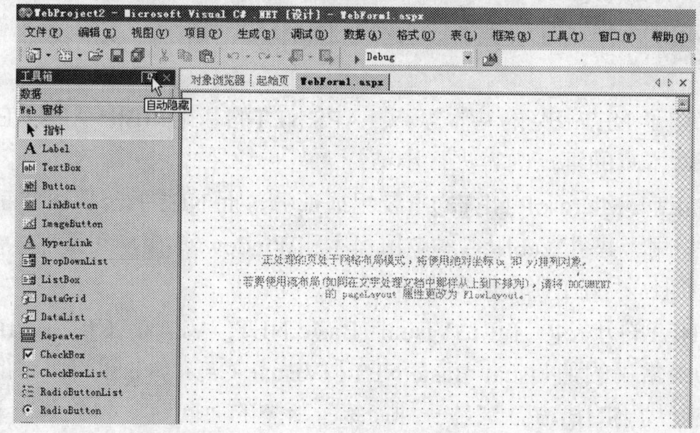

图1-41　自动隐藏面板

1.4.5　编写程序

在.NET中有两个文件，一是以HTML代码形式表示的界面文件，二是程序代码文件，这样有效地解决了代码管理维护难等问题，而且让封装Web程序变得简单。当然，如果硬要把C#或VB.NET代码嵌入HTML代码中，也是可以的。

在.NET中，虽然把文件分成了两个，但并没有给开发者带来附加工作，完全不用担心如何将两个文件连接在一起。来看一个例子，大家便明白了。比如，新建了一个Web窗体，文件名为WebForm2.aspx，现在要在这个页面上写C#代码，只需双击页面空白处，或右击页面空白处，选择【查看代码】命令，即可进入一个名为WebForm2.aspx.cs的文件，这便是一个纯C#代码文件，如图1-42所示。

返回WebForm2.aspx文件，单击左下角的HTML按钮，进入HTML代码视图，可以发现顶部有这样一段代码：<%@ Page language="c#" Codebehind="WebForm2.aspx.cs" AutoEventWireup="false" Inherits="vote.WebForm2" %>，这段代码便是连接两个文件的关键，不能随便修改或删除。

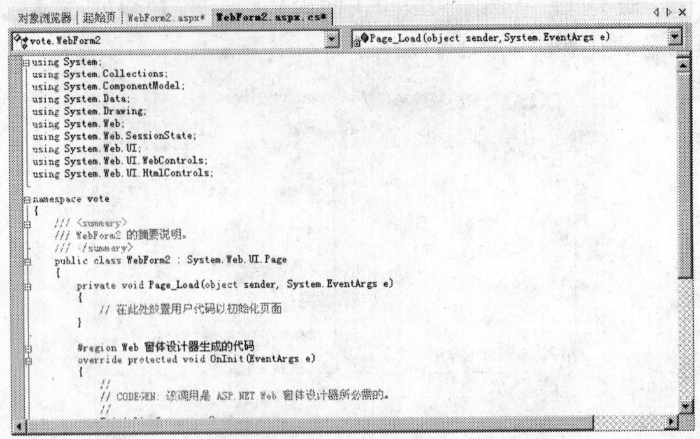

图1-42　纯C#代码文件

本章要点小结

本章简要介绍了.NET战略的基本思路、APS.NET的基础知识、APS.NET开发平台的创建等内容，下面对本章的重点内容进行小结。

（1）ASP.NET是Microsoft.NET的重要组成部分。而.NET平台是一个面向XML Web服务的平台，是一组用于建立Web服务器应用程序和Windows桌面应用程序的软件组件。与其他Web服务平台相比，.NET具有很多优势。

（2）ASP.NET的开发语言包括Visual Basic.NET、Visual C#、JScript.NET和Visual J#.NET等，其中最常用的是Visual Basic.NET和Visual C#。本书即将介绍的Visual C#是一种用于编写可控制代码的语言。这是一种简练、新型的面向对象和类型可靠的编程语言。

（3）.NET开发平台主要由.NET Framework及ASP.NET、Visual Studio.NET开发环境和支持上述结构的编程语言所组成。要搭建.NET开发平台，需要安装IIS、Visual Studio.NET和Microsoft SQL Server。

（4）Visual Studio.NET 2003是按项目来管理程序的，在开发Web程序前，先应新建相应的项目。创建项目后，再选择创建“Web窗体”、“Web用户控件”、“HTML页”和“Web类”等Web文件。

习题

选择题

（1）ASP.NET是由微软公司推出的一种建立在（　）上的编程框架。

A）类库　　B）公共语言运行库　　C）面向对象　　D）面向类型

（2）.NET开发平台是一组用于建立Web服务器应用程序和Windows桌面应用程序的软件组件，用该平台创建的应用程序可以在（　）的控制下运行。

A）XML　　B）Server　　C）CLR　　D）ADO

（3）Microsoft.NET提供的（　）.NET是一个新的数据访问模型。

A）XML　　B）Server　　C）CLR　　D）ADO

（4）Visual C#是一种用于编写（　）的语言，它是一种简练、新型的面向对象和类型可靠的编程语言。

A）Web代码　　B）交互式程序　　C）数据库解决方案　　D）可控制代码

（5）Visual Studio.NET 2003一般是按（　）来管理程序的。

A）窗体　　B）项目　　C）控件　　D）Web页面

填空题

（1）Microsoft.NET平台是一个面向________的平台。

（2）.NET开发平台包括________、________和________3大部分。

（3）ASP.NET的开发语言中最常用的是________和________。

（4）在"Internet信息服务"的网站标识中设置的IP地址必须与________相同。没有固定IP时，仅作为________。

（5）Visual Studio.NET 2003是Microsoft的第二代开发工具，主要用于构建和部署功能强大而安全的________的软件。

（6）Microsoft SQL Server 2000是优秀的________解决方案，需要安装上该数据库服务器程序，才能创建出完整的Web系统。

（7）Visual Studio.NET 2003常见的Web文件有________、________、________和________等。

（8）在.NET中有两个文件，一是________文件，二是________文件。

简答题

（1）Microsoft.NET平台的基本思想是什么？

（2）简述Microsoft.NET的主要目标。

（3）Microsoft.NET平台主要具有哪些技术优势？

（4）.NET开发平台由哪些部分组成？

（5）如何安装和配置IIS？

（6）如何安装和配置Visual Studio.NET 2003？

（7）如何安装和配置Microsoft SQL Server 2000？

（8）如何创建Web项目？试举例说明。

第2章 C#编程基础

C#（读做C sharp）是一种新型的、简练的、面向对象的编程语言，它是从C/C++发展而来的。C#主要用于编写基于Microsoft.NET平台的应用程序，非常适用于编写Web程序。为使读者快速掌握使用ASP.NET开发网站的技能，本章将介绍C#的相关概念和应用，重点介绍以下内容：

- C#的基本概念
- C#的类型系统
- C#的表达式
- C#的流程控制
- C#的异常处理
- 面向对象编程的基本概念

2.1 认识C#

作为一种面向对象的编程语言，C#是编写商业应用程序和系统级应用程序组件的重要工具。本节先通过一个简单实例介绍C#程序的基本结构和调试方法。

2.1.1 一个简单的C#程序

有一个非常简单但十分著名的小程序——Hello World，用C#编写Hello World程序的源代码如下：

```
using System;
class HelloWorld
{
        public static void Main ( ) {
                Console.WriteLine ("Hello World");
        }
}
```

从上述代码可以比较清晰地看出C#的基本结构，下面对各行代码进行简要分析。

- **第1行**：using System;表示导入名字空间，由于高级语言依赖许多系统预先定义好的元素，因此可以简化程序的编写。
- **第2行**：class HelloWorld表示对一个名为HelloWorld的类的声明。类是C#中功能最为强大的数据类型。像结构一样，类也定义了数据类型的数据和行为。只有先声明类，才可以创建作为该类的实例的对象。类是使用class关键字来定义的。
- **第3行**：{这是源代码块的开始符号。所有C#代码块都应被包含在一对大括号{和}中。每个右括号}和它前面离它最近的一个左括号{匹配，如果左括号{和右括号}没有全部匹配，则程序会出现错误。在本例中第3行的左括号{与第7行的右括号}匹配；第4行右侧的左括号

{与第6行的右括号}匹配。

· **第4行**：public static void Main ( )表示类HelloWorld中的一个方法。方法是包含一系列语句的代码块，在C#中，每个执行指令都是在方法的上下文中完成的。

· **第5行**：Console.WriteLine ("Hello World");表示在输出设备上输出字符串Hello World。Console是在名字空间中System预先定义好的一个类。该类提供了WriteLine和ReadLine两个最基本的方法，Console.ReadLine表示接受输入设备输入；Console.WriteLine用于在输出设备上输出。

2.1.2 C#程序的调试

那么，怎样在Microsoft Visual C#.NET中运行的调试程序呢？下面以第2.1.1小节的程序为例来说明。

（1）选择【开始】|【程序】|【Microsoft Visual Studio.NET 2003】|【Microsoft Visual Studio.NET 2003】命令，启动Visual Studio.NET 2003。

（2）在Microsoft Visual Studio.NET 2003主界面中选择【文件】|【新建】|【项目】命令，出现"新建项目"对话框，在"项目类型"列表中选择"Visual C#项目"，在"模板"列表中选择"控制台应用程序"，在"名称"文本框中输入HelloWorld，如图2-1所示。

（3）单击【确定】按钮，即可新建一个项目。然后在"解决方案资源管理器"窗口中右击Class1.cs，从出现的快捷菜单中选择【重命名】命令，将其Class1.cs重新命名为HelloWorld.cs，如图2-2所示。

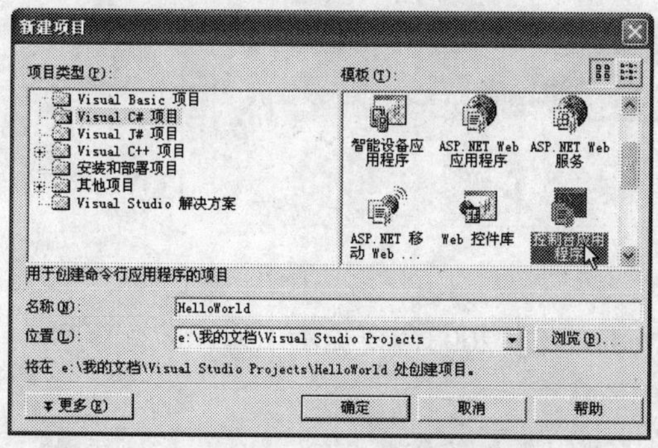

图2-1 创建新项目

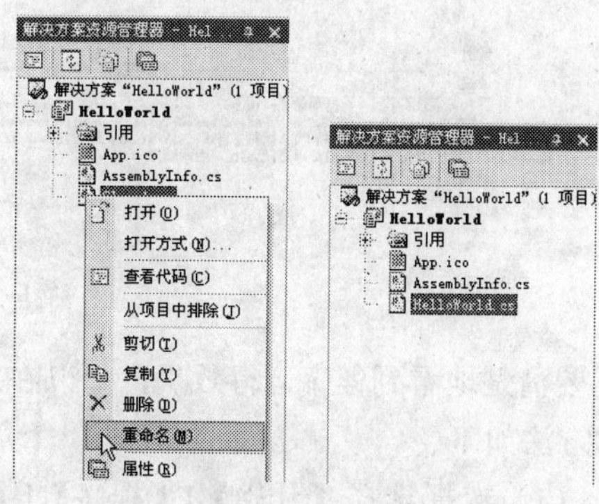

图2-2 重命名文件

（4）选择HelloWorld.cs文件，在代码窗口中将出现系统自动生成的代码，如图2-3所示。

图2-3 系统自动生成的代码

（5）拖动鼠标选中其中的所有代码，然后按下键盘上的Delete键将其删除。

（6）输入HelloWorld程序的源代码，如图2-4所示。

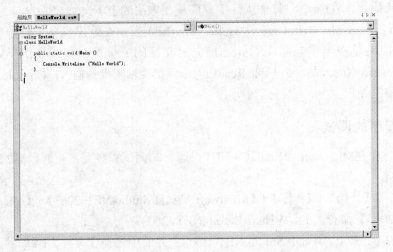

图2-4　输入源代码

（7）选择【调试】|【启动】命令，将出现一个命令提示窗口，在其中将出现Hello World字样。

（8）不过，命令提示窗口在瞬间就会自动退出，但是系统将自动出现“输出”面板，并在其中列出调试信息，如图2-5所示。

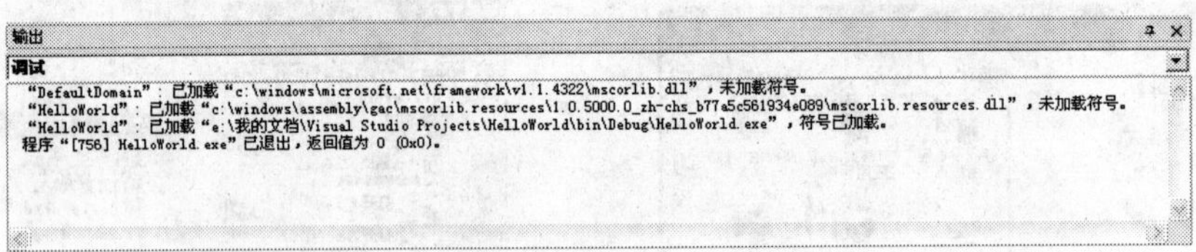

图2-5　调试信息

要清楚地看到程序运行效果，可以在Visual Studio.NET 2003命令提示下编译运行程序，具体方法如下。

（1）选择选择【开始】|【程序】|【附件】|【记事本】命令，启动“记事本”程序。

（2）在记事本中输入HelloWorld程序的源代码，如图2-6所示。

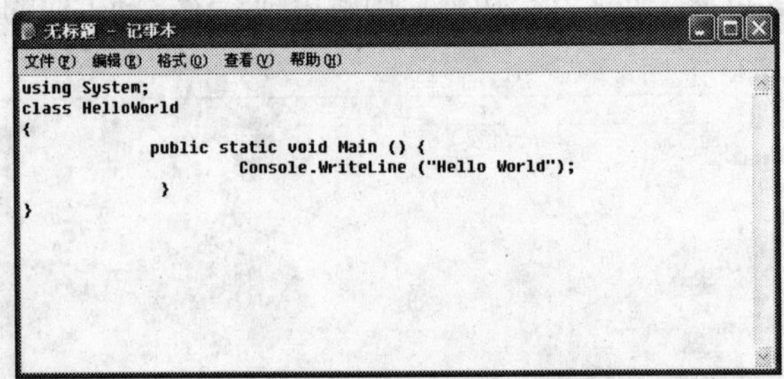

图2-6　输入源代码

（3）选择【文件】|【保存】命令，出现“另存为”对话框，选择好保存路径，比如E:

\HelloWorld，再将“保存类型”设置为“所有文件”，输入文件名为HelloWorld.cs，如图2-7所示，单击【保存】按钮保存程序。

（4）选择【开始】|【所有程序】|【Microsoft Visual Studio.NET 2003】|【Visual Studio.NET工具】|【Visual Studio.NET 2003命令提示】命令，出现“Visual Studio.NET 2003命令提示”窗口，如图2-8所示。

（5）在命令提示符后输入E: 命令并按回车键，进入保存程序的盘符E:，如图2-9所示。

图2-7　保存参数设置

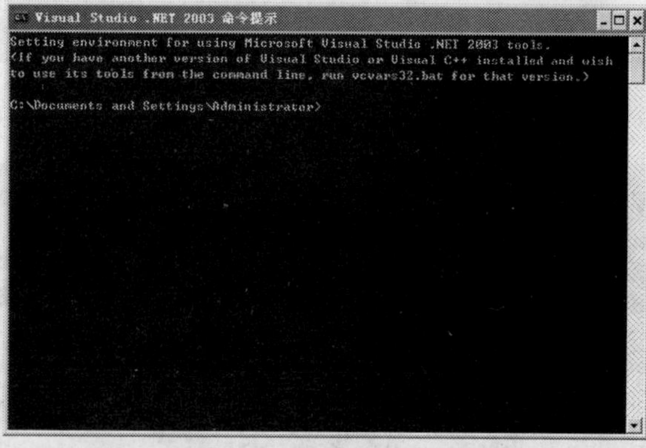

图2-8　“Visual Studio.NET 2003命令提示”窗口

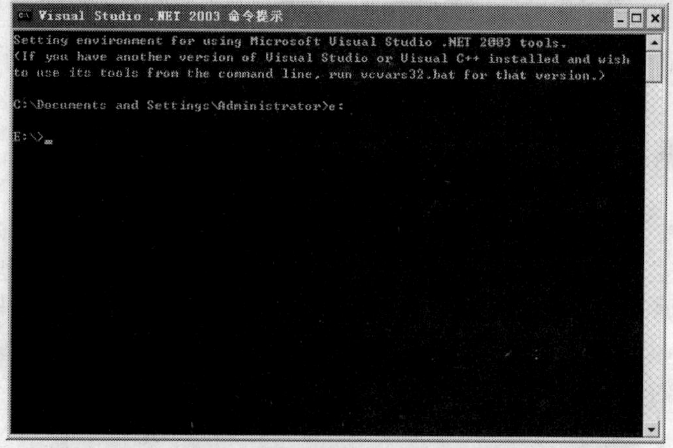

图2-9　更改当前盘符

（6）在命令提示符后输入CD\HelloWorld命令并按回车键，进入存放项目的文件目录，如图2-10所示。

（7）在命令提示符后输入csc　HelloWorld.cs并按回车键，开始编译程序，结果如图2-11所示。

（8）编译完成后，将生成一个名为HelloWorld.exe的可执行文件，可以使用DIR命令查看，如图2-12所示。

（9）在命令提示符后输入HelloWorld并按回车键，即可显示出Hello World的字样，如图2-13所示。

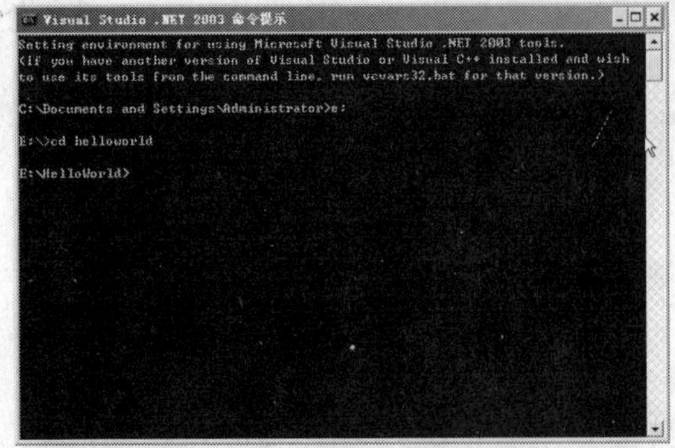

图2-10　进入存放项目的文件目录

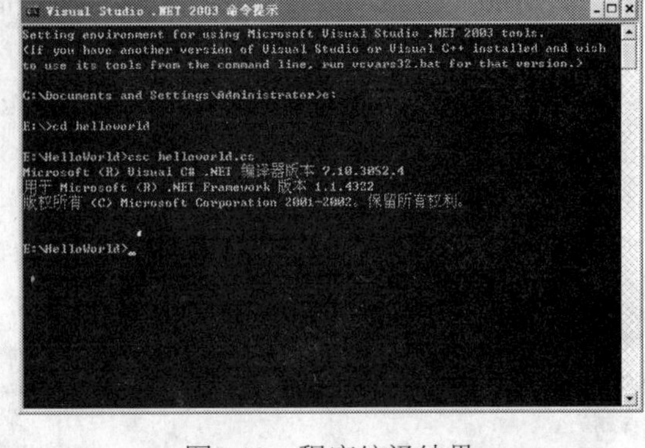

图2-11　程序编译结果

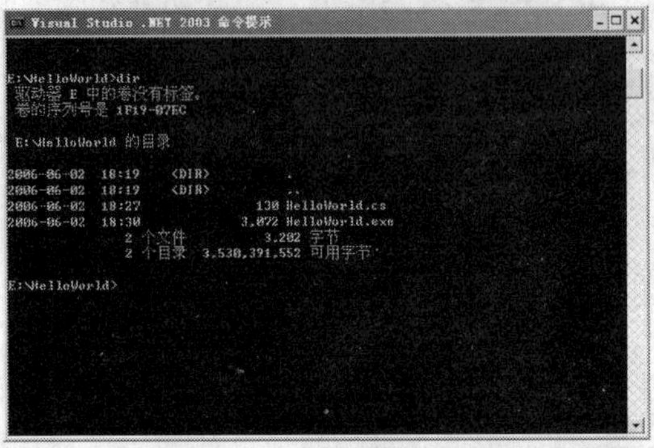

图2-12　执行DIR命令的效果

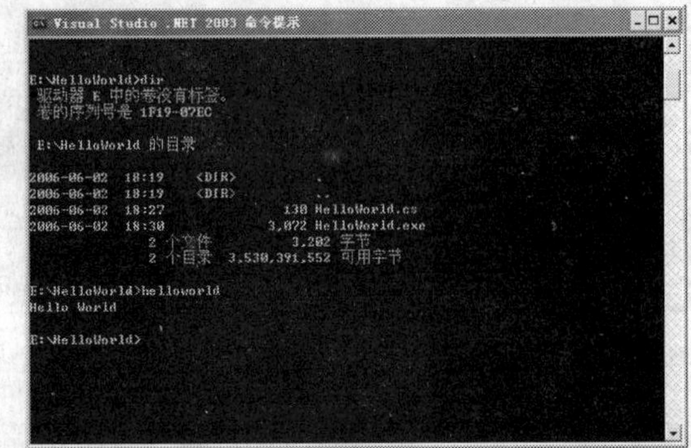

图2-13　程序执行效果

2.2　C#的数据类型

数据类型是一个值的集合和定义在这个值集上的一组操作的总称，每种语言都为开发者提供了一组数据类型。编程语言不同，所提供的数据类型也有所不同。当程序需要一个用于保存信息的变量时，必须先声明变量的数据类型，以便编译器给它们分配相应的内存空间。

C#的数据类型分为“值类型”和“引用类型”两种。值类型包括简单类型（如char、int和float）、枚举类型和结构类型；引用类型包括类（Class）类型、接口类型、委托类型和数组类型。

2.2.1　值类型

值类型是最常见、最基本的数据类型。C#中的值类型及其含义见表2-1。

表2-1　C#的值类型

数据类型	描述	示例
object	其他类型的基类	object myobj = null;
string	字符串类型	string mystr = "你好！";
sbyte	8位带符号整型	sbyte myval = 3;
short	16位带符号整型	short myval = 3;

（续表）

数据类型	描述	示例
int	32位带符号整型	int myval = 3;
long	64位带符号整型	long val1 = 3;
bool	布尔型，值为true或者false	bool val1 = true;
char	字符型，Unicode字符	char myval = 'x';
byte	8位无符号整型	byte val1 = 3;
ushort	16位无符号整型	ushort val1 = 3;
uint	32位无符号整型	uint val1 = 3;
ulong	64位无符号整型	ulong val1 = 3;
float	单精度浮点数型	float myval = 2.25F;
double	双精度浮点数型	double val1 = 2.25;
decimal	高精度型128位数据类型	decimal myval = 2.25M;

2.2.2 引用类型

值类型的变量中直接包含了数据，而引用类型的变量存储的则是对象的引用。两个变量可能引用同一对象，因此对一个变量的操作可能影响另一个变量所引用的对象。对于值类型，每个变量都有自己的数据副本，对一个变量的操作不可能影响另一个变量。

【例1】 值类型和引用类型的区别。本例通过一个简单的示例来说明值类型和引用类型的区别。程序代码如下：

```
using System;
class Example01
{
      public int Value = 0;
}
class Test
{
   static void Main( )  {
                  int v1 = 0;
                  int v2 = v1;
                  v2 = 200;
Example01 m1 = new Example01 ( );
                  Example01 m2 = m1;
                  m2.Value = 500;
                  Console.WriteLine("v: {0}, {1}", v1, v2);
                  Console.WriteLine("m: {0}, {1}", m1.Value, m2.Value);
   }
}
```

上述程序运行的结果如下：

```
v：0，200
m：500，500
```

在本例中，局部变量v2赋的值不会影响到局部变量v1，这是因为两个局部变量都是值类型的，每个局部变量都将保存各自的数据。但赋值m2.Value=500，则会影响到m1，因为m1和m2所引用的是同一个对象。

2.2.3 数据类型转换

有时，为了满足某种需要，要将一种数据类型转换为另一种数据类型，比如从long类型转换到int类型。C#提供了隐式转换和显式转换两种方式。

1. 隐式转换

隐式转换又称为直接转换，即转换时不需要加以声明。常用的隐式转换有：

- 从byte类型转换到short、ushort、int、uint、long、ulong、float、double、ecimal类型。
- 从char类型转换到ushort、int、uint、long、ulong、float、double、decimal类型。
- 从float类型转换到double类型。
- 从int类型转换到long、float、double、decimal类型。
- 从long类型转换到float、double、decimal类型。
- 从sbyte类型转换到short、int、long、float、double、decimal类型。
- 从short类型转换到int、long、float、double、decimal类型。
- 从ushort类型转换到int、uint、long、ulong、float、double、decimal类型。
- 从uint类型转换到long、ulong、float、double、decimal类型。
- 从ulong类型转换到float、double、decimal类型。

【例2】将int类型转换为long类型，其代码如下：

```
int iVal=1;
long lVal=iVal;
```

【例3】将int类型转换为string类型，其代码如下：

```
int iVal=1;
string lVal=iVal.ToString( );
```

2. 显式转换

显式转换又称强制类型转换，但与隐式转换相反，显式转换需要事先指定转换的类型。常用的显式转换有：

- 从decimal类型转换到sbyte、byte、short、ushort、int、uint、long、ulong、char、float、double类型。
- 从double类型转换到sbyte、byte、short、ushort、int、uint、long、ulong、char、float、ordecimal类型。
- 从byte类型转换到sbyte、char类型。
- 从char类型转换到sbyte、byte、short类型。

· 从float类型转换到sbyte、byte、short、ushort、int、uint、long、ulong、char、decimal类型。

· 从int类型转换到sbyte、byte、short、ushort、uint、ulong、char类型。

· 从long类型转换到sbyte、byte、short、ushort、int、uint、ulong、char类型。

· 从sbyte类型转换到byte、ushort、uint、ulong、char类型。

· 从short类型转换到sbyte、byte、ushort、uint、ulong、char类型。

· 从uint类型转换到sbyte、byte、short、ushort、int、char类型。

· 从ulong类型转换到sbyte、byte、short、ushort、int、uint、long、char类型。

· 从ushort类型转换到sbyte、byte、short、char类型。

【例4】将long类型强制转换为int类型，其代码如下：

```
long iVal=1;
int lVal=(int)iVal;
```

提示： 在使用显式转换时，要注意被转换的数据不能超出目标类型的范围，否则转换后的结果是错误的。同时，还要注意有符号类型和无符号类型之间的转换，也会出现结果正确的现象。

2.2.4　装箱和拆箱

装箱和拆箱是C#引入的一个重要概念，使得在C#类型系统中的任何值类型、引用类型和对象类型之间都可以进行转换，这种转换称为“绑定连接”。

1. 装箱转换

装箱转换是指将一个值类型隐式地转换成一个对象类型，或将值类型转换为被该值类型应用的接口类型。将一个值类型的值装箱，便是创建一个对象实例，并将这个值复制给这个object（对象）。

【例5】用隐式的方法装箱，其代码如下：

```
int i = 1;
object obj = i;
```

【例6】用显式的方法装箱，其代码如下：

```
int i = 1;
object obj = object(i);
```

2. 拆箱转换

拆箱转换是指将一个对象类型显式地转换成一个值类型，或将一个接口类型显式地转换成一个执行该接口的值类型。进行拆箱操作时，先检查对象实例是否为给定的值类型的装箱值，再把该实例的值复制给值类型的变量。

【例7】对象拆箱的代码如下：

```
int i = 1;
object obj = i;
int j = (int)obj;
```

2.3 C#的表达式

C#的表达式由操作数和运算符组成。常见的运算符有+、－、*、/和new，用于说明在操作数上所进行的操作；操作数主要有字面值、字段、局部变量和表达式等。

C#的运算符见表2-2，该表是按运算符的优先级从高到低排列的，同一分类的运算符具有相同的优先级。

表2-2 C#的运算符

分类	表达式	描述
基本运算符	x.m	访问成员
	x(...)	调用方法和委托
	x[...]	访问数组和索引器
	x++	后增量
	x－－	后减量
	new T(...)	创建对象和委托
	new T[...]	创建数组
	typeof(T)	获得T类型的System.Type对象
	checked(x)	在检查的上下文中计算表达式
	unchecked(x)	在未检查的上下中文计算表达式
一元运算符	+x	表达式的值相同
	－x	求相反数
	!x	逻辑求反
	~x	按位求反
	++x	前增量
	－－x	前减量
	(T)x	显式地将x的类型转换为类型T
乘除法运算符	x*y	乘
	x/y	除
	x%y	求余
加减运算符	x+y	加、字符串合并、委托组合
	x－y	减、委托移除
移位运算符	x<<y	左移
	x>>y	右移
关系、类型检测运算符	x<y	小于
	x>y	大于
	x<=y	小于或者等于
	x>=y	大于或者等于
	x is T	如果x属于T类型，返回true；否则，返回false
	x as T	返回转换为类型T的x；如果x不是T，就返回null

（续表）

分类	表达式	描述
相等运算符	x==y x!=y	等于 不等于
逻辑与运算符	x&y	整型按位与，布尔型逻辑与
逻辑异或运算符	x^y	整型按位异或，布尔型逻辑异或
逻辑或运算符	x|y	整型按位或，布尔型逻辑或
条件与运算符	x&&y	如果x为true，则计算y
条件或运算符	x||y	如果x为false，则计算y
条件运算符	x?y:z	如果x为true，则计算y；如果x为false，则计算z
赋值运算符	x=y x op=y	赋值 复合赋值

当表达式包含多个运算符时，运算符的优先级控制各运算符的计算顺序。例如，表达式x+y*z按x+（y*z）计算，因为*运算符具有的优先级比+运算符高。

当操作数出现在具有相同优先级的两个运算符之间时，运算符的顺序关联性控制运算的执行顺序。具体规则如下：

· 除了赋值运算符外，所有的二元运算符都向左顺序关联，意思是从左向右执行运算。例如，x+y+z按（x+y）+z计算。

· 赋值运算符和条件运算符（?:）向右顺序关联，意思是从右向左执行运算。例如，x=y=z按x=（y=z）计算。

· 优先级和顺序关联性都可以用括号控制。例如，x+y*z先将y乘以z然后将结果与x相加，而（x+y）*c先将x与y相加，然后再将结果乘以z。

2.4 C#的基本语句

程序是使用语句来表达的。C#所支持的语句大多是以嵌入语句的形式定义的。本节先介绍C#的基本语句。

2.4.1 声明语句

声明语句用于声明局部变量和常量。要声明一个变量，只需指定其类型、名称即可；而要声明常量，除了要指定其类型和名称外，还应给出其具体的值。变量不仅可以在声明时不指定值，而且可以随时赋与新的值；但常量就必须在声明时指定其值，而且不能随意改变。

【例8】声明局部变量，具体代码如下：

```
using System;
class Example08
{
```

```
static void Main( ){
  int x;
  //声明一个int类型的局部变量x。
  int y=1000;
  //声明一个int类型的局部变量y，并将其初值赋为1000。
  x=2000;
  //给变量z赋值。
  Console.WriteLine(x+y);
 }
}
```

【例9】声明局部常量，具体代码如下：

```
using System;
class Example09
{
static void Main( ){
  const float pi=3.1415927f;
  //声明一个float类型的局部常量pi，并指定其值为3.1415927f。
  const int r=30;
  //声明一个int类型的局部常量r，并指定其值为30。
  Console.WriteLine(pi * r * r);
  }
}
```

2.4.2 表达式语句

表达式语句用于运算表达式，包括方法调用、使用new运算符进行对象分配、使用“=”和复合赋值运算符进行赋值，以及使用“++”和“－－”运算符进行增量和减量的运算。

【例10】几个表达式语句。其代码如下：

```
using System;
class Example10
{
static void Main( ){
  int i;
  i=378;
//表达式语句
  Console.WriteLine(i);
  //表达式语句
  i++;
//表达式语句
  Console.WriteLine (i);
//表达式语句
}
}
```

2.5　流程控制语句

程序流程控制语句是代码运行时控制程序流程的命令语句。这种语句可以满足转移或改变程序执行顺序的需要。C#的程序流程控制语句主要分为选择性控制语句、循环控制语句、跳转语句、编译控制语句和异常处理语句等类型。

2.5.1　选择性控制语句

选择性控制语句用于根据条件判断来选择接下来要执行的语句，C#提供了if…else…和switch…case…两种选择性控制语句。

1. if…else…语句

if…else…语句是最常用的选择性控制语句。在同一情况下，只有可能满足其中一个条件，执行满足的条件内含语句，它根据布尔表达式的值来判断是否执行后面的内含语句。其基本格式为：

```
if（布尔表达式）
{
        内含语句;
  {
else  if（布尔表达式）
  {
        内含语句;
  }
else
  {
        内含语句;
  }
```

【例11】如果提供了如图2-14所示的选项，可以通过数字来进行选择，选择1代表“中餐”，选择2代表“火锅”，选择3代表“西餐”，如果输入除1、2、3以外的其他字符，则出现“你未作选择！”的提示。

```
1   中餐
2   火锅
3   西餐
请选择一种就餐方式（1、2、3）：
```

图2-14　供选择的选项

具体代码如下：

```
using System;
class Example11
{
    static void Main( )
    {
    Console.WriteLine ("1   中餐");
```

```
Console.WriteLine ("2   火锅");
Console.WriteLine ("3   西餐");
Console.Write("请选择一种就餐方式(1、2或3): ");
        string s = Console.ReadLine( );
        int i = Int32.Parse(s);
{
        if(i==1)
        {
                Console.WriteLine("中餐");
        }
        else if(i==2)
        {
                Console.WriteLine("火锅");
        }
        else if(i==3)
        {
                Console.WriteLine("西餐");
        }
        else
        {
                Console.WriteLine("你未作选择！");
        }
}
}
}
```

2. switch…case…语句

switch…case…语句用于根据某个表达式的值来选择执行若干可能语句中的某一个。其基本格式为：

```
switch (控制表达式)
{
case 常量表达式:
内含语句
default:
内含语句
}
```

提示： 控制表达式所允许的数据类型包括：sbyte、byte、short、ushort、uint、long、ulong、char、string或者枚举类型。其他数据类型能隐式转换成上述的任何类型，也可以作为控制表达式。

C#的switch语句要求每一个case块的末尾提供一个break语句，或者用goto转到switch内的其他case标签。

【例12】 不同权限用户进入时显示不同的欢迎信息。比如，以“学生”身份登录，显示“欢迎你，同学！”；以“教师”身份登录，则显示“老师好！欢迎进入本系统。”；以其他身份登录，则统一显示“您好！”的信息。具体代码如下：

```
using System;
public class Example12
{
public static void Main(String[] args)
    {
switch (args[0])
        {
case "学生":
Console.WriteLine("欢迎你，同学！");
break;
case "教师":
Console.WriteLine("老师好！欢迎进入本系统。");
break;
default:
Console.WriteLine("您好！");
break;
}
}
}
```

2.5.2 循环控制语句

C#提供了while语句、do语句、for语句和foreach语句4种循环控制语句，下面介绍这些控制语句的用法。

1. while语句

while语句是一种用于重复执行嵌入的迭代语句，一般称为while循环语句。当满足条件时反复执行同一条语句，直到不满足条件为止。while语句的语法是：

```
while (条件);
```

【例13】使用while语句显示整数1~19。具体代码如下：

```
using System;
public class Example13
{
static void Main( ){
   int i = 1;
   while(i< 20){
     Console.WriteLine(i);
     i++;
   }
  }
}
```

在本例中，while后面的条件是i<20，表明当i<20时，停止重复执行数字的显示。

2. do语句

do语句也是一种基本的循环语句，其功能和while语句相似。该语句能重复执行括在{}

里的一个语句或语句块，直到指定的表达式计算为false（假）。do语句基本语法为：

```
do
{
内含语句
}
while (条件);
```

【例14】 使用do语句显示整数1~19。具体代码如下：

```
using System;
public class Example14
{
    public static void Main ( )
    {
        int i =1;
        do
        {
            Console.WriteLine(i);
            i++;
        }
        while (i < 20);
    }
}
```

本例的运行结果与例13完全相同，只要变量i<20，do循环语句就会被执行。

提示： do语句可以保证内含语句至少被执行过一次，只要条件值等于真，内含语句便会继续被执行。通过使用break语句，可以迫使运行退出do语句。如果想跳过这一次循环，使用continue语句。

3. for语句

如果事先确定内含语句需要执行多少次，便可以使用for语句来控制循环。其语法规则如下：

```
for (初始化；条件；循环)
{
内含语句
}
```

其中，初始化、条件和循环都是可选项。如果忽略条件，将出现死循环，只有使用跳转语句（break或goto）才能退出。也可以同时加入多个由逗号隔开的语句到for循环的3个参数中。

【例15】 使用for语句显示整数1～19。具体代码如下：

```
using System;
class Example15
{
```

```
        static void Main( )
        {
            for (int i = 1; i <= 19; i++)
            {
                Console.WriteLine(i);
            }
        }
    }
```

在本例中，先计算变量i的初始值，当i的值小于等于19时，条件的计算结果为true，便执行Console.WriteLine语句并重新计算i，而当i大于19时，条件变为false并控制传递到循环外部。

4. foreach语句

foreach语句可以为数组或对象集合中的每个元素重复一个嵌入语句组。foreach语句用于循环访问集合以获取所需信息，但不应用于更改集合内容，以避免产生不可预知的副作用。foreach语句的语法如下：

```
foreach（表达式中的类型标识符）
{
  内含语句
}
```

提示： 在foreach语句中，循环变量由类型和标识符声明，且表达式与收集相对应。循环变量代表循环正在为之运行的收集元素。foreach语句支持的类型，简而言之，类必须支持具有GetEnumerator( )名字的方法，而且由其所返回的结构、类或者接口必须具有public方法MoveNext( )和public属性Current。

【例16】 使用foreach语句显示整数数组的内容，具体代码如下：

```
class Example16
{
    static void Main(string[] args)
    {
        int[] fibarray = new int[] { 1,3,5,7,9,11};
        foreach (int i in fibarray)
        {
            System.Console.WriteLine(i);
        }
    }
}
```

本例的运行结果为：

```
1
3
5
7
9
11
```

2.5.3 跳转语句

使用跳转语句可以执行程序的分支，这类语句可以立即传递程序控制。常用的跳转语句有break语句、continue语句、goto语句、return语句和throw语句。

1. break语句

break语句是最常用的跳转语句，可以用于终止最近的封闭循环或它所在的switch语句。控制传递给终止语句后面的语句，即用于在满足特定条件时退出循环。

【例17】终止循环。在本例中，如果不使用break语句，将输出整数1~50；使用break语句且计数达到10后，便会终止循环。

```
using System;
class Example17
{
    static void Main( )
    {
        for (int i = 1; i <= 50; i++)
        {
            if (i == 10)
            {
                break;
            }
            Console.WriteLine(i);
        }
    }
}
```

本例执行后，将输出整数1~9。

2. continue语句

continue语句将控制权传递给它所在的封闭迭代语句的下一次迭代，即实现直接跳到下一次循环的开始。

【例18】使用continue语句跳过部分循环体。具体代码如下：

```
using System;
class Example18
{
    static void Main( )
    {
        for (int i = 1; i <= 20; i++)
        {
            if (i < 18)
            {
                continue;
            }
            Console.WriteLine(i);
        }
```

```
        }
    }
```

在上面的代码中，如果不使用表达式if (i < 18)和continue语句，则将输出整数1～20，使用该语句后，将跳过continue与for循环体末尾之间的语句，使输出结果仅为18、19、20。

3. goto语句

goto语句是最常用的跳转语句，用于将程序控制直接传递给标记语句，也用于跳出深嵌套循环。在C#中，goto语句允许转到指定的标签，但C#不允许goto语句转入到语句块的内部。

【例19】选择交费标准。

```
using System;
class Example19
{
   static void Main( )
   {
         Console.WriteLine("请先从下列选项中进行选择");
         Console.WriteLine("1:小学生   2:中学生   3:大学生");
         Console.Write("请输入一个选项: ");
         string s = Console.ReadLine( );
         int n = int.Parse(s);
         int cost = 0;
         switch (n)
         {
               case 1:
                     cost += 550;
                     break;
               case 2:
                     cost += 800;
                     goto case 1;
               case 3:
                     cost += 1000;
                     goto case 1;
               default:
                     Console.WriteLine("输入有误，请重新输入.");
                     break;
         }
         if (cost != 0)
         {
               Console.WriteLine("你参加活动需要交{0}元。)", cost);
         }
   }
}
```

执行上面的程序后，将出现下面的提示：

```
请先从下列选项中进行选择
1:小学生   2:中学生   3:大学生
请输入一个选项:
```

如果输入3，则输出下面的信息：

```
你参加活动需要交1550元。
```

4. return语句

return语句用于从当前函数退出，并从该函数返回一个值。如果省略返回值，则该函数不返回值。如果方法为void类型，则可以省略return语句。

【例20】计算圆的面积。具体代码如下：

```
using System;
class Example20
{
    static double CalculateArea(int r)
    {
        double area = r * r * Math.PI;
        return area;
    }
    static void Main( )
    {
        int radius = 15;
        Console.WriteLine("这个圆的面积是：{0:0.00}", CalculateArea(radius));
    }
}
```

本例的运行结果如下：

```
这个圆的面积是：706.86
```

2.5.4 异常处理语句

C#的异常处理功能提供了处理程序运行时出现的任何意外或异常情况的方法。常用的异常处理语句有try-catch、try-finally、try-catch-finally和throw等。C#中的异常具有以下特点：

- 在应用程序遇到异常情况（如被零除情况或内存不足警告）时，就会产生异常。
- 发生异常时，控制流立即跳转到关联的异常处理程序（如果存在）。
- 如果给定异常没有异常处理程序，则程序将停止执行，并显示一条错误信息。
- 可能导致异常的操作通过try关键字来执行。
- 异常处理程序是在异常发生时执行的代码块。在C#中，catch关键字用于定义异常处理程序。
- 程序可以使用throw关键字显式地引发异常。
- 异常对象包含有关错误的详细信息，其中包括调用堆栈的状态以及有关错误的文本说明。
- 即使引发了异常，finally块中的代码也会执行，从而使程序可以释放资源。

1. try-catch语句

try-catch语句用于捕捉在块的执行期间发生的异常。try-catch语句由一个try块和其后所跟的一个或多个catch子句（为不同的异常指定处理程序）构成。该语句采用下列形式之一：

```
catch(exception-declaration-1)catch-block-1
catch(exception-declaration-2)catch-block-2
...
trytry-blockcatchcatch-block
```

其中：

- try-block包含应引发异常的代码段。
- exception-declaration-1,exception-declaration-2为异常对象声明。
- catch-block-1,catch-block-2为包含异常处理程序。
- try-block包含可能导致异常的保护代码块。该块一直执行到引发异常或成功完成为止。

2. try-finally语句

finally块用于清除try块中分配的任何资源，以及运行任何即使在发生异常时也必须执行的代码。控制总是传递给finally块，与try块的退出方式无关。

提示： catch用于处理语句块中出现的异常，而finally用于保证代码语句块的执行，与前面的try块的退出方式无关。

3. try-catch-finally语句

catch和finally一起使用的常见方式是：在try块中获取并使用资源，在catch块中处理异常情况，并在finally块中释放资源。

4. throw语句

throw语句用于发出在程序执行期间出现反常情况（异常）的信号。所谓引发的异常就是一个对象，该对象的类是从System.Exception派生的。

一般情况下，throw语句与try-catch或try-finally语句一起使用。当引发异常时，程序查找处理此异常的catch语句。也可以用throw语句重新引发已捕获的异常。

2.5.5 其他常用语句

下面再简要介绍几个常用语句。

1. lock语句

lock语句用于将语句块标记为临界区。lock可以确保当一个线程位于代码的临界区时，另一个线程不进入临界区。如果其他线程试图进入一个锁定代码，则它将在释放该对象前一直等待（块）。具体方法是：获取给定对象的互斥锁，执行语句，然后释放该锁。该语句的语法如下：

```
lock(expression)statement_block
```

其中：

- expression为指定要锁定的对象，必须是引用类型。
- statement_block为临界区的语句。

一般情况下，要保护实例变量，则expression为this；如果要保护static变量（或者如果临界区出现在给定类的静态方法中），则expression为typeOf(class)。

2. checked和unchecked语句

C#语句既可以在已检查的上下文中执行，也可以在未检查的上下文中执行。在已检查的上下文中，算法溢出引发异常。在未检查的上下文中，算法溢出被忽略并且结果被截断。

checked语句用于指定已检查的上下文。unchecked语句用于指定未检查的上下文。如果既未指定checked也未指定unchecked，则默认上下文取决于外部因素（如编译器选项）。

下面的运算参与了checked和unchecked检查：

- 预定义的++和－－一元运算符。
- 预定义的－一元运算符。
- 预定义的＋、－、×、/等二元操作符。
- 从一种整型到另一种整型的显示数据转换。

当上述整型运算产生一个目标类型无法表示的大数时，可以有相应的处理方式。

◆ **使用checked**

若运算是常量表达式，则产生编译错误：The operation overflows at complie time in checked mode。

若运算是非常量表达式，则运行时会抛出一个溢出异常：OverFlowException异常。

◆ **使用unchecked**

无论运算是否是常量表达式，都没有编译错误或是运行时异常发生，只是返回值被截掉不符合目标类型的高位。

◆ **既未使用checked又未使用unchecked**

若运算是常量表达式，默认情况下总是进行溢出检查，同使用checked一样，会无法通过编译。

2.6 C#编程的基本概念

C#是一种面向对象的编程语言，面向对象编程是一种用来针对一类问题编写优质代码的编程技术。本节主要介绍相关概念和基本用法。

2.6.1 类

在C#中，类是一种基础的类型。是将字段、方法和其他函数成员等组合在一起的数据结构。类可以用于动态创建类实例，也就是通常所说的对象。类有继承和多态性等特性，即派生类能扩展和特殊化。

使用类声明可以创建新的类。类声明以一个声明头开始，其方式如下：先是指定类的特性和修饰符，后跟类的名字、基类的名字、被该类实现的接口名。声明头后面就是类体，它由一组包含在大括号（{}）中的成员声明组成。

下面是一个名为MyClass的简单类的声明：

```
public class MyClass
{
```

```
public int x, y;
public MyClass (int x, int y)
{
this.x = x;
this.y = y;
}
}
```

下面接着来创建类的实例，它将为新实例分配内存，调用构造函数初始化实例，并且返回对该实例的引用。下面的语句创建两个MyClass对象，并且将那些对象的引用保存到两个变量中：

```
MyClass C1 = new MyClass (4, 8);
MyClass C2 = new MyClass (6, 3);
```

通常当不再使用对象时，该对象所占的内存将被自动回收。在C#中，没有必要也不可能显式地释放对象。

1. 可访问性

类的每个成员都有关联的可访问性，它控制能够访问该成员的程序文本区域。有5种可能的可访问性形式，具体见表2-3。

表2-3　成员的可访问性

类别	可访问性
public	访问不受限制
protected	访问仅限于包含类或从包含类派生的类型
internal	访问仅限于当前程序集
protected internal	访问仅限于从包含类派生的当前程序集或类型
private	访问仅限于包含类

2. 基类

类的声明可能通过在类名后加上冒号和基类的名字来指定一个基类。省略基类等同于直接从object类派生。在下面的示例中，MyClass1的基类是MyClass，而MyClass的基类是object：

```
public class MyClass
{
public int x, y;
public MyClass (int x, int y)
{
this.x = x;
this.y = y;
}
}
public class MyClass1: MyClass
```

```
{
public int z;
public MyClass1 (int x, int y, int z): MyClass (x, y)
{
this.z = z;
}
}
```

MyClass1类继承了其基类的成员。继承意味着类将隐式地包含其基类的所有成员（除了基类的构造函数）。派生类能够在继承基类的基础上增加新的成员，但是它不能移除继承成员的定义。在前面的示例中，MyClass1类从MyClass类中继承了a字段和b字段，并且每一个MyClass1实例都包含3个字段a、b和c。

从类的类型到它的任何基类类型都存在隐式的转换。并且，类类型的变量能够引用该类的实例或者任何派生类的实例。例如，对于前面给定的类声明，MyClass类型的变量能够引用MyClass实例或者MyClass1实例：

```
MyClass m = new MyClass (1, 2);
MyClass n = new MyClass1 (1, 2, 3);
```

3. 字段

字段是与对象或类相关联的变量。当一个字段声明中含有static修饰符时，由该声明引入的字段为静态字段。它只标识了一个存储位置。不管创建了多少个类实例，静态字段都只会有一个副本。当一个字段声明中不含有static修饰符时，由该声明引入的字段为实例字段。类的每个实例都包含了该类的所有实例字段的一个单独副本。

例如，在如下代码中，role类的每个实例都有kill、recovery、life实例字段的不同副本，但是cavalier、rabbi、Taoist等静态字段只有一个副本：

```
public class role
{
public static readonly role cavalier= new role(7, 9, 8);
public static readonly role rabbi= new role(10, 7, 7);
public static readonly role Taoist= new role(8, 8, 7);
private byte kill, recovery, life;
public role(byte kill, byte recovery, byte life)
    {
this.kill = kill;
this.recovery = recovery;
this.life = life;
}
}
```

在上面的代码中，通过readonly修饰符声明只读字段，给readonly字段的赋值只能作为声明的组成部分出现，或者在同一类中的实例构造函数或静态构造函数中出现。

2.6.2 方法

方法是一种用于实现可以由对象或类执行的计算或操作的成员。静态方法只能通过类来访问，实例方法则要通过类的实例访问。

方法有一个参数列表（可能为空），表示传递给方法的值或者引用；方法还有返回类型，用于指定由该方法计算和返回的值的类型。如果方法不返回一个值，则它的返回类型为void。

在声明方法的类中，该方法的签名必须是唯一的。方法的签名由它的名称、参数的数目、每个参数的修饰符和类型组成。返回类型不是方法签名的组成部分。

1. 参数

参数用于将值或者引用变量传递给方法。C#有4种参数：值参数、引用参数、输出参数和参数数组。

值参数用于输入参数的传递。值参数相当于一个局部变量，它的初始值是从为该参数所传递的自变量获得的。对值参数的修改不会影响所传递的自变量。

引用参数用于输入和输出参数的传递。用于引用参数的自变量必须是一个变量，并且在方法执行期间，引用参数和作为自变量的变量所表示的是同一个存储位置。例如：

```
using System;
class Test
{
static void swap(ref int x, ref int y)
    {
int temp = x;
x = y;
y = temp;
}
static void Main ( )
 {
int i = 1, j = 2;
swap (ref i, ref j);
Console.WriteLine ("{0} {1}", i, j);
}
}
```

输出参数用于输出参数的传递。输出参数类似于引用参数，不同之处在于，调用方提供的自变量初始值无关紧要。输出参数用out修饰符声明。例如：

```
using System;
class Test
{
static void Divide(int x, int y, out int result, out int remainder)
{
result = x / y;
remainder = x % y;
```

```
}
static void Main( )
{
int res, rem;
Divide (10, 3, out res, out rem);
Console.WriteLine ("{0} {1}", res, rem);
}
}
```

参数数组允许将可变长度的自变量列表传递给方法。参数数组用params修饰符声明。只有方法的最后一个参数能够被声明为参数数组，而且它必须是一维数组类型。System.Console类的Write和WriteLine方法是参数数组应用的很好的例子。它们的声明形式如下：

```
public class Console
{
public static void Write(string fmt, params object[] args) {...}
public static void WriteLine(string fmt, params object[] args) {...}
...
}
```

在方法中使用参数数组时，参数数组表现得就像常规的数组类型参数一样。然而，在带数组参数的方法调用中，既可以传递参数数组类型的单个自变量，也可以传递参数数组的元素类型的若干自变量。对于后者的情形，数组实例将自动被创建，并且通过给定的自变量初始化。例如：

```
Console.WriteLine ("x={0} y={1} z={2}", x, y, z);
```

等价于下面的语句：

```
object[] args = new object[3];
args[0] = x;
args[1] = y;
args[2] = z;
Console.WriteLine("x={0} y={1} z={2}", args);
```

2. 方法体和局部变量

方法体指定方法调用时所要执行的语句。方法体能够声明特定于该方法调用的变量。这样的变量被称为局部变量。局部变量声明指定类型名、变量名，可能还有初始值。例如：

```
using System;
class Squares
{
static void Main( )
 {
int i = 0;
int j;
while(i < 10)
{
```

```
j = i * i;
Console.WriteLine("{0} x {0} = {1}", i, j);
i = i + 1;
}
}
}
```

C#要求局部变量在其值被获得之前明确赋值。例如，假设前面的变量i的声明没有包含初始值，那么，在接下来对i的使用将导致编译器报告错误，原因就是i在程序中没有明确赋值。

3. 静态方法和实例方法

如果一个方法声明中含有static修饰符，则称该方法为静态方法。静态方法不对特定实例进行操作，只能访问静态成员；如果一个方法声明中没有static修饰符，则称该方法为实例方法。实例方法对特定实例进行操作，既能够访问静态成员，也能够访问实例成员。在调用实例方法的实例上，可以用this来访问该实例，而在静态方法中引用this是错误的。

下面的Entity类具有静态和实例两种成员：

```
class Entity
{
static int nextSerialNo;
int serialNo;
public Entity( )
{
serialNo = nextSerialNo++;
}
public int GetSerialNo( )
{
return serialNo;
}
public static int GetNextSerialNo( )
{
return nextSerialNo;
}
public static void SetNextSerialNo(int value)
{
nextSerialNo = value;
}
}
```

每一个Entity实例包含一个序列号。Entity构造函数用下一个有效的序列号初始化新的实例。因为构造函数是一个实例成员，所以，它既可以访问serialNo实例字段，也可以访问nextSerialNo静态字段。

GetNextSerialNo和SetNextSerialNo静态方法能够访问nextSerialNo静态字段，但是如果访问serialNo实例字段就会产生错误。

下面通过一个简单的示例介绍Entity类的用法。

```
using System;
class Test
{
static void Main ( )
{
Entity.SetNextSerialNo (1000);
Entity e1 = new Entity ( );
Entity e2 = new Entity ( );
Console.WriteLine (e1.GetSerialNo ( ));
Console.WriteLine (e2.GetSerialNo ( ));
Console.WriteLine (Entity.GetNextSerialNo ( ));
}
}
```

注意： SetNextSerialNo和GetNextSerialNo静态方法通过类调用，而GetSerialNo实例成员则通过类的实例调用。

4. 虚拟方法、重写方法和抽象方法

如果一个实例方法的声明中含有virtual修饰符，则称该方法为虚拟方法；如果其中没有virtual修饰符，则称该方法为非虚拟方法。在一个虚拟方法调用中，该调用所涉及实例的运行时类型确定了要被调用的究竟是该方法的哪一个实现。在非虚拟方法调用中，实例的编译时类型是决定性因素。

当一个实例方法声明中含有override修饰符时，该方法将重写所继承的相同签名的虚拟方法。虚拟方法声明用于引入新方法，而重写方法声明则用于使现有的继承虚拟方法专用化。

抽象方法是没有实现的虚拟方法。抽象方法的声明是通过abstract修饰符实现的，并且只允许在抽象类中使用抽象方法声明。非抽象类的派生类需要重写抽象方法。

5. 方法重载

方法重载允许在同一个类中采用同一个名称声明多个方法，条件是它们的签名是唯一的。当编译一个重载方法的调用时，编译器采用重载决策确定应调用的方法。重载决策找到最佳匹配自变量的方法，或者在没有找到最佳匹配的方法时报告错误信息。

如下代码说明了重载决策工作机制。在Main方法中每一个调用的注释说明了实际被调用的方法：

```
class Test
{
static void T( )
{
Console.WriteLine ("T( )");
}
static void T(object x)
{
Console.WriteLine ("T(object)");
}
static void T(int x)
```

```
{
Console.WriteLine ("T(int)");
}
static void T(double x)
{
Console.WriteLine ("T(double)");
}
static void T(double x, double y)
{
Console.WriteLine ("T(double, double)");
}
static void Main( )
{
T( );                //调用T( )
T(1);                //调用T(int)
T(1.0);              //调用T(double)
T("abc");            //调用T(object)
T((double)1);        //调用T(double)
T((object)1);        //调用T(object)
T(1, 1);             //调用T(double, double)
}
}
```

如上例所示，总是通过自变量到参数类型的显式类型转换来选择特定方法，这便是方法重载。

2.6.3　变量和常量

变量和常量是任何编程语言中最基本的概念，下面简要介绍C#的变量和常量的特点。

1. 变量

程序执行过程中其值可以改变的数据称为变量。在C#中，变量表示的是存储位置，必须有确定的数据类型。

在C#中，变量分为静态变量、实例变量、传值参数、引用参数、输出参数、数组参数和本地变量等7种类型。

- **静态变量**：在它寄存的类或结构类型被装载后得到存储空间，如果没有对它进行初始化赋值，静态变量的初始值将是它的类型所持有的默认值。
- **实例变量**：在它的类实例被创建后获得存储空间，如果没有经过初始化赋值，它的初始值与静态变量的定义相同。
- **传值参数**：是对变量值的一种传递，方法内对变量的改变在方法体外不起作用。对于传值参数本身是引用型的变量稍有不同，方法内对该引用（句柄）变量指向的数据成员（即实际内存块）的改变将在方法体外仍然保留改变，但对于引用（句柄）本身的改变不起作用。引用参数是对变量句柄的一种传递，方法内对该变量的任何改变都将在方法体外保留。
- **引用参数**：也称为输入输出参数，当传递一个引用地址时，可以从函数中传递一个输入值并且获得一个输出值。

· **输出参数**：是C#专门为有多个返回值的方法而量身定做的，它类似于引用变量，但可以在进入方法体之前不进行初始化，而其他的参数在进入方法体内时，C#都要求明确的初始化。

· **数组参数**：是为传递大量的数组元素而专门设计的，它从本质上讲是一种引用型变量的传值参数。

· **本地变量**：是方法体内的临时变量，它是在C#的块语句、for语句、switch语句、using语句内声明的变量。

2. 常量

常量是指值固定不变的量，常量的类型可以是任何一种值类型或引用类型。常量在编译时便确定它的值，在整个程序中不允许修改。声明常量时必须为其赋值，其引用类型可能的值只能为string和null。

2.6.4 域

域也称为成员变量，它表示的是存储位置，是C#中类不可缺少的一部分。域的类型可以是C#中的任何数据类型。

域分为实例域和静态域两种类型。

· **实例域**：即具体的对象，为特定的对象所专有，实例域只能通过对象来获取，。

· **静态域**：静态域属于类，为所有对象所共用。静态域只能通过类来获取。

域的存取限制集中体现了面向对象编程的封装原则。C#中存取限制的修饰符有5种，它们对域都适用。当需要使两个类的某些域互相可见时，可以将这些类的域声明为internal，然后将它们放在一个组合体内进行编译。如果需要对它们的继承子类也可见的话，只需声明为protected internal即可。

2.6.5 委托

委托主要用于.NET Framework中的事件处理程序和回调函数，它是C#的一种面向对象、类型安全的引用类型。委托可以引用静态方法和实例方法。

一个委托可以视为一个特殊的类，委托声明了以后，就可以像类一样进行实例化。实例化时把要引用的方法（如：Add）作为参数，这样委托和方法就关联了起来，就可以用委托来引用方法了。委托和所引用的方法必须保持一致：即参数个数、类型、顺序必须完全一致；返回值必须一致。

委托的使用分为委托声明、委托实例化、委托调用3个步骤。下面通过一个示例说明。

```
using System;
namespace 委托
{
  delegate int NumOpe(int a,int b); //委托声明
  class MyClass
  {
    static void Main(string[] args)
    {
```

```
            MyClass c1 = new MyClass ( );
            NumOpe p1 = new NumOpe(c1.Add); //委托实例化
            Console.WriteLine(p1(3,5)); //委托调用
            Console.ReadLine( );
        }
        private int Add(int num1,int num2)
        {
            return(num1+num2);
        }
    }
}
```

在本例中，委托NumOpe引用了方法Add，其运行结果为8。

2.6.6　事件

事件是类在发生某种值得关注的事情时提供通知的一种方式。比如，封装用户界面控件的类可以定义一个在用户单击该控件时发生的事件。控件类不关心单击按钮时发生了什么，但它需要告知派生类单击事件已发生。然后，派生类可选择如何响应。

事件使用委托来为触发时将调用的方法提供类型安全的封装。委托可以封装命名方法和匿名方法。事件具有以下特点：

· 事件是类用来通知对象需要执行某种操作的方式。

· 尽管事件在其他时候（如信号状态更改）也很有用，但事件通常还是用在图形用户界面中。

· 事件通常使用委托事件处理程序进行声明。

· 事件可以调用匿名方法来替代委托。

当发生与某个对象相关的事件时，类和结构会使用事件将这一对象通知给用户。这种通知即称为“引发事件”。引发事件的对象称为事件的源或发送者。对象引发事件的原因很多：响应对象数据的更改、长时间运行的进程完成或服务中断。表示用户界面元素的对象通常会引发事件来响应用户操作，如按钮单击或菜单选择。

1. 声明事件

事件和方法一样具有签名，签名包括名称和参数列表。事件的签名通过委托类型来定义，例如：

```
public delegate void TestEventDelegate(object sender, System.EventArgs e);
```

2. 引发事件

要引发事件，类可以调用委托，并传递所有与事件有关的参数。然后，委托调用已添加到该事件的所有处理程序。如果该事件没有任何处理程序，则该事件为空。因此在引发事件之前，事件源应确保该事件不为空。若要避免争用条件（最后一个处理程序会在空检查和事件调用之间被移除），在执行空检查和引发事件之前，事件源还应创建事件的一个副本。

每个事件都可以分配多个处理程序来接收该事件。这种情况下，事件自动调用每个接收器；无论接收器有多少，引发事件只需调用一次该事件。

3. 订阅事件

要接收某个事件的类可以创建一个方法来接收该事件，然后向类事件自身添加该方法的一个委托。这个过程称为“订阅事件”。

首先，接收类必须与事件自身具有相同签名（如委托签名）的方法。然后，该方法（称为事件处理程序）可以采取适当的操作来响应该事件。

要订阅事件，接收器必须创建一个与事件具有相同类型的委托，并使用事件处理程序作为委托目标。然后，接收器必须使用加法赋值运算符（+=）将该委托添加到源对象的事件中。例如：

```
public void Subscribe(EventSource source)
{
    TestEventDelegate temp = new TestEventDelegate(ReceiveTestEvent);
    source.TestEvent += temp;
}
```

要取消订阅事件，接收器可以使用减法赋值运算符（-=）从源对象的事件中移除事件处理程序的委托。

4. 声明事件访问器

可以使用事件访问器声明事件。事件访问器使用的语法非常类似于属性访问器，它使用add关键字和代码块添加事件的事件处理程序，使用remove关键字和代码块移除事件的事件处理程序。

2.6.7 属性

属性是C#语言的一个创新，它是一种能提供灵活的机制来读取、编写或计算私有字段值的成员。可以像使用公共数据成员一样使用属性，但实际上它们是称为“访问器”的特殊方法。这使得数据在可被轻松访问的同时，仍能提供方法的安全性和灵活性。

属性主要具有以下特点：

· 属性使类能够以一种公开的方法获取和设置值，同时隐藏实现或验证代码。

· get属性访问器用于返回属性值，而set访问器用于分配新值。这些访问器可以有不同的访问级别，使用时应注意各种访问器的可访问性。

· value关键字用于定义由set索引器分配的值。

· 不实现set方法的属性是只读的。

属性结合了字段和方法的多个方面。对于对象的用户，属性显示为字段，访问该属性需要完全相同的语法。对于类的实现者，属性是一个或两个代码块，表示一个get访问器和/或一个set访问器。当读取属性时，执行get访问器的代码块；当向属性分配一个新值时，执行set访问器的代码块。不具有set访问器的属性被视为只读属性，不具有get访问器的属性被视为只写属性，同时具有这两个访问器的属性是读写属性。

与字段不同，属性不作为变量来分类。因此，不能将属性作为ref参数或out参数传递。

属性具有多种用法：它们可在允许更改前验证数据；它们可透明地公开某个类上的数据，该类的数据实际上是从其他源（例如数据库）检索到的；当数据被更改时，它们可采取行动，例如引发事件或更改其他字段的值。

属性在类模块内是通过以下方式声明的：指定字段的访问级别，后面是属性的类型，接下来是属性的名称，然后是声明get访问器和/或set访问器的代码模块。例如：

```
public class Date
{
    private int day = 25;
    public int day
    {
        get
        {
            return day;
        }
        set
        {
            if ((value > 0) && (value < 32))
            {
                day = value;
            }
        }
    }
}
```

在本例中，day是作为属性声明的，这样，set访问器可确保day（日期）值设置为1和31之间。day属性使用私有字段来跟踪实际值。属性的数据的真实位置经常称为属性的“后备存储”。属性使用作为后备存储的私有字段是很常见的。将字段标记为私有可确保该字段只能通过调用属性来更改。

2.6.8 索引器

索引器是C#中的一个新型的类成员，它使得对象可以像数组那样被方便、直观地引用。索引器非常类似于属性，但索引器可以有参数列表，且只能作用在实例对象上，而不能在类上直接作用。

索引器允许类或结构的实例按照与数组相同的方式进行索引。索引器类似于属性，不同之处在于它们的访问器采用参数。索引器允许你按照与数组相同的方式对类、结构或接口进行索引。

要声明类或结构上的索引器，应使用this关键字，比如：

```
public int this[int index]
```

和方法一样，索引器有5种存取保护级别和4种继承行为修饰以及外部索引器。和属性的实现一样，索引器的数据类型同时为get语句块的返回类型和set语句块中value关键字的类型。

索引器的参数列表也是值得注意的地方。索引的特征使得索引器必须具备至少一个参数，该参数位于this关键字之后的中括号内。索引器的参数也只能是传值类型的，不可以有

ref（引用）和out（输出）修饰。参数的数据类型可以是C#中的任何数据类型。C#根据不同的参数签名来进行索引器的多态辨析。中括号内的所有参数在get和set下都可以引用，而value关键字只能在set下作为传递参数。

2.6.9 继承

在C#中，一个类可以从其他类中继承而来。要继承类，可以在声明类时在类名称后加上一个冒号，再在冒号后指定要从中继承的类（即基类）。新类（即派生类）将获取基类的所有非私有数据和行为，以及新类为自己定义的所有其他数据或行为。因此，新类具有两个有效类型：新类的类型和它继承的类的类型。例如：

```
public class X
{
    public X( ) { }
}

public class Y : X
{
    public Y( ) { }
}
```

在上面的示例中，类Y既是有效的Y，又是有效的X。访问Y对象时，可以使用强制转换操作将其转换为X对象。强制转换不会更改Y对象，但你的Y对象视图将限制为X的数据和行为。将Y强制转换为X后，可以将该X重新强制转换为Y。并非X的所有实例都可强制转换为Y，只有实际上是Y的实例的那些实例才可以强制转换为Y。如果将类Y作为Y类型访问，则可以同时获得类X和类Y的数据和行为。对象可以表示多个类型的能力称为多态性。

注意： 结构不能从其他结构或类中继承。而类和结构都可以从一个或多个接口中继承。

本章要点小结

本章介绍了C#编程的基础知识和具体应用，下面对本章的重点内容进行小结。

（1）C#（读做C sharp）是一种新型的、简练的、面向对象的编程语言，非常适用于编写Web程序。

（2）C#的数据类型分为“值类型”和“引用类型”两种。值类型包括简单类型（如char、int和float）、枚举类型和结构类型；引用类型包括类（Class）类型、接口类型、委托类型和数组类型。数据类型可以相互转换，C#提供了隐式转换和显式转换两种方式。

（3）装箱和拆箱是C#引入的一个重要概念，使得C#类型系统中的任何值类型、引用类型和对象类型之间都可以进行转换，这种转换称为“绑定连接”。

（4）C#的表达式由操作数和运算符组成。常见的运算符有+、－、*、/和new，用于说明在操作数上所进行的操作；操作数主要有字面值、字段、局部变量和表达式等。当表达式包含多个运算符时，运算符的优先级控制各运算符的计算顺序。

（5）程序是使用语句来表达的。C#的基本语句主要有声明语句和表达式语句等。

（6）为满足转移或改变程序执行顺序的需要，C#提供了选择性控制语句、循环控制语句、跳转语句、编译控制语句和异常处理语句等流程控制语句。选择性控制语句用于根据条件判断来选择接下来要执行的语句，主要包括if…else…和switch…case…两种；循环控制语句主要包括while语句、do语句、for语句和foreach语句4种；跳转语句用于执行程序的分支，主要包括break语句、continue语句、goto语句、return语句和throw语句。

（7）C#的异常处理功能提供了处理程序运行时出现的任何意外或异常情况的方法。常用的异常处理语句有try-catch、try-finally、try-catch-finally和throw等。

（8）类是一种基础的类型。是将字段、方法和其他函数成员等组合在一起的数据结构。类可以用于动态创建类实例，具有继承和多态性等特性。

（9）方法是一种用于实现可以由对象或类执行的计算或操作的成员。方法有一个参数列表（可能为空），表示传递给方法的值或者引用；方法还有返回类型，用于指定由该方法计算和返回的值的类型。如果方法不返回一个值，则它的返回类型为void。

（10）程序执行过程中其值可以改变的数据称为变量。在C#中，变量表示的是存储位置，主要分为分为静态变量、实例变量、传值参数、引用参数、输出参数、数组参数和本地变量等7种类型。常量是指值固定不变的量，常量的类型可以是任何一种值类型或引用类型。

（11）域表示的是存储位置，域的类型可以是C#中的任何数据类型，域分为实例域和静态域两种类型。

（12）委托主要用于.NET Framework中的事件处理程序和回调函数，它是C#的一种面向对象、类型安全的引用类型，委托可以引用静态方法和实例方法。委托声明了以后，就可以像类一样进行实例化。

（13）事件是类在发生某种值得关注的事情时提供通知的一种方式。当发生与某个对象相关的事件时，类和结构会使用事件将这一对象通知给用户。这种通知即称为“引发事件”。

（14）属性是一种能提供灵活的机制来读取、编写或计算私有字段值的成员。

（15）索引器使对象可以像数组那样被方便、直观地引用，它允许类或结构的实例按照与数组相同的方式进行索引。

（16）在C#中，一个类可以从其他类中继承而来。要继承类，可以在声明类时在类名称后加上一个冒号，再在冒号后指定要从中继承的类（即基类）。

习题

选择题

（1）C#是从（　）发展而来的。

A）C　　B）C++　　C）VC　　D）C/C++

（2）（　）是一个值的集合和定义在这个值集上的一组操作的总称。

A）数据类型　　B）表达式　　C）函数　　D）语句

（3）装箱和拆箱使得C#类型系统中的任何值类型、引用类型和对象类型之间都可以进行转换，这种转换称为（　）。

A）类型转换　　B）引用数据　　C）绑定连接　　D）对象转换

（4）（　）语句用于根据某个表达式的值来选择执行若干可能语句中的某一个。

A）while　　B）do　　C）foreach　　D）switch…case…

（5）（　）语句可以保证内含语句至少被执行过一次，只要条件值等于真，内含语句便会继续被执行。

A）while　　B）do　　C）foreach　　D）switch…case…

（6）break语句是最常用的跳转语句，可以用于终止最近的封闭循环或它所在的（　）switch语句。

A）while　　B）do　　C）foreach　　D）switch

（7）（　）语句用于发出在程序执行期间出现反常情况的信号。

A）try-finally　　B）try-catch　　C）try-catch-finally　　D）throw

（8）方法有一个参数列表，表示传递给方法的值或者引用；方法还有返回类型，用于指定由该方法计算和返回的值的类型。如果方法不返回一个值，则它的返回类型为（　）。

A）get　　B）set　　C）void　　D）catch

（9）（　）是C#专门为有多个返回值的方法而量身定做的，它类似于引用变量，但可以在进入方法体之前不进行初始化，而其他的参数在进入方法体内时C#都要求明确的初始化。

A）静态变量　　B）实例变量　　C）引用参数　　D）输出参数

（10）事件使用（　）来为触发时将调用的方法提供类型安全的封装。

A）实例　　B）对象　　C）继承　　D）委托

（11）索引器允许（　）或结构的实例按照与数组相同的方式进行索引。

A）类　　B）委托　　C）方法　　D）事件

填空题

（1）C#主要用于编写基于________平台的应用程序，非常适用于编写________程序。

（2）C#的数据类型分为________和________两种。

（3）C# 提供了隐式转换和________两种方式。隐式转换又称为直接转换，即转换时不需要________。

（4）C#的表达式由________和________组成。

（5）要声明一个变量，只需指定其________即可；而要声明常量，还应给出其具体的值。

（6）表达式语句用于运算表达式，包括________、使用new运算符进行对象分配、使用“=”和复合赋值运算符进行赋值，以及使用“++”和“－－”运算符进行________的运算。

（7）程序流程控制语句是代码运行时控制________的命令语句。C#的程序流程控制语句主要分为________语句、________语句、跳转语句、________语句和异常处理语句等类型。

（8）如果事先确定内含语句需要执行多少次，便可以使用________语句来控制循环。

（9）Continue语句将控制权传递给________，即实现直接跳到下一次循环的开始。

（10）try-catch语句用于________。try-catch语句由一个________和其后所跟的一个或多个________子句构成。

（11）lock语句用于将语句块标记为________。

（12）类是将字段和、方法和其他函数成员等组合在一起的________。类可以用于________。

（13）域分为________域和________域两种类型。

（14）一个委托可以视为一个特殊的________。委托和________必须保持一致：即参数个数、类型、顺序必须完全一致，返回值必须一致。委托的使用分为委托________、委托________、委托________3个步骤。

（15）在C#中，一个类可以从________中继承而来。要继承类，可以在声明类时在类名称后加上一个________，再指定要从中继承的________。

简答题

（1）举例说明C#程序的结构和在Microsoft Visual Studio.NET中调试的方法。

（2）什么是数据类型？C#的数据类型分哪两种？各有何特点？

（3）如何实现不同数据类型的转换？

（4）什么是装箱？什么是拆箱？

（5）举例说明C#表达式的特点和优先级。

（6）C#的声明语句有何作用？如何使用表达式语句？

（7）什么是程序流程控制语句？C#的程序流程控制语句有哪些类型？如何使用这些语句？

（8）C#中的异常有哪些特点？可以使用哪些语句进行异常处理？

（9）什么是类？如何声明类？

（10）什么是方法？如何使用方法？

（11）什么是变量？C#中的变量有哪些类型？什么是常量？

（12）什么是域？域分为哪两种类型？

（13）什么是委托？如何使用委托？

（14）什么是事件？事件具有哪些特点？

（15）什么是属性？属性具有哪些特点？

（16）什么是索引器？如何声明类或结构上的索引器？

（17）什么是继承？继承后的派生类有何特点？

第3章　常用内置对象及其应用

ASP.NET内置了一组对象，主要包括Response、Request、Application、Session、Server、Cookie和Cache等对象（Object），且每个对象都有各自的属性（Property）、方法（Method），集合（Collection）或事件（Event）。使用这些对象时，不必深入了解这些对象的内部运算过程，只需在程序中简单调用即可。本章将学习常用内置对象及其应用方法，重要介绍以下内容：

- Response对象的属性、方法和应用
- Request对象的属性、方法和应用
- Application对象的属性、方法、事件和应用
- Session对象的属性、方法和应用
- Server对象的属性、方法和应用
- Cookie对象的属性、方法和应用
- Cache对象

3.1　Response对象

Response对象主要用于将数据信息输出到客户端的浏览器上。下面介绍该对象的属性、方法和具体应用。

3.1.1　Response对象的属性

Response对象提供了一系列属性，其中常用的属性主要有以下这些。

- BufferOutput属性：用于设置HTTP输出是否要进行缓冲处理。该属性的默认值为True，即网页内的脚本处理完成后，才将结果送到客户端浏览器；而该属性设置为False时，则编译即发送。
- Cache属性：用于返回当前网页缓存的设置。
- Charset属性：用于设置或获取HTTP的输出字符编码。
- Cookies属性：用于返回当前请求的HttpCookieCollection对象集合。
- IsClientConnected属性：用于返回客户端是否仍然和服务器连接的信息。
- StatusCode属性：用于返回或设置输出到浏览器的HTTP状态码，其预设值为200。
- StatusDescription属性：用于返回或设置输出到浏览器的HTTP状态说明，其预设值为OK。
- SuppressContent属性：用于设置是否将HTTP的内容送至浏览器，如果设置为True，则网页将不会传至浏览器。

3.1.2　Response对象的方法

Response对象提供了多种方法，其中最常用的方法有以下这些。

- AppendToLog方法：用于将自定义的记录信息加到IIS的日志记录文件中。
- BinaryWrite方法：用于将一个二进制的字符串写入HTTP输出串流。
- Clear方法：用于清除缓冲区中的内容。
- ClearHeaders方法：用于清除缓冲区中所有的页面标头。
- Close方法：用于断开客户端的连接。
- End方法：用于将当前缓冲区中所有的内容送到客户端后断开连接。
- Flush方法：用于将缓冲区中所有的数据传送到客户端。
- Redirect方法：用于将网页重新导向到另一个地址。
- Write方法：用于将数据输出到客户端。
- WriteFile方法：用于将文件直接输出到客户端。

3.1.3 Response对象的应用

Response的应用范围比较广泛，最常用的有向浏览器输出字符串、网页转向和停止输出等，下面通过示例介绍其典型应用。

1. 输出数据

Response.Write可以向浏览器输出字符串、HTML标记或变量。Response.Write的操作是由服务器解释并执行的，执行后从服务器端向客户端浏览器输出。

提示： Response对象可以先在Script标记中被调用，然后在" "标记中被调用。如果标记<%后面直接加上Response.Write语句，可以用=代替Response.Write。

【例1】 以不同的形式输出字符串，具体代码如下：

```
<Html>
<Body>
<%  Dim X     '定义变量X
    X = "《ASP.NET与SQL网站开发实用教程》"     '设置字符串变量X的内容
    Response.Write(X & "<br>")  '直接输出字符串
    Response.Write("《ASP.NET与SQL网站开发实用教程》  （使用Response.Write方法输出的
字符串变量）<br>")
%>
    <%=X%>  （直接使用符号输出的字符串变量 ）
</Body>
</Html>
```

将上面的代码保存为example01.aspx后执行的效果如图3-1所示。

2. 网页转向

Response.Redirect可以实现网页转向（即跳转到另一个Web页）。

【例2】 网页转向，具体代码如下：

```
<Html>
<Form Runat="Server">
    请在下面的文本框中输入一个网址：<Br><Br>
    <Asp:TextBox Id="TextBox01"  size=50  Runat="Server" />
```

```
    <Asp:Button Id="Button01" Text="确定" OnClick="Button01_Click"
    Runat="Server" />
</Form>
<Script Runat="Server">
  Sub Button01_Click(Sender As Object,e As Eventargs)
      Response.Redirect(TextBox01.Text)
  End Sub
</Script>
</Html>
```

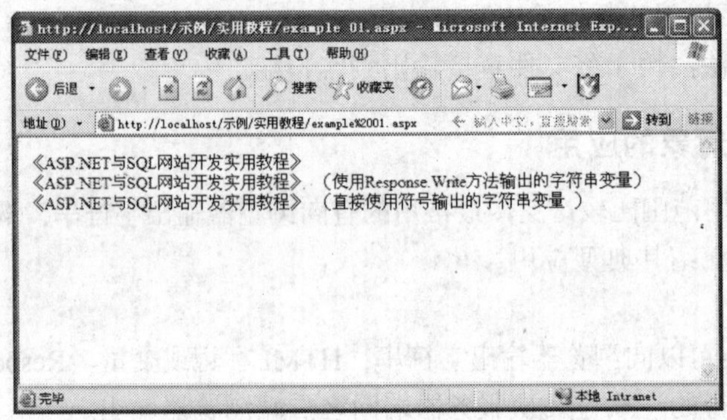

图3-1 example01.aspx的执行效果

将上面的代码保存为example02.aspx后执行的效果如图3-2所示。

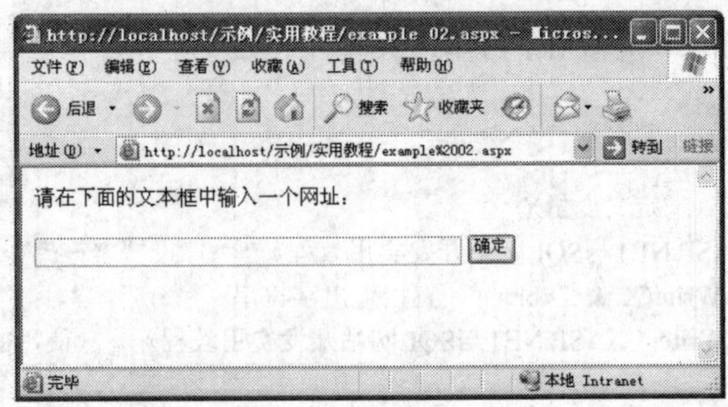

图3-2 example02.aspx的执行效果

如果在文本框中输入一个网址，如http://www.xinhuanet.com/，单击“确定”按钮，即可跳转到相应的网页，如图3-3所示。

3. 停止输出

在ASP.NET程序中使用Response.End方法的代码行，便会自动停止输出数据。

【例3】停止输出。在本例中，当i循环到20时，便跳出循环。此时，输出的符号★为20个。如果取消其中的Response.End代码，则会输出200个★号。

```
<%@ Page Language="C#"%>
<%
      for(int i=1;i<=200;i++){
```

```
            Response.Write("★ ");
        if (i==20) { Response.End( ); }
    }
%>
```

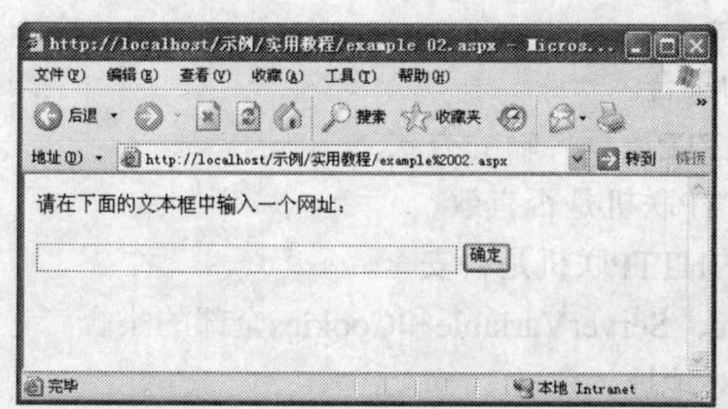

图3-3 跳转到“新华网”

将上述代码保存为example03.aspx后，执行的效果如图3-4所示。

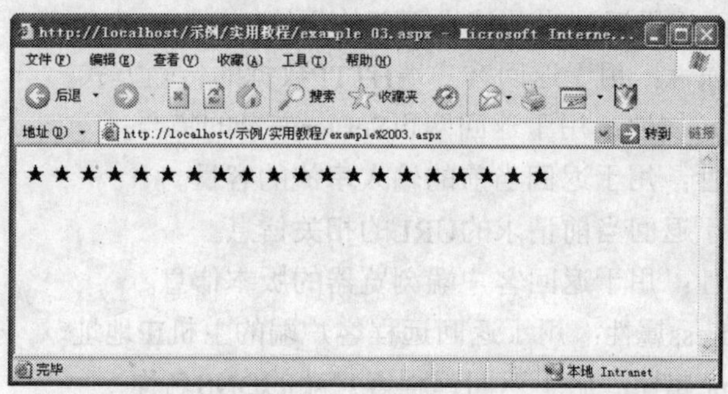

图3-4 example03.aspx程序运行的效果

3.2 Request对象

Request对象与Response对象的功能刚好相反。Response用于将程序运行结果送到浏览器上显示，而Request对象则用于从浏览器上获取相关信息。Request对象常用的3种取得数据的方法分别是：Request.Form、Request.QueryString和Request，其中第三种是前两种方法的缩写，可以取代前两种情况。而前两种主要对应的Form提交时的两种不同的提交方法分别是Post方法和Get方法。

3.2.1 Request对象的属性

Request对象的属性相当多，其中常用的属性有以下这些。

- ApplicationPath属性：用于返回当前正在执行程序的服务器端的虚拟目录。
- Browser属性：用于返回客户端浏览器的相关信息。

- ClientCertificate属性：用于返回客户端安全认证的相关信息。
- ConnectionID属性：用于返回当前客户端所发出的网页浏览请求的联机ID。
- ContentEncoding属性：用于返回客户端所支持的字符设置。
- ContentType属性：用于返回当前需求的MIME内容的类型。
- Cookies属性：用于返回一个HttpCookieCollection对象集合。
- FilePath属性：用于返回当前所执行网页的相对地址。
- Files属性：用于返回客户端上传的文件集合。
- Form属性：用于返回有关窗体变量的集合。
- Headers属性：用于返回有关HTTP标头的集合。
- HttpMethod属性：用于返回当前客户端HTTP数据传输的方式。
- IsAuthenticated属性：用于返回当前的HTTP联机是否有效。
- IsSecureConnection属性：用于返回当前的HTTP联机是否安全。
- Params属性：用于返回QueryString、Form、ServerVariable和Cookies全部的集合。
- Pathq属性：用于返回当前请求网页的相对地址。
- PhysicalApplicationPath属性：用于返回当前执行的服务器端程序的真实路径。
- PhysicalPath属性：用于返回当前请求网页在服务器端的物理路径。
- QueryString属性：用于返回附加在网址后面的参数内容。
- RawUrl属性：用于返回当前请求页面的原始URL。
- RequestType属性：用于返回客户端HTTP数据的传输方式。
- ServerVariables属性：用于返回网页Server变量的集合。
- TotalBytes属性：用于返回当前的输入串流的容量。
- Url属性：用于返回当前请求的URL的相关信息。
- UserAgent属性：用于返回客户端浏览器的版本信息。
- UserHostAddress属性：用于返回远程客户端的主机IP地址。
- UserHostName属性：用于返回远程客户端的DNS名称。
- UserLanguages属性：用于返回一个储存客户端使用的语言。

3.2.2 Request对象的方法

Request对象的主要方法有以下两个。

- MapPath方法：用于返回实际路径。
- SaveAs方法：用于将HTTP请求的信息储存到磁盘中。

3.2.3 Request对象的应用

Request对象也有较广泛的应用，下面仅通过实例介绍从浏览器获取信息和获取客户端信息的方法。

1. 从浏览器获取信息

要利用Request读取其他页面提交的数据，既可以通过Form表单来提交，也可以用做超级链接后面的参数来提交。

【例4】从浏览器获取信息的方法，具体代码如下：

```
<%@ Page Language="C#"%>
<%
    string strUserName = Request["Name"];
    string strUserAge = Request["Age"];
%>
    你的姓名是：<%=strUserName%>
    你的年龄是：<%=strUserAge%>

    <Form Action = "" Method ="Post">
        <P>姓名：<Input Type ="Text" Size="20" Name="Name"></P>
        <P>年龄：<Input Type ="Text" Size="20" Name="Age"></P>
        <P><Input Type ="Submit" align="center" Value="提 交"></P>
    </Form>
```

将上面的代码保存为example04.aspx后执行的效果如图3-5所示。

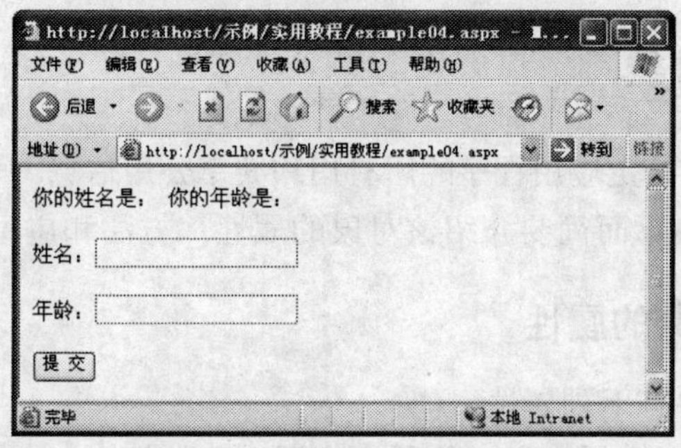

图3-5　从浏览器获取信息

提交信息后，将在指定的位置显示出来，如图3-6所示。

图3-6　输入并提交信息

2. 获取客户端信息

要获取部分客户端信息，只需使用Request对象的相关属性，如客户所使用的操作系统版本、浏览器版本和客户端IP地址等。

【例5】获取客户端信息，具体代码如下：

```
<%@ Page Language="C#"%>
```

```
您的浏览器是：<%=Request.UserAgent %><br>
您的IP地址是：<%=Request.UserHostAddress %><br>
当前文件服务器端的物理路径是：<%=Request.PhysicalApplicationPath %><br>
```

将上面的代码保存为example05.aspx后执行的效果如图3-7所示。

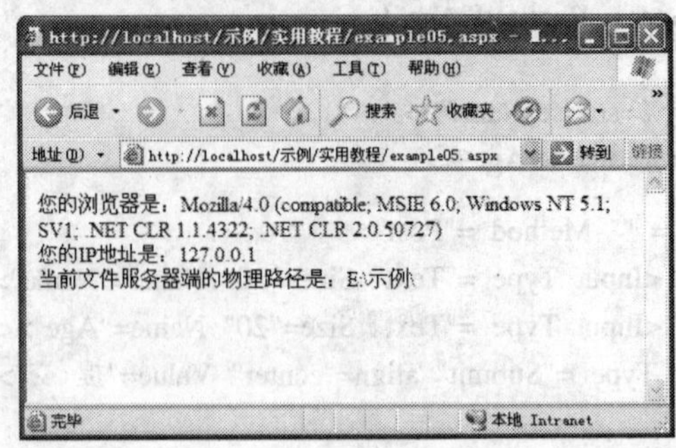

图3-7 获取的客户端信息

3.3 Application对象

Application对象能使给定应用程序的所有用户共享公用信息，也可作为多个请求连接之间进行信息传递的桥梁。下面简要介绍该对象的属性、方法和应用。

3.3.1 Application对象的属性

Application对象主要有下列属性。

- All属性：用于返回应用中保存的所有公用对象数组。
- AllKeys属性：用于返回应用中保存的公用对象的名字数组（标识数组）。
- Contents属性：用于返回this指针。
- Count属性：用于返回当前应用中保存的公用对象的数目。
- Item属性：用于返回当前应用中保存的公用对象集合中的指定对象。
- StaticObjects属性：用于返回在应用程序文件中使用<object runat=server></object>定义的对象的集合。

3.3.2 Application对象的方法

Application对象提供了以下方法供用户使用。

- Add方法：用于将一个对象加入到Application对象的Stat集合中。
- Remove方法：用于根据标识然后从Application对象的Stat集合中删去该对象。
- RemoveAll方法：用于将Application对象的Stat集合中的所有对象清除。
- Clear方法：同RemoveAll方法。
- Get方法：可以用名称标识或下标来获取Application对象的Stat集合中的对象元素。
- Set方法：用于修改Application对象的Stat集合中指定标识所对应的对象的值。
- GetKey方法：用于根据给定的下标取得Application对象的Stat集合中相应对象的标识名。

・Lock方法：用于锁住其他线程对Application对象中Stat集合的访问权限。该方法可以用来防止在对Application的变量操作时，其他并发程序可能造成的影响。

・Unlock方法：用于对Application对象的Stat集合锁定执行解锁操作，释放资源以供其他页面使用。

3.3.3　Application对象的事件

Application的事件共有6个，其中最常用的是Application_OnStart事件和Application_OnEnd。在Application对象的生命周期开始时，Application_OnStart事件便会被启动，而当Application对象的生命周期结束时，Application_OnEnd事件也会被启动。

・Application_OnStart事件：该事件在启动时触发，主要用于初始化变量、创建对象或运行其他代码。在用户请求的网页执行之前和任何用户创建Session对象之前发生。

・Application_OnEnd事件：该事件在应用程序结束时触发。在最后一个用户会话已经结束并且该会话的OnEnd事件中的所有代码已经执行之后发生。结束时，应用程序中存在的所有变量都将被取消。

3.3.4　Application对象的应用

下面通过两个示例说明Application的用法。

【例6】统计某个页面的浏览次数，具体代码如下：

```
<%
Application.Lock
Application("Nums") = Application("Nums") + 1
Application.Unlock
%>
欢迎您！本页面的第
<%= Application("Nums") %> 个浏览者!
```

将上面的代码保存为example06.aspx后执行的效果如图3-8所示。

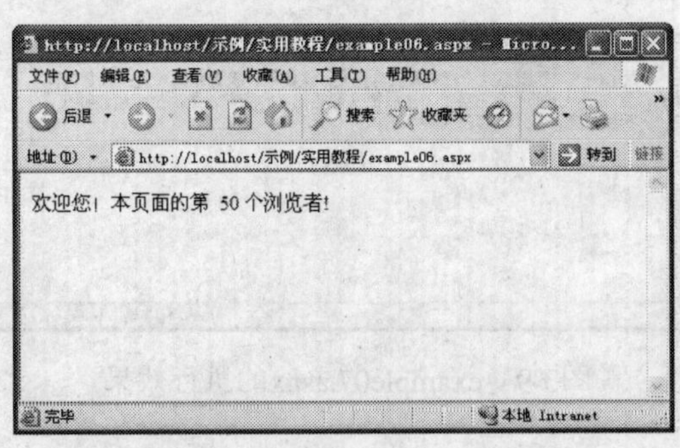

图3-8　example06.aspx的执行效果

【例7】用Unlock方法解除对象的锁定，使下一个客户端能够增加NumVisits，具体代码如下：

```
<style type="text/css">
<!--
.STYLE1 {
    font-size: 22px;
    font-family: "黑体";
}
-->
</style>
</head>

<body>
<p align="center" class="STYLE1">我的小制作</p>
<p align="center">肖金豆</p>
<p>        我做了一个“机器恐龙”材料有玩具恐龙、橡皮筋、吸管、废笔盖。我是这样做的，首先把橡皮筋拴在它身上，然后把吸管插在它的胸前，最后把废笔盖插在它背上。机器恐龙完成了。样子可神气了。</p>
</body>
</html>

<%
Application.Lock
Application("NumVisits") = Application("NumVisits") + 1
Application.Unlock
%>
<p align="center">这篇文章已被阅读了
<%= Application("NumVisits") %>  次!</p>
```

将上面的代码保存为example07.aspx后执行的效果如图3-9所示。

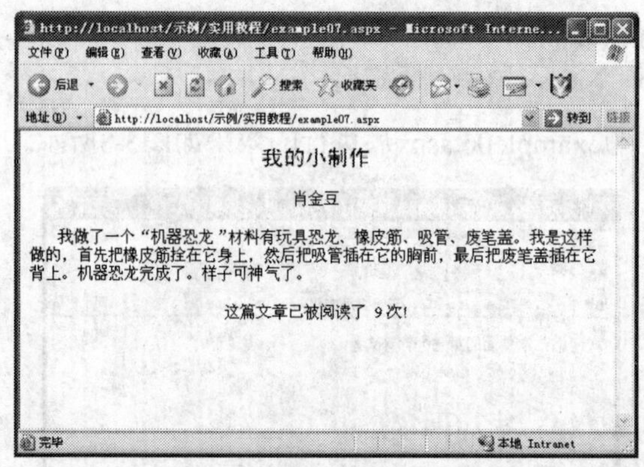

图3-9　example07.aspx的执行效果

3.4　Session对象

使用Session对象可以在不同的ASP.NET程序之间进行信息共享。Session对象的功能和Application对象一样，都用来储存跨网页程序的变量或是对象，但Session对象变量只针对单一网页使用者，不同电脑的Session对象变量不同，不能互相存取。

3.4.1 Session对象的属性

Session对象主要具有以下属性。

- All属性：用于传回全部Session对象变量到一个数组。
- Count属性：用于传回Session对象变量的个数。
- Item属性：用于以索引值或变量名称来传回或设置Session对象。
- TimeOut属性：用于传回或设置Session对象变量的有效时间。每个联机的客户端都是独立的Session，Server端需要额外的资源来管理这些Session。当使用者超过一段时间没有动作时，就可以将Session释放。更改Session对象的有效期限的方法是设置TimeOut属性，该属性的默认值是20分钟，可以根据需要修改。

3.4.2 Session对象的方法

Session对象的方法主要有以下4个。

- Add方法：用于新增一个Session对象变量。
- Clear方法：用于清除所有的Session对象变量。
- Remove方法：用于以变量名称来移除Session对象变量。
- RemoveAll方法：用于清除所有的Session对象变量。

3.4.3 Session对象的应用

Session对象有Session_OnEnd和Session_OnStart两个事件，它们都是在Global.asa文件中定义的。Session对象的语法是：

```
Session.collection|property|method
```

创建和使用Session对象的方法如下，在该例中Seesion变量Counters的数值加1，并且将结果存储到Session ("Counters")。

```
Session("Counters") = Session("Counters") + 1
```

【例8】下面通过一个示例说明Session对象的基本用法，具体代码如下：

```
<% @ Page Language="C#" %>
<Script Language="C#" Runat="Server">
public void Page_Load(Object src,EventArgs e)
{
    Session["Name"] = "张三";
    Name.Text = Session["Name"].ToString( );
}
</script>
<html>
<head>
<title></title>
</head>
<body>
```

```
<form runat="server">
当前Session变量的值为:
<asp:Label id="Name" runat="server" />
</form>
</body>
</html>
```

将上面的代码保存为example08.aspx后执行的效果如图3-10所示。

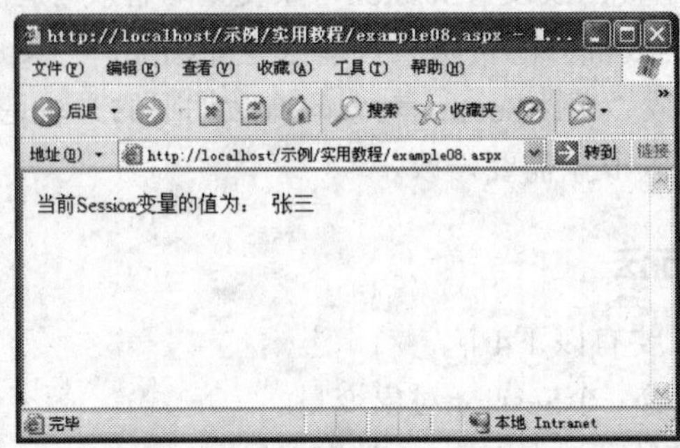

图3-10 example08.aspx的代码执行效果

3.5 Server对象

Server对象用于提供对服务器上的方法和属性的访问。使用Server对象，可以在服务器上启动ActiveX对象例程，并使用Active Server服务提供的函数。

3.5.1 Server对象的属性

Server对象的常用属性有两个。

- MachineName属性：用于返回服务器端的机器名。
- ScriptTimeout属性：用于返回请求超时的时间。

3.5.2 Server对象的方法

Server对象的方法主要有以下4个。

1. HTMLEncode方法

Server对象的HTMLEncode方法用于对特定的字符串进行HTML编码，使浏览器能显示正确的HTMLEncode字符串。比如：

```
<% Response.write Server.HTMLEncode("Server对象< br> 显示正确的HTMLEncode字符串")%>
```

2. URLEncode方法

Server对象的URLEncode方法可以根据URL规则对字符串进行正确编码。当字符串数据以URL的形式传递到服务器时，在字符串中不允许出现空格，也不允许出现特殊字符。为此，如果要在发送字符串之前进行URL编码，便可以使用Server.URLEncode方法。比如：

```
<%Response.Write(Server.URLEncode("http://www.chinabyte.com";)) %>
```

3. MapPath方法

MapPath方法将指定的相对或虚拟路径映射到服务器上相应的物理目录上。其语法是：

```
Server.MapPath(Path)
```

Path指定要映射物理目录的相对或虚拟路径。若Path以一个正斜杠（/）或反斜杠（\）开始，则MapPath方法返回路径时将Path视为完整的虚拟路径。若Path不是以斜杠开始，则MapPath方法返回同.asp文件中已有的路径相对的路径。这里需要注意的是MapPath方法不检查返回的路径是否正确或在服务器上是否存在。比如：

```
<%= server.mappath(Request.ServerVariables("PATH_INFO"))%>
```

4. CreateObject方法

Server.CreateObject方法用于创建已经注册到服务器上的ActiveX组件实例。使用ActiveX组件能够扩展ActiveX的能力，从而实现数据库连接、文件访问、广告显示等功能。

Server.CreateObject的语法如下：

```
Server.CreateObject("Component Name")
```

默认情况下，由Server.CreateObject方法创建的对象具有页作用域。要创建有会话或应用程序作用域的对象，可以使用<Object>标记并设置Session或Application的Scope属性，也可以在对话及应用程序变量中存储该对象。比如：

```
<% Set Session("ad") = Server.CreateObject("MSWC.AdRotator")%>
```

3.5.3 Server对象的应用

下面通过一个示例说明Server对象的基本用法。

【例9】 HTMLEncode方法的应用，具体代码如下：

```
<Html>
  <Script Runat="Server">
    Sub Page_Load(Sender As Object,e As Eventargs)
      Dim strHtmlContent As String
     strHtmlContent=Server.HtmlEncode("<B>在世界足坛的发展过程中，边路进攻一直是各支
球队重视的武器，本届世界杯上，涌现出了多位边翼突破的好手，他们为各自的球队注入了活力，也增加
了比赛的观赏性。</B>")
      strHtmlContent=Server.HtmlDecode(strHtmlContent)
      Response.Write(strHtmlContent)
    End Sub
  </Script>
</Html>
```

使用Server.HtmlEncode方法将<B>…</B>之间的内容编码，再利用Server.HtmlDecode方法把编码后的结果译码还原，使页面仅显示HTML标注，如图3-11所示。

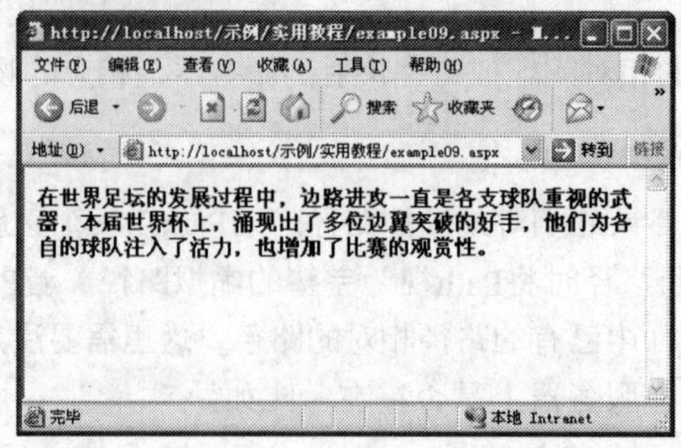

图3-11　对特定的字符串进行HTML编码

3.6　Cookie对象

Cookie也是一种集合对象，主要用于保存数据。不过，与Application和Session对象不同，Cookie对象是将数据保存在客户端，而Application和Session对象将数据存放于Server端。

3.6.1　Cookie对象的语法

Cookie对象不隶属于Page对象，其用法和Application和Session对象不同。Cookie对象分别属于Request对象和Response对象，每一个Cookie变量都被Cookie对象所管理。

存储Cookie变量时，需要借助于Response对象的Cookies集合；其具体语法如下：

```
Response.Cookies(Name  As  String).Value="要存储的数据"
```

要取回Cookie，可以使用Request对象的Cookies集合，将指定的Cookie返回。具体语法如下：

```
变量=Request.Cookies(Name  As  String).Value
```

3.6.2　Cookic对象的属性和方法

Cookie对象常用的属性和方法如下。

- All属性：用于返回全部Cookie变量到一个数组中。
- AllKeys属性：用于返回全部Cookie变量的名称到一个字符串型态的数组中。
- Count属性：用于返回Cookie变量的数量。
- Item属性：用Cookie的变量名或索引值来返回Cookie变量的内容。
- Add方法：新增一个Cookie变量到Cookies集合中。
- Clear方法：将Cookies集合内的变量全部清除。
- Get方法：用Cookie变量名或索引值返回Cookie变量的值。
- GetKey方法：用索引值取回Cookie变量名。
- Set方法：更新一个Cookie变量的值。

Cookie变量的常用属性如下。

- Expires属性：用于设置Cookie变量的有效时间，其默认值是1000分钟。如果将其设置为0，便可以实时删除Cookie变量。指定Cookie变量的Expires属性的语法如下：

```
Response.Cookies(CookieName).Expires=#日期#
```

- Name属性：用于获取Cookie变量的名称。
- Value属性：用于获取或设置Cookie变量的内容值。

3.6.3　Cookie对象的应用

下面通过一个示例说明Cookie对象的基本用法。

【例10】增加两个Cookie，具体代码如下：

```
<Html>
  <Script Runat="Server">
    Sub Page_Load(Sender As Object,e As Eventargs)
      Dim shtI As Short
      Response.Cookies("Cookie1").Value="《ASP.NET与SQL网站开发实用教程》"
      Response.Cookies("Cookie2").Value="动态网页"
        For shtI=0 To Request.Cookies.Count-1
          Response.Write("变量名：" & Request.Cookies.Item(shtI).Name & "<br>变量值："
& Request.Cookies.Get (shtI).Value & "<br>")
        Next
      Response.Cookies.Clear( )
    End Sub
  </Script>
</Html>
```

在本例中，采用For…Next循环分别利用Cookies集合的Item属性和Get方法将Cookie变量返回，其执行效果如图3-12所示。

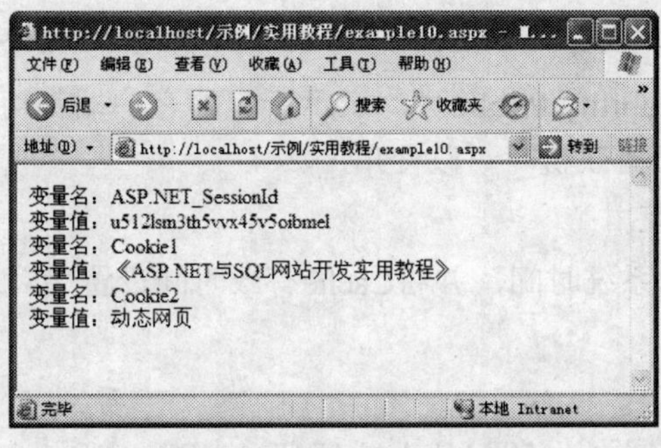

图3-12　新增Cookie变量

3.7　Cache对象

Cache（缓存）是计算机中最常用的一种技术，主要用于将输出的数据先存入内存中，在需要输出数据时直接从内存取得数据来作为输出，从而极大地提高效率。ASP.NET提供了一个Cache对象，它包括Output Cache和Data Cache两种缓存方式。

3.7.1 Output Cache（输出缓存）

在首次执行aspx网页时，Web程序会先被编译为IL格式，然后再执行。不过，在执行IL和输出网页期间，还可以开启Cache的功能。这样，当aspx网页首被执行时，会先被编译成IL格式，然后再将执行的结果储存在Output Cache中，最后从Output Cache中下载至客户端的浏览器。此后，如果要输出网页，只要原来网页的内容没有变化并且缓存中有数据，就可以从Cache中直接将网页的内容下载给使用者。

1. Output Cache的属性和方法

Output Cache常用的属性和方法如下。

- SetExpires属性：用于设置Cache的有效时间。
- SetCacheability方法：用于设置Cache的有效范围。
- SetNoServerCaching方法：用于使Server停止对当前的输出进行Cache动作。

2. 启动Output Cache

启动输出缓存的方法是，在网页的开头添加上下面的代码：

```
<%@ OutputCache Duration="秒数"%>
```

其中，Duration代表缓存在内存中保存的时间，在该段时间内，将使用缓存内的网页数据，直到超过所设置的时间后才进行更新。

Output Cache也可以利用程序来控制。由于Cache对象属于Response对象，要使用Cache，就需要用于“Response.Cache.属性或方法”的语法来使用Output Cache。设置输出缓存的有效时间的语法如下：

```
Response.Cache.SetExpires(时间)
```

SetCacheability方法可以设置Cache的有效范围，其语法如下：

```
Response.Cache. SetCacheability (HttpCacheability.Public lHttpCacheability.Private)
```

当参数为HttpCacheability.Public时，表示所有的客户端都可以使用该Cache。而参数HttpCacheability.Private只有联机时可以使用。

3. Output Cache的应用

【例11】显示当前系统时间，并将Cache有效时间设置为5秒。具体代码如下：

```
<Html>
   <Form Runat="Server">
      当前系统时间为：<ASP:Label Id="lblTime" Runat="Server" />
   </Form>

   <Script Runat="Server">
      Sub Page_Load(Sender As Object,e As EventArgs)
         Response.Cache.SetExpires(DateTime.Now.AddSeconds(5))
         Response.Cache.SetCacheability(HttpCacheability.Public)
         lblTime.Text=Format(Now( ), "hh:mm:ss")
      End Sub
```

```
    </Script>
</Html>
```

上述代码执行的效果如图3-13所示，所显示的时间在5秒钟内不能被刷新，只有5秒后才能更新。

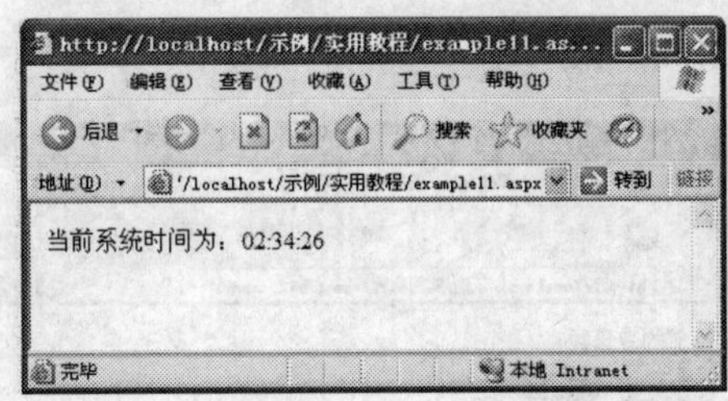

图3-13　设置时间显示的缓存为5秒

3.7.2　Data Cache（数据缓存）

使用Data Cache的目的是提高网页执行的效率。Data Cache只能用于单一的变量或对象，其用法和Session对象相似，也是Page对象的属性成员，不需要事先进行声明。

1. Data Cache的属性和方法

Data Cache的主要属性和方法如下。

- Count属性：用于返回Cache变量的数量。
- Item属性：用变量名来设置或返回Cache变量的值。
- MaxItems属性：用于返回或设置Cache变量的最大数量，如果新增的变量数量超过该值，较旧的Cache变量将会被自动删除。
- Get方法：用变量名称来返回变量值。
- Insert方法：增加Cache变量。
- Remove：用变量名来删除Cache变量。

2. Data Cache的应用

数据缓存的语法如下：

```
Cache("变量名")="变量值"
```

下面通过一个简单的示例来说明。

【例12】 添加和显示Cache变量，具体代码如下：

```
<Html>
    <Script Runat="Server">
      Sub Page_Load(Sender As Object,e As Eventargs)
            Cache("Cache01")="股票"
            Cache.Insert("Cache02","房地产")
            Dim obj As Object
            Response.Write("Cache 当前的变量数有：" & Cache.Count & "个<br>")
            For Each obj In Cache
              Response.Write("Cache变量名为：" & obj.Key & "<br>" & "Cache变量值是：
```

```
" & Cache(obj.Key).ToString & "<br>")
                    Next
                End Sub
            </Script>
        </Html>
```

上述代码的执行效果如图3-14所示。

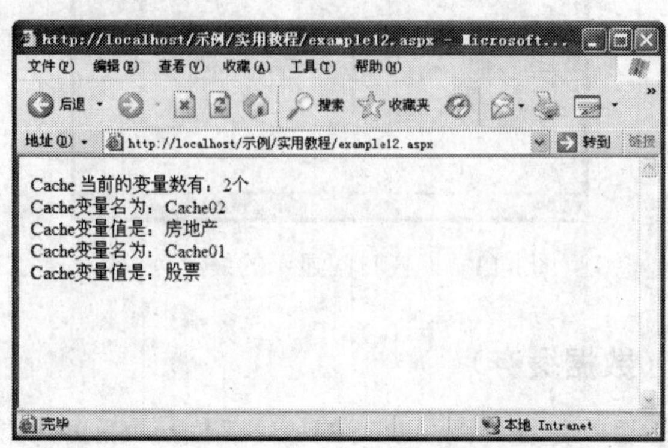

图3-14　添加和显示Cache变量

本章要点小结

本章介绍了ASP.NET的常用内置对象，下面对本章的重点内容进行小结。

（1）ASP.NET的内置对象主要包括Response、Request、Application、Session、Server、Cookie和Cache等，每个对象都有各自的属性（Property）、方法（Method）、集合（Collection）或事件（Event）。

（2）Response对象主要用于将数据信息输出到客户端的浏览器上。其应用范围比较广泛，最常用的有向浏览器输出字符串、网页转向和停止输出等。

（3）Request对象则用于从浏览器上获取相关信息。Request对象常用的3种取得数据的方法分别是：Request.Form、Request.QueryString和Request。

（4）Application对象能使给定应用程序的所有用户共享公用信息，也可作为多个请求连接之间进行信息传递的桥梁。

（5）使用Session对象，可以在不同的ASP.NET程序之间进行信息共享。Session对象变量只针对单一网页使用者，不同电脑的Session对象变量不同，不能互相存取。Session对象有Session_OnEnd和Session _OnStart两个事件，它们都是在Global.asa文件中定义的。

（6）Server对象用于提供对服务器上的方法和属性的访问。使用Server对象，可以在服务器上启动ActiveX对象例程，并使用Active Server服务提供的函数。Server对象的方法主要有HTMLEncode方法、URLEncode方法、MapPath方法和CreateObject方法等。

（7）Cookie也是一种集合对象，主要用于将数据保存在客户端。Cookie对象分别属于Request对象和Response对象，每一个Cookie变量都被Cookie对象所管理。

（8）Cache（缓存）是计算机中最常用的一种技术，主要用于将输出的数据先存入内存中，在需要输出数据时直接从内存取得数据来作为输出，从而极大地提高效率。ASP.NET

的Cache对象包括Output Cache和Data Cache两种缓存方式。

习题

选择题

（1）Response对象的（ ）属性用于返回当前网页缓存的设置。

A）Cache B）Cookie C）Suppress D）Content

（2）Response.Write可以向浏览器输出字符串、HTML标记或变量。Response.Write的操作是由（ ）解释并执行的。

A）浏览器 B）表单 C）客户端 D）服务器

（3）在ASP.NET程序中使用（ ）方法的代码行，便会自动停止输出数据。

A）Response.Write B）Response.Close

C）Response.WriteFile D）Response.End

（4）要利用Request读取其他页面提交的数据，既可以通过（ ）来提交，也可以使作超级链接后面的参数来提交。

A）标识 B）对话框 C）按钮 D）表单

（5）Application对象的（ ）方法用于根据标识从Application对象的Stat集合中删去对象。

A）Add B）Remove C）Clear D）GetKey

（6）Session对象的方法主要用于清除所有的Session对象变量。

A）Add B）Remove C）Clear D）GetKey

（7）Server.（ ）方法用于创建已经注册到服务器上的ActiveX组件实例。

A）MapPath B）URLEncode C）CreateObject D）HTMLEncode

（8）存储Cookie变量时，需要借助于Response对象的（ ）集合。

A）Session B）End C）Cookies D）Stat

填空题

（1）每个对象都有各自的________、________、________或________。

（2）Response对象最常用的应用有________、网页转向和________等。

（3）________对象用于程序运行结果送到浏览器上显示，而________对象则用于从浏览器上获取相关信息。

（4）要获取部分客户端信息，只需使用Request对象的________，如客户所使用的操作系统版本、浏览器版本和客户端IP地址等。

（5）在Application对象的生命周期开始时，________事件便会被启动，而当Application对象的生命周期结束时，________事件也会被启动。

（6）Session对象的功能和________对象一样，都用来储存跨网页程序的变量或是对象，但Session对象变量只针对________使用者，不同电脑的Session对象变量不同，不能互相存取。

（7）Session对象有Session_OnEnd和Session _OnStart两个事件，它们都是在________文件中定义的。

（8）Server对象的HTMLEncode方法用于________，使浏览器能显示正确的HTML-Encode字符串。

（9）要取回Cookie，可以使用Request对象的________集合，将指定的Cookie返回。

（10）ASP.NET提供了一个Cache对象，它包括________和________两种缓存方式。

简答题

（1）ASP.NET提供了哪些主要的内置对象？它们的功能分别是什么？

（2）简述Response对象的属性和方法。

（3）Request对象的主要属性和方法分别有哪些？

（4）如何从浏览器获取信息？如何获取客户端信息？

（5）Application对象的属性、方法和事件分别有哪些？

（6）Session对象的属性、方法分别有哪些？

（7）举例说明Server对象的主要方法。

（8）简述Cookie对象的语法规则、属性和方法。

（9）Cache对象包括哪些缓存方式？各有何特点？

第4章　ASP.NET的控件

控件是一种具有方法、事件和属性的简单组件。使用控件，可以很容易地控制网页程序。ASP.NET提供了一系列方便用户编写动态网页程序的控件，如HTML服务器控件、Web服务器控件等。本章将介绍ASP.NET的主要控件基础知识和应用，重点介绍以下内容：

- ASP.NET控件的基本概念
- Web服务器控件及其应用
- HTML控件及其应用
- 自定义控件和数据验证控件初步

4.1　认识控件

控件在本质上是一个可重用的组件或者对象，它是Web页面中常用的对象之一。不同的控件具有不同的外观、不同的数据和方法，不少控件还能响应事件。在网页中常常见到的文本框、按钮、列表框等都是控件。

为了让读者初步感受控件的功能和用法，本节先通过制作如图4-1所示的“出错页面”来介绍控件。

xyxx.ik8.com
您访问的页面目前出现了问题，请稍候 访问，或者通过邮件通知我：lmq888@sanchuang.com
返回 → xyxx.ik8.com

图4-1　“出错页面”浏览效果

具体制作过程如下：

（1）选择【开始】|【所有程序】| Microsoft Visual Studio.NET 2003 | Microsoft Visual Studio.NET 2003命令，启动Microsoft Visual Studio.NET 2003。

（2）选择【文件】|【新建】|【项目】命令，出现“新建项目”对话框，在“项目类型”列表中选择“Visual C#项目”，在“模板”列表中选择“ASP.NET Web应用程序”，如图4-2所示。

（3）单击【确定】按钮，新建一个项目。

（4）在解决方案资源管理器中将系统默认的WebForm1.aspx重命名为error.aspx，如图4-3所示。

（5）选中文件error.aspx，单击页面窗口下方的HTML按钮，进入代码编辑视图，如图4-4所示。

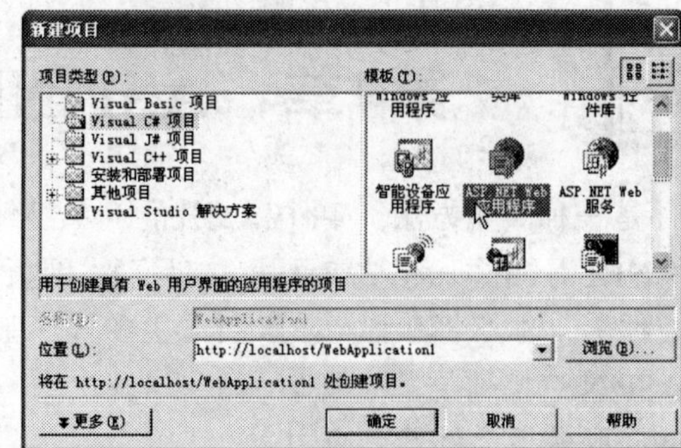

图4-2　新建项目

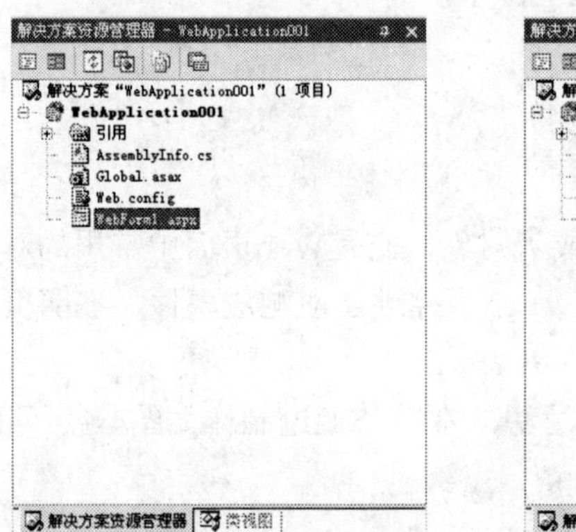
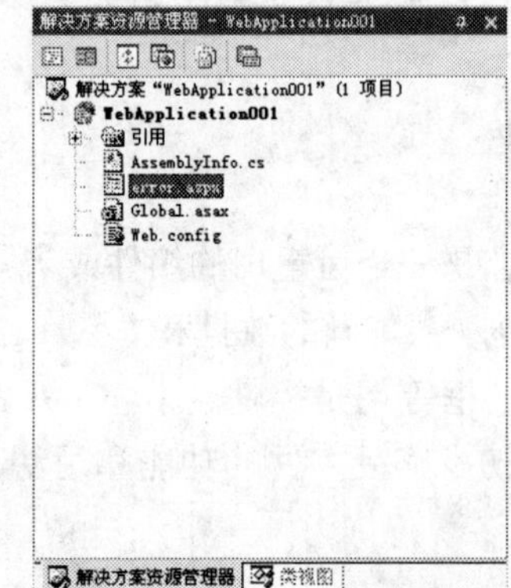

图4-3　文件重命名

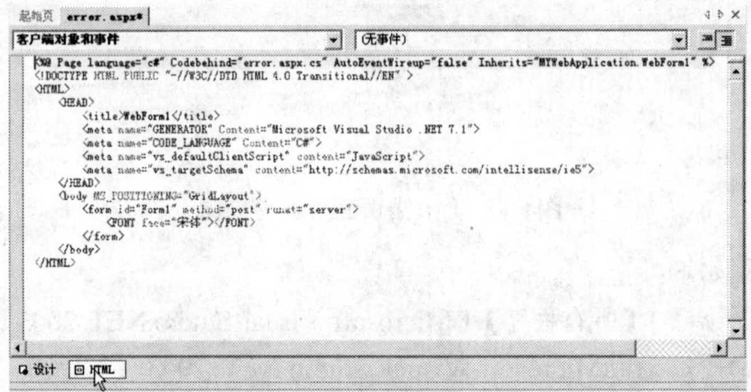

图4-4　进入代码编辑视图

（6）选中代码编辑视图的全部内容，按Delete键将自动生成的代码删除，然后输入如图4-5所示的源代码，该段源代码为“出错页面”的代码。

代码的具体内容如下：

```
<html>
    <head>
            <title>§友情提示§</title>
            <meta http-equiv="Content-Language" content="zh-cn">
```

```
            <meta http-equiv="Content-Type" content="text/html; charset=gb2312">
            <style> <!-- body { font-family: 宋体; font-size: 9pt }
    -->
            </style>
    </head>
    <body>
            <p></p>
            <p></p>
            <p></p>
            <p></p>
            <p align="center"><IMG height="120" src="logo.gif" width="150" border="0"><br>
                    <font color="#ff9933"><span style="FONT-SIZE: 9pt">
                                    <br>
                                    §友情提示§<br>
                                    <br>
                            </span></font><font color="#666699"><span style="FONT-SIZE: 9pt">
您访问的页面目前出现了问题，请稍候
                                    访问，或者通过邮件通知我：</span><font style="FONT-SIZE:
8pt" face="Verdana"><A href="mailto:lmq888@sanchuang.com">lmq888@sanchuang.com</A></font></
font></p>
            <p align="center"><font color="#666666">返回 → </font><font style="FONT-SIZE:
8pt" face="Verdana" color="#666699">
                            <a style="TEXT-DECORATION: none" href="http://
xyxx.ik8.com"><font color="#666666">
                                    xyxx.ik8.com</font></a></font></p>
    </body>
  </html>
```

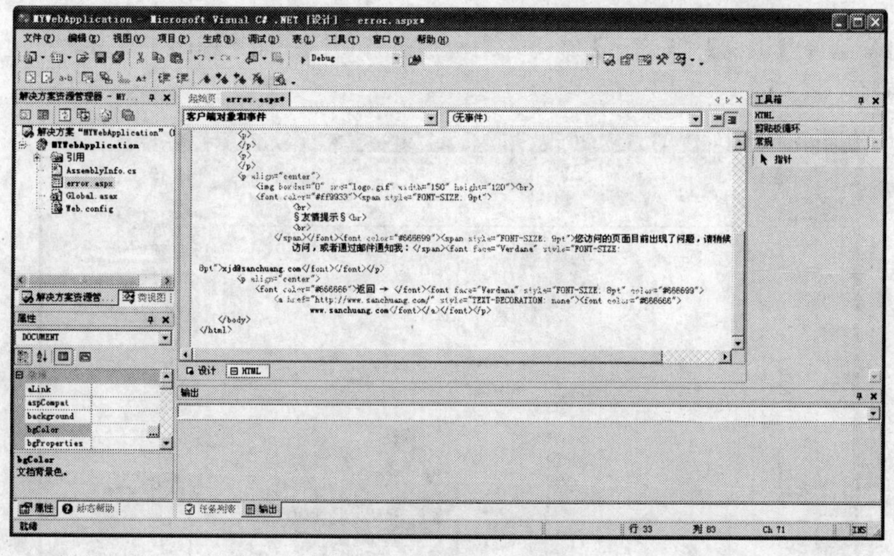

图4-5　输入源代码

提示：在上述代码中，用到了一个用来控制图片显示的图像控件IMG。

（7）单击“设计”按钮切换到设计视图，此时便能预览到代码执行的效果，如图4-6所示。

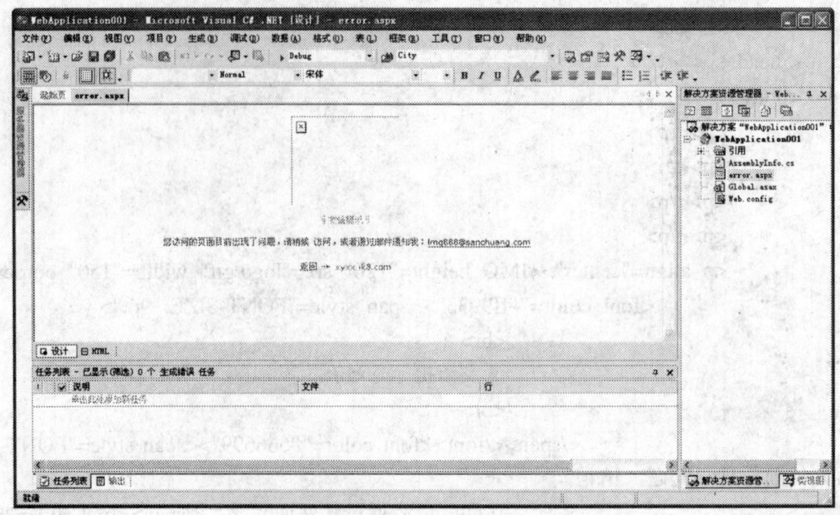

图4-6　预览代码执行效果

图4-7　加入图片的效果

（8）此时，页面中所需的图片不能正确显示，这是由于没有将程序中由控件指定的图像文件logo.gif保存在指定的路径中。可以通过复制等方法将logo.gif文件复制到站点路径下（如C:\Inetpub\wwwroot\WebApplication001）。再次预览，效果如图4-7所示。

（9）选择【调试】|【启动】命令，对程序进行调试，如果程序正常，将出现如图4-8所示的界面。

图4-8　调试效果

（10）发布后，还可以在IE中浏览页面效果，如图4-9所示。

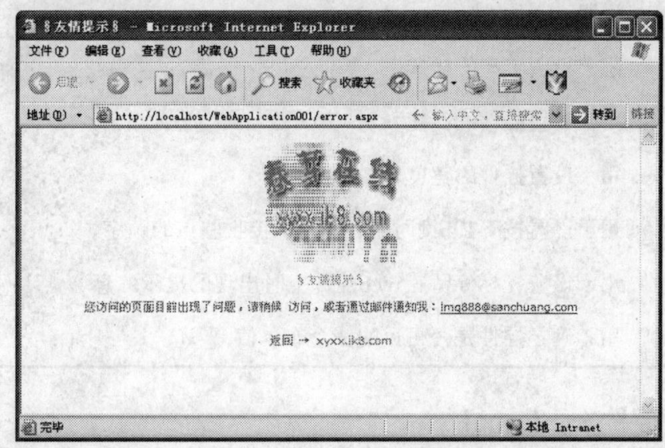

图4-9　在IE中浏览的效果

4.2　Web服务器控件

Web服务器控件是创建在服务器上并需要runat="server"属性来工作的。建立一个Web服务器控件的语法是：

```
<asp:control_name id="some_id" runat="server" />
```

本节将介绍主要Web服务器控件的功能和用法。

4.2.1　Web服务器控件的一般属性

Web服务器控件具有一些常用的属性（见表4-1），只有了解这些属性的含义，才能根据需要在程序中使用相应的控件。

表4-1　Web控件的一般属性

属性	说明
AccessKey	用于指定键盘的快捷键。可以将该属性的内容指定为数字或是英文字母。指定后，按下键盘上的Alt键加上所指定的值，就能选择该相应的控件
Backcolor	用于设置对象的背景色
BorderWidth	用于设置控件的边框宽度
Bordercolor	用于设置控件的外框颜色
BorderStyle	用于设置对象的外框样式，可选项有：Notset（默认值）、None（无外框）、Dotted（外框为小点的虚线）、Dashed（外框为大点虚线）、Solid（外框为实线）、Double（外框为Solid两倍的实线）、Groove（3D凹陷式外框）、Ridge（3D突起式外框）、Inset（使对象呈陷入状）、Outset（使对象呈突起状）
Enabled	用于决定控件是否正常工作。其默认值为True，如果要让控件失去作用，只需将Enabled属性值设为False即可

（续表）

属性	说明
Font	用于设置字型的样式
Height	用于设置控件的高度
Width	用于设置控件的宽度
TabIndex	用于设置按下Tab键时，Web控件接收驻点的顺序
ToolTip	用于设置光标停留在Web控件上时出现的提示信息
Visible	用于确定控件是否可见的一个布尔值

4.2.2 文本标签控件——Label

Label控件用于在页面中指定的位置显示可编程的静态文本。但和普通静态文本不同，其标签的Text属性可用编程方式来设置。下面通过示例说明Label控件的用法。

```
<html>
<head>
    <script language="C#" runat="server">
        void Button1_Click(Object Sender, EventArgs e) {
            Label1.Text = System.Web.HttpUtility.HtmlEncode(Text1.Text);
        }
    </script>
</head>
<body>
    <form runat="server">
            <asp:Label id="Label1" Text="标签" Font-Name="宋体" Font-Size="9pt" Width=
"100px" BorderStyle="solid"
            BorderColor="#0000FF" runat="server"/>
        <p>
        <asp:TextBox id="Text1" Text="可以在此输入文本，然后单击【复制】按钮将其复制
到标签上。" Width="368px"
runat="server" />
        <asp:Button id="Button1" Text="复制" OnClick="Button1_Click" Runat="server"/>
    </form>
</body>
</html>
```

上述代码的执行效果如图4-10所示。

4.2.3 可编程的静态文本控件——Literal

Literal控件用于显示可编程的静态文本内容。下面通过示例说明其用法。

图4-10　Label控件执行效果

```
<script  runat="server">
Sub Page_Load(Src As Object, E As EventArgs)
    DIM counter as integer
    DIM sb1 as new stringbuilder
    FOR counter=1 TO 50
        sb1.Append(counter)
        IF counter MOD 10 = 0 THEN
            sb1.Append("<br>")
        ELSE
            sb1.Append(" ")
        END IF
    NEXT COUNTER
    lit1.Text=sb1.ToString( )
    litTime.text=DateTime.Now.ToString("G")
End Sub
</script>

<html>
<head>
    <title>Literals Rock</title>
    </head>
    <body bgcolor="#FF99CC">
       <form runat="server">
          <asp:literal id="lit1" runat="server"/>
          <asp:Table runat="server" GridLines="both" BorderWidth="1px">

          <asp:TableRow>
          <asp:TableCell>当前时间为：  </asp:TableCell>
          <asp:TableCell><asp:literal id="litTime" runat="server"/></asp:TableCell>
          </asp:TableRow>
          </asp:Table>
       </form>
</body>
</html>
```

上述代码的执行效果如图4-11所示。

4.2.4 文本输入控件——TextBox

文本输入控件用于让用户在Web页面上输入文本。默认情况下，TextBox的TextMode为SingleLine，但是可通过将TextMode设置成Password或者MultiLine来修改TextBox的行为。TextBox的显示宽度由Columns属性确定。如果TextMode为MutliLine，那么TextBox的显示高度由Rows属性确定。

下面举例说明其基本用法：

```
<html>
<head>
<body>

    <form runat="server">

        <asp:TextBox id="Text1" Text="请在此输入文本" Width="200px" runat="server"/>

    </form>

</body>
</html>
```

上述代码的执行效果如图4-12所示。

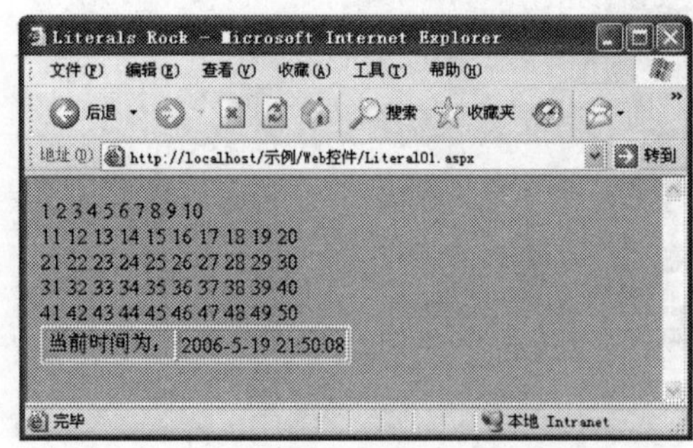

图4-11　Literal控件执行效果

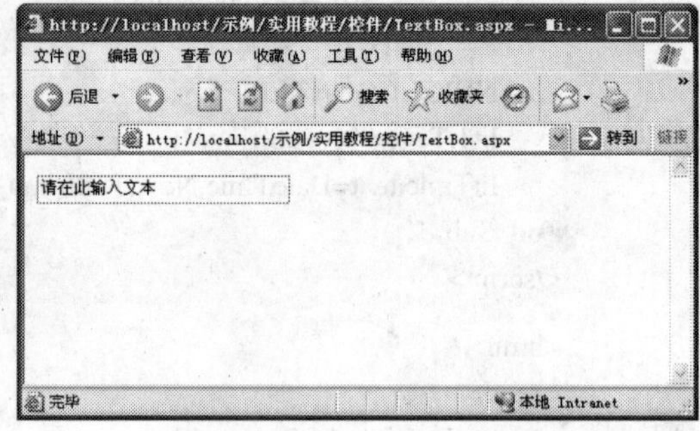

图4-12　TextBox控件执行效果

4.2.5 复选控件——CheckBox

在日常信息输入中，总会遇到这样的情况，输入的信息只有两种可能性（如性别），如果采用文本输入的话，一者输入繁琐，二者无法对输入信息的有效性进行控制，这时如果采用复选控件（CheckBox），就会大大减轻数据输入人员的负担，同时输入数据的规范性得到了保证。

CheckBox的使用比较简单，主要使用Id属性和Text属性。Id属性指定对复选控件实例的命名，Text属性主要用于描述选择的条件。另外当复选控件被选择以后，通常根据其Checked属性是否为真来判断用户选择与否。

CheckBox控件用于显示一个复选框，下面通过示例说明CheckBox控件的用法。

```
<script  runat="server">
    Sub Check(sender As Object, e As EventArgs)
```

```
        if check1.Checked then
            work.Text=home.Text
        else
            work.Text=""
        end if
    End Sub
</script>

<html>
<body>

<form runat="server">
<p>Home Phone:
<asp:TextBox id="home" runat="server" />
<br />
Work Phone:
<asp:TextBox id="work" runat="server" />
<asp:CheckBox id="check1"
Text="Same as home phone" TextAlign="Right"
AutoPostBack="True" OnCheckedChanged="Check"
runat="server" />
</p>
</form>

</body>
</html>
```

上述代码的执行效果如图4-13所示。

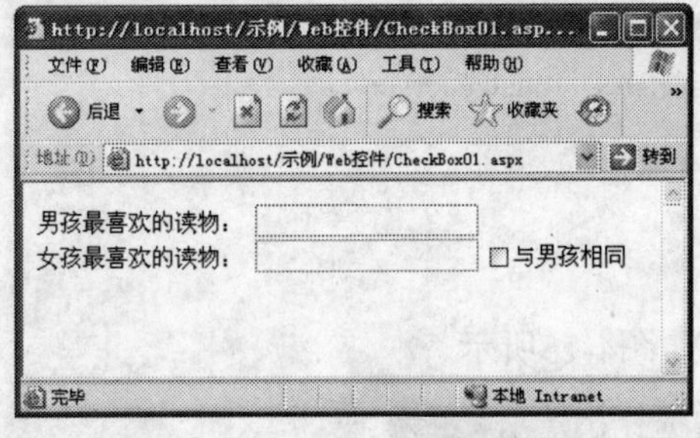

图4-13　CheckBox控件执行效果

在“男孩最喜欢的读物”框中输入文本后，如果选中“与男孩相同”复选项，将自动为“女孩最喜欢的读物”文本框填写上和男孩相同的内容，如图4-14所示。

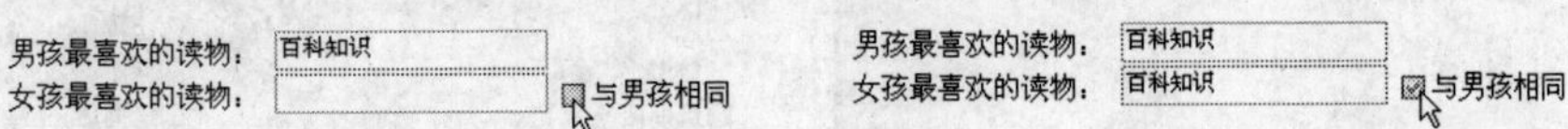

图4-14　自动添加内容

4.2.6　复选框组控件——CheckBoxList

CheckBoxList控件用于创建一个多选的复选框组，其中的每个可选项也由ListItem元素来定义。下面通过示例说明CheckBoxList控件的用法。

```
<script  runat="server">
    Sub Check(sender As Object, e As EventArgs)
      dim i
      mess.Text="<p>你选择的选项有：</p>"
         for i=0 to check1.Items.Count-1
             if check1.Items(i).Selected then
               mess.Text+=check1.Items(i).Text + "、"
             end if
         next
    End Sub
</script>

<html>
<body>

   <form runat="server">
      请选择你周末主要的休闲方式：
      <asp:CheckBoxList id="check1" AutoPostBack="True"
         TextAlign="Right" OnSelectedIndexChanged="Check"
          runat="server">
          <asp:ListItem>看电视</asp:ListItem>
          <asp:ListItem>上网</asp:ListItem>
          <asp:ListItem>旅游</asp:ListItem>
          <asp:ListItem>逛商店</asp:ListItem>
          <asp:ListItem>访友</asp:ListItem>
     </asp:CheckBoxList>
     <br />
     <asp:label id="mess" runat="server"/>
  </form>

</body>
</html>
```

上述代码的执行效果如图4-15所示。

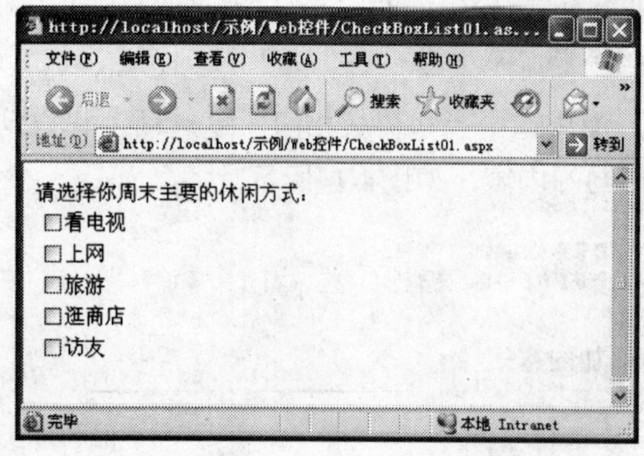

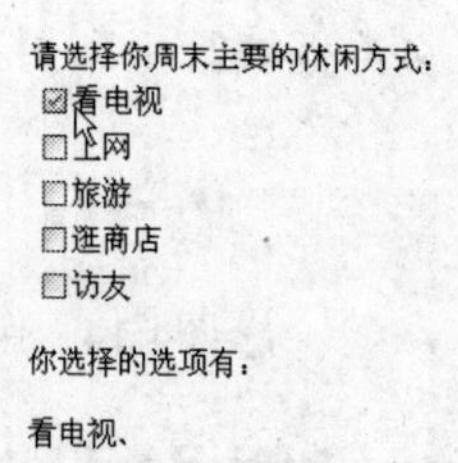

请选择你周末主要的休闲方式：
看电视
上网
旅游
逛商店
访友
你选择的选项有：
看电视、旅游、访友、

图4-15　CheckBoxList控件执行效果

4.2.7 内容交错的单选控件——RadioButton

RadioButton控件用于将某个组中的单选按钮与页面中的其他内容交错。该控件的选择可能性不一定是两种，可以是有限种可能性，但只能从中选择一种结果。

RadioButton的主要属性有Id属性、Text属性等，它依靠Checked属性来判断是否选中，但是与多个复选控件之间互不相关不同，多个单选控件之间存在着联系，要么是同一选择中的条件，要么不是。所以单选控件多了一个GroupName属性，它用来指明多个单选控件是否是同一条件下的选择项，GroupName相同的多个单选控件之间只能有一个被选中。

下面通过示例说明RadioButton控件的用法。

```
<html>
<head>

    <script language="C#" runat="server">
        void SubmitBtn_Click(Object Sender, EventArgs e) {
            if (Radio1.Checked) {
                Label1.Text = "当前的选择是：" + Radio1.Text + "操作系统";
            }
            else if (Radio2.Checked) {
                Label1.Text = "当前的选择是：" + Radio2.Text + "操作系统";
            }
            else if (Radio3.Checked) {
                Label1.Text = "当前的选择是：" + Radio3.Text + "操作系统";
            }
        }
    </script>

</head>
<body>
    <form runat=server>
        <h4>请选择您想安装的操作系统:</h4>
            <asp:RadioButton id=Radio1 Text="Windows 9x" Checked="True" GroupName=
"RadioGroup1" runat="server" /><br>
            <asp:RadioButton id=Radio2 Text=" Windows 2000" GroupName="RadioGroup1"
runat="server"/><br>
            <asp:RadioButton id=Radio3 runat="server" Text=" Windows XP" GroupName=
"RadioGroup1" /><br><br>
        <asp:button text="确定" OnClick="SubmitBtn_Click" runat=server/>
        <asp:Label id=Label1 font-bold="true" runat="server" />
    </form>

</body>
</html>
```

上述代码的执行效果如图4-16所示。

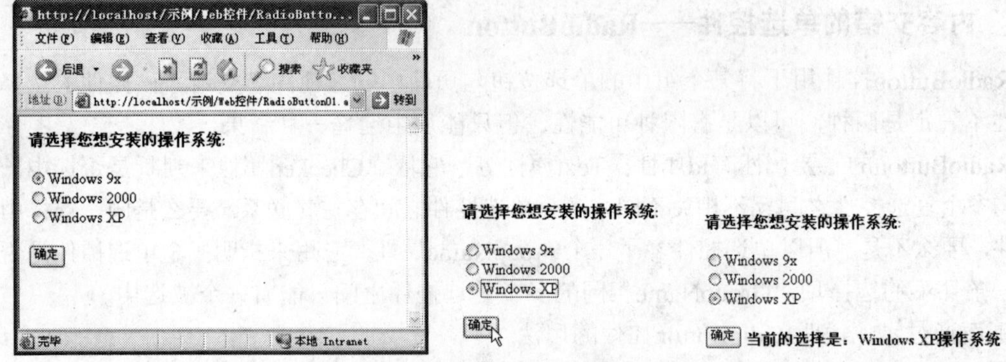

图4-16　RadioButton控件执行效果

4.2.8　单项选择列表控件——RadioButtonList

RadioButtonList控件用于提供已选中一个选项的单项选择列表。与其他列表控件相似，RadioButtonList有一个Items集合，其成员与列表中的每个项目相对应。要确定选中了哪些项，应测试每项的Selected属性。

RepeatLayout和RepeatDirection属性用来控制列表的表现形式。如果RepeatLayout值为Table，则项目将在表中呈现为列表；如果设置为Flow，则会在没有任何表结构的情况下表现为列表。默认情况下，RepeatDirection的值为Vertical，如果将该属性设置成Horizontal，将会使列表水平呈现。

下面通过示例说明RadioButtonList控件的用法。

```
<html>
<head>

    <script language="C#" runat="server">
        void Button1_Click(object Source, EventArgs e) {
            if (RadioButtonList1.SelectedIndex > -1) {
                Label1.Text = "你所选择的水果是：" + RadioButtonList1.SelectedItem.Text;
            }
        }
        void chkLayout_CheckedChanged(Object sender, EventArgs e) {
            if (chkLayout.Checked == true) {
                RadioButtonList1.RepeatLayout = RepeatLayout.Table;
            }
            else {
                RadioButtonList1.RepeatLayout = RepeatLayout.Flow;
            }
        }

        void chkDirection_CheckedChanged(Object sender, EventArgs e) {
            if (chkDirection.Checked == true) {
                RadioButtonList1.RepeatDirection = RepeatDirection.Horizontal;
            }
```

```
            else {
                RadioButtonList1.RepeatDirection = RepeatDirection.Vertical;
            }
        }
    </script>
</head>
<body>

    <h4><font face="黑体">请从下面的选项中选择一种你最喜欢的水果：</font></h4>
    <form runat=server>

        <asp:RadioButtonList id=RadioButtonList1 runat="server">
            <asp:ListItem>苹果</asp:ListItem>
            <asp:ListItem>西瓜</asp:ListItem>
            <asp:ListItem>香蕉</asp:ListItem>
            <asp:ListItem>桃子</asp:ListItem>
            <asp:ListItem>荔枝</asp:ListItem>
            <asp:ListItem>枇芭</asp:ListItem>
            <asp:ListItem>葡萄</asp:ListItem>
            <asp:ListItem>梨子</asp:ListItem>
        </asp:RadioButtonList>
        <p>
            <asp:CheckBox id=chkLayout OnCheckedChanged="chkLayout_CheckedChanged"
Text="以表格布局形式显示选项" Checked=true AutoPostBack="true"

    runat="server" />
        <br>
        <asp:CheckBox id=chkDirection OnCheckedChanged="chkDirection_CheckedChanged"
Text="用水平方式显示选项" AutoPostBack="true" runat="server"

    />
        <p>
        <asp:Button id=Button1 Text="提交" onclick="Button1_Click" runat="server"/>
        <p>
        <asp:Label id=Label1 font-size="9pt" runat="server"/>
    </form>

</body>
</html>
```

上述代码的执行效果如图4-17所示。如果选中“用水平方式显示选项”复选框，则选项会以水平的方式显示出来，如图4-18所示。

如果选中“以表格布局形式显示选项”复选框，则选项为以无边框的表格形式显示，如图4-19所示。选择其中某个选项后单击“提交”按钮，即可看到选项结果，如图4-20所示。

4.2.9 列表框控件——ListBox

列表框（ListBox）是在一个文本框内提供多个选项供用户选择的控件，其功能类似于下拉列表，但是没有显示结果的文本框。

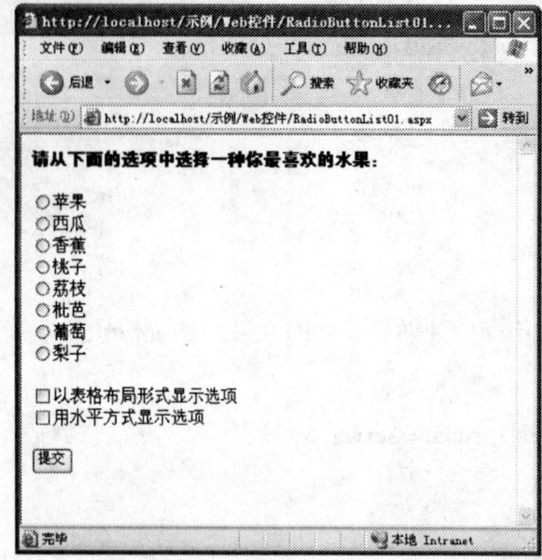

图4-17　RadioButtonList控件执行效果

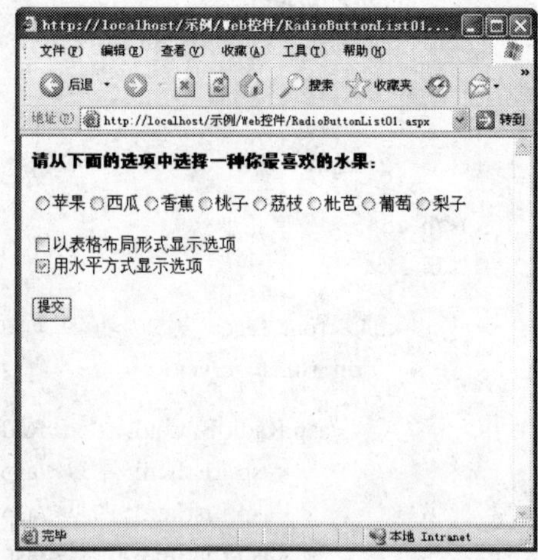

图4-18　以水平方式显示选项

请从下面的选项中选择一种你最喜欢的水果：

○苹果 ○西瓜 ○香蕉 ○桃子 ○荔枝 ○枇芭 ○葡萄 ○梨子

☑以表格布局形式显示选项
☑用水平方式显示选项

提交

图4-19　以无边框的表格形式显示选项

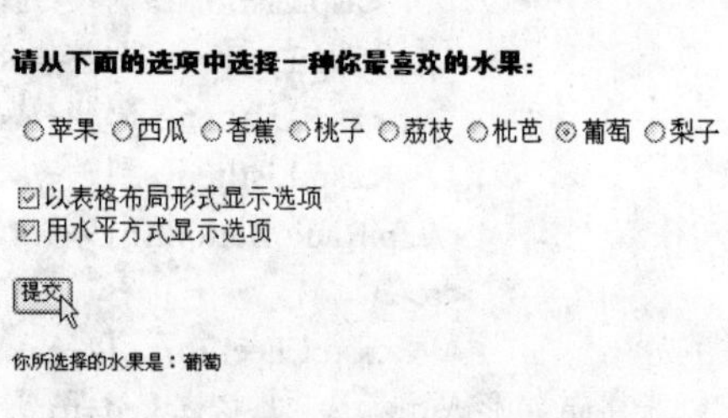

图4-20　提交结果

ListBox的属性和方法主要有以下这些。

· SelectionMode属性：用于决定控件是否允许多项选择。当其值为ListSelectionMode.Single时，表明只允许用户从列表框中选择一个选项；当值为List.SelectionMode.Multi时，可以用Ctrl键或者是Shift键结合鼠标，从列表框中选择多个选项。

· DataSource属性：指明数据的来源，可以为数组、列表、数据表。

· DataBind方法：将来自数据源的数据载入列表框的Items集合中。

下面通过一个示例说明ListBox控件的用法。

```
<html>
<head>

    <script language="C#" runat="server">
        void SubmitBtn_Click(Object Sender, EventArgs e) {
            if (ListBox1.SelectedIndex > -1) {
                Label1.Text="你所选择的选项是：" + ListBox1.SelectedItem.Text;
            }
        }

    </script>

</head>
<body>
```

```
        <form runat=server>
            <asp:ListBox id=ListBox1 Width="120px" runat="server">
                <asp:ListItem>炒股</asp:ListItem>
                <asp:ListItem>购买基金</asp:ListItem>
                <asp:ListItem>购买保险</asp:ListItem>
                <asp:ListItem>炒汇</asp:ListItem>
                <asp:ListItem>购置房产</asp:ListItem>
                <asp:ListItem>购买债券</asp:ListItem>
                <asp:ListItem>购买黄金</asp:ListItem>
            </asp:ListBox>

            <asp:button Text="提交" OnClick="SubmitBtn_Click" runat="server" />

            <p>

            <asp:Label id=Label1 font-name="宋体" font-size="10.5pt" runat="server"/>

        </form>

    </body>
    </html>
```

上述代码的执行效果如图4-21所示。

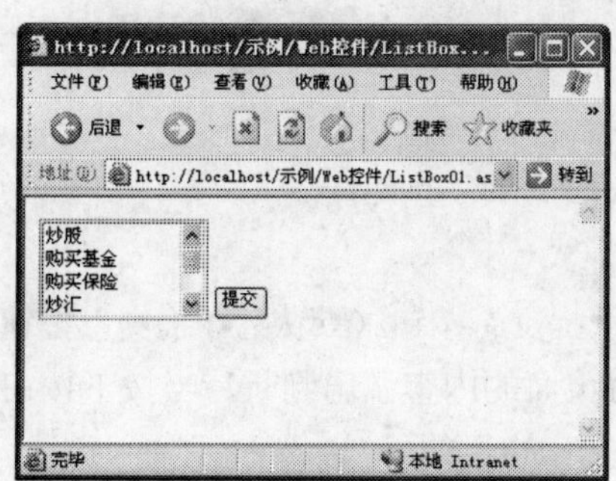

图4-21　ListBox控件执行效果

4.2.10　下拉列表控件——DropDownList

DropDownList控件用于创建下拉列表，其中每个可选项都是由一个ListItem元素来定义的。下面通过示例说明DropDownList控件的用法。

```
<script  runat="server">
    Sub submit(sender As Object, e As EventArgs)
        mess.Text="你周末最喜欢的休闲方式是： " & drop1.SelectedItem.Text
    End Sub
</script>

<html>
<body>

    <form runat="server">
            请选择你周末最喜欢的休闲方式：
```

```
            <asp:DropDownList id="drop1" runat="server">
            <asp:ListItem>看电视</asp:ListItem>
            <asp:ListItem>上网</asp:ListItem>
            <asp:ListItem>旅游</asp:ListItem>
            <asp:ListItem>逛商店</asp:ListItem>
            <asp:ListItem>访友</asp:ListItem>
        </asp:DropDownList>
        <asp:Button Text="确定" OnClick="submit" runat="server"/>
        <p><asp:label id="mess" runat="server"/></p>
    </form>
</body>
</html>
```

上述代码的执行效果如图4-22所示。

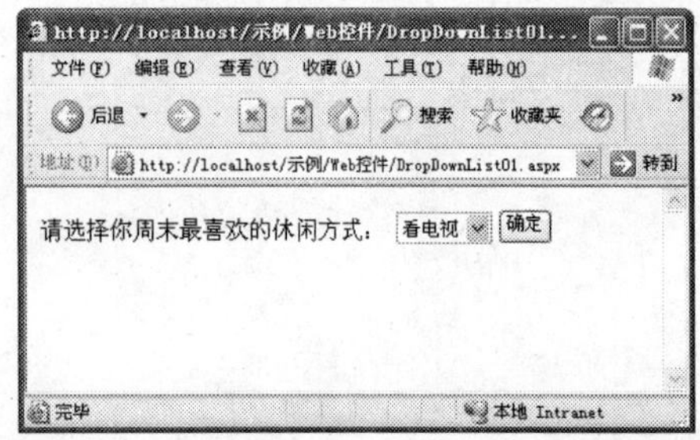

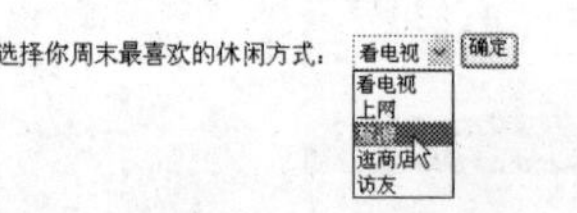

请选择你周末最喜欢的休闲方式： 旅游 确定

你周末最喜欢的休闲方式是：旅游

图4-22 DropDownList控件执行效果

4.2.11 按钮控件——Button

Button控件用于显示一个按钮，该按钮既可以是“提交”按钮（默认为“提交”按钮），也可以是“命令”按钮。按钮控件的目的是使用户对页面的内容做出判断，当按下按钮后，页面会对用户的选择做出一定的反应，达到与用户交互的目的。

提交按钮不需要命令名，单击该按钮时将把Web页面投递回服务器，可以编写一个事件句柄来控制提交按钮被单击时将要执行的操作。命令按钮具有命令名且允许在一个页面上创建多个按钮控件，可以编写一个事件句柄来控制命令按钮被单击时将要执行的操作。

Button控件的常用事件有以下3种。

- OnClick事件：用户按下按钮以后，即将触发的事件。可以利用该事件来实现对用户选择的确认、对用户表单的提交、对用户输入数据的修改等。
- OnMouseOver事件：用户的光标进入按钮范围触发的事件。
- OnMouseOut事件：用户光标脱离按钮范围触发的事件。

下面通过一个示例说明Button控件的用法。

```
<script  runat="server">
    Sub submit(Source As Object, e As EventArgs)
        button01.Text="奇妙吧！"
    End Sub
</script>
```

```
<html>
<body>

    <form runat="server">
        <asp:Button id="button01" Text="单击试试看！" runat="server" OnClick="submit"/>
    </form>

</body>
</html>
```

上述代码的执行效果如图4-23所示。

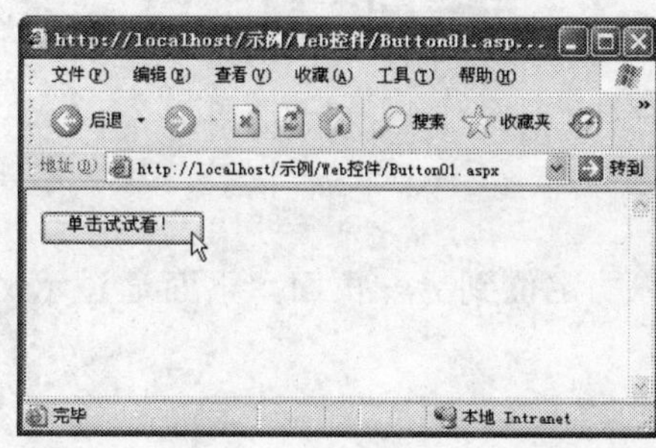

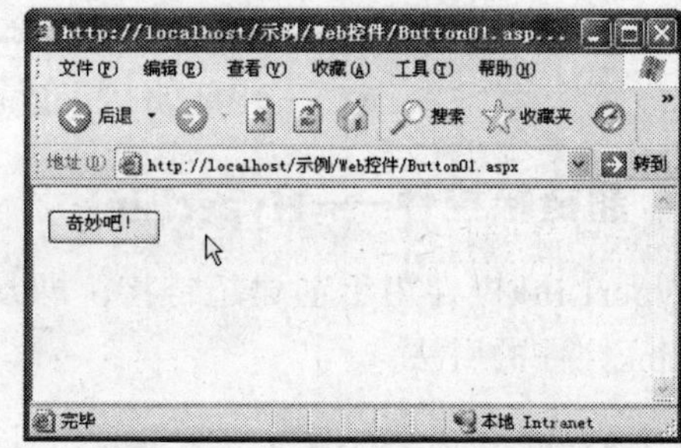

图4-23 Button控件执行效果

4.2.12 超链接按钮控件——LinkButton

LinkButton控件用于建立一个超链接按钮，将Web窗体页回发给服务器。下面通过示例说明LinkButton控件的用法。

```
<html>
<head>

    <script language="C#" runat="server">
      void LinkButton1_Click(Object sender, EventArgs e) {
          Label1.Text="这是一个链接按钮！";
      }
    </script>

</head>
<body>

    <form runat=server>
            <asp:LinkButton Text="单击试试看！" BorderStyle="solid" BorderColor="#0000FF"
onclick="LinkButton1_Click"

        runat="server"/>
              
            <asp:Label id=Label1 runat=server />
    </form>

</body>
</html>
```

上述代码的执行效果如图4-24所示。

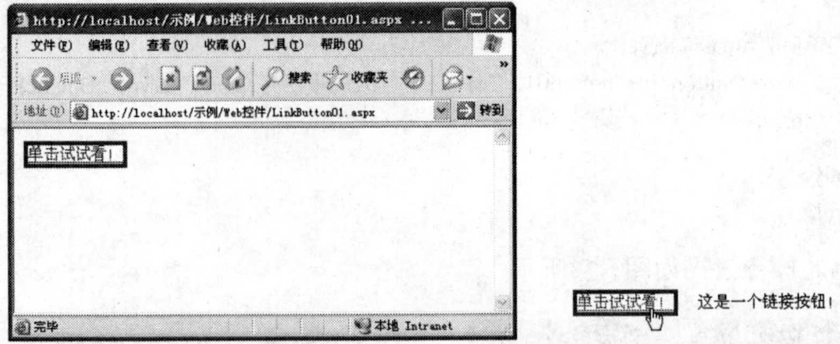

图4-24 LinkButton控件执行效果

4.2.13 超链接控件——HyperLink

HyperLink控件用于创建超链接，即从客户端定位到另一页面。下面通过示例说明HyperLink控件的用法。

```
<script runat="server">
    Sub Page_Load(sender As Object, e As EventArgs)
        HyperLink1.NavigateUrl = "http://www.chinabyte.com/"
    End Sub
</script>
<body>
    <form runat=server>
        <p>
        <asp:hyperlink id=HyperLink1 runat="server">
            跳转到“天极网”
        </asp:hyperlink>
    </form>
```

上述代码的执行效果如图4-25所示。

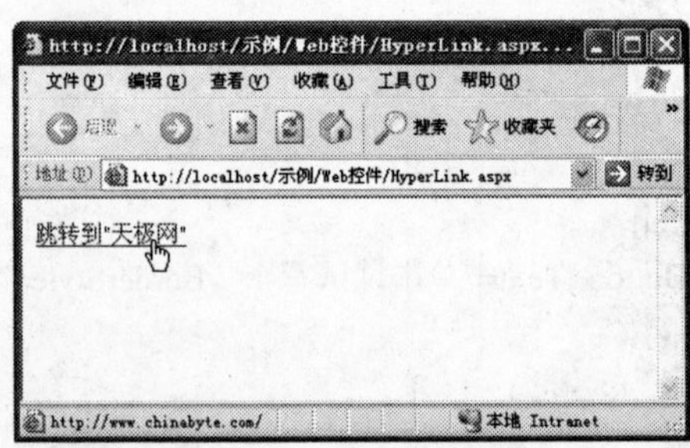

图4-25 HyperLink控件执行效果

4.2.14 图像控件——Image

Image控件用于在页面中显示由ImageUrl属性定义的图像。下面通过一个示例说明Image控件的用法。

```
<html>
<head>

    <script language="C#" runat="server">
        void SubmitBtn_Click(Object sender, EventArgs e) {
          Image1.ImageUrl=DropDown1.SelectedItem.Value;
          Image1.AlternateText=DropDown1.SelectedItem.Text;
        }
    </script>

</head>
<body>
    <form runat=server>
        <asp:Image ID="Image1" ImageUrl="01.gif" AlternateText="显示器" runat="server" />
        <p>
        请选择要查看的图片:
        <asp:DropDownList id=DropDown1 runat="server">
            <asp:ListItem Value="01.gif">显示器</asp:ListItem>
            <asp:ListItem Value="02.gif">键盘</asp:ListItem>
            <asp:ListItem Value="03.gif">CPU</asp:ListItem>
            <asp:ListItem Value="04.gif">内存条</asp:ListItem>
            <asp:ListItem Value="05.gif">主板</asp:ListItem>
            <asp:ListItem Value="06.gif">显示卡</asp:ListItem>
            <asp:ListItem Value="07.gif">硬盘</asp:ListItem>
            <asp:ListItem Value="08.gif">光驱</asp:ListItem>
            </asp:DropDownList>

        <asp:button text="确定" OnClick="SubmitBtn_Click" runat=server/>
    </form>
</body>
</html>
```

上述代码的执行效果如图4-26所示。从图中可以看到，运行程序后，提示了一个选择要查看图片的下拉菜单，选择一个选项后，单击【确定】按钮，即可显示出图片。

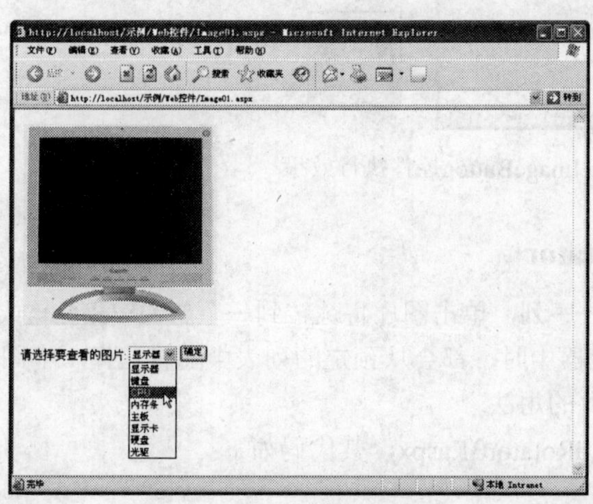

图4-26 Image控件执行效果

4.2.15 图像按钮控件——ImageButton

ImageButton控件用于创建一个能将相关信息回发到服务器的带图片的按钮。下面通过示例说明ImageButton控件的用法。

```
<html>
<head>

    <script language="C#" runat="server">
        void ImageButton1_OnClick(object Source, ImageClickEventArgs e) {
            Label1.Text="这是一个GIF格式的图像按钮";
        }
    </script>

</head>
<body>

    <form runat=server>
        <asp:ImageButton id=Button1 ImageUrl="ImageButton01.gif" BorderWidth="2px"
onclick="ImageButton1_OnClick" runat="server"/>
          
        <asp:Label id=Label1 runat=server />
    </form>

</body>
</html>
```

上述代码的执行效果如图4-27所示。

这是一个GIF格式的图像按钮

图4-27 ImageButton控件执行效果

4.2.16 图片序列控件——AdRotator

AdRotator控件用来显示一个图片序列，单击图片将跳转到一个新的Web位置或电子邮件地址，且每次将该页面加载到浏览器中时，都会从预定的列表中随机选择一幅图片。

下面通过示例说明AdRotator控件的用法。

本示例由两个程序组成，一是AdRotator01.aspx，其代码如下：

```
<html>
<body>
    <form runat=server>
        <asp:AdRotator id="ar1" AdvertisementFile="Exp01.xml" BorderWidth="1"
runat=server />
    </form>
</body>
</html>
```

二是AdRotator01.aspx中需要调用的AdvertisementFile，文件名为Exp01.xml，其代码如下：

```
<Advertisements>

  <Ad>
    <ImageUrl>AdRotator01.gif</ImageUrl>
    <NavigateUrl>mailto:mengqi_liu@126.com</NavigateUrl>
    <AlternateText>E-mail</AlternateText>
    <Keyword>Computers</Keyword>
    <Impressions>80</Impressions>
  </Ad>

  <Ad>
    <ImageUrl>AdRotator02.gif</ImageUrl>
    <NavigateUrl>mailto:mengqi_liu@126.com</NavigateUrl>
    <AlternateText>E-mail</AlternateText>
    <Keyword>Computers</Keyword>
    <Impressions>80</Impressions>
  </Ad>

  <Ad>
    <ImageUrl>AdRotator03.gif</ImageUrl>
    <NavigateUrl>mailto:mengqi_liu@126.com</NavigateUrl>
    <AlternateText>E-mail</AlternateText>
    <Keyword>Computers</Keyword>
    <Impressions>80</Impressions>
  </Ad>

</Advertisements>
```

上述代码的执行效果如图4-28所示。其中页面中的图片是每次打开页面时随机产生的。

如果单击图像，将出现如图4-29所示的“新邮件”窗口，其中自动填写好了收件人的E-mail地址。

4.2.17 表格控件——Table、TableCell和TableRow

Table控件用于以可编程的方式生成表格，其方法是将TableRows添加到表的Rows集合，将TableCells添加到行的Cells集合。如果将控件添加到单元格的Controls集合，还可以按编程方式将内容添加到表单元格中。

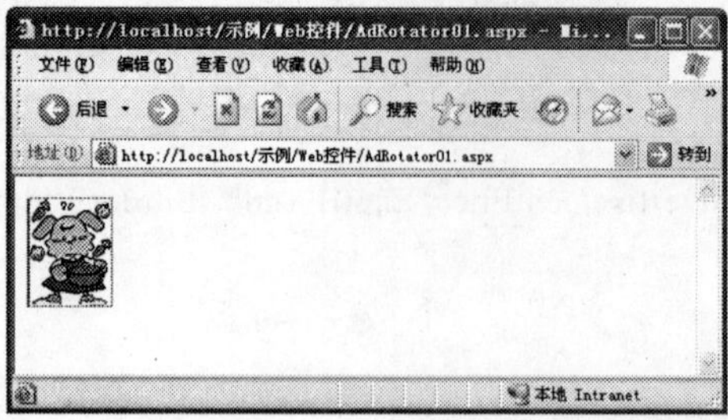

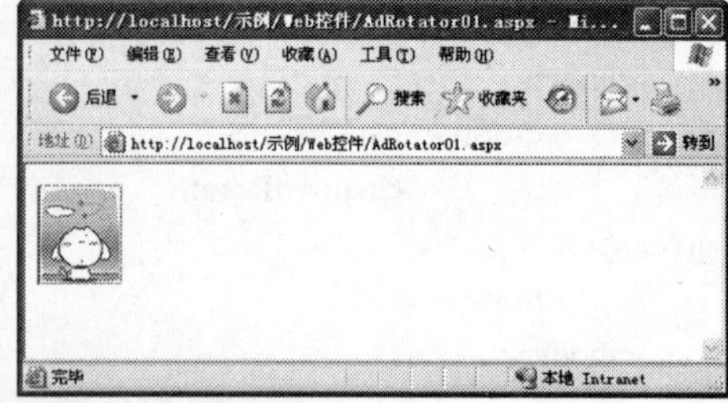

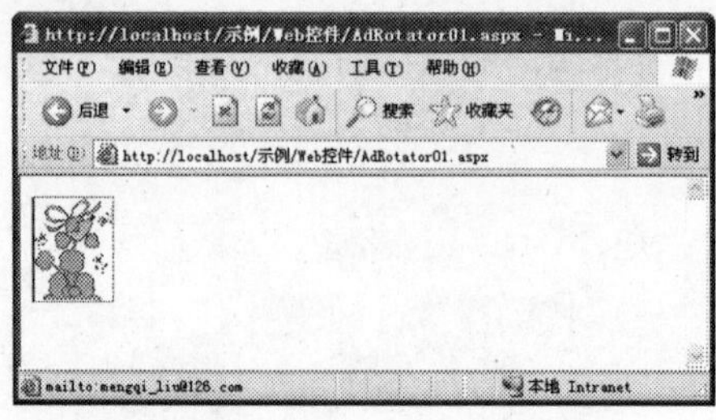

图4-28　随机出现的页面图像

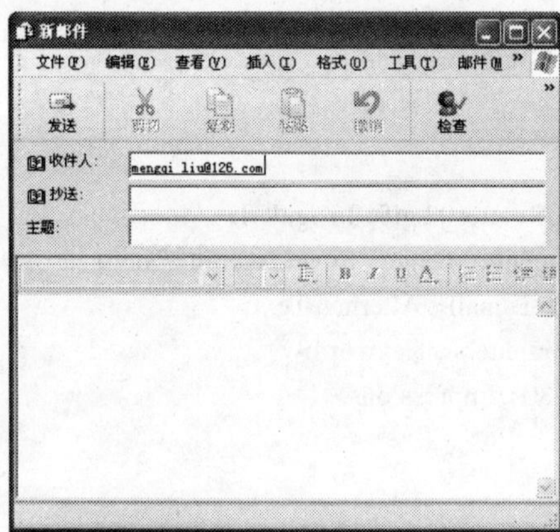

图4-29　“新邮件”窗口

下面通过示例说明这3个控件的用法。

```
<html>
<head>
    <script language="C#" runat="server">
        void Page_Load(Object sender, EventArgs e) {
            int numrows = int.Parse(DropDown1.SelectedItem.Value);
            int numcells = int.Parse(DropDown2.SelectedItem.Value);
                for (int j=0; j<numrows; j++) {
                 TableRow r = new TableRow( );
                 for (int i=0; i<numcells; i++) {
                      TableCell c = new TableCell( );
                      c.Controls.Add(new LiteralControl(j.ToString( ) +i.ToString( )));
                      r.Cells.Add(c);
                 }
```

```
                    Table1.Rows.Add(r);
                }
            }
        </script>

    </head>
    <body>

        <form runat=server>
            <asp:Table id="Table1" Font-Size="8pt" CellPadding=5 CellSpacing=0 BorderColor=
"red"
    BorderWidth="2" Gridlines="Both" runat="server"/>

            <p>
            请选择需要的行数：
            <asp:DropDownList id=DropDown1 runat="server">
                <asp:ListItem Value="1">1</asp:ListItem>
                <asp:ListItem Value="2">2</asp:ListItem>
                <asp:ListItem Value="3">3</asp:ListItem>
                <asp:ListItem Value="4">4</asp:ListItem>
            </asp:DropDownList>

            <br>
            请选择需要的列数：
            <asp:DropDownList id=DropDown2 runat="server">
                <asp:ListItem Value="1">1</asp:ListItem>
                <asp:ListItem Value="2">2</asp:ListItem>
                <asp:ListItem Value="3">3</asp:ListItem>
                <asp:ListItem Value="4">4</asp:ListItem>
            </asp:DropDownList>

            <p>
            <asp:button Text="创建表" runat=server/>

        </form>

    </body>
    </html>
```

上述代码的执行效果如图4-30所示。

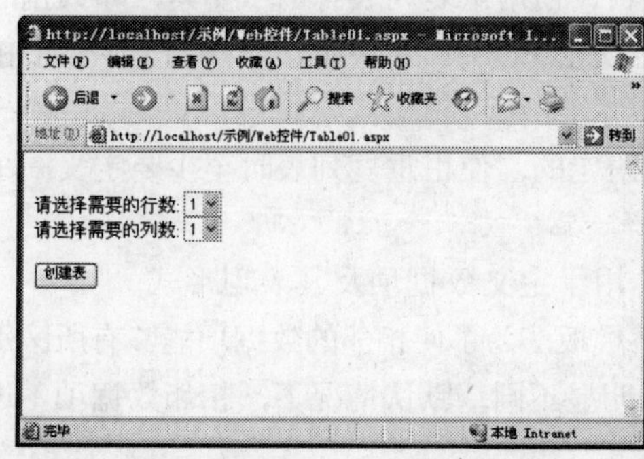

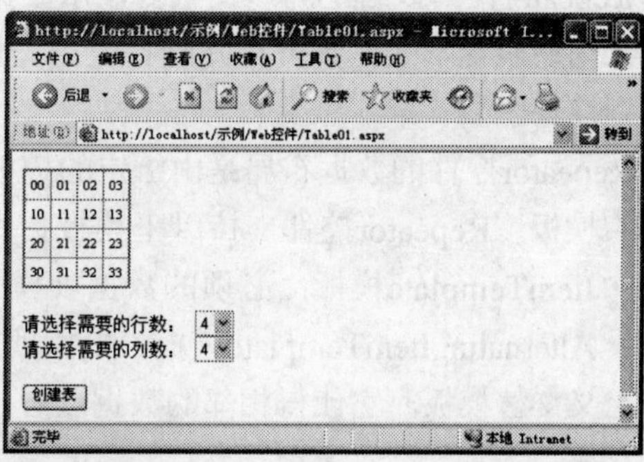

图4-30 3种表格控件执行效果

4.2.18 月历控件——Calendar

Calendar控件用于显示一个月的日历，可以选择日期并可转到前、后月份。下面通过示例说明其用法。

```
<html>
<body>

<form runat="server">
<asp:Calendar DayNameFormat="Full" runat="server">
   <WeekendDayStyle BackColor="#fafad2" ForeColor="#ff0000" />
   <DayHeaderStyle ForeColor="#0000ff" />
   <TodayDayStyle BackColor="#00ff00" />
</asp:Calendar>
</form>

</body>
</html>
```

上述代码的执行效果如图4-31所示。

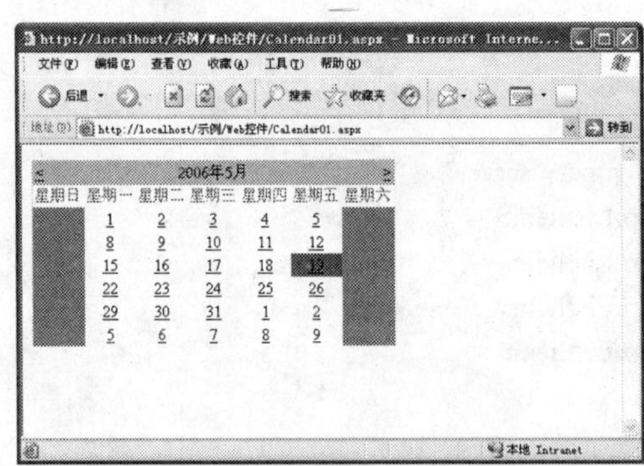
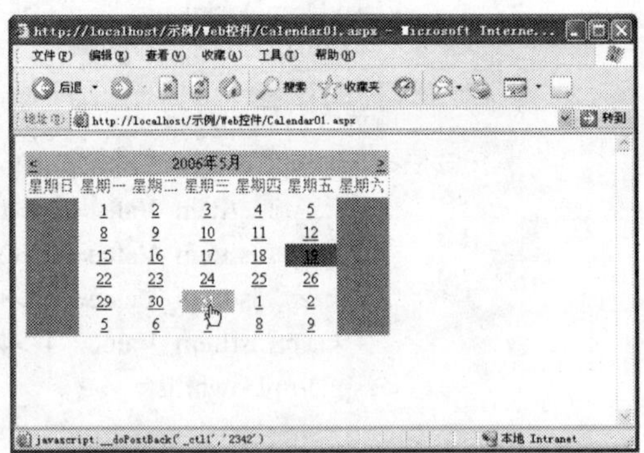

图4-31 Calendar控件执行效果

4.2.19 其他Web服务器控件简介

除前面介绍的控件外，还有很多Web服务器控件，下面再简要介绍几个较常用的控件。

1. 重复列表控件——Repeator

Repeator控件以给定的形式重复显示数据项目。使用重复列表有两个要素，即数据的来源和数据的表现形式。数据来源的指定由控件的DataSource属性决定，并调用方法DataBind绑定到控件上。

Repeator控件的数据布局是由给定的模板来决定的，使用重复列表时至少要定义一个最基本的模板。Repeator控件支持以下模板标识。

- ItemTemplate模板：必须的数据项模板，用于定义数据项及其表现形式。
- AlternatingItemTemplate模板：数据项交替模板，为了使相邻的数据项能够有所区别，可以定义交替模板，它使得相邻的数据项看起来明显不同。默认情况下，相邻数据项不进行区分。

· SeparatorTemplate模板：分割符模板，用于定义数据项之间的分割符。

· HeaderTemplate模板：报头定义模板，用于定义重复列表的表头表现形式。

· FooterTemplate模板：表尾定义模板，用于定义重复列表的表尾表现形式。

2. 数据列表控件——DataList

DataList控件和Repeator控件类似，但可以选择和修改数据项的内容。数据列表的数据显示和布局也如同重复列表都是通过“模板”来控制的。同样，模板至少要定义一个“数据项模板”（ItemTemplate）来指定显示布局。

数据列表提供了更多的模板支持，除ItemTemplate模板、AlternatingItemTemplate模板、SeparatorTemplate模板、HeaderTemplate模板、FooterTemplate模板外，常用的还有两种。

· SelectedItemTemplate模板：选中该模板，可以定义被选择的数据项的表现内容与布局形式，如果未定义SelectedItemTemplate模板，则选中项的表现内容与形式无特殊化，由ItemTemplate模板定义所决定。

· EditItemTemplate模板：用于修改选项模板，定义即将被修改的数据项的显示内容与布局形式。

此外，数据列表还可以通过风格形式来定义模板的字体、颜色、边框。每一种模板都有它自己的风格属性。

3. 容器控件——PlaceHolder

PlaceHolder控件可以作为文档内部的一个容器控件，其主要目的是动态地加载其他控件。PlaceHolder控件没有基于HTML的输出，并且只能用于为其他控件标记一个位置。在页面执行时，这些控件可以添加到PlaceHolder的Controls集合中。

4. 日期控件——Calendar

Calendar控件用于在Web页面中让用户选择日期，Calendar控件提供了4种日期选择模式（SelectionMode属性）。

· CalendarSelectionMode.Day：只能选择一天。

· CalendarSelectionMode.DayWeek：可以选择一天或一周。

· CalendarSelectionMode.DayWeekMonth：可以选择一天、一周或一个月。

· CalendarSelectionMode.None：不能选择。

Calendar控件也可以用于设置特殊日期，根据需要设置某个显示日期为纪念日。设置方法是对Calendar的DayRender事件编写代码。

4.3　HTML控件

使用ASP.NET设计动态网页程序时，可以将所有HTML标注视为对象，从而通过程序来控制。对象化后的HTML标注一般称为“HTML控件”。又因为在ASP.NET中，HTML元素都默认为文本对象，为了使这些元素成为可编程的，需要给HTML元素加上runat="server"属性，该属性指定元素被当做服务器控件，所以“HTML控件”又称为“HTML服务器控件”。本节将介绍常用HTML服务器控件的属性和用法。

4.3.1 HTML服务器控件的公用属性

大多数HTML服务器控件都具有表4-2所示的公用属性。只有了解这些属性的含义，才能根据需要在程序中使用相应的控件。

表4-2 HTML服务器控件的公用属性

属性	说明
Attributes	返回元素所有属性名和属性值
Disabled	确定控件是否被禁止，其默认值是False
Id	控件的唯一Id
InnerHtml	设置或返回该HTML元素开始标签和结束标签之间的内容，特殊字符不会自动转换为HTML实体
InnerText	设置或返回该HTML元素开始标签和结束标签之间的内容，特殊字符自动转换为HTML实体
Runat	用于规定本控件为服务器控件，Runat必须设置为“server”
Style	设置或返回应用于本控件的CSS特性
TagName	返回本元素的标签名
Visible	确定控件是否可见的一个布尔值

4.3.2 文本区域控件——HtmlTextArea

HtmlTextArea控件用于控制文本区域的创建。除公用属性外，该控件的主要属性见表4-3。

表4-3 HtmlTextArea控件的主要属性

属性	说明
Cols	文本区域显示的列数
Name	文本区域的唯一名称
OnServerChange	文本区域内容发生变化时被执行的函数名
Rows	文本区域显示的行数
Value	文本区域的内容

下面通过一个示例说明HtmlTextArea控件的用法。

```
<script runat="server">
    Sub submit(sender As Object, e As EventArgs)
        p1.InnerHtml = "<b>你提交的留言内容如下:</b> " & textarea1.Value
    End Sub
</script>
```

```
<html>
<body>

    <form runat="server">
        请输入你的留言:<br />
        <textarea id="textarea1" cols="40" rows="8" runat="server" />
        <input type="submit" value="提交" OnServerClick="submit" runat="server" />
        <p id="p1" runat="server" />
    </form>

</body>
</html>
```

上述代码的执行效果如图4-32所示。在文本框中单击鼠标，可以出现一个文字插入点，输入文本内容后单击【提交】按钮，即可出现如图4-33所示的提示。

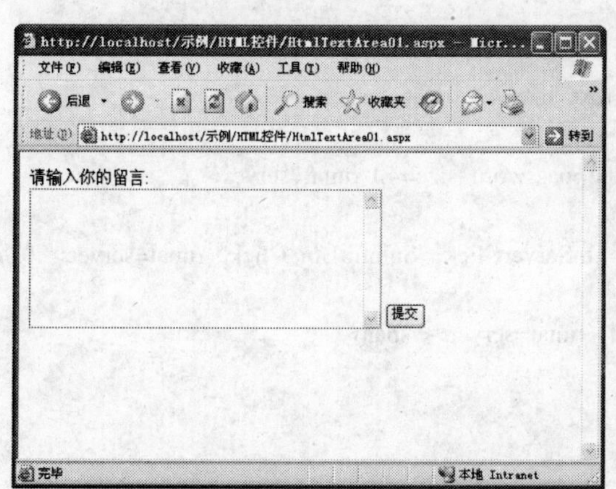

图4-32 HtmlTextArea控件执行效果

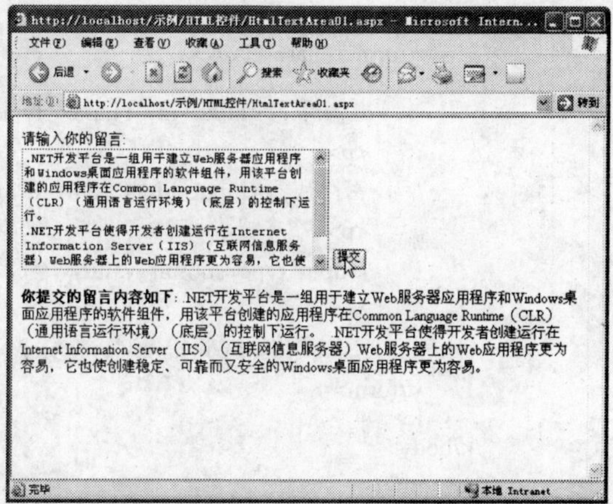

图4-33 输入内容并提交后出现的提示

4.3.3 文本控件——HtmlInputText

HtmlInputText控件用来控制文本域和密码域的创建，它是一个用于输入文本的单行输入控件。HtmlInputText支持两种行为：Type为Text时，与普通文本框操作相同；Type为Password时，则使用*字符屏蔽输入的内容以进行保密。除公用属性外，该控件的主要属性见表4-4。

表4-4 HtmlInputText控件的主要属性

属性	说明
MaxLength	元素所允许的最大字符数
Name	元素名
Size	元素宽度
Type	元素类型
Value	元素值

下面通过一个示例说明HtmlInputText控件的用法。

```
<html>
<head>

    <script language="C#" runat="server">
      void SubmitBtn_Click(object Source, EventArgs e) {
        if (Password.Value == "123456")
            Span1.InnerHtml="密码正确";
        else
            Span1.InnerHtml="密码有误，请重新输入！";
      }
    </script>

</head>
<body>

    <form runat=server>

        用户名：<input id="Name" type=text size=40 runat=server>
        <p>
        密　码：<input id="Password" type=password size=40 runat=server>
        <p>
        <input type=submit value="登录" OnServerClick="SubmitBtn_Click" runat=server>
        <p>
        <span id="Span1" style="color:red" runat=server></span>
    </form>

</body>
</html>
```

上述代码的执行效果如图4-34所示。输入的用户名将正常显示，但输入密码时所输入的内容将被屏蔽，如图4-35所示。

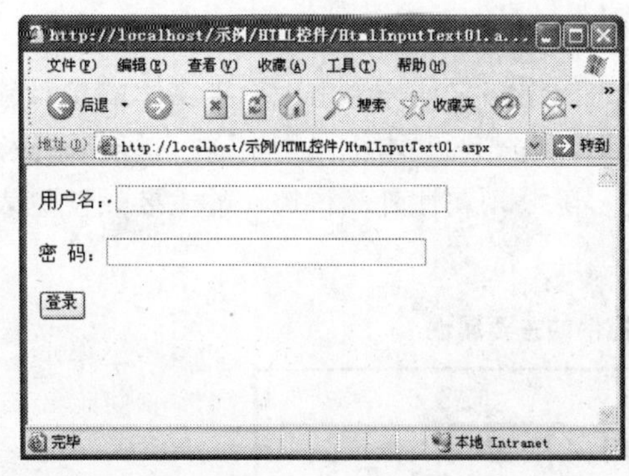

图4-34　HtmlInputText控件执行效果

图4-35　输入的密码被屏蔽

如果输入的密码正确，将出现“密码正确”的提示；如果输入有误，则会提示“密码有误，请重新输入！”，如图4-36所示。

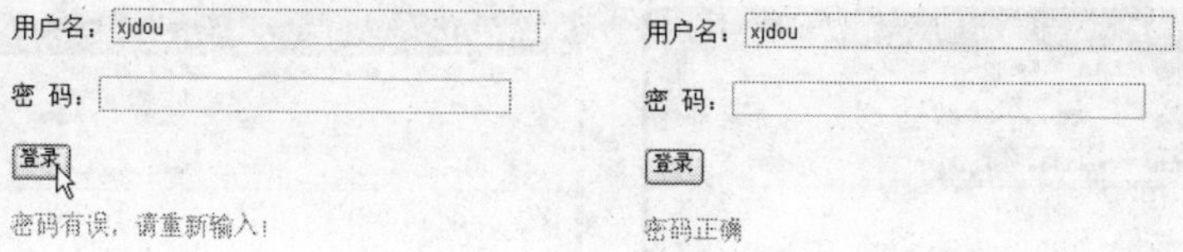

用户名：xjdou
密 码：
登录
密码有误，请重新输入！

用户名：xjdou
密 码：
登录
密码正确

图4-36　输入信息后的效果

4.3.4　超链接控件——HtmlAnchor

HtmlAnchor控件用于控制超链接，从而使指定的对象灵活地链接到一个书签或另一个Web页面。除公用属性外，HtmlAnchor控件的主要属性见表4-5。

表4-5　HtmlAnchor控件的主要属性

属性	说明
HRef	要链接的WWW、E-mail、Ftp服务器、Gopher服务器、News服务器或Telnet服务器的地址
Name	书签名称
OnServerClick	单击该链接时执行的函数名
Target	如果有网页框架，可将链接开启至指定的框架，有_blank（无）、_self（自己）、_parent（父框架）及_top（上层）供选择
Title	当鼠标移到链接文字上时会出现的提示信息

下面通过一个示例说明HtmlAnchor控件的用法。

```
<Html>
<A Id="HtmlAnchor01" Runat="Server">链接到天极网</A>
<Script Runat="Server">
Sub Page_Load(Sender As Object, e As Eventargs)
HtmlAnchor01.Href="http://www.chinabyte.com/"
HtmlAnchor01.Target="_blank"
HtmlAnchor01.Title="天极网是我国最著名的中文电脑科技资讯网"
End Sub
</Script>
</Html>
```

上述代码的执行效果如图4-37所示。当鼠标指针移动到页面中的“链接到天极网”时，将出现如图4-38所示的提示信息。单击“链接到天极网”即可打开“天极网”的首页页面——http://www.chinabyte.com。

4.3.5　表单控件——HtmlForm

HtmlForm控件用于控制表单的创建。所有HTML服务器控件必须在HtmlForm控件之中，且一个页面中只能有一个HtmlForm控件。除公用属性外，HtmlForm控件的主要属性见表4-6。

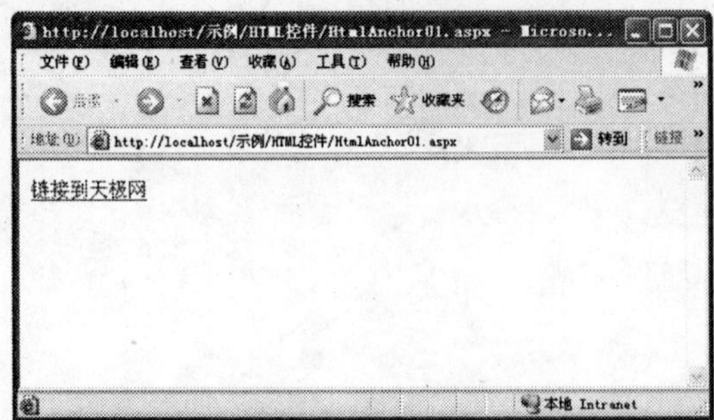

图4-37　HtmlAnchor控件执行效果

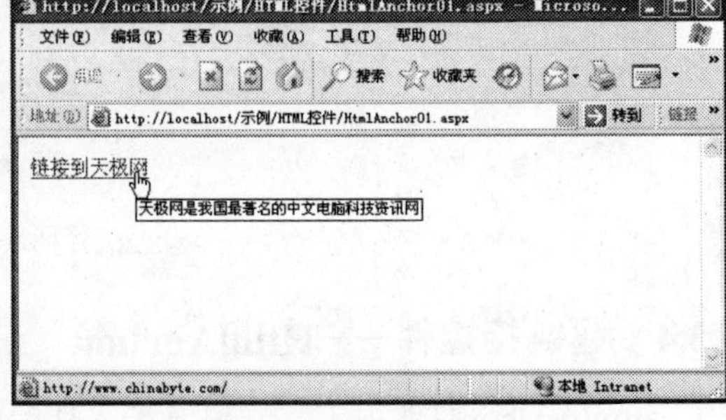

图4-38　指向链接时出现的提示信息

表4-6　HtmlForm控件的主要属性

属性	说明
Action	用于定义表单提交时数据发送的目标，该属性总是被设置为页面本身的URL
EncType	对表单内容编码使用的mime类型
Method	本表单数据投递到服务器的方式，其合法值有“post”和“get”，默认值为“post”
Name	表单名
Target	加载本URL的目标窗口

下面通过一个示例说明HtmlForm控件的用法。

```
<script runat="server">
  Sub submit(sender As Object, e as EventArgs)
    if city.value<>"" then
      p1.InnerHtml="您来自：" & city.value & "。"
    end if
  End Sub
</script>

<html>
<body>
<br />

 <form runat="server">
   请输入您所在的城市: <input id="city"type="text" size="20" runat="server"/><br /><br />
   <input type="submit" value="提交" OnServerClick="submit" runat="server" />
   <p id="p1" runat="server" />
 </form>

</body>
</html>
```

上述代码的执行效果如图4-39所示。在文本框中输入相关信息（如“四川成都”）后，单击【提交】按钮，即可出现“您来自：四川成都。”的返回信息。

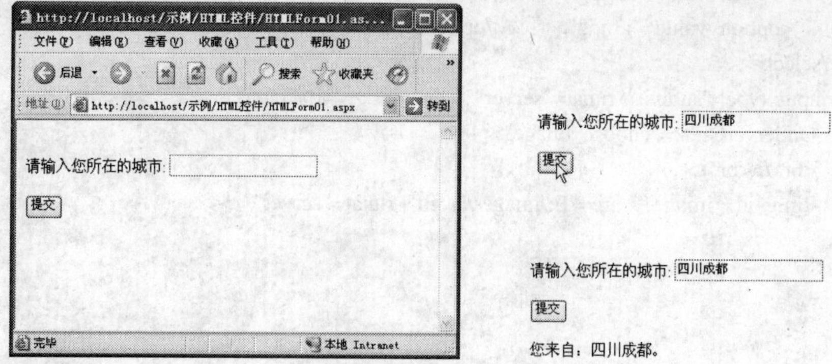

图4-39　HtmlForm控件执行效果

4.3.6　下拉列表控件——HtmlSelect

HtmlSelect控件用来控制下拉列表的创建。除公用属性外，该控件的主要属性见表4-7。

表4-7　HtmlSelect控件的主要属性

属性	说明
DataMember	数据表的名称
DataSource	数据源的名称
DataTextField	数据源中被显示在下拉列表中的字段
DataValueField	数据源中一个指定下拉列表中每个可选项的值的字段
Items	下拉列表选项清单
Multiple	确定是否可一次选择多项
OnServerChange	选择项发生变化时，将要被执行的函数名
SelectedIndex	被选项的索引指针
Size	下拉列表中可见选项的数目
Value	当前选中项的值

下面通过一个示例说明HtmlSelect控件的用法。

```
<script  runat="server">
   Sub choose_image(Sender As Object, e As EventArgs)
       image1.Src = "E:/images/" & select1.Value
   End Sub
</script>

<html>
<body>

  <form runat="server">
      <select id="select1" runat="server">
```

```
                <option value="i1.jpg">人物</option>
                <option value="i2.jpg">动物</option>
                <option value="i3.jpg">植物</option>
            </select>
            <input type="submit" runat="server" value="显示图像"
              OnServerClick="choose_image">
              <br /><br />
              <img id="image1" src="E:/images/i1.gif" runat="server" />
    </form>

  </body>
  </html>
```

上述代码的执行效果如图4-40所示。可以看到，选择“人物”并单击【显示图像】按钮后出现的是一幅人物图片；选择“动物”并单击【显示图像】按钮后出现的是一幅动物图片；选择“植物”并单击【显示图像】按钮后出现的是一幅植物图片。

图4-40　HtmlSelect控件执行效果

4.3.7　图片控件——HtmlImage

HtmlImage控件用来控制图片的显示，其属性可以通过程序来动态设置。除公用属性外，HtmlImage控件的主要属性见表4-8。

表4-8　HtmlImage控件的主要属性

属性	说明
Align	用于指定图像的对齐方式，其值有：top、middle、bottom、left和right
Alt	设置无法下载图片时所显示的文字，或者当光标移动到图片上时所显示的提示的信息
Border	设置图像在显示时的边框大小，Border=0时表示无边框
Height	设置图像的高度
Src	设置需要显示的图像的地址和文件名
Width	设置图像的宽度

下面通过一个示例说明HtmlImage控件的用法。

```
<Html>
<Img Id="P01" Runat="Server"/>
<Script Runat="Server">
    Sub Page_Load(Sender As Object, e As EventArgs)
        P01.Src="C:\WINDOWS\Web\Wallpaper\Autumn.jpg"
        P01.Alt="右击可以另存图片"
        P01.Width="300"
        P01.Height="240"
        P01.Border="2"
    End Sub
</Script>
</Html>
```

将上面的程序保存为HTMLImage01.aspx后执行的效果如图4-41所示。

图4-41　HtmlImage控件执行效果

4.3.8　图片背景按钮控件——HtmlInputImage

HtmlInputImage控件用于控制创建一个具有图片背景的按钮。除公用属性外，该控件的主要属性见表4-9。

表4-9　HtmlInputImage控件的主要属性

属性	说明
Align	设置图片的对齐方式
Alt	图片说明文字
Border	元素边框宽度
Name	元素名
OnServerClick	单击图片时所执行的函数名
Src	图片的地址
Type	元素的类型
Value	元素值

下面通过一个示例说明HtmlInputImage控件的用法。

```
<script  runat="server">
   Sub button1(Source As Object, e As ImageClickEventArgs)
      p1.InnerHtml="所选的是前进按钮！"
   End Sub

   Sub button2(Source As Object, e As ImageClickEventArgs)
      p1.InnerHtml="所选的是返回按钮！"
   End Sub
</script>

<html>
<body>

     <form runat="server">
       <p>请单击一个图标：</p>
       <p>
       <input type="image" src="C:\WINDOWS\system32\oobe\images\nextover.jpg"
       OnServerClick="button1" runat="server" />
       </p>
       <p>
       <input type="image" src="C:\WINDOWS\system32\oobe\images\backover.jpg"
       OnServerClick="button2" runat="server" />
       </p>
       <p id="p1" runat="server" />
     </form>

</body>
</html>
```

上述代码的执行效果如图4-42所示。

4.3.9　按钮控件——HtmlButton

HtmlButton控件用来控制页面中按钮的创建，除公用属性外，HtmlButton控件的主要是

OnServerClick，其含义是：单击该按钮时所执行的函数名。

图4-42 HtmlInputImage控件执行效果

下面通过一个示例说明HtmlButton控件的用法。

```
<script runat="server">
    Sub button01(Source As Object, e As EventArgs)
        p1.InnerHtml="单击的是红色按钮"
    End Sub
    Sub button02(Source As Object, e As EventArgs)
        p1.InnerHtml="单击的是黄色按钮"
    End Sub
</script>

<html>
<body>
<form runat="server">
    <button id="b1" OnServerClick="button01"
    style="background-color:#FF0000;height=30;width:100" runat="server">红色按钮
    </button>
    <button id="b2" OnServerClick="button02"
    style="background-color:#FFFF00;height=30;width:100" runat="server">黄色按钮
    </button>
    <p id="p1" runat="server" />
</form>
</body>
</html>
```

上述代码的执行效果如图4-43所示。单击其中的红色按钮，将出现“单击的是红色按钮”的提示；单击其中的黄色按钮时，出现的是“单击的是黄色按钮”的提示。

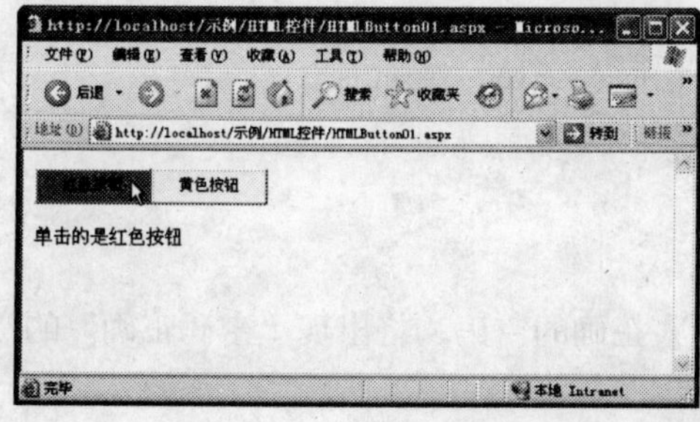

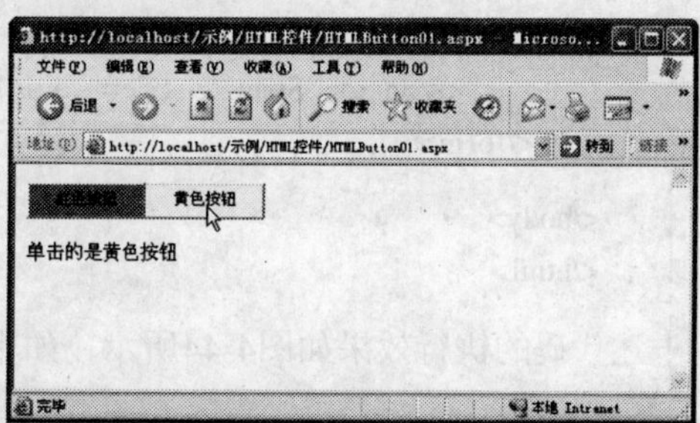

图4-43 HtmlButton控件执行效果

4.3.10 输入按钮控件——HtmlInputButton

HtmlInputButton控件用来控制<input type="button">、<input type="submit">以及<input type="reset">等元素。可以创建命令按钮、提交（submit）按钮和重置（reset）按钮。除公用属性外，HtmlInputButton控件的主要属性见表4-10。

表4-10 HtmlInputButton控件的主要属性

属性	说明
Name	元素名
OnServerClick	单击链接时所执行的函数名
Type	元素类型
Value	元素的值

下面通过一个示例说明HtmlInputButton控件的用法。

```
<html>
<head>
    <script language="C#" runat="server">
        void SubmitBtn_Click(object Source, EventArgs e) {
            if (Password.Value == "123456") {
                Span1.InnerHtml="密码正确";
            }
            else {
                Span1.InnerHtml="密码有误，请重新输入！";
            }
        }
    </script>
</head>
<body>
    <form runat=server>
        用户名：<input id="Name" type=text size=12 runat=server>
        <p>
        密  码：<input id="Password" type=password size=12 runat=server>
        <p>
        <input type=submit value="登录" OnServerClick="SubmitBtn_Click" runat=server>
        <p>
        <span id="Span1" style="color:blue" runat=server></span>
    </form>
</body>
</html>
```

上述代码的执行效果如图4-44所示。如果输入正确的密码，将出现“密码正确”的提示信息，否则会提示“密码有误，请重新输入！”。

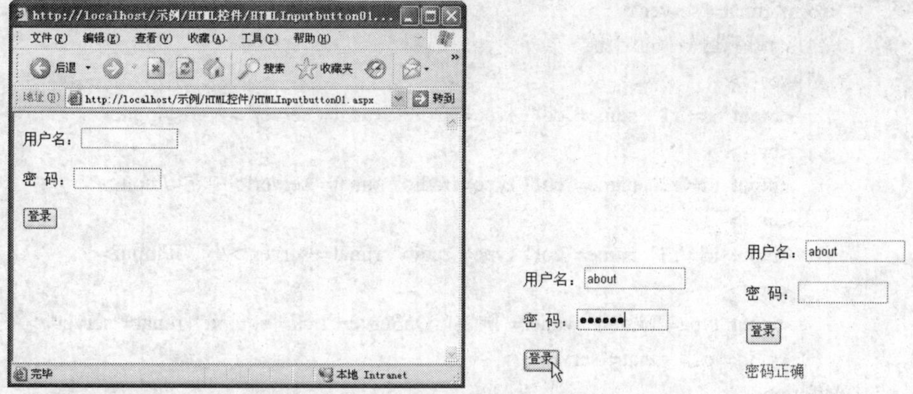

图4-44　HtmlInputButton控件执行效果

4.3.11　单选按钮控件——HtmlInputRadioButton

HtmlInputRadioButton控件用来控制单选按钮的创建。除公用属性外，该控件的主要属性见表4-11。

表4-11　HtmlInputRadioButton控件的主要属性

属性	说明
Checked	确定本元素是否被选中
Name	单选按钮组的名称
Type	元素类型
Value	元素值

下面通过一个示例说明HtmlInputRadioButton控件的用法。

```
<script  runat="server">
   Sub submit(Source As Object, e As EventArgs)
      if r1.Checked=True then
         p1.InnerHtml="你的学历为大学"
         else
         if r2.Checked=True then
            p1.InnerHtml="你的学历为中学"
            else
               if r3.Checked=True then
                  p1.InnerHtml="你的学历为小学"
               end if
         end if
      end if
   End Sub
</script>
<html>
```

```
<body>

    <form runat="server">
        <p>请选择你的学历：
        <br />
        <input id="r1" name="col" type="radio" runat="server">大学</input>
        <br />
        <input id="r2" name="col" type="radio" runat="server">中学</input>
        <br />
        <input id="r3" name="col" type="radio" runat="server">小学</input>
        <br />
        <input type="button" value="确定" OnServerClick="submit" runat="server"/>
        <p id="p1" runat="server" />
    </form>

</body>
</html>
```

上述代码的执行效果如图4-45所示。

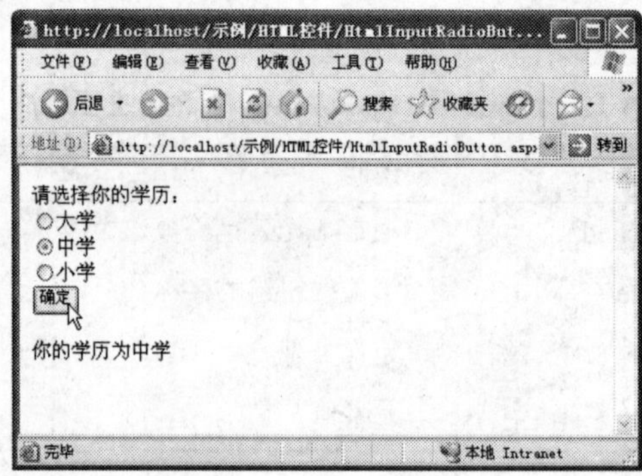

图4-45　HtmlInputRadioButton控件执行效果

4.3.12　选择框控件——HtmlInputCheckBox

HtmlInputCheckBox控件用于控制选择框的创建。除公用属性外，该控件的主要属性见表4-12。

表4-12　HtmlInputCheckBox控件的主要属性

属性	说明
Checked	确定本元素是否被选中，其值为一个布尔值
Name	元素的名称
Type	元素的类型
Value	元素的值

下面通过一个示例说明HtmlInputCheckBox控件的用法。本例声明了两个HtmlInput-CheckBox控件、一个HtmlInputButton控件和一个HtmlGeneric控件。单击【提交】按钮，便

执行submit子程序。

```
<script runat="server">
   Sub submit(Source As Object, e As EventArgs)
        if man.Checked=True then
              p1.InnerHtml="你为男性!"
          else
              p1.InnerHtml="你为女性!"
        end if
        man.checked=false
        woman.checked=false
    End Sub
</script>

<html>
<body>

  <form runat="server">
    请选择你的性别。
  <br />
  <input id="man" type="checkbox" runat="server" /> 男性
  <br />
  <input id="woman" type="checkbox" runat="server" /> 女性
  <br />
   <input type="button" value="提交" OnServerClick="submit" runat="server"/>
   <p id="p1" runat="server" />
</form>

</body>
</html>
```

上述代码的执行效果如图4-46所示。

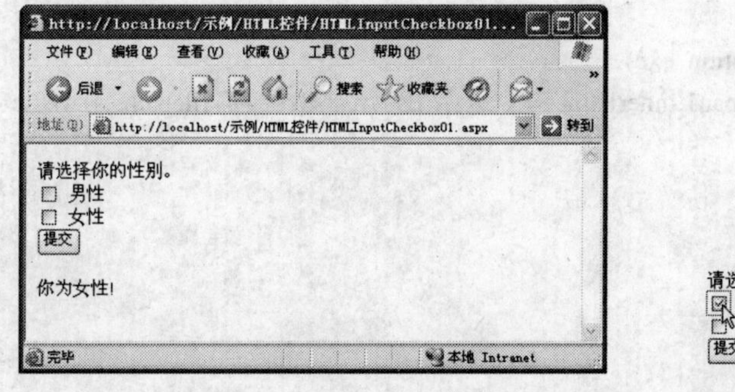

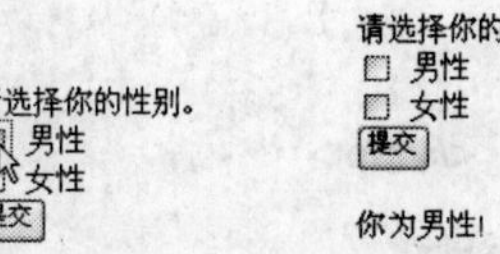

图4-46　HtmlInputCheckBox控件执行效果

4.3.13　文件上传控件——HtmlInputFile

HtmlInputFile控件用来控制将文件上传到服务器中。除公用属性外，HtmlInputFile控件的主要属性见表4-13。

表4-13　HtmlInputFile控件的主要属性

属性	说明
Accept	可接受的MIME类型的清单
MaxLength	元素中允许的最大字符数
Name	元素名
PostedFile	获取被投递文件
Size	元素宽度
Type	元素的类型
Value	元素的值

下面通过一个示例说明HtmlInputFile控件的用法。

```
<%@ Import Namespace="System.IO" %>
<html>
<head>

    <script language="C#" runat="server">
        void Button1_Click(object Source, EventArgs e) {
            if (Text1.Value == "") {
                Span1.InnerHtml = "请输入一个文件名";
                return;
            }
            if (File1.PostedFile != null) {
                string filepath = Path.Combine(Path.GetTempPath( ), Path.GetFileName(Text1.
Value));
                try {
                    File1.PostedFile.SaveAs(filepath);
                    Span1.InnerHtml = "所选文件已上传到Web服务器上的<b>" +filepath+"</b>";
                }
                catch (Exception exc) {
                        Span1.InnerHtml = "保存文件出错<b>" + filepath + "</b><br>"+
exc.ToString( );
                }
            }
        }
    </script>

</head>
<body>

        <form enctype="multipart/form-data" runat="server">
          请选择要上传的文件：<input id="File1" type=file runat="server">
          <p>
              请输入新的文件名（需指定扩展名，但不需要指定路径）：<input id="Text1"
type="text"
```

```
runat="server">
            <span id=Span1 style="font: 9pt 宋体;" runat="server" />
            <p>
          <input type=button id="Button1" value="上传" OnServerClick="Button1_Click" runat=
"server">
        </form>
    </body>
    </html>
```

上述代码的执行效果如图4-47所示。

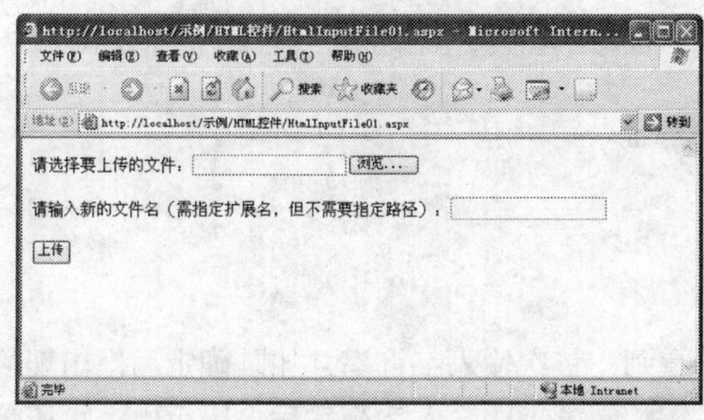

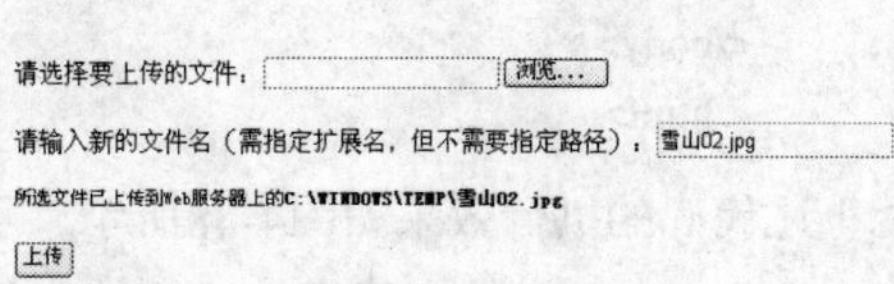

图4-47　HtmlInputFile控件执行效果

4.3.14　隐藏控件——HtmlInputHidden

HtmlInputHidden控件用来控制创建一个隐含的Input域，从而使用HTML窗体内的隐藏控件来嵌入不可见信息，这些信息将在下一次执行回发时发回给服务器。这样，就能方便地处理一些用户需要传送而又不想在页面上显示出来的信息，如向银行网关接口传送的有关信息。除公用属性外，该控件的主要属性见表4-14。

表4-14　HtmlInputHidden控件的主要属性

属性	说明
Name	元素名
Type	元素类型
Value	元素值

下面通过一个示例说明HtmlInputHidden控件的用法。

```
<html>
<head>
    <script language="C#" runat="server">
        void Page_Load(object Source, EventArgs e) {
            if (Page.IsPostBack) {
                Span1.InnerHtml="上一次输入的字符串为：<b>" + HiddenValue.Value + "</b>";
            }
        }
```

```
        void SubmitBtn_Click(object Source, EventArgs e) {
            HiddenValue.Value=StringContents.Value;
        }
    </script>

</head>
<body>

    <form runat=server>
        <input id="HiddenValue" type=hidden value="初始字符串" runat=server>
        输入字符串：<input id="StringContents" type=text size=40 runat=server>
        <p>
        <input type=submit value="确定" OnServerClick="SubmitBtn_Click" runat=server>
        <p>
        <span id=Span1 runat=server> </span>
    </form>

</body>
</html>
```

上述代码的执行效果如图4-48所示。可以看到，首次输入字符串并加以确定后，出现的提示为“上一次输入的字符串为：初始字符串”。而第二次输入字符串后，提示出上次所输入的内容。

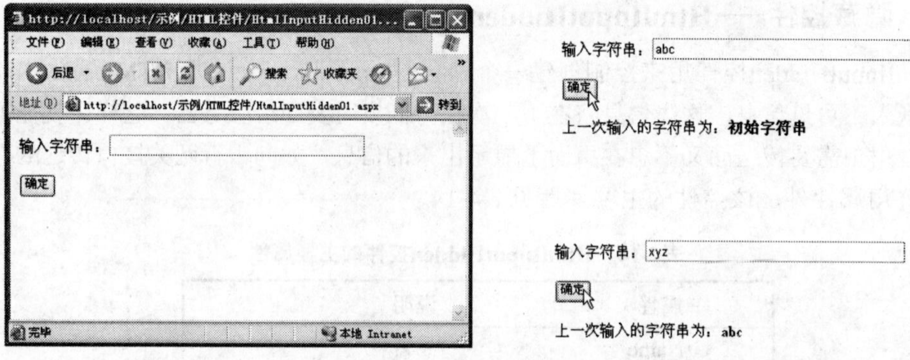

图4-48 HtmlInputHidden控件执行效果

4.3.15 表格控件——HtmlTable和HtmlTableCell

HtmlTable控件用于以编程的方式创建一个表格。通过向单元格控件集合中添加控件，可以以编程方式向表单元格中添加内容。除公用属性外，该控件的主要属性见表4-15。

表4-15 HtmlTable控件的主要属性

属性	说明
Align	设置表格对齐方式
BGColor	设置表格背景色
Border	设置边框宽度。Border=0表示无边框
BorderColor	设置边框颜色

（续表）

属性	说明
CellPadding	设置单元格的边界与其中内容之间的间距
CellSpacing	设置单元格之间的间距
Height	设置表格高度
Rows	返回一个代表本表格中的所有行的对象
Width	设置表格宽度

HtmlTableCell控件用来控制表格单元格和表格标题单元格的创建。除公用属性外，该控件的主要属性见表4-16。

表4-16 HtmlTableCell控件的主要属性

属性	说明
Align	设置单元格内容的水平对齐方式
BGColor	设置单元格背景色
BorderColor	设置边框颜色
ColSpan	设置单元格要跨越的列数
Height	设置单元格高度
Nowrap	设置本控件中的文本是否可以换行
RowSpan	设置单元格要跨越的行数
VAlign	设置单元格内容的垂直对齐方式
Width	设置表格宽度

下面通过一个示例说明HtmlTable控件和HtmlTableCell控件的用法。

```
</head>
<body>

    <form runat=server>
    <font size="-1">
        <p>
            <table id="Table1" CellPadding=5 CellSpacing=0 Border="1" BorderColor="black"
runat="server" />

        <p>
        请输入行数：
        <select id="Select1" runat="server">
            <option Value="1">1</option>
            <option Value="2">2</option>
            <option Value="3">3</option>
            <option Value="4">4</option>
            <option Value="5">5</option>
```

```
            </select>
            <br>
            请输入列数：
            <select id="Select2" runat="server">
                <option Value="1">1</option>
                <option Value="2">2</option>
                <option Value="3">3</option>
                <option Value="4">4</option>
                <option Value="5">5</option>
            </select>
            <input type="submit" value="创建" runat="server">
        </font>
        </form>
    </body>
    </html>
    <html>
    <head>
        <script language="C#" runat="server">
            void Page_Load(Object sender, EventArgs e) {
                int row = 0;
                //生成行和单元格
                int numrows = int.Parse(Select1.Value);
                int numcells = int.Parse(Select2.Value);
                for (int j=0; j<numrows; j++) {
                    HtmlTableRow r = new HtmlTableRow( );
                    //设置背景色
                    if (row%2 == 1)
                        r.BgColor="Gainsboro";
                    row++;
                    for (int i=0; i<numcells; i++) {
                        HtmlTableCell c = new HtmlTableCell( );
                        c.Controls.Add(new LiteralControl(j.ToString( ) +i.ToString( )));
                        r.Cells.Add(c);
                    }
                    Table1.Rows.Add(r);
                }
            }
        </script>
```

上述代码的执行效果如图4-49所示。

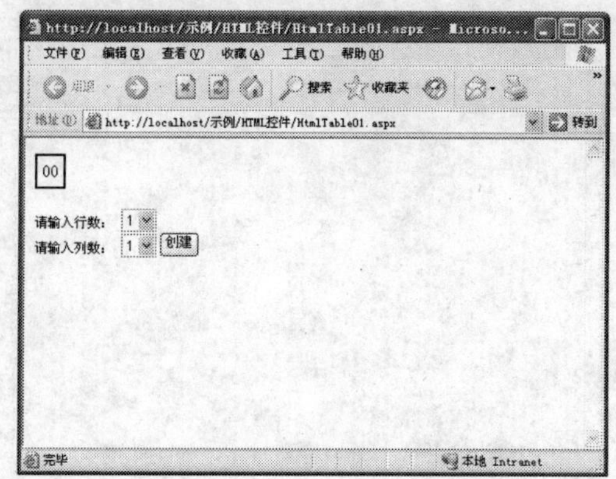

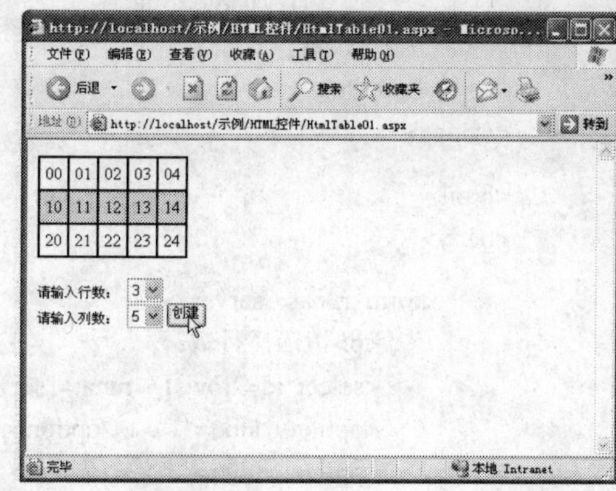

图4-49　HtmlTabel和HtmlTableCell控件执行效果

4.3.16　表格行控件——HtmlTableRow

HtmlTableRow控件用来控制表格行的创建。除公用属性外，该控件的主要属性见表4-17。

表4-17　HtmlTableRow控件的主要属性

属性	说明
Align	行的对齐方式
BGColor	行的背景色
BorderColor	边框颜色
Cells	行中的单元格数
Height	行的高度
VAlign	行中单元格的垂直对齐方式

下面通过一个示例说明HtmlTableRow控件的用法。

```
<script  runat="server">
    Sub submit(sender As Object, e As EventArgs)
        Dim row,numrows,numcells,j,i
          row=0
          numrows=rows1.Value
          numcells=cells1.Value
            for j=1  to  numrows
                Dim r As New HtmlTableRow( )
                row=row+1
                  for i=1  to  numcells
                      Dim c As New HtmlTableCell( )
                      c.Controls.Add(New LiteralControl("行 " & j & ", 列 " & i))
                      r.Cells.Add(c)
                  next
                t1.Rows.Add(r)
```

```
            t1.Visible=true
        next
    End Sub
</script>

<html>
<body>

    <form runat="server">
        <p>请选择行数：
        <select id="rows1" runat="server">
        <option value="1">1</option>
        <option value="2">2</option>
        <option value="3">3</option>
        </select>
        <br />请选择列数：
        <select id="cells1" runat="server">
          <option value="1">1</option>
          <option value="2">2</option>
          <option value="3">3</option>
        </select>
          <br /><br />
          <input type="submit" value="显示表格" runat="server" OnServerClick="submit">
        </p>
          <table id="t1" border="1" runat="server" visible="false"/>
    </form>

</body>
</html>
```

上述代码的执行效果如图4-50所示。

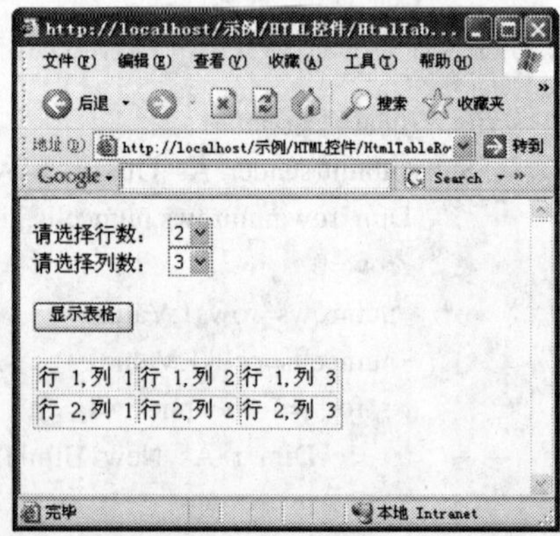

图4-50　HtmlTableRow控件执行效果

4.4　自定义控件和数据验证控件简介

本节简要介绍自定义控件和数据验证控件的相关知识。

4.4.1 自定义控件

在ASP.NET中，除了直接使用服务端控件之外，还可以创建自己的服务端控件，这样的控件叫Pagelet。利用ASP.NET提供的新增内置控件的功能，可以任意添加自定义的各种控件。由于各种表单控件不用更改或者稍做更改就能再次使用，所以，一般将用做服务器控件的Web表单统称为用户控件。只需用一个以.ascx为后缀的文件保存起来，就可以在.aspx文件中使用Register方法来调用。

例如，用户控件名为xyz.ascx，其调用语句为：

```
<%@ Register TagPrefix="Acme" TagName="Message" Src="xyz.ascx" %>
```

其中，TagPrefix标记为用户控件确定一个唯一的名字空间；TagName为用户控件确定一个唯一的名称，也可以用其他名称代替Message；Src为确定所包含的文件名称和路径。

实际自定义控件时，一般只需定义从System.Web.UI.Control派生的类并重写它的Render方法。Render方法采用System.Web.UI.HtmlTextWriter类型的参数。控件要发送到客户端的HTML作为字符串参数传递到HtmlTextWriter的Write方法。

4.4.2 数据验证控件

Web窗体框架中包含一组验证服务器控件。使用数据验证控件可以验证表单填写的正确性。数据验证控件提供了强大的检查输入窗体错误的功能。数据验证控件可以像其他服务器控件那样添加到Web窗体页中。可以验证的输入控件见表4-18。

表4-18 可验证的输入控件一览表

控件	验证属性
HtmlInputText	Value
HtmlTextArea	Value
HtmlSelect	Value
HtmlInputFile	Value
TextBox	Text
ListBox	SelectedItem.Value
DropDownList	SelectedItem.Value
RadioButtonList	SelectedItem.Value

ASP.NET提供的常用数据验证控件有以下这些。

- RequiredFieldValidator：用于验证是否输入了数据，以确保用户不跳过输入。
- CompareValidator：使用比较运算符（小于、等于、大于等）将用户的输入与另一控件的常数值或属性值进行比较。
- CustomValidator：自定义一种验证方式。
- RangeValidator：验证输入的数据是否在指定范围内。
- RegularExpressionValidator：用特定的规则验证输入的数据是否符合规范。

· ValidationSummary：用摘要的形式显示页上所有验证程序的验证错误。

下面以RangeValidator控件为例说明验证控件的用法。该控件使用3个键属性执行验证，ControlToValidate包含要验证的值，MinimumValue和MaximumValue定义有效范围的最小值和最大值。

```
<%@ Page clienttarget=downlevel %>

<html>
<head>

    <script language="C#" runat="server">
        void Button1_Click(Object sender, EventArgs e) {

            rangeValDate.Validate( );
            if (rangeValDate.IsValid) {
                lblOutput.Text = "所输入的数据有效！";
            } else {
                lblOutput.Text = "所输入的数据无效！";
            }
        }
    </script>

</head>
<body>

    <form runat="server">

        <table bgcolor="#FFFFCC" cellpadding=10>

            <td>
                <h5><font face="黑体">请输入日期（格式为yy/mm/dd）:</font></h5>
                <asp:TextBox id="txtComp" runat="server"/>
            </td>
            <p>
            <br>
            <h5>    说明：下面所输入的数据类型应为“日期型”，且日期应介于1900/01/01到
2100/12/31之间 <h5>
            </td>
            <td>
                <asp:Label id="lblOutput" Font-Name="宋体" Font-Size="10.5pt" runat="server" />
            </td>

        </table>

        <asp:Button Text="开始验证" ID="Button1" onclick="Button1_Click" runat="server" />

        <asp:RangeValidator
            id="rangeValDate"
            Type="Date"
            ControlToValidate="txtComp"
            MinimumValue="1900/1/1"
            MaximumValue="2100/12/31"
```

```
            runat="server"/>
        </form>
    </body>
    </html>
```

上述代码执行的效果如图4-51所示。从图中可以看到，输入有效范围内的日期数据后，验证结果为“所输入的数据有效！”；而输入有效范围之外的日期数据后，验证结果为“所输入的数据无效！”。

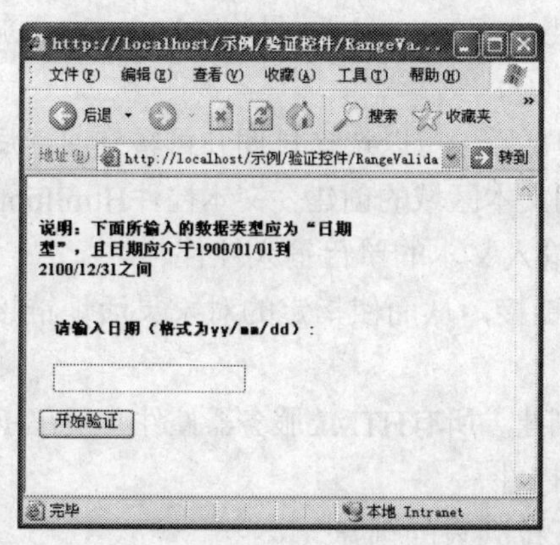

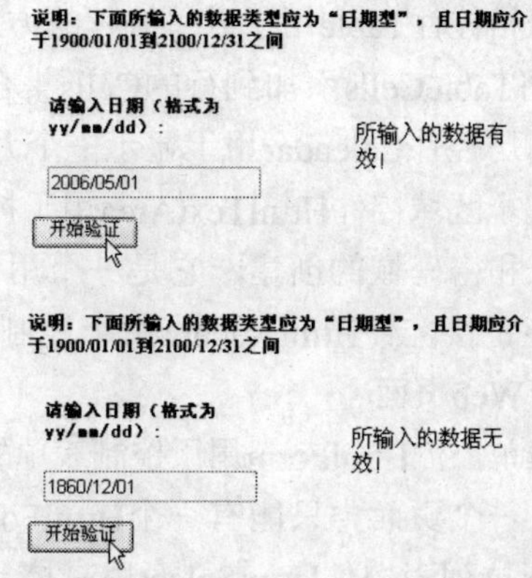

图4-51　数据验证控件执行效果

本章要点小结

本章介绍了ASP.NET的常用控件，下面对本章的重点内容进行小结。

（1）控件在本质上是一个可重用的组件或者对象，它是Web页面中常用的对象之一。控件是一种具有方法、事件和属性的简单组件。使用控件可以很容易地控制网页程序。

（2）Web服务器控件是创建在服务器上并需要Runat="server"属性来工作的，而对象化后的HTML标注一般称为“HTML控件”。

（3）文本标签控件Label用于在页面中指定的位置显示可编程的静态文本。但和普通静态文本不同，其标签的Text属性可用编程方式来设置。可编程的静态文本控件Literal用于显示可编程的静态文本内容。文本输入控件TextBox用于让用户在Web页面上输入文本。

（4）复选控件CheckBox用于显示一个复选框，当复选控件被选择以后，通常根据其Checked属性是否为真来判断用户选择与否。复选框组控件CheckBoxList用于创建一个多选的复选框组，其中的每个可选项也由ListItem元素来定义。

（5）内容交错的单选控件RadioButton用于将某个组中的单选按钮与页面中的其他内容交错，该控件的选择可能性不一定是两种，可以是有限种可能性，但只能从中选择一种结果。单项选择列表控件RadioButtonList用于提供已选中一个选项的单项选择列表。

（6）列表框控件ListBox是在一个文本框内提供多个选项供用户选择的控件，其功能类似于下拉列表，但是没有显示结果的文本框。下拉列表控件DropDownList用于创建下拉列表，其中每个可选项都是由一个ListItem元素来定义的。

（7）按钮控件Button用于显示一个按钮，该按钮既可以是提交按钮（默认为提交按钮），也可以是命令按钮。超链接按钮控件LinkButton用于建立一个超链接按钮，将Web窗体页回发给服务器。

（8）超链接控件HyperLink用于创建超链接，即从客户端定位到另一页面。

（9）图像控件Image用于在页面中显示由ImageUrl属性定义的图像。图像按钮控件ImageButton用于创建一个能将相关信息回发到服务器的带图片的按钮。图片序列控件AdRotator用来显示一个图片序列，单击图片将跳转到一个新的Web位置或电子邮件地址，且每次将该页面加载到浏览器中时，都会从预定的列表中随机选择一幅图片。

（10）表格控件Table用于以可编程的方式生成表格，其方法是将TableRows添加到表的Rows集合，将TableCells添加到行的Cells集合。

（11）月历控件Calendar用于显示一个月的日历，可以选择日期并可转到前、后月份。

（12）文本区域控件HtmlTextArea用于控制文本区域的创建。文本控件HtmlInputText用来控制文本域和密码域的创建，它是一个用于输入文本的单行输入控件。

（13）超链接控件HtmlAnchor用于控制超链接，从而使指定的对象灵活地链接到一个书签或另一个Web页面。

（14）表单控件HtmlForm用于控制表单的创建。所有HTML服务器控件必须在HtmlForm控件之中，且一个页面中只能有一个HtmlForm控件。

（15）下拉列表控件HtmlSelect用来控制下拉列表的创建。

（16）图片控件HtmlImage用来控制图片的显示，其属性可以通过程序来动态设置。图片背景按钮控件HtmlInputImage用于控制创建一个具有图片背景的按钮。按钮控件HtmlButton用来控制页面中按钮的创建。输入按钮控件HtmlInputButton用来创建命令按钮、提交按钮和重置按钮。

（17）单选按钮控件HtmlInputRadioButton用来控制单选按钮的创建。选择框控件HtmlInputCheckBox用于控制选择框的创建。

（18）文件上传控件HtmlInputFile用来控制将文件上传到服务器中。

（19）隐藏控件HtmlInputHidden用来控制创建一个隐含的Input域，从而使用HTML窗体内的隐藏控件来嵌入不可见信息，这些信息将在下一次执行回发时发回给服务器。

（20）表格控件HtmlTable用于以编程的方式创建一个表格。HtmlTableCell控件用来控制表格单元格和表格标题单元格的创建。表格行控件HtmlTableRow用来控制表格行的创建。

（21）自定义控件是用户根据需要自行创建的服务端控件，只需用一个以.ascx为后缀的文件保存起来，就可以在.aspx文件中使用Register方法来调用。

（22）Web窗体框架中包含一组验证服务器控件。使用数据验证控件，可以验证表单填写的正确性。数据验证控件提供了强大的检查输入窗体错误的功能。

习题

选择题

（1）HTML服务器控件的Disabled属性用于确定________。

A）属性值　　B）是否可见　　C）标签名　　D）控件是否被禁止

(2) HtmlAnchor控件用于控制________。

A) 超链接 B) 列表框 C) 按钮 D) 图片

(3) HtmlInputImage控件用于控制创建一个具有图片背景的________。

A) 超链接 B) 列表框 C) 按钮 D) 图片

(4) ________控件用来控制单选按钮的创建。

A) HtmlInputRadioButton B) HtmlButton
C) HtmlInputButton D) ImageButton

(5) HtmlInputFile控件用来控制将________上传到服务器中。

A) 图像 B) 表单 C) 表格 D) 文件

(6) HtmlSelect控件用来控制________的创建。

A) 列表框 B) 单选项 C) 复选项 D) 下拉列表

(7) HyperLink控件用于创建________。

A) 按钮 B) 文本框 C) 列表框 D) 超链接

(8) ________控件用于显示一个复选框。

A) Box B) CheckBoxList C) CheckBox D) ListBox

(9) DropDownList控件用于创建下拉列表，其中每个可选项都是由一个________元素来定义的。

A) ListItem B) Attributes C) Backcolor D) ToolTip

(10) 可验证的输入控件不包括________。

A) TextBox B) ListBox C) FormBox D) DropDownList

填空题

(1) 使用ASP.NET设计动态网页程序时，可以将所有________视为对象，从而通过程序来控制。

(2) HtmlForm控件用于控制________的创建。所有HTML服务器控件必须在HtmlForm控件之中，且一个页面中________有一个HtmlForm控件。

(3) ________控件用来控制图片的显示，其属性可以通过程序来动态设置。

(4) HtmlInputText控件用来控制________的创建，它是一个用于输入文本的单行输入控件。HtmlInputText支持两种行为：Type为________时，与普通文本框操作相同；Type为________时，则使用*字符屏蔽的输入内容以进行保密。

(5) HtmlTable控件用于以________的方式创建一个表格。

(6) Button控件用于显示一个按钮，该按钮既可以是________按钮，也可以是________按钮。

(7) RadioButton控件用于将某个组中的________与页面中的其他内容交错。

(8) ________控件用于提供已选中一个选项的单项选择列表。

(9) Table控件用于以可编程的方式生成________，其方法是将________添加到表的Rows集合，将TableCells添加到行的Cells集合。

(10) 使用数据验证控件，可以验证____________。数据验证控件提供了强大的检查________错误的功能。

（11）RegularExpressionValidator控件用________验证输入的数据是否符合规范。

简答题

（1）什么是控件？常用的控件有哪些？

（2）简述Web服务器控件的一般属性。

（3）举例说明Label、Literal、TextBox控件的功能和用法。

（4）举例说明CheckBox、CheckBoxList、RadioButton、RadioButtonList、ListBox、DropDownList控件的功能和用法。

（5）举例说明Button、LinkButton控件的功能和用法。

（6）举例说明HyperLink控件的功能和用法。

（7）举例说明Image、ImageButton、AdRotator控件的功能和用法。

（8）举例说明Table、TableCell、TableRow控件的功能和用法。

（9）举例说明Calendar控件的功能和用法。

（10）举例说明HtmlTextArea、HtmlInputText控件的功能和用法。

（11）举例说明HtmlAnchor控件的功能和用法。

（12）举例说明HtmlForm、HtmlSelect控件的功能和用法。

（13）举例说明HtmlImage、HtmlInputImage控件的功能和用法。

（14）举例说明HtmlButton、HtmlInputButton、HtmlInputRadioButton 控件的功能和用法。

（15）举例说明HtmlInputCheckBox、HtmlInputFile、HtmlInputHidden控件的功能和用法。

（16）举例说明HtmlTable、HtmlTableCell、HtmlTableRow控件的功能和用法。

（17）什么是自定义控件？什么是数据验证控件？

第5章　ADO.NET数据库操作初步

ADO.NET是一个用于访问数据源中数据的平台，使用ASP.NET进行Web程序设计时，利用ADO.NET中Managed Provider所提供的应用程序编程接口（API），便可以对数据库中数据进行访问和处理。ADO.NET的内容十分丰富，本章仅简要介绍ADO.NET的相关知识和基本操作，关于ADO.NET的具体数据库操作，将在第9章和第10章中结合范例介绍。本章重点介绍以下内容：

- ADO.NET基础
- 数据库的访问
- 数据绑定初步

5.1　ADO.NET简介

ADO.NET是由ActiveX Data Objects（ADO）改进而来的，它提供了平台互用和可收缩的数据访问功能。下面先介绍ADO.NET的基础知识。

5.1.1　ADO.NET的功能

ADO.NET是.Net Framework SDK中用于操作数据库的类库的总称，主要用于与数据库中的数据进行交互。ADO.NET集中了所有可以进行数据处理的类，作为重要的.NET数据库应用程序的解决方案，它更多的显示了涵盖全面的设计，而不是像ADO模型一样以数据库为中心。

ADO进行数据处理的主要方法是OLEDB，而ADO.NET为了更好地支持Oracle和SQL Server，对OLEDB做了专门的扩展，它们分别是OracleClient和SQLClient类。同时，由于数据库产品很多，为了便于以前的OLEDB的程序升级，也对OLEDB本身做了升级处理，形成新的OLEDB类。

ADO.NET可以与很多种数据交互——不仅仅是存储在数据库中的数据，还包括存储在电子邮件服务器、文本文件、应用程序文档中的数据，如XML、Excel数据等。最常见的数据源主要有以下4种：

- 数据库，例如：Microsoft SQL Server、DB2、Oracle、Access等
- 数据文件，例如：Excel
- 用逗号分隔的文本文件
- XML数据

在使用ADO.NET时，实际上使用的是内存中的数据。当浏览者请求数据时，就打开连接，传输数据，然后自动关闭。当修改数据时，数据不会在数据源中立即更新。必须先打开连接，然后更新。如果不使用这种断开连接的模型，就必须一直打开连接，直到浏览者的会话终结为止。对于网站来说，同时有成千上万的用户查看数据是可能的。如果为每位浏览者都打开连接，会造成堵塞或耗尽资源。使用这种断开连接模型可以提高数据吞吐能力。

总之，ADO.NET可以连接很多数据源，并且代码非常简单。但要使用好ADO.NET，还需要深入理解数据源和SQL查询语句，以及ADO.NET的各种对象。

5.1.2 .NET Data Provider

Managed Provider是ADO.NET中一个多层结构的无连接的一致性编程模型，ASP.NET便是通过Managed Provider所提供的应用程序编程接口（API）来访问各种数据源中数据的。Managed Provider提供了DataSet和数据中心（如MS SQL）之间的联系。Managed Provider包含存取数据中心（数据库）的一系列接口，主要有以下3个部件。

· 连接对象Connection、命令对象Command、参数对象Parameter提供了数据源和DataSet之间的接口。DataSetCommand接口定义了数据列和表映射，并最终取回一个DataSet。

· 数据流提供了高性能的、前向的数据存取机制。通过IdataReader，可以轻松而高效地访问数据流。

· 底层的对象允许用户连接到数据库，然后执行数据库系统一级的特定命令。

过去，数据处理主要依赖于两层结构，并且是基于连接的。连接断开，数据就不能再存取。现在，数据处理被延伸到3层以上的结构，相应地，程序员需要切换到无连接的应用模型。这样，DataSetCommand就在ADO.NET中扮演了极其重要的角色。它可以取回一个DataSet，并维护一个数据源和DataSet之间的“桥”，以便于数据访问和修改、保存。DataSetCommand自动将数据的各种操作变换到数据源相关的合适的SQL语句。系统提供了4个Command对象：SelectCommand、InsertCommand、UpdateCommand、DeleteCommand，这些对象分别代替了数据库的查询、插入、更新、删除操作。

Managed Provider利用本地的OLEDB通过COM Interop来实现数据存取。OLEDB支持自动的和手动的事务处理。所以，Managed Provider也提供了事务处理的能力。

5.1.3 .NET DataSet

DataSet是ADO.NET的中心概念，可以把DataSet想象成内存中的数据库。正是由于DataSet，才使得程序员在编程序时可以屏蔽数据库之间的差异，从而获得一致的编程模型。

DataSet支持多表、表间关系、数据约束等等。这些和关系数据库的模型基本一致。

1. TablesCollection对象

DataSet里的表（Table）是用DataTable来表示的。DataSet可以包含许多DataTable，这些DataTable构成TablesCollection对象。

DataTable定义在System.Data中，它代表内存中的一张表（Table）。它包含一个称为ColumnsCollection的对象，代表数据表的各个列的定义。DataTable也包含一个RowsCollection对象，这个对象含有DataTable中的所有数据。

DataTable保存有数据的状态。通过存取DataTable的当前状态，你可以知道数据是否被更新或者删除。

2. RelationsCollection对象

各个DataTable之间的关系通过DataRelation来表达，这些DataRelation形成一个集合，称为RelationsCollection，它是DataSet的子对象。DataRelation表达了数据表之间的主键—外键关系，当两个有这种关系的表之一的记录指针移动时，另一个表的记录指针也随之移动。同时，一个有外键的表的记录更新时，如果不满足主键—外键约束，更新就会失败。

通过建立各个DataTable之间的DataRelation，可以轻松实现在ASP中需要通过DataShaping才能实现的功能。

3. ExtendedProperties对象

在这个对象里可以定义特定的信息，比如密码、更新时间等。

5.1.4　ADO.NET访问数据库的步骤

ADO.NET最重要的概念之一是DataSet。DataSet是不依赖于数据库的独立数据集合，即使断开数据链路，或者关闭数据库，DataSet依然是可用的。ADO.NET访问数据库的步骤如下：

（1）创建一个数据库链路。

（2）请求一个记录集合。

（3）把记录集合暂存到DataSet。

（4）如果需要，返回步骤2。

（5）关闭数据库链路。

（6）在DataSet上做所需要的操作。

提示： DataSet在内部是用XML来描述数据的。由于XML是一种平台无关、语言无关的数据描述语言，而且可以描述复杂数据关系的数据，比如父子关系的数据，所以DataSet实际上可以容纳具有复杂关系的数据，而且不再依赖于数据库链路。

5.2　.NET Data Provider组件

·NET Data Provider是微软.NET Framework软件开发包（SDK）的一个附属组件。它提供对原生ODBC驱动的访问，是一个受管制的组件，允许.NET应用程序通过ODBC驱动程序访问ODBC数据源。.NET Data Provider包含4个主要的对象：Connection、Command、DataReader和DataAdapter。本节主要介绍Connection、Command和DataReader对象。

5.2.1　连接数据库（Connection对象）

ADO.NET应用程序要从数据源里读取数据，首先要创建一个连接对象。这个连接对象可以是SQLConnection或是ADOConnection，这取决于所采用的目标提供程序。

ADO.NET的Connection对象用于连接数据源。连接字符串包含连接数据存储所需要的信息，通常由以下3个部分组成：

- 使用的Provider或Driver的种类
- 使用的数据库
- 登录信息，比如用户的登录ID和密码

从以上3点可以看出，不同的数据库连接，连接字符串是不一样的。比较常用的主要有与Access、SQL Server连接字符串，其具体方法如下。

1. Access连接字符串："Provider=Microsoft.Jet.OLEDB.4.0; data source=Path/Filename.mdb"

【例1】连接C:\BegASPNET\Northwind.mdb数据库的代码：

```
string strConnection="Provider=Microsoft.Jet.OleDb.4.0;";
strConnection+=@"Data Source=C:\BegASPNET\Northwind.mdb";
OleDbConnection objConnection=new OleDbConnection(strConnection);
myConnection.Open( )
```

2. SQL Server连接字符串："server=servername;database=dataname;uid=userid;pwd=password"

【例2】连接本机上名为vote的MS SQL数据库的代码：

```
SqlConnection conn=new SqlConnection("uid=sa;pwd=";DataBase=vote;server= localhost; ");
Connection.Open( )
```

提示： 在Microsoft SQL Server中，用于数据库的标准OLEDB字符串是："provider=SQLOLEDB.1;server=servername;database=dataname;initialcatalog=Catalog;uid=userid;pwd=password"。

创建了Connection对象、提供了Connection字符串后，就可以使用Connection对象了。Connection对象最常用的两个方法是：Connection.Open( )和Connection.Close( )。Connection.Open( )用于打开连接，Connection.Close( )用于关闭连接。

5.2.2 查询数据库（Command对象）

ADO.NET允许以3种不同的方式获取数据库里面的数据，它们是Command、DataSet和DataReader，其中Command是最基本的方法，可以通过执行SQL命令的形式获得数据。

1. 创建对象

要使用Command对象，首先必须创建Command对象。创建新的Command对象的方法很简单，只需在创建对象时声明是Command对象，方法上类似于定义一个指定类型变量。下面以创建一个名为cmd的Command对象为例，说明创建Command对象的具体方法。具体代码如下：

```
SqlCommand cmd=new SqlCommand(SQL,conn);
//创建一个SQL类Command对象，括号中的SQL表示SQL语句文符串，conn表示连接字符串。
```

2. 执行方式

Command对象可以通过以下4种方式执行：

```
ExecuteNonQuery( )    返回受命令影响的行数。
ExecuteScalar( )      返回第一行第一列（使用与集函数）。
ExecuteReader( )      返回一个DataReader对象。
ExecuteXmlReader( )   返回一个XmlReader对象。
```

此外，Command对象还可以用在存储过程、事务处理和批处理查询等方面。

5.2.3　DataReader对象

DataReader对象只能对查询获得的数据集进行自上而下的访问，但效率很高。如果仅仅是访问数据的话，可以使用DataReader。DataReader要求一直连接，所以将结果的一小部分先放在内存中，读完后再从数据库中读取一部分，相当于一个缓存机制。这对于查询结果是百万级的情况来说，带来的好处是显而易见的。

提示： 用DataReader读取记录时，数据库默认上锁，可以通过更改DataReader的默认属性改变。

DataReader是用来读取数据源的最简单的方式，它只能读取数据，而且是将数据源从头到尾依次读出，也无法只读取某条数据。由于只能从DataReader中读取一条数据，占用的内存空间很小，所以它的执行效率较高，系统的负担也会更轻，其最大的缺陷就是没有灵活性。

1. DataReader对象的使用

DataReader对象的使用方法如下：

（1）使用Connection对象创建数据库连接。

（2）使用Command对象对数据源执行SQL命令并返回结果。

（3）使用DataReader对象读取数据源。

提示： OLE DB兼容数据库必须使用OleDBDatareader对象，SQL Server7.0或更新的版本必须使用SqlDatareader对象。

2. DataReader对象的属性

DataReader对象主要有以下属性。

- FieldCount：获取字段的数目，若DataReader没有记录，则返回0。
- IsClosed：获取Datareader的状态，True表示关闭，False表示打开。
- Item（{name,ordinal}）：获取或设置字段内容，name为字段名称，ordinal为0表示第一列，为1表示第二列，依此类推。
- RecordsAffected：获取执行Insert、Delete或Update等SQL命令后有多少行受影响，若没有影响就返回0。RecordsAffected属性必须在DataReader执行完毕且关闭之后才会被指定。

3. DataReader对象的方法

DataReader对象主要有以下方法。

- Close( )：关闭DataReader对象。
- GetBoolean（ordinal）：获取ordinal+1列的内容，返回值为Boolean类型的数据，ordinal为0表示第一列，为1表示第二列，依此类推。其他类型的方法有GetByte（ordinal）、GetDateTime（ordinal）、GetDouble（ordinal）等，依此类推。
- GetDataTypeName（ordinal）：获取ordinal+1列的来源数据类型名称。
- GetFieldType（ordinal）：获取ordinal+1列的数据类型。
- GetName（ordinal）：获取ordinal+1列的字段名称。
- GetOrdinal（Name）：获取字段名称为Name的字段序号。
- GetValue（ordinal）：获取第ordinal+1列的内容。

· GetValues（Values）：获取所有字段的内容，并将所有字段的内容放在Values数组中，Values数组的大小最好与字段数目相等，这样才能获得全部字段的内容。GetValues方法比GetValue有效率。

· IsDBNull（ordinal）：判断第ordinal+1列的内容是否为Null，返回True表示为Null，返回False表示不为Null。

· Read( )：读取下一条数据并返回布尔值，返回True表示还有下一条数据，返回False则表示没有下一条数据。

5.3 ADO.NET的DataSet对象

DataSet是ADO.NET的核心成员之一，也是各种开发基于.NET平台程序语言的数据库应用程序最常用的对象。从数据库完成数据抽取后，DataSet就是数据的存放地，它是各种数据源中的数据在计算机内存中映射成的缓存，所以有时说DataSet是一个数据容器。同时它在客户端实现读取、更新数据库等过程中起到了中间部件的作用（DataReader只能检索数据库中的数据）。

5.3.1 DataSet基础

可以把DataSet对象看成是暂时存放资料的地方，它本身并不具备和数据源联机以及操作数据源的能力。如果想要将数据源的数据取回并存放在DataSet里面的DataTable中，要透过数据操作组件才办得到。数据操作组件就是Connection、Command、DataSetCommand以及DataReader对象，其中DataSet对象和DataSetCommand对象的关系最密切，因为DataSet-Command对象是帮助DataSet对象和数据源沟通的桥梁；透过DataSetCommand对象来取得数据源的数据时，先依照数据在数据源中的架构产生一个DataTable对象，然后将数据源中的数据取回后填入DataRow对象，再将DataRow对象填加入DataTable的Rows集合，直到数据源中的数据取完为止。DataSetCommand对象将数据源中的数据取出，并将这些数据都填入自己所产生的DataTable对象后，立即将这个DataTable对象加入DataSet对象的DataTables集合，并结束和数据源的联机。DataSetCommand对象的执行流程如图5-1所示。

下面来详细了解数据操作组件的实际动作：首先由Connection建立和数据源的联机，然后由DataSetCommand对象通过Command对象下达将数据取回的命令。这些命令通过Connection对象送至数据源后，数据源会将所要取得的数据通过Connection对象传回给DataSet-Command，由DataSetCommand将这些数据填入自己产生的DataTable对象。全部数据取回后，再把这个由DataSetCommand对象所产生的DataTable对象加入DataSet中的DataTables集合对象来统一管理。DataSet对象从到尾都没有主动和数据源有任何互动，这些命令的下达以及数据的传递都是通过数据操作组件而完成的；如图5-2所示。

用各种.NET平台开发语言开发数据库应用程序时，一般不直接对数据库操作（直接在程序中调用存储过程等除外），而是先完成数据连接和通过数据适配器填充DataSet对象，然后客户端再通过读取DataSet来获得需要的数据，同样更新数据库中数据，而且也是首先更新DataSet，然后再通过DataSet来更新数据库中对应的数据。可见，了解、掌握ADO.NET，首先必须了解、掌握DataSet。DataSet主要有3个特性：

· 独立性。DataSet独立于各种数据源。微软公司在推出DataSet时就考虑到各种数据源的多样性、复杂性。在.NET中，无论什么类型数据源，它都会提供一致的关系编程模型，而这就是DataSet。

· 离线（断开）和连接。DataSet既可以以离线方式，也可以以实时连接来操作数据库中的数据。这一点有点像ADO中的RecordSet。

· DataSet对象是一个可以用XML形式表示的数据视图，是一种数据关系视图。

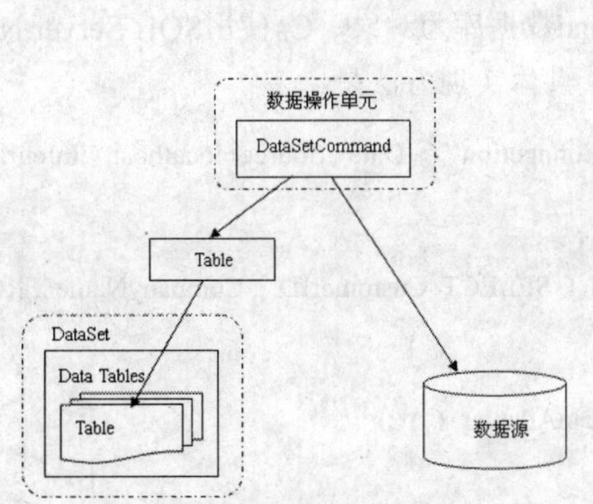

图5-1 DataSet对象的执行流程

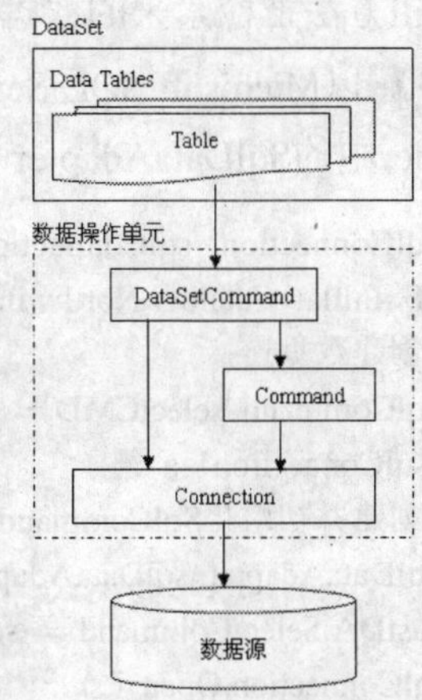

图5-2 DataSet对象的实际执行流程

5.3.2 DataSet的应用

DataSet其实就是数据集，上文已经说过，DataSet是把数据库中的数据映射到内存缓存中所构成的数据容器，对于任何数据源，它都提供一致的关系编程模型。在DataSet中既定义了数据表的约束关系以及数据表之间的关系，还可以对数据表中的数据进行排序等。DataSet的使用方法一般有3种：

· 把数据库中的数据通过DataAdapter对象填充到DataSet。

· 通过DataAdapter对象操作DataSet实现更新数据库。

· 把XML数据流或文本加载到DataSet。

下面就来详细探讨以上DataSet使用方法的具体实现。

1. 通过DataAdapter对象填充DataSet

掌握DataSet使用方法必须掌握ADO.NET另外一个核心常用成员——数据提供者（Data Provider）。数据提供者（也称为托管提供者Managed Provider）是一个类集合，在.NET Framework SDK 1.0中，数据提供者分为两种：SQL Server.NET Data Provider和OLE DB.NET Data Provider。而到了.NET Framework SDK 1.1时，ADO.NET中又增加了ODBC.NET Data Provider和Oracle.NET Data Provider两个数据提供者。SQL Server.NET Data Provider的操作数据库对象只限于Microsoft SQL Server 7.0及以上版本，Oracle.NET Data Provider的操作数据库对象只限于Oracle 8.1.7及以上版本。而OLE DB.NET Data Provider和ODBC.NET Data Provider可操作的数据库类型就相对多了许多，只要它们在本地分

别提供OLE DB提供程序和ODBC提供程序即可。

在这些数据提供者中都有一个DataAdapter类，如：OLE DB.NET Framework数据提供者中的是OleDbDataAdapter类，SQL Server.NET Framework数据提供者中的是SqlDataAdapter类，ODBC.NET Framework数据提供者中的是OdbcDataAdapter类。通过这些DataAdapter类，就能够实现从数据库中检索数据并填充DataSet中的表。

DataAdapter填充DataSet的过程分为两步：1）通过DataAdapter的SelectCommand属性从数据库中检索出需要的数据，SelectCommand其实是一个Command对象；2）通过DataAdapter的Fill方法把检索来的数据填充到DataSet。

【例3】以Microsoft SQL Server中的Northwind数据库为对象，C#使用SQL Server.NET Data Provider中的SqlDataAdapter来填充DataSet。具体实现方法是：

```
SqlConnection sqlConnection1 = new SqlConnection ( Data Source=localhost ;Integrated Security=SSPI ;Initial Catalog=Northwind ) ;
//创建数据连接
SqlCommand selectCMD = new SqlCommand ( SELECT CustomerID , CompanyName FROM Customers , sqlConnection1 ) ;
//创建并初始化SqlCommand对象
SqlDataAdapter sqlDataAdapter1 = new SqlDataAdapter ( ) ;
custDA.SelectCommand = selectCMD ;
sqlConnection.Open ( ) ;
//创建SqlDataAdapter对象，并根据SelectCommand属性检索数据
DataSet dsDataSet1 = new DataSet ( ) ;
sqlDataAdapter1.Fill ( dsDataSet1 , Customers ) ;
//使用SqlDataAdapter的Fill方法填充DataSet
sqlConnection.Close ( ) ;
//关闭数据连接
```

对于其他数据提供者的DataAdapter，具体的实现检索数据库中的数据并填充DataSet的方法类似于以上方法。

2. 通过DataAdapter对象操作DataSet

DataAdapter是通过其Update方法实现用DataSet中的数据来更新数据库的。当DataSet实例中包含的数据发生更改后，调用Update方法时，DataAdapter将分析已做出的更改并执行相应的命令（INSERT、UPDATE或DELETE），并以此命令来更新数据库中的数据。如果DataSet中的DataTable是映射到单个数据库表或从单个数据库表生成的，则可以利用CommandBuilder对象自动生成DataAdapter的DeleteCommand、InsertCommand和UpdateCommand。

【例4】使用DataAdapter对象操作DataSet实现更新数据库具体的实现方法（只需把下面的代码添加到例3之后，二者合并即可删除Customers数据表中的第一行数据）：

```
SqlCommandBuilder sqlCommandBuilder1=new SqlCommandBuilder ( sqlDataAdapter1 ) ;
//以sqlDataAdapter1为参数来初始化SqlCommandBuilder实例
dsDataSet1.Tables[Customers].Rows[0].Delete ( ) ;
//删除DataSet中删除数据表Customers中第一行数据
sqlDataAdapter1.Update ( dsDataSet1 ,Customers ) ;
```

```
//调用Update方法，以DataSet中的数据更新从数据库
dsDataSet1.Tables[Customers].AcceptChanges ( ) ;
```

由于不了解DataSet结构和它与数据库的关系，很多初学者往往只是更新了DataSet中的数据，就认为数据库中的数据也随之更新，所以当打开数据库浏览时发现并没有更新数据，都会比较疑惑。通过上面的介绍，疑惑应当能够消除了。

3. XML和DataSet

DataSet中的数据可以从XML数据流或文档创建。并且.Net Framework可以控制加载XML数据流或文档中那些数据以及如何创建DataSet的关系结构。加载XML数据流和文档到DataSet中时，可使用DataSet对象的ReadXml方法（注意：用ReadXml来加载非常大的文件，则性能会有所下降）。ReadXml方法将从文件、流或XmlReader中进行读取，并将XML的源以及可选的XmlReadMode参数用做参数。该ReadXml方法读取XML流或文档的内容并将数据加载到DataSet中。根据所指定的XmlReadMode和关系架构是否已存在，它还将创建DataSet的关系架构。

5.4　数据绑定简介

数据绑定是绑定技术中使用最频繁、也是最为重要的技术，可以说是利用各种.Net开发语言来开发数据库应用程序时最需要掌握的基本知识之一。本节简要介绍数据绑定的基本概念。

5.4.1　数据绑定概述

数据绑定之所以很重要，是因为在.Net Framework SDK中并没有提供数据库开发的相关组件，即如：DbTextBox、DbLabel等用于数据库开发的常用组件在.Net Framework SDK中都没有。而数据绑定技术则能够把TextBox组件改造成DbTextBox组件，把Label组件改造成DbLabel组件等。所有这些都与DataSet有直接关系。

数据绑定分成两类：简单型数据绑定和复杂型数据绑定。适用于简单型数据绑定的组件一般有Lable、TextBox等，适用于复杂型数据绑定的组件一般有DataGrid、ListBox、ComboBox等。其实简单型数据绑定和复杂型数据绑定并没有明确的区分，只是在组件进行数据绑定时，一些结构复杂一点的组件在数据绑定时操作步骤相近，而另外一些结构简单一点的组件在数据绑定时也比较类似。于是也就产生了两个类别。以下就结合TextBox组件和DataGrid组件分别探讨DataSet在实现简单型数据绑定和复杂型数据绑定时的作用和具体实现方法。

5.4.2　简单型数据绑定

简单型数据绑定一般使用这些组件中的DataBindings属性的Add方法，把DataSet中某一个DataTable的某一行和组件的某个属性绑定起来，从而达到显示数据的效果。

【例5】TextBox组件的数据绑定具体实现方法是在例3代码后，再添加以下代码（功能是把DataSet中的Customers数据表的CustomerID数据和TextBox的Text属性绑定起来，这样

DbTextBox就产生了。其他适用于简单型数据绑定组件数据绑定的方法类似于此操作）：

```
textBox1.DataBindings.Add ( Text , dsDataSet1, Customers. CustomerID ) ;
```

5.4.3 复杂型数据绑定

复杂型数据绑定一般是通过设定组件的DataSource属性和DisplayMember属性来完成数据绑定的。DataSource属性值一般设定为要绑定的DataSet，DisplayMember属性值一般设定为要绑定的数据表或数据表中的某一列。

【例6】DataGrid组件的数据绑定的一般实现方法是在例1代码后，再添加以下代码（功能是把DataSet中的Customers数据表和DataGrid绑定起来。其他适用于复杂型数据绑定的组件实现数据绑定的方法类似于此操作）：

```
DataGrid1.DataSource = dsDataSet1;
DataGrid1.DataMember = Customers;
```

本章要点小结

本章简要介绍了ADO.NET数据库操作的初步知识，下面对本章的重点内容进行小结。

（1）ADO.NET是.Net Framework SDK中用于操作数据库的类库的总称，主要用于与数据库中的数据进行交互。

（2）ADO进行数据处理的主要方法是OLEDB，而ADO.NET为了更好地支持Oracle和SQL Server，对OLEDB做了专门的扩展，它们分别是OracleClient和SQLClient类。同时，由于数据库产品很多，为了便于以前的OLEDB的程序升级，也对OLEDB本身做了升级处理，形成新的OLEDB类。

（3）ASP.NET是通过Managed Provider所提供的应用程序编程接口（API）来访问各种数据源中数据的。Managed Provider提供了DataSet和数据中心（如MS SQL）之间的联系。Managed Provider包含存取数据中心（数据库）的一系列接口。

（4）ADO.NET的Connection对象用于连接数据源。连接字符串包含连接数据存储所需要的信息。ADO.NET允许以3种不同的方式获取数据库里面的数据，它们是Command、DataSet和DataReader，其中Command是最基本的方法，可以通过执行SQL命令的形式获得数据。

（5）DataReader是用来读取数据源的最简单的方式，它只能读取数据，而且是将数据源从头到尾依次读出，也无法只读取某条数据。

（6）DataSet是各种开发基于.NET平台程序语言的数据库应用程序最常用的对象。从数据库完成数据抽取后，DataSet就是数据的存放地，它是各种数据源中的数据在计算机内存中映射成的缓存，所以有时说DataSet是一个数据容器。

（7）数据绑定分成两类：简单型数据绑定和复杂型数据绑定。适用于简单型数据绑定组件一般有Lable、TextBox等，适用于复杂型数据绑定的组件一般有DataGrid、ListBox、ComboBox等。

习题

选择题

（1）在使用ADO.NET时，实际上使用的是（ ）中的数据。

A）CPU　　B）数据库　　C）内存　　D）索引

（2）Managed Provider提供了（ ）和数据中心之间的联系。

A）Tables　　B）SQL Server　　C）DataReader　　D）DataSet

（3）DataSet在内部是用（ ）来描述数据的。

A）SQL　　B）XML　　C）Set　　D）Get

（4）简单型数据绑定一般使用这些组件中的DataBindings属性的（ ）方法，把DataSet中某一个DataTable中的某一行和组件的某个属性绑定起来，从而达到显示数据的效果。

A）Add　　B）Set　　C）Remove　　D）Provider

填空题

（1）ADO.NET是一个用于访问________中数据的平台，它提供了平台互用和________的数据访问功能。

（2）Managed Provider是ADO.NET中一个多层结构的无连接的一致性________。

（3）DataSet里的表是用________来表示的。DataSet可以包含许多DataTable，这些DataTable构成________对象。

（4）Connection对象用于________，连接字符串包含________所需要的信息。

（5）DataReader对象只能对查询获得的数据集进行________的访问。

（6）DataAdapter是通过其________方法实现用DataSet中的数据来更新数据库的。

（7）DataSet中的数据可以从________或文档创建。

（8）数据绑定分成________数据绑定和________数据绑定两大类。

（9）复杂型数据绑定一般是设定组件的________属性和________属性来完成数据绑定的。

简答题

（1）简述ADO.NET的主要功能。

（2）.NET Data Provider的作用是什么，它包括哪些部件？

（3）.NET DataSet有何特点？它包括哪些主要对象？

（4）简述ADO.NET访问数据库的基本步骤。

（5）.NET Data Provider包含哪些对象？简述其中主要对象的功能。

（6）为什么说DataSet是ADO.NET的核心成员之一？

（7）什么是数据绑定？常见的数据绑定分为哪两类？

第二篇　SQL应用基础

SQL（Structured Query Language，即结构化查询语言）在关系型数据库中的地位就犹如英语在世界上的地位。SQL是数据库系统的通用语言，利用这种查询语言，用户可以用几乎同样的语句在不同的数据库系统上执行同样的操作。比如“select * from 数据表名”代表要从某个数据表中取出全部数据，在Oracle、SQL Server、ACCESS等关系型数据库中都可以使用这条语句。SQL已经被ANSI（美国国家标准化组织）确定为数据库系统的工业标准。为了使读者快速掌握SQL的基本概念、功能和应用，本篇将结合一些小的实例系统介绍以下知识要点：

◊ Web数据库基础知识
◊ Web数据库设计技巧
◊ 数据库的设计
◊ 常用数据库处理语句
◊ 视图的应用
◊ 索引的应用
◊ 存储过程
◊ 事务处理

第6章　Web数据库基础

数据库是Web系统的基石。SQL作为数据库系统的工业标准，拥有一套完整的数据库设计和数据处理方法，为制作出优秀的作品提供了有力保障。

本章重点介绍以下内容：

- Web数据库基础知识
- 常见Web数据库及其特点
- Web数据库设计技巧
- 数据库的创建
- 表的设计与制作

6.1　Web数据库概述

数据和资源共享这两种技术结合在一起，即成为在今天广泛应用的网络数据库（也叫Web数据库）。它以后台数据库为基础，加上一定的前台程序，通过浏览器完成数据存储、查询等系统操作。

Web数据库可以实现方便廉价的资源共享，数据信息是资源的主体，因而网络数据库技术自然而然成为互连网络的核心技术。

由于Web系统结构极其独特，所以Web数据库的访问方式也比较特别。通常浏览者是不能操作数据库的，只能给Web服务器发出请求，由Web程序向数据访问中间件索取数据，然后由数据访问中间件从数据库中提取相应的数据交给Web服务器，最后由Web程序根据数据生成相应的HTML页面再返回给浏览者。这一过程可以用如图6-1所示的示意图表示。

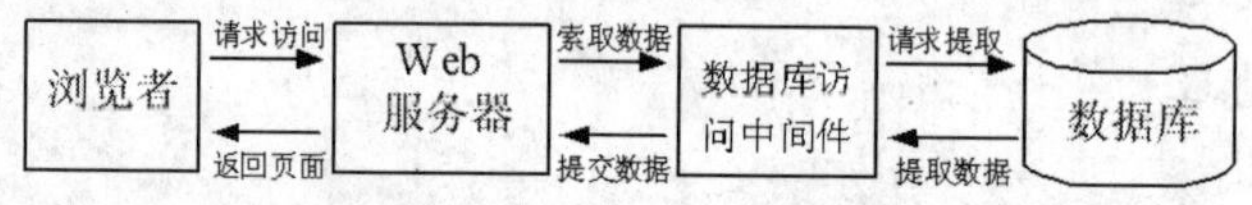

图6-1　Web数据库访问方式

6.2　常见Web数据库及其特点

Web数据库有很多种，下面简单介绍一下最常见的几种Web数据库及其特点。

1. Oracle

Oracle是以高级结构化查询语言（SQL）为基础的大型关系数据库，通俗地讲，它用便于逻辑管理的语言操纵大量有规律的数据的集合，是目前最流行的客户/服务器体系结构的数据库之一。Oracle主要具有以下特点。

- 从Oracle 7以来就引入了共享SQL和多线索服务器体系结构，从而减少了Oracle的资源占用，并增强了Oracle的能力，使之在低档软硬件平台上用较少的资源就可以支持更多的用户，而在高档平台上可以支持成百上千个用户。

• 提供了基于角色（ROLE）分工的安全保密管理。在数据库管理功能、完整性检查、安全性、一致性方面都有良好的表现。

• 支持大量多媒体数据，如二进制图形、声音、动画以及多维数据结构等。

• 提供了与第三代高级语言的接口软件PRO*系列，能在C、C++等主语言中嵌入SQL语句及过程化（PL/SQL）语句，对数据库中的数据进行操纵。加上它有许多优秀的前台开发工具，如Power Build、SQL Forms、Visual Basic等，可以快速开发生成基于客户端PC平台的应用程序，并具有良好的移植性。

• 提供了新的分布式数据库能力。可通过网络较方便地读写远端数据库里的数据，并有对称复制的技术。

2. Microsoft SQL Server

Microsoft SQL Server以其友好的操作界面和Windows操作系统完美结合，加上ASP、.NET的大力支持，占有不小市场份额。常用的版本有SQL Server 2000和SQL Server 2005，SQL Server系列数据库具有以下特点。

• 与Internet集成。Microsoft SQL Server关系数据库引擎包含对XML的本机支持：1）可将Transact-SQL结果作为XML文档返回到使用OLE DB和ADO API的Web或业务流应用程序。2）可定义代表数据库表的逻辑视图的批注XDR架构。Web应用程序于是可在XPath查询中引用这些架构以生成XML文档。3）SQL Server包含一个ISAPI DLL，使得可以在与SQL Server 2000实例相关联的Microsoft Internet Information服务（IIS）中定义虚拟根。这样，Internet应用程序可组成URL字符串，在其中引用SQL Server 2000虚拟根并包含Transact-SQL语句，将Transact-SQL语句发送到与虚拟根相关联的SQL Server 2000实例，并返回XML文档格式的结果。4）可将XML文档添加到SQL Server 2000数据库。OPENXML函数可用于在行集中表现XML文档数据，用SELECT、INSERT、UPDATE等Transact-SQL语句引用这些数据。5）Analysis Services包含支持许多企业对企业（B2B）或企业对个人（B2C）的Web应用程序所需的功能。

• 动态自管理。运行时，SQL Server自动对自身进行动态的重新配置。随着更多的用户连接到SQL Server，它可以动态地获取额外的资源（如内存）。当工作负荷减轻时，SQL Server会将资源释放回系统。如果服务器上有其他应用程序启动，则SQL Server将检测那些应用程序额外分配的虚拟内存，并减少自己使用的虚拟内存以减少分页开销。当插入或删除数据时，SQL Server还会自动增大或减小数据库的大小。数据库管理员可控制在每个SQL Server实例中动态重新配置的数量。由某位对数据库不熟悉的用户使用的小型数据库可以默认配置设置运行，在这种情况下，数据库将对自身进行动态配置。如果某个大型生产数据库是由富有经验的数据库管理员管理，则可以将该数据库设置为管理员可以对配置进行完全控制。

• 完整的管理工具集。SQL Server为数据库管理员提供了多个管理系统的工具，比如企业管理器、事件探查器、性能监视器、索引优化向导分析器、查询分析器等。

• 伸缩性和可用性。同一Microsoft SQL Server数据库引擎运行在Microsoft Windows操作系统，此数据库引擎是一个功能强健的服务器，可管理供上千用户访问的TB数据库。同时，当以默认设置运行时，SQL Server还具有动态自调整等功能，这使得它可以有效地运行在便携式电脑和台式机中，用户无需承担管理任务。SQL Server Windows CE版将SQL Server程序设计模型扩展到移动的Windows CE设备上，并且可以很容易地集成到SQL Server环境中。SQL Server与Windows Server故障转移群集共同支持不间断地将故障即时转移到备份服务器。SQL Server还引入了日志传送功能，使得可以在可用性要求较低的环境中维护备用服务器。

3. MySQL

MySQL是一个快速、多线程、多用户的SQL数据库服务器，其出现虽然只有短短的数年时间，但凭借着“开源”的东风，它从众多的数据库中脱颖而出，成为PHP的首选数据库。除了因为几乎是免费的这点之外，支持正规的SQL查询语言、采用多种数据类型以及能对数据进行各种详细的查询等，都是PHP选择MySQL的主要原因。下面，来看看MySQL数据库的主要特征。

· MySQL的核心程序采用完全的多线程编程。线程是轻量级的进程，它可以灵活地为用户提供服务，而不占用过多的系统资源。用多线程和C语言实现的MySQL能很容易地充分利用CPU。

· MySQL可运行在不同的操作系统下。MySQL可以支持Windows 95/98/NT/2000以及UNIX、Linux和Sun OS等多种操作系统平台。这意味着在一个操作系统中实现的应用可以很方便地移植到其他的操作系统下。

· MySQL有一个非常灵活而且安全的权限和口令系统。当客户与MySQL服务器连接时，他们之间所有的口令传送被加密，而且MySQL支持主机认证。

· MySQL支持ODBC for Windows。MySQL支持所有的ODBC 2.5函数和其他许多函数，这样就可以用Access连接MySQL服务器，从而使得MySQL的应用被大大扩展。

· MySQL支持大型的数据库。虽然对于用PHP编写的网页来说只要能够存放上百条以上的记录数据就足够了，但MySQL可以方便地支持上千万条记录的数据库。作为一个开放源代码的数据库，MySQL可以针对不同的应用进行相应的修改。

· MySQL拥有一个非常快速而且稳定的基于线程的内存分配系统，可以持续使用而不必担心其稳定性。事实上，MySQL的稳定性足以应付一个超大规模的数据库。

· 强大的查询功能。MySQL支持查询的SELECT和WHERE语句的全部运算符和函数，并且可以在同一查询中混用来自不同数据库的表，从而使得查询变得快捷和方便。

· PHP为MySQL提供了强力支持，PHP中提供了一整套的MySQL函数，对MySQL进行了全方位的支持。

4. Access

Access中文版是Microsoft Office套装软件的数据库管理系统软件，是目前比较流行的小型桌面数据库管理系统，它适用于小型企业、学校、个人和小型网站等，可以通过多种方式实现对数据进行收集、分类、筛选等处理。Access主要具有以下特点。

· Access具有良好的界面，采用了与Windows和Microsoft Office系列软件完全一致的风格，用户可以通过菜单和对话框操作，不用编写任何命令便能有效地实现各种功能的操作，完成数据管理任务。Microsoft Office的一个集成化的程序设计语言是VBA（Visual Basic for Applications），使用VBA可以创建非常实用的数据库应用系统。

・Access可以作为个人计算机终端和大型主机系统之间的桥梁。通过如SQL、ODBC等特定技术，方便地存储、检索和处理服务器平台上的关键信息，提供了灵活、可靠、安全的客户/服务器解决方案。

・Access可以接受多种格式的数据，从而方便了用户在不同系统之间进行数据转换。

・随着Internet网络应用的发展，Access还增加了使用信息发布Web向导和用HTML格式导出对象的功能。

6.3 Web数据库设计技巧

除只有静态页面或仅有几个简单的动态页面的网站外，就系统本身而言，一个成功的Web系统有50%得益于数据库。由于数据库的设计异常灵活，加上数据库处于系统后台，这给学习数据库设计增加了不少难度。由于数据库设计没有固定的模式可以参考，所以这里只好列举一些设计的技巧和注意事项，希望能帮助读者快速掌握数据库的设计。

1. 先进行逻辑设计

在深入物理设计之前要先进行逻辑设计。随着大量的CASE工具不断涌现出来，设计也可以达到相当高的逻辑水准，通常可以从整体上更好地了解数据库设计所需要的方方面面。

2. 制定命名规范

在动手设计数据库时，一定要制定好数据库对象的命名规范。对数据库表来说，从项目一开始就要确定表名是采用复数还是单数形式。

3. 从输入输出开始

在定义数据库表和字段需求时，首先应检查现有的或者已经设计出的报表、查询和视图，以决定为了支持这些输出，哪些是必要的表和字段。

4. 强制完整性

有害数据一旦进入数据库，是没有什么好办法能还原的，所以应该在它进入数据库之前将其剔除。应激活数据库系统的指示完整性特性，这样可以保持数据的清洁，使开发人员投入更多的时间处理错误条件。

5. 创建模式

一张图表胜过千言万语：开发人员不仅要阅读和实现它，而且还要用它来帮助自己和用户对话。模式有助于提高协作效能，这样在先期的数据库设计中几乎不可能出现大的问题。模式不必很复杂；甚至可以简单到手写在一张纸上，只要保证其上的逻辑关系今后能产生效益。

6. 使用视图

为了在数据库和应用程序代码之间提供另一层抽象，可以为应用程序建立专门的视图而不必非要应用程序直接访问数据表。这样做还等于在处理数据库变更时提供了更多的自由。

7. 使用存储过程

解决了许多麻烦来产生一个具有高度完整性的数据库解决方案之后，可以封装一些关联表的功能组，提供一整套常规的存储过程来访问各组，以便加快速度和简化客户程序代码的开发。数据库不只是一个存放数据的地方，它也是简化编码之地。

8. 检查设计

在开发期间检查数据库设计的常用技术是通过其所支持的应用程序原型来检查数据库。换句话说，针对每一种最终表达数据的原型应用，保证检查了数据模型并且查看如何取出数据。

9. 反复测试

建立或者修订数据库之后，必须采用用户新输入的数据测试。最重要的是，让用户进行测试并且同用户一道保证选择的数据类型满足商业要求。测试需要在把新数据库投入实际服务之前完成。

6.4 数据库基本操作

下面来学习一些数据库的基本操作，这里以Microsoft SQL Server 2000为例。

提示： Microsoft SQL Server只能安装在服务器操作系统上，比如Windows 2000 Server、Windows 2003等。

6.4.1 创建数据库

首先来学习数据库的创建。在Microsoft SQL Server中，数据库通常可以用企业管理器和T-SQL两种方法来创建。

1. 用企业管理器创建数据库

企业管理器以其友好的操作界面、简单的操作方式，成为Microsoft SQL Server众多工具中最受欢迎的工具之一。作为初学者，使用企业管理器可以减轻学习难度。在企业管理器中可以完成很多操作，创建数据库便是最基本的。

用企业管理器创建数据库的具体操作步骤如下：

（1）选择【开始】|【所有程序】|【Microsoft SQL Server】|【企业管理器】命令，打开“企业管理器”。

（2）展开“控制台根目录”，右击“数据库”图标，选择【新建数据库】命令，如图6-2所示。

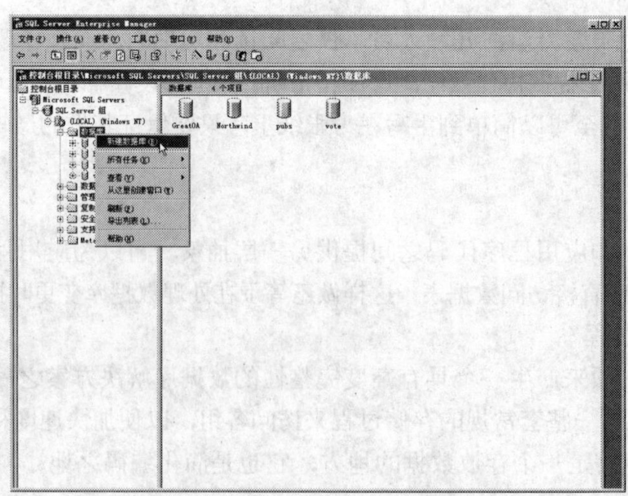

图6-2　新建数据库

（3）出现“数据库属性”窗口，在“名称”文本框中输入数据库名，如图6-3所示。

（4）单击“数据文件”标签，可以修改数据库文件存放的目录和“最大文件大小”，如图6-4所示。

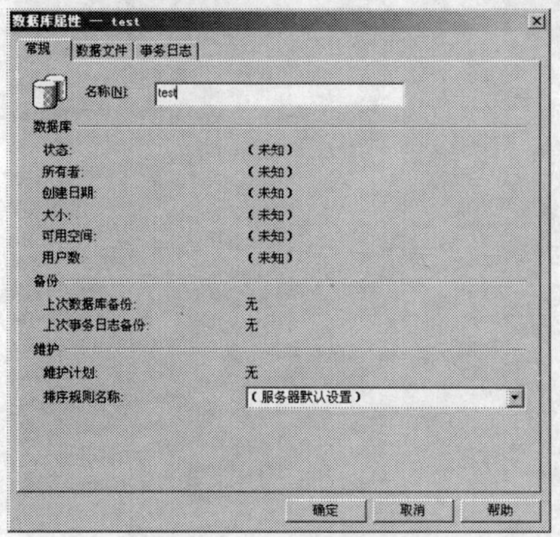

图6-3 创建数据库

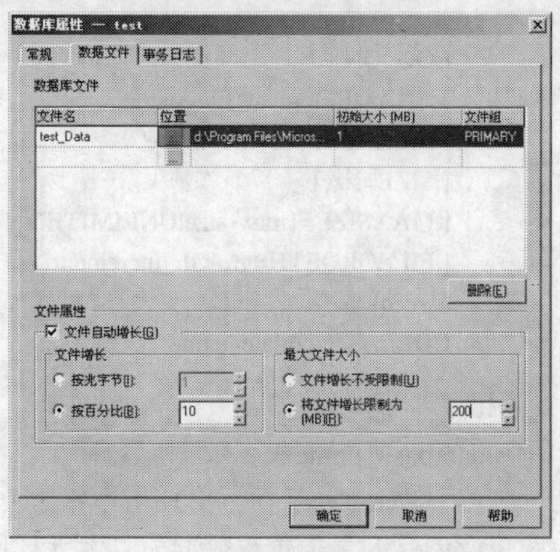

图6-4 设置数据文件的属性

（5）同样，也可以单击“事务日志”标签，修改日志文件存放的目录和相关属性设置，如图6-5所示。

（6）单击【确定】按钮即可按照设置创建数据库。创建好数据库后，可以在“控制台根目录”的“数据库分类”中看见刚才创建的数据库，如图6-6所示。

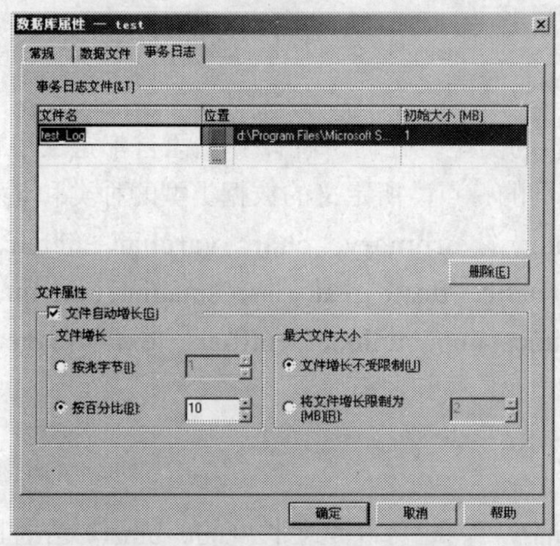

图6-5 设置事务日志的属性

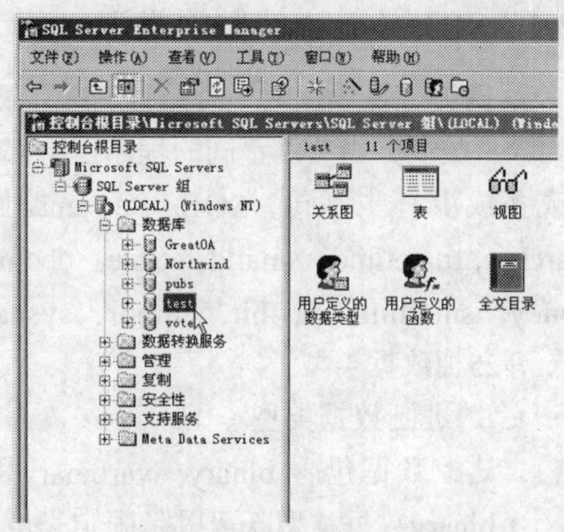

图6-6 新建的数据库

2. 用T-SQL创建数据库

用T-SQL创建数据库的命令如下：

```
CREATE DATABASE database_name
ON
{ [PRIMARY](NAME=logical_file_name,
```

```
FILENAME='os_file_name',
[,SIZE=size]
[,MAXSIZE={max_size|UNLIMITED}]
[,FILEGROETH=growth_increment])
}[,…n]
LOG ON
{ (NAME=logical_file_name,
FILENAME='os_file_name',
[,SIZE=size]
[,MAXSIZE={max_size|UNLIMITED}]
[,FILEGROETH=growth_increment])
}[,…n]
COLLATE collate_name
```

说明：

- database_name表示数据库名称。
- PRIMARY表示在主文件组中指定文件。
- LOG ON表示建立数据库日志文件。
- NAME表示数据或日志文件名称。
- FILENAME表示文件的存放路径。
- SIZE表示数据或日志文件的大小。
- MAXSIZE表示数据或日志文件的最大长度。
- FILEGROWTH表示文件的增长增量。
- COLLATE表示数据库默认排序方式。

6.4.2 SQL Server的数据类型

数据类型是数据的一种属性，表示数据内容的类型。任何一种计算机语言都定义了自己的数据类型。当然，不同的程序语言都具有不同的特点，所定义的数据类型的种类和名称都或多或少有些不同。SQL Server提供了binary、varbinary、char、varchar、nchar、nvarchar、datetime、smalldatetime、decimal、numeric、float、real、int、smallint、tinyint、money、smallmoney、bit、cursor、sysname、timestamp、uniqueidentifier、text、image、ntext等25种数据类型。

1. 二进制数据类型

二进制数据包括 binary、varbinary和image。

- binary数据类型既可以是固定长度的（binary），也可以是变长度的。binary是n位固定的二进制数据。其中，n的取值范围从1到8000。
- varbinary是n位变长度的二进制数据。其中，n的取值范围从1到8000。
- 在image数据类型中存储的数据是以位字符串存储的，它不由SQL Server解释，必须由应用程序来解释。例如，应用程序可以使用bmp、tief、gif和jpeg格式把数据存储在image数据类型中。

2. 字符数据类型

字符数据的类型包括char、varchar和text。字符数据是由任何字母、符号和数字任意组合而成的数据。

varchar是变长字符数据，其长度不超过8kb。char是定长字符数据，其长度最多为8kb。超过8kb的ASCII数据可以使用text数据类型存储。例如，因为HTML文档都是ASCII字符的，并且在一般情况下长度超过8kb，所以这些文档可以text数据类型存储在SQL Server中。

3. unicode数据类型

unicode数据类型包括nchar、nvarchar和ntext。在SQL Server中，传统的非unicode数据类型允许使用由特定字符集定义的字符。在SQL Server安装过程中，允许选择一种字符集。使用unicode数据类型，列中可以存储任何由unicode标准定义的字符。在unicode标准中，包括了以各种字符集定义的全部字符。

在SQL Server中，unicode数据以nchar、nvarchar和ntext数据类型存储。使用这种字符类型存储的列可以存储多个字符集中的字符。当列的长度变化时，应该使用nvarchar字符类型，这时最多可以存储4000个字符。当列的长度固定不变时，应该使用nchar字符类型，同样，这时最多可以存储4000个字符。当使用ntext数据类型时，该列可以存储多于4000个字符。

4. 日期和时间数据类型

日期和时间数据类型包括datetime和smalldatetime两种类型。

日期和时间数据类型由有效的日期和时间组成。例如，有效的日期和时间数据包括“4/01/98 12:15:00:00:00pm”和“1:28:29:15:01am 8/17/98”。前一个数据类型是日期在前，时间在后；后一个数据类型是时间在前，日期在后。在SQL Server中，日期和时间数据类型包括datetime和smalldatetime两种类型时，所存储的日期范围从1753年1月1日开始，到9999年12月31日结束（每一个值要求8个存储字节）。使用smalldatetime数据类型时，所存储的日期范围从1900年1月1日开始，到2079年12月31日结束（每一个值要求4个存储字节）。

5. 数字数据类型

数字数据只包含数字。数字数据类型包括正数和负数、小数（浮点数）和整数。

在SQL Server中，整数存储的数据类型是int、smallint和tinyint。int数据类型存储数据的范围大于smallint数据类型存储数据的范围，而smallint数据类型存储数据的范围大于tinyint数据类型存储数据的范围。使用int存储数据的范围从－2 147 483 648到2 147 483 647（每一个值要求4个字节的存储空间）。使用smallint数据类型时，存储数据的范围从-32 768到32 767每一个值要求2个字节的存储空间）。使用tinyint数据类型时，存储数据的范围从0到255（每一个值要求1个字节的存储空间）。

精确小数在SQL Server中的数据类型是decimal和numeric。这种数据所占的存储空间根据该数据小数点后的位数来确定。

在SQL Server中，近似小数数据的数据类型是float和real。例如，三分之一这个分数记做0.3333333，当使用近似数据类型时能准确表示。因此，从系统中检索到的数据可能与存储在该列中的数据不完全一样。

6. 货币数据

在SQL Server中，货币数据的数据类型是money和smallmoney。money数据类型要求8

个存储字节，smallmoney数据类型要求4个存储字节。

7. 特殊数据类型

特殊数据类型包括前面没有提过的数据类型。特殊的数据类型有3种，即timestamp、bit和uniqueidentifier。

timestamp用于表示SQL Server活动的先后顺序，以二进制投影的格式表示。timestamp数据与插入数据或者日期和时间没有关系。

bit由1或者0组成，表示真或假、on或off。

uniqueidentifier由16字节的十六进制数字组成，是一个全局唯一的标识符。如果表中的记录行要求唯一，便可以使用该标识符。

6.4.3 表的操作

表是管理信息的基本单元。下面来学习表的基本操作。

1. 表的创建

在创建数据库后，就要创建相应的表。表既可以在企业管理器的可视化环境下创建，也可以用T-SQL语句来创建。

在企业管理器中创建表的具体方法如下：

（1）打开“企业管理器”。展开“控制台根目录”，右击要创建表的数据库下的“表”图标，选择【新建表】命令，如图6-7所示。

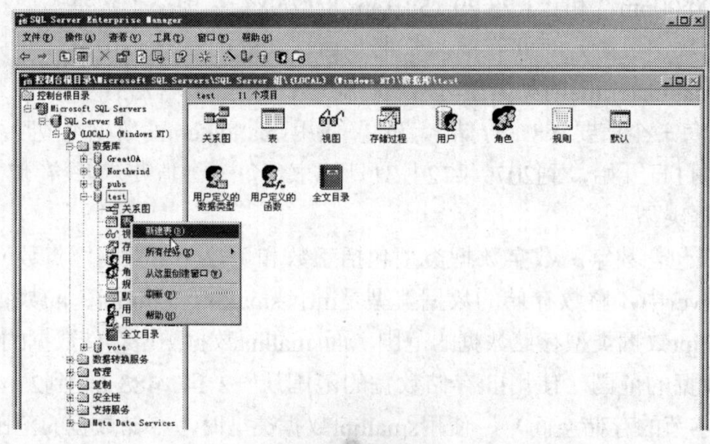

图6-7 新建表

（2）在出现的对话框中的“列名”栏输入字段的名称，在“数据类型”栏设置字段类型，在“长度”栏设置字段长度，取消“允许空”栏的选中，表示该字段为必填字段，如图6-8所示。

（3）输入完所有字段名称并设置好相关属性后，单击【保存】按钮，出现“选择名称”对话框，在“输入表名（E）：”文本框中输入表名，如图6-9所示。

（4）最后，单击【确定】按钮即可。

用T-SQL语句创建表的基本语法是：

```
Create table [ [ database. ] owner. ] table_name
```

```
(
{col_name column_properties [ constraint [ constraint [ … constraint ] ] ]
| [ [ , ] constraint ] }
[ [ , ] { next_col_name | next_ constraint }…]
)
[ ON segment_name ]
```

说明：

- database表示创建的表所在的数据库。
- owner表示表的所有者。
- table_name表示创建的表的名称。
- col_name表示表中的字段名称。
- column_properties表示字段的属性。

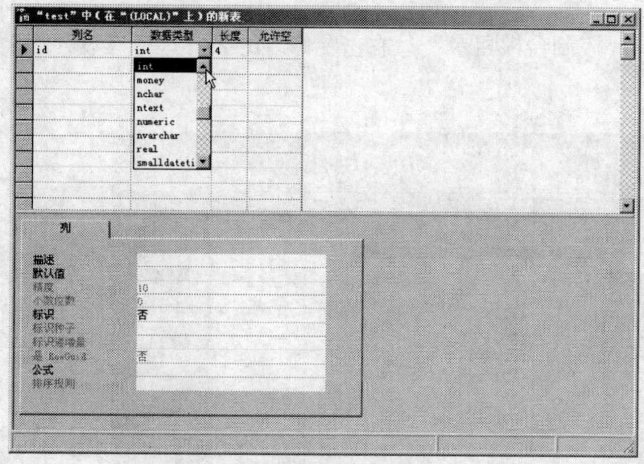

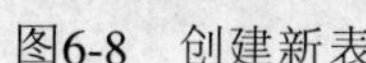
图6-8 创建新表

图6-9 输入表名

为了更好地理解创建表的T-SQL语句，下列来看一个例子。例如，要在test数据库中创建一个名为Sale_BaleCode的表，表中包含ID、ProtCode、DeptCode、StoeCode等字段。可以在SQL查询分析器窗口中的查询页输入如下代码：

```
CREATE TABLE [test].[dbo].[Sale_BaleCode] (
    [ID] [int] NOT NULL ,
    [ProtCode] [nvarchar] (50) COLLATE Chinese_PRC_CI_AS NULL ,
    [DeptCode] [nvarchar] (50) COLLATE Chinese_PRC_CI_AS NULL ,
    [StoeCode] [nvarchar] (50) COLLATE Chinese_PRC_CI_AS NULL
) ON [PRIMARY]
```

然后单击【执行】按钮，如图6-10所示。

2. 表的修改

当发现表的设计不合理时，就要对表进行修改。修改表既可以在企业管理器中进行，也可以用T-SQL语句来完成。

由于企业管理器是可视化的，操作极为简单方便，所以大多被采用。在企业管理器中修改表的方法如下。

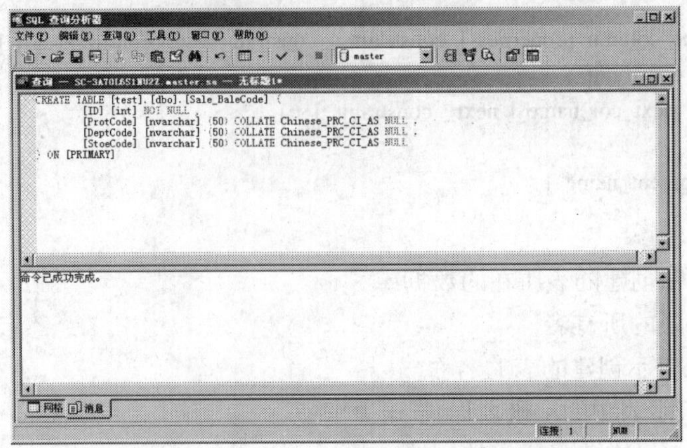

图6-10　用T-SQL创建表

（1）打开“企业管理器”。展开“控制台根目录”，右击要修改的表，选择【设计表】命令，如图6-11所示。

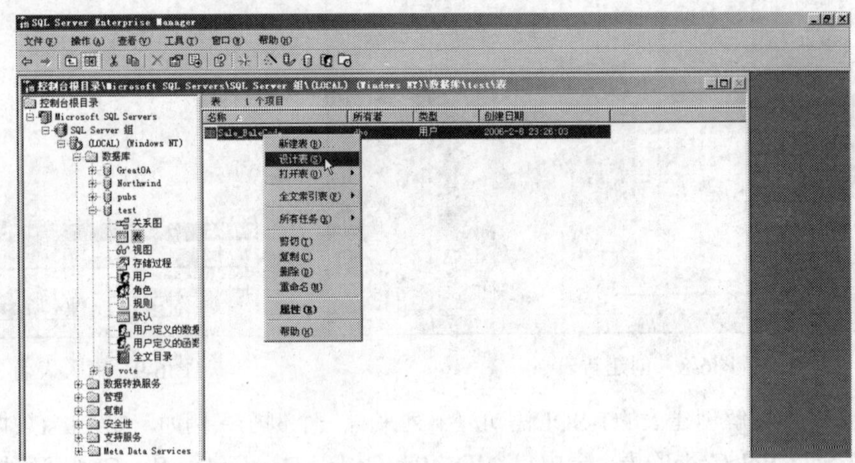

图6-11　修改表

（2）在出现的表设计对话框中，可以添加或删除字段，也可修改字段属性。

（3）将修改的结果保存并退出。

请不要轻易修改有数据的表，否则会导致数据丢失或损坏表。

本章要点小结

本章介绍了Web数据库的基本知识和相关设计方法。下面对本章的重点内容进行小结。

（1）Web数据库是Web系统的核心。只有把数据库这块基石铺好，才有可能开发出优秀的网站作品。

（2）SQL是数据库系统的通用语言。利用它，用户可以用几乎同样的语句在不同的数据库系统上执行同样的操作。

（3）Web数据库有很多种，常见的有Oracle、Microsoft SQL Server、MySQL、Access等。

（4）Microsoft SQL Server的绝大多数操作都可以在企业管理器或查询分析器中完成。企业管理器是可视化的，查询分析器中只能使用T-SQL语句。

（5）Microsoft SQL Server服务器只能安装在Microsoft服务器版的操作系统上；Microsoft普通操作系统上只能安装与Microsoft SQL相关的工具，不能安装SQL服务器；非Microsoft操作系统上不能安装Microsoft SQL Server。

习题

选择题

（1）（　）是以高级结构化查询语言（SQL）为基础的大型关系数据库，通俗地讲，它用便于逻辑管理的语言操纵大量有规律的数据的集合，是目前最流行的客户/服务器体系结构的数据库之一。

A）Oracle　　B）SQL　　C）MYSQL　　D）DB2

（2）（　）是一个快速、多线程、多用户的SQL数据库服务器，其出现虽然只有短短的数年时间，但凭借着“开源”的东风，它从众多的数据库中脱颖而出，成为PHP的首选数据库。

A）Oracle　　B）SQL　　C）MYSQL　　D）DB2

（3）为了在数据库和应用程序代码之间提供另一层抽象，可以为应用程序建立专门的（　），而不必非要应用程序直接访问数据表。

A）模式　　B）E-R　　C）视图　　D）事务

（4）Microsoft SQL Server可以安装在以下哪种操作系统上（　）。

A）Windows 98　B）Windows XP

C）Windows 2003　D）Linux

（5）下列数据类型中属于二进制数据类型的是（　）。

A）binary　　B）bit　　C）int　　D）text

填空题

（1）通常浏览者是不能操作数据库的，只能给Web服务器发出请求，由Web程序向数据________索取数据，然后由数据________从数据库中提取相应的数据交给Web服务器，最后由Web程序根据数据生成相应的HTML页面再返回给浏览者。。

（2）在定义数据库表和字段需求时，首先应检查现有的或者已经设计出的________、查询和________，以决定为了支持这些输出哪些是必要的表和字段。

（3）解决了许多麻烦来产生一个具有高度完整性的数据库解决方案之后，可以封装一些关联表的功能组，提供一整套常规的________来访问各组，以便加快速度和简化客户程序代码的开发。数据库不只是一个存放数据的地方，它也是简化编码之地。

（4）________以其友好的操作界面、简单的操作方式，成为Microsoft SQL Server众多工具中最欢迎的工具之一。

（5）字符数据的类型包括________、varchar和text。字符数据是由任何字母、________

和数字任意组合而成的数据。

（6）在SQL Server中，unicode数据以nchar、________和 ________数据类型存储。使用这种字符类型存储的列可以存储多个字符集中的字符。

简答题

（1）试简述Web数据库的访问方式。

（2）Oracle的主要特点是什么？

（3）Microsoft SQL Server的主要特点是什么？

（4）简述数据库设计的技巧和注意事项。

（5）如何创建数据库？

（6）如何使用企业管理器创建表？

第7章　SQL的应用

SQL语句是程序与数据库之间的桥梁，其作用极为重要。数据处理、数据检索以及常用的内置函数是网站开发人员必须掌握的技巧。本章重点介绍以下内容：

- 数据操作基础
- 数据检索
- SQL Server函数

7.1　数据操作基础

在Web系统中，凡是涉及数据库的操作，最终都是通过SQL语句来执行的。尽管中间也有不少程序处理过程，但程序一般是不能直接操作数据库的。所以SQL数据操作语句是极其重要而又基础的知识，是必须掌握的技能之一。

1. 添加数据

向数据库中的表添加数据（或称着记录）的SQL语句是INSERT语句，其作用是添加一个或多个记录到一个表中，也可以叫追加查询。

下面，先来学习INSERT语句的语法。

INSERT语句的语法是：

```
INSERT INTO table_name
[(field1,field2...)]
values (value1, value2...)
```

说明：

- table_name表示要增加记录的表的名称。
- field1, field2表示要追加数据的字段名。
- value1, value2表示插入新记录的特定字段的值。每一个值将依照它在列表中的位置，顺序插入相关字段：value1将被插入至追加记录的field1之中，value2插入至field2，依此类推。

例如，向数据库test中的Sale_BaleCode表中插入一条记录，其ID值为1、ProtCode值为kd2677、DeptCode值为CA12、StoeCode值为307。完整的SQL语句为：

```
USE TEST
INSERT INTO Sale_BaleCode
                    (ID, ProtCode, DeptCode, StoeCode)
        VALUES (1, 'kd2677', 'CA12', '307')
```

这里没有测试程序，可以将代码输入到“查询分析器”中测试，具体方法为：

（1）选择【开始】|【所有程序】|【Microsoft SQL Server】|【查询分析器】命令，出现如图7-1所示的登录提示。

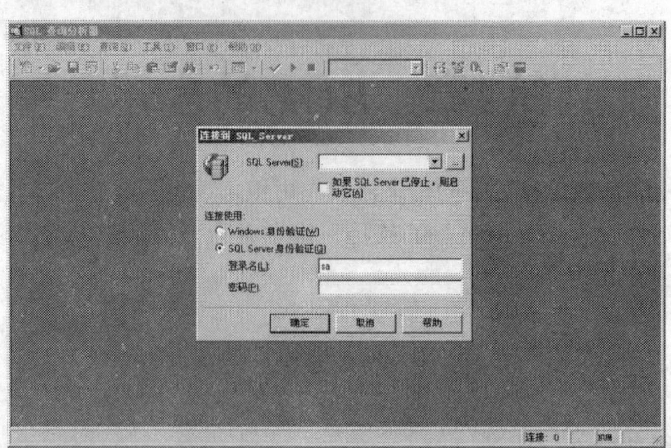

图7-1　SQL Server登录提示

（2）在SQL Server文本框中输入数据库服务器的IP（本机可以不输），选择“SQL Server身份验证”单选项，然后输入“登录名”和“密码”，单击【确定】按钮即可进入，如图7-2所示。

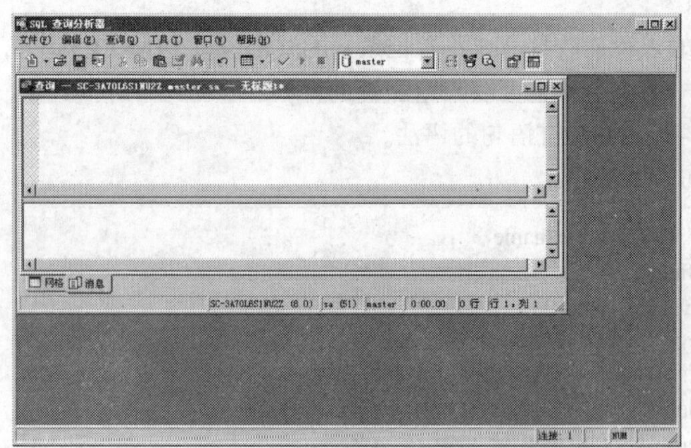

图7-2　SQL查询分析器

（3）在“查询”窗格中输入SQL代码，然后单击【执行】按钮▶。执行结果如图7-3所示。如果想查看数据是否正确插入，可以执行SELECT * FROM Region语句来验证，如图7-4所示。

提示： 1）如果目标表包含一个主键，一定要把唯一的非Null值追加到主键字段中，否则数据库引擎不会追加记录。2）如果要把记录追加到带有AutoNumber字段的表中，还想重编追加的记录，请不要在查询中包含AutoNumber字段。如果要保持字段中的原始值，请将自动编号加在查询之中。

2. 修改数据

修改表中数据（记录）的SQL语句是UPDATE语句。下面，先来学习UPDATE语句的语法。

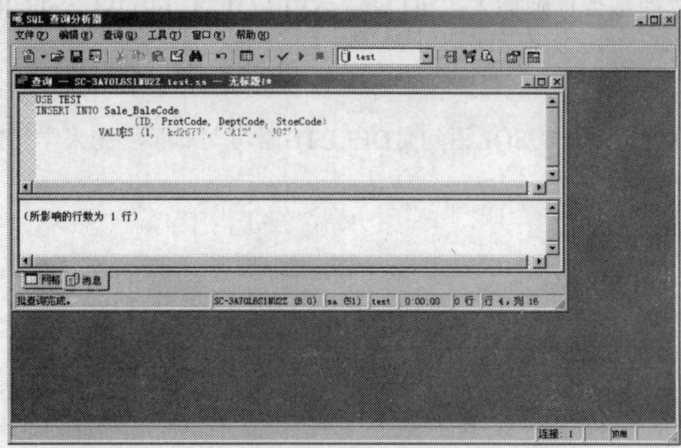

图7-3　执行结果

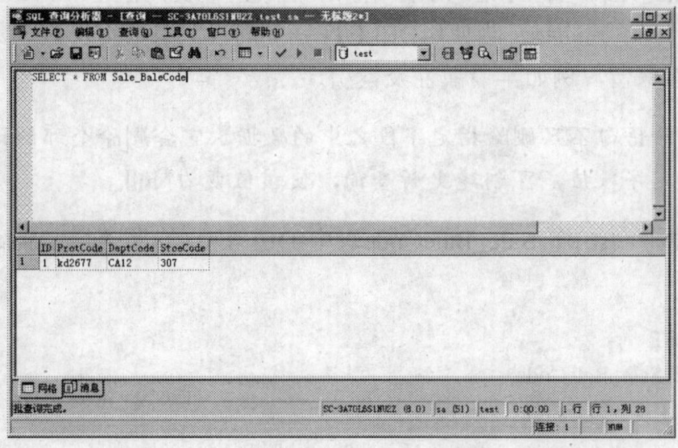

图7-4　查看数据

UPDATE语句的语法是：

```
UPDATE table_name
SET column1=new_value1[, column2=new_value2[,…]]
WHERE…
```

说明：

- table_name表示要更新数据的表名。
- column1=new_value1表示指定要更新的列及该列更新后的值。
- WHERE表示指定被更新的记录所应满足的条件。

例如，将数据库test中的Sale_BaleCode表中ID值等于1的那条记录的StoeCode值改为308。完整的SQL语句为：

```
USE TEST
UPDATE Sale_BaleCode
SET StoeCode= '308'
WHERE (ID = 1)
```

如果想查看数据是否正确插入，可以执行SELECT * FROM Sale_BaleCode语句来验证。

3. 删除数据

删除表中数据（记录）的SQL语句是DELETE语句。下面，先来学习DELETE语句的语法。

DELETE语句的语法是：

```
DELETE FROM table_name
[WHERE …]
```

说明：

- table_name表示要删除的记录所在表的表名。
- WHERE表示删除记录的条件。

可以用Execute方法和DROP语句从数据库中删除整个表。不过，若用这种方法删除表，将会失去表的结构。不同的是，当使用DELETE语句时，只有数据会被删除；表的结构以及表的所有属性仍然保留，例如字段属性及索引。

注意： 删除语句不只删除指定字段之中的数据，它会删除全部的记录。如果要删除指定字段值，可创建更新查询，使该值变为Null。

例如，将数据库test中的Sale_BaleCode表中ID值等于1的那条记录删除。完整的SQL语句为：

```
USE TEST
DELETE Sale_BaleCode
WHERE (ID = 1)
```

如果想查看数据是否正确插入，可以执行SELECT * FROM Sale_BaleCode语句来验证。

技巧： 1）当使用删除语句删除记录之后，不能取消此操作。如果想要知道哪些记录已被删除，首先验证使用相同条件的选定查询的结果，然后运行删除语句。
2）随时注意维护数据的复制备份。如果误删除记录，可以从备份副本中将数据恢复。

7.2 数据查询

数据查询是根据用户限定的条件进行的，查询的结果将返回一张能满足用户要求的表。在SQL中，查询主要由SELECT来完成。为了方便说明，可以在查询分析器中执行如下SQL语句，向test数据库的Sale_BaleCode表中添加数据。

```
USE TEST
INSERT Sale_BaleCode
values(1,'spvc','一厂A','仓A01')
INSERT Sale_BaleCode
```

```
values(2,'spvc','二厂A','仓A01')
INSERT Sale_BaleCode
values(3,'spvc','二厂B','仓A03')
INSERT Sale_BaleCode
values(4,'spvc','三厂B','仓A04')
INSERT Sale_BaleCode
values(5,'mpvc','一厂A','仓A01')
INSERT Sale_BaleCode
values(6,'mpvc','一厂B','仓A02')
INSERT Sale_BaleCode
values(7,'mpvc','二厂B','仓A05')
INSERT Sale_BaleCode
values(8,'mpvc','三厂A','仓A06')
INSERT Sale_BaleCode
values(9,'mpvc','三厂A','仓A07')
```

1. SELECT语句

SQL中的数据查询是通过SELECT语句及其子语句配合完成的。下面，先来学习SELECT语句的语法和SELECT语句的使用方法。

SELECT语句的语法是：

```
SELECT [ALL | DISTINCT] select_list
INTO [new_table_name]
[FROM table_name [,table_name2 ] [,.....table_name16] ]
[WHERE condition]
[GROUP BY clause]
[HAVING clause]
[ORDER BY]
[COMPUTE clause]
[FOR BROWSE]
```

说明：

- select_list表示要查询的字段名称，可以从不同的表中取出来。
- INTO [new_table_name]表示将查询结果放到一个新的临时表中。
- table_name表示要查询的表的名称。
- condition表示查询数据的条件。
- GROUP BY表示按指定的字段分类别总计。
- HAVING表示按指定的条件过滤SELECT WHERE查询的结果。
- ORDER BY表示按指定的字段排序。
- COMPUTE表示允许在查询的同时进行数据总计动作。
- FOR BROWSE表示用于读取另外的用户正在进行添加、删除或更新记录的表。

为完成此运算，Microsoft Jet数据库引擎会搜索指定的表，抽出所选择的列，并选择满足条件的行，然后按指定的顺序对选出的行排序或将它们分组。

对于初学者来说，SELECT语句的语法并不算浅显易懂。为了让初学者迅速掌握SELECT

语句的使用方法，下面来学习几个简单的例子。

例如，要查询数据库test中的Sale_BaleCode表中的所有信息，可以在查询分析器中输入如下SQL语句：

```
USE TEST
Select * from Sale_BaleCode
```

查询结果如图7-5所示。

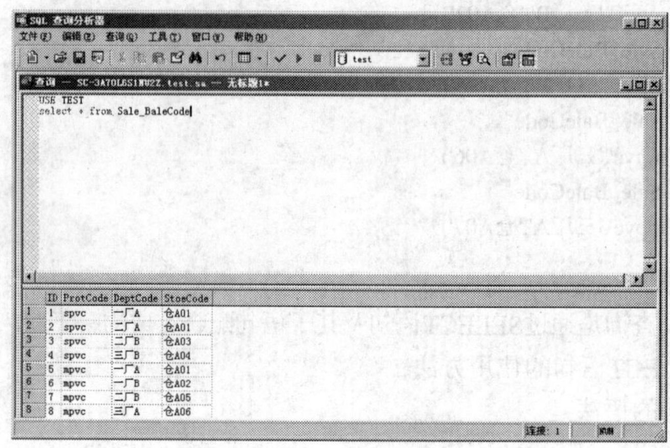

图7-5　查询Sale_BaleCode表中的所有信息

有时，并不需要所有的记录。这时可以在SELECT后加TOP n来指定显示记录的条数。例如，只显示Sale_BaleCode表中前3条记录，可以使用以下语句：

```
USE TEST
SELECT TOP 3 * FROM Sale_BaleCode
```

查询结果如图7-6所示。

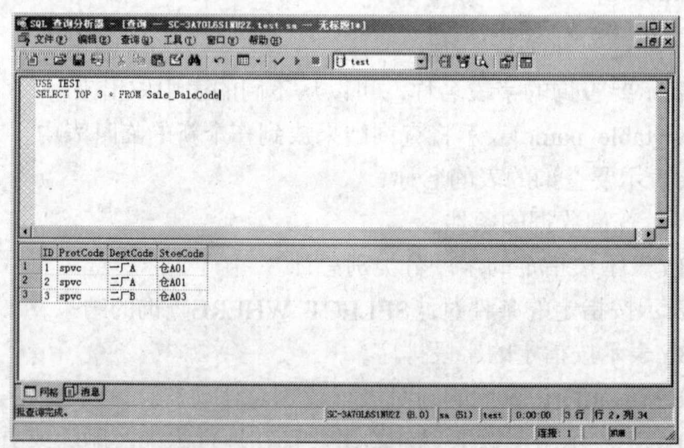

图7-6　查询前3条信息的结果

此外，还可以有具体的字段名来代替*，表示只是显示指定的字段，当需要显示多个字段时，需要用逗号隔开。例如，只显示Sale_BaleCode表中的ID和DeptCodep字段，可以使用如下语句：

```
USE TEST
SELECT ID, DeptCode FROM Sale_BaleCode
```

查询结果如图7-7所示。

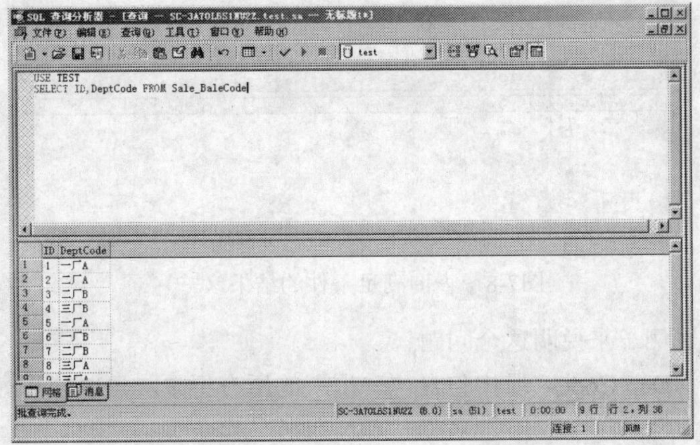

图7-7　查询指定字段的结果

2. WHERE子句

在查询数据时，可以根据条件对数据进行过滤。在SQL中，带条件查询的子语句主要有WHERE、HAVING等，其中WHERE最为常用。

在查询信息时，通过WHERE子句可以指定查询条件。在SQL Server中，WHERE子句可以包含NOT、OR、AND这3种逻辑运算符，其中NOT优先级最高，AND其次，OR最低；也可以通过加括号来改变优先级。有了逻辑运算后，使查询数据功能更加丰富和灵活。

NOT、OR和AND这3种逻辑运算符的意义如下。

- NOT：表示“非”的关系，即不满足NOT后面的条件。
- OR：表示“或”的关系，只要满足两个条件中的一个即可。
- AND：表示“与”的关系，即必须同时满足两个条件。

例如，要查询ProtCode等于spvc且StorCode等于“仓A01”的记录，可以使用如下语句：

```
USE TEST
SELECT * FROM Sale_BaleCode
WHERE ProtCode='spvc' AND StoeCode='仓A01'
```

查询结果如图7-8所示。

SQL Server除了支持AND、OR和NOT等逻辑运算符外，还支持如下运算符。

- 比较符：=、！=、>、>=、<=
- 特殊判断：IN、NOT IN、ANY、ALL等，判断是否是集合的成员
- 区间判断：BETWEEN AND，判断列值是否满足指定的区间
- 匹配模式：LIKE
- 测试空值：is [not] null

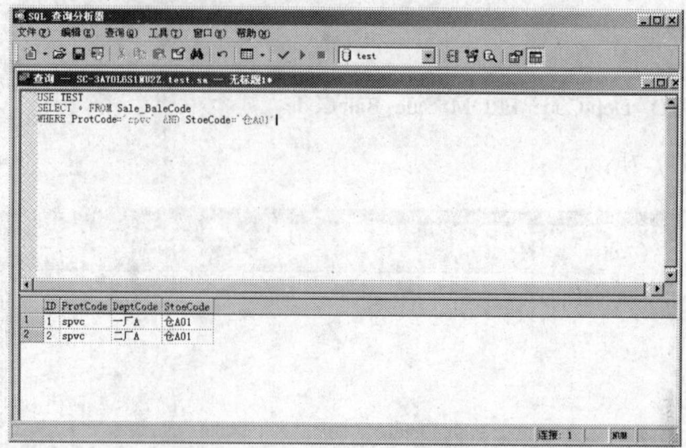

图7-8　查询满足条件的结果（一）

下面还是通过例子来说明这个问题。

例如，要查询DeptCode字段中包含“一厂”的所有记录，可以使用如下语句：

```
USE TEST
SELECT * FROM Sale_BaleCode
WHERE DeptCode LIKE '一厂%'
```

查询结果如图7-9所示。

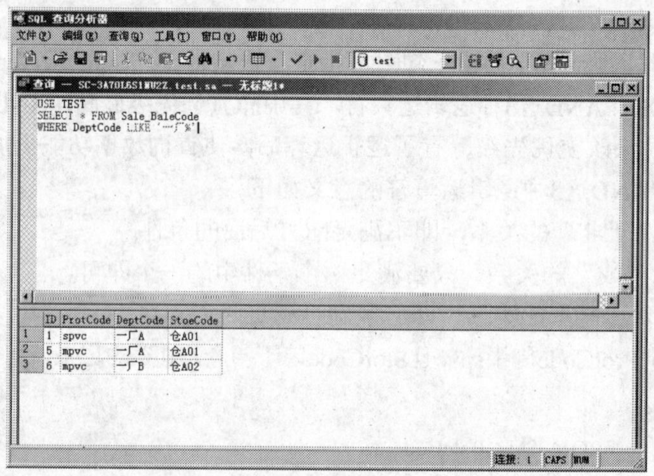

图7-9　查询满足条件的结果（二）

再比如，要查询ID号为2至5的所有记录，可以使用如下语句：

```
USE TEST
SELECT * FROM Sale_BaleCode
WHERE ID BETWEEN 2 AND 5
```

查询结果如图7-10所示。

3. ORDER BY语句

在查询数据时，有时希望结果是按照指定字段排序的，这时便可以使用ORDER BY语

句。ORDER BY后面直接指定排序字段即可按该字段排序，默认是升序，若需降序，可以在排序字段后面加DESC。

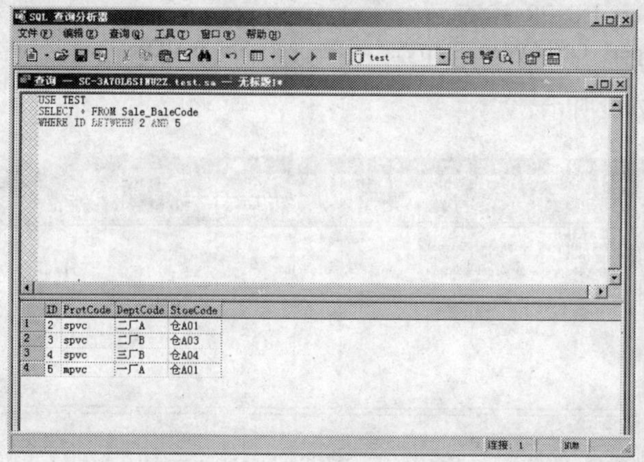

图7-10 查询满足条件的结果（三）

例如，要使Sale_BaleCode表中的ID字段进行降序排列，可以使用如下语句：

```
USE TEST
SELECT * FROM Sale_BaleCode ORDER BY ID DESC
```

查询结果如图7-11所示。

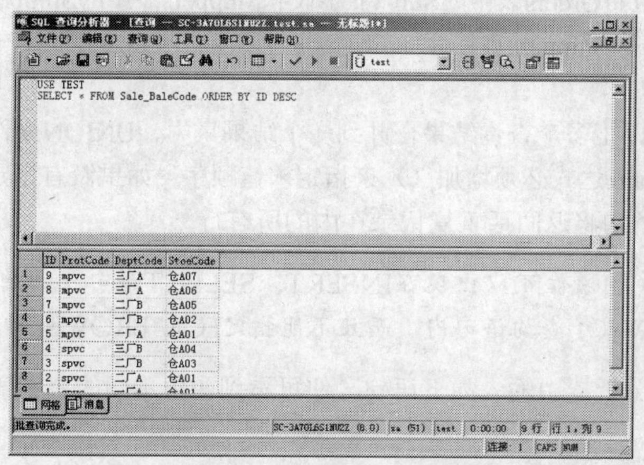

图7-11 降序排列的查询结果

4. 多表查询

前面学习的都是从一张表上查询数据，用户也可以从多张表中查询数据。要同时查询多张表中的数据，必须要求这些表有一个特定的关联字段。下面将通过实例来学习多表查询。

由于test数据库中只有一个表，所以这里以SQL Server 2000自带的Northwind数据库为例。例如当查询Orders表时，可以查到ShipCity、ShipName、ShipAddress等，却找不到Phone；在Shippers中可以查到Phone，又查不到ShipName。这时，同时查询这两个表，便可以得到想要的结果。解决这个问题可以使用如下语句：

```
USE Northwind
SELECT Orders.ShipName, Shippers.Phone
FROM Orders INNER JOIN
        Shippers ON Orders.ShipVia = Shippers.ShipperID
```

查询结果如图7-12所示。

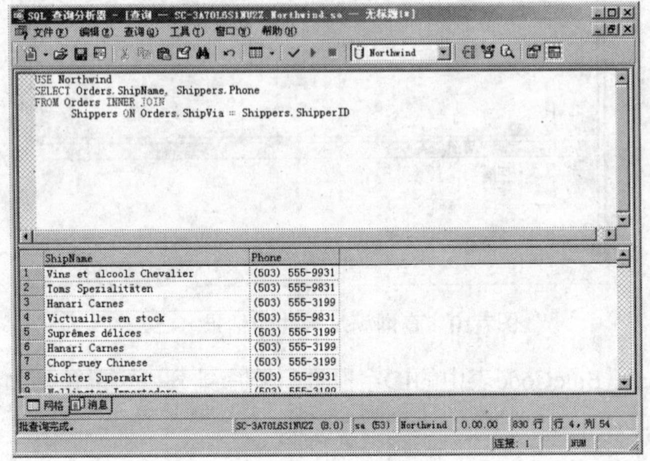

图7-12　多表查询的结果

可以看出，通过将Orders表中的ShipVia字段和Shippers表中的ShipperID字段关联，便可以同时查询Orders表和Shippers表了。

5. UNION操作

UNION操作可以把多个查询结果合并到一个结果集中。UNION操作属于二元运算，对包括两个以上的查询表达式必须增加（）来指定求值顺序。如果没有指定，则运算顺序是从左到右。指明ALL子句将返回括重复记录在内的所有行。

注意： UNION操作可以出现在INSERT、SELECT语句中，但是不能在CREATE VIEW或子查询语句内，而且不能指定FOR BROWSE子句。

例如，在查询分析器中输入如下语句，便可看到两条不同的查询语句，但只有一个返回结果。

```
USE TEST
SELECT *
FROM Sale_BaleCode
WHERE (StoeCode = '仓A01')
UNION
SELECT *
FROM Sale_BaleCode
WHERE (StoeCode = '仓A02')
```

查询结果如图7-13所示。

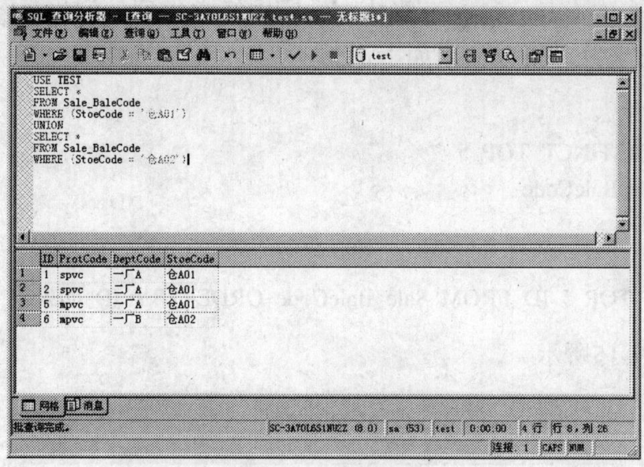

图7-13 含UNIDN操作的查询结果

说明： 参与UNION操作的语句可以没任何联系。如果都是SELECT语句，查询的表可以不是一同个表，也可以是同一个表。

6. 子查询

子查询就是在INSERT、SELECT、UPDATE、DELETE等语句中嵌套一个SELECT查询语句。

例如，下面通过子查询获得Shippers表的信息，并根据子查询的结果更新表Orders中的ShipRegion字段。

```
USE Northwind
UPDATE Orders
SET ShipRegion='RJ'
WHERE ShipVia
IN
   (SELECT ShipperID FROM Shippers WHERE (Phone = '(503) 555-9831'))
```

查询结果如图7-14所示。

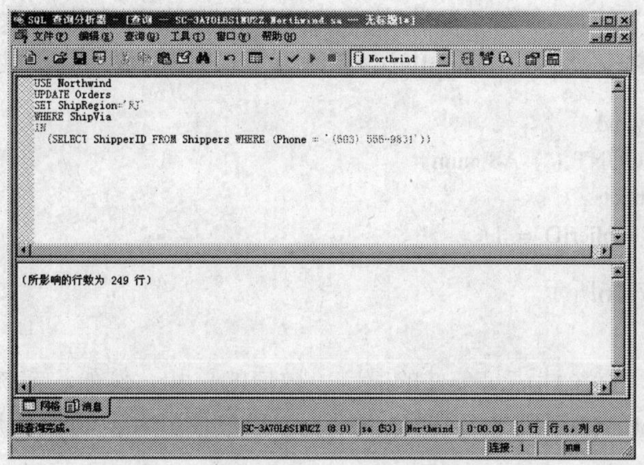

图7-14 含子查询的查询结果

子查询还可以查询本身，这在一些特定排序中经常用到。例如，要查询Sale_BaleCode表中ID号最大的5条记录，可以使用如下语句：

```
USE TEST
SELECT DISTINCT TOP 5 *
FROM Sale_BaleCode
WHERE ID
IN
 (SELECT TOP 5 ID FROM Sale_BaleCode ORDER BY ID DESC)
```

查询结果如图7-15所示。

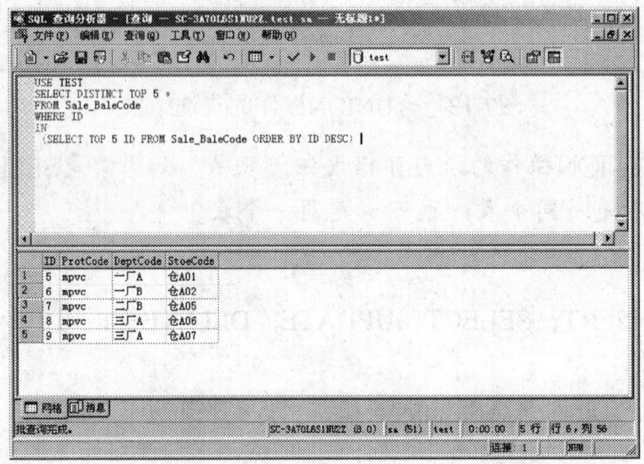

图7-15　用子查询排序的查询结果

7.3　SQL Server常用函数

SQL Server提供了很多系统函数，这些函数将大大加强获取数据的能力，简化SQL语句。下面介绍最常用的SQL Server函数。

1. COUNT函数

COUNT函数为统计函数，主要用于统计满足查询条件的记录数。例如，要统计Northwind数据库的Products表中SupplierID字段等于1的记录数，可以使用如下语句：

```
USE Northwind
SELECT COUNT (*) AS num
FROM Products
WHERE (SupplierID = 1)
```

查询结果如图7-16所示。

2. SUM函数

SUM函数的作用是统计满足条件的某字段数值的总和。例如，要统计Northwind数据库的Products表中SupplierID字段等于1时UnitPrice字段数值的和，可以使用如下语句：

```
USE Northwind
SELECT SUM (UnitPrice) AS num
```

```
FROM Products
WHERE (SupplierID = 1)
```

查询结果如图7-17所示。

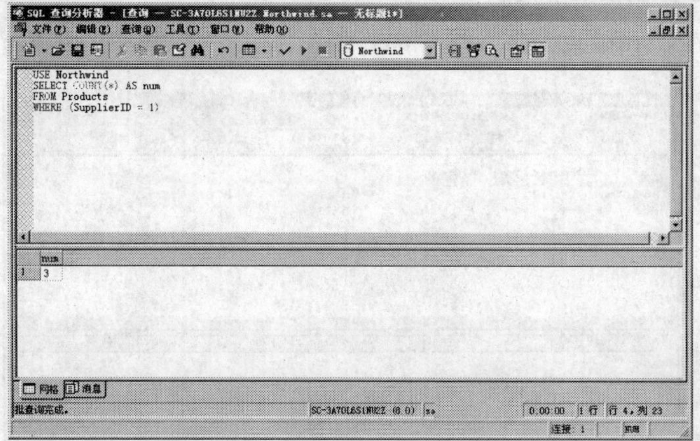

图7-16　COUNT函数的查询结果

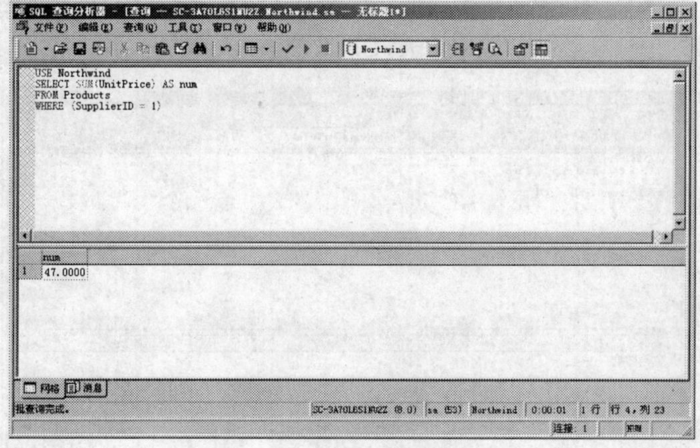

图7-17　SUM函数的查询结果

3. AVG函数

AVG函数的作用是返回满足条件的某一列的平均值。例如，要查询Northwind数据库的Products表中SupplierID字段等于1时UnitPrice字段的平均值，可以使用如下语句：

```
USE Northwind
SELECT AVG (UnitPrice) AS num
FROM Products
WHERE (SupplierID = 1)
```

查询结果如图7-18所示。

4. MAX函数

MAX函数的作用是返回满足条件的某一列中的最大值。例如，要查询Northwind数据库的Products表中SupplierID字段等于1时UnitPrice字段中的最大值，可以使用如下语句：

```
USE Northwind
SELECT MAX (UnitPrice) AS num
FROM Products
WHERE (SupplierID = 1)
```

查询结果如图7-19所示。

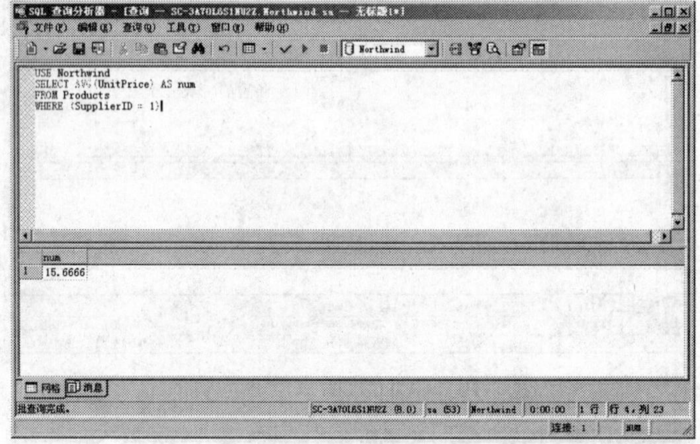

图7-18 AVG函数的查询结果

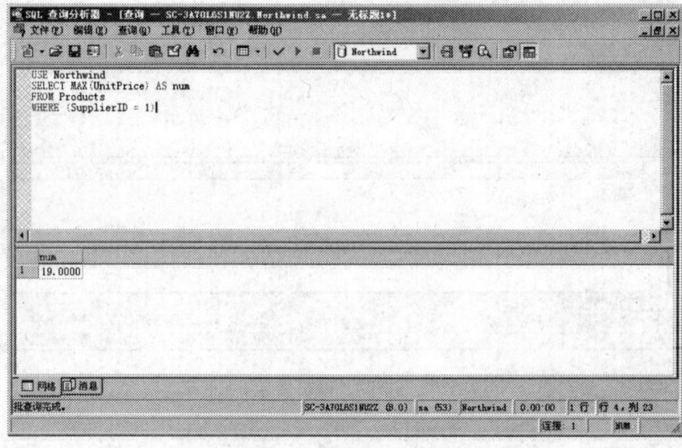

图7-19 MAX函数的查询结果

5. MIN函数

MIN函数的作用是返回满足条件的某一列中的最小值。例如，要查询Northwind数据库的Products表中SupplierID字段等于1时UnitPrice字段中的最小值，可以使用如下语句：

```
USE Northwind
SELECT MIN (UnitPrice) AS num
FROM Products
WHERE (SupplierID = 1)
```

查询结果如图7-20所示。

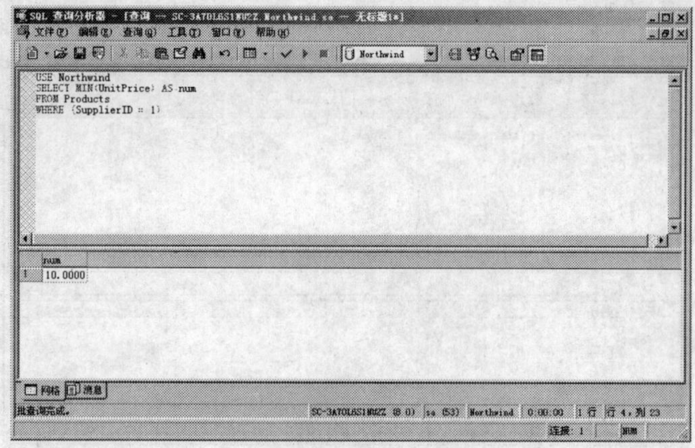

图7-20 MIN函数的查询结果

6. ABS函数

ABS函数返回给定数字的绝对值。例如，要获取Northwind数据库的Products表中SupplierID字段等于1时UnitPrice字段数值的绝对值，可以使用如下语句：

```
USE Northwind
SELECT ABS (UnitPrice) AS num
FROM Products
WHERE (SupplierID = 1)
```

查询结果如图7-21所示。

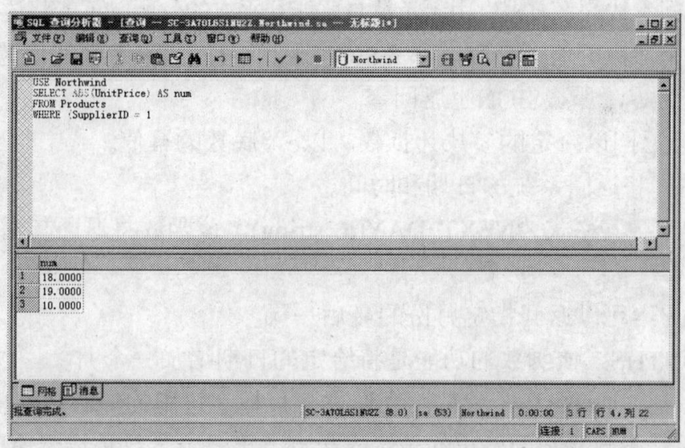

图7-21 ABS函数的查询结果

7. LENGTH函数

LENGTH函数可以返回指定字符串的长度。例如，要获取Northwind数据库的Products表中SupplierID字段等于1时ProductName字段的字符长度，可以使用如下语句：

```
USE Northwind
SELECT ProductName, {fn LENGTH (ProductName)} AS num
FROM Products
WHERE (SupplierID = 1)
```

查询结果如图7-22所示。

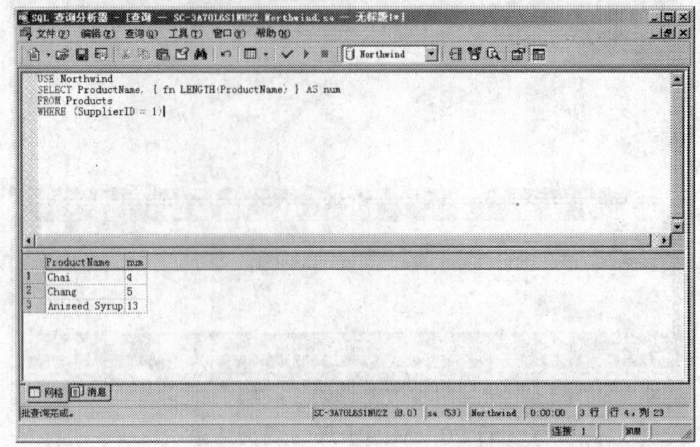

图7-22 LENGTH函数的查询结果

8. 其他函数

除了以上函数外，还有以下函数较为常用。

· TO_CHAR：将一个数字型转换为字符型。

· TO_NUMBER：将一个字符串型数字转换为数值型。

· LOWER：将指定字符串转换为全部小写字母。

· UPPER：将指定字符串全部转换成大写字母。

· INITCAP：将参数的第一个字母变为大写，此外其他的字母则转换成小写。

· SQRT：返回参数的平方根。由于负数是不能开平方的，所以不能将该函数应用于负数。

· SIGN：如果参数的值为负数，那么SIGN返回－1；如果参数的值为正数，那么SIGN返回1；如果参数为零，那么SIGN也返回零。

· EXP：将会返回以给定的参数为指数，以e为底数的幂值。

· SYSDATE：将返回系统的日期和时间。

· NEXT_DAY：其格式为NEXT_DAY(d, string)，该函数将返回与指定日期d之后满足string给出条件的第一天。

· LAST_DAY：可以返回指定月份的最后一天。

· ADD_MONTHS：该函数的功能是将给定的日期增加一个月。

· SUBSTR：这个函数有3个参数，允许你将目标字符串的一部份输出，第一个参数为目标字符串，第二个参数是将要输出的子串的起点，第三个参数是将要输出的子串的长度。

· REPLAC：该函数需要3个参数，第一个参数是需要搜索的字符串，第二个参数是搜索的内容，第三个参数则是需要替换成的字符串。如果第三个参数省略或者是NULL，那么将只执行搜索操作而不会替换任何内容。

本章要点小结

本章介绍了SQL应用的基础知识和相关技巧。下面对本章的重点内容进行小结。

（1）在Web系统中，凡是涉及数据库的操作，最终都是通过SQL语句来执行的。SQL数据操作语句是极其重要而又基础的知识，是必须掌握的技能之一。

（2）INSERT语句用于添加一个或多个记录到一个表中，也可以叫追加查询。

（3）UPDATE语句是修改表中数据（记录）的SQL语句。

（4）DELETE语句用于删除表中的数据。

（5）在SQL中，数据的查询通常是由SELECT及其子语句配合来完成的。常用的SELECT子语句有WHERE和ORDER BY。

（6）SQL Server提供了很多系统函数，这些函数将大大加强获取数据的能力，简化SQL语句。

习题

选择题

（1）向数据库中的表追加一条记录的SQL语句是（　　）。

A）SELECT　　B）UPDATE　　C）DELETE　　D）INSERT

（2）有时，并不需要所有的记录。这时可以在SELECT后加（　　）来指定显示记录的条数。

A）*　　B）字段名　　C）n　　D）TOP n

（3）在查询数据时，有时希望结果是按照指定字段排序的，这时可以使用（　）语句。

A）SELECT　　B）WHERE　　C）ORDER BY　　D）子查询

（4）可以统计满足查询条件的记录数的函数是（　　）。

A）MAX　　B）SUM　　C）COUNT　　D）ABS

（5）（　　）函数可以返回指定字符串的长度。

A）LENGTH　　B）SUM　　C）COUNT　　D）ABS

填空题

（1）修改表中数据（记录）的SQL语句是________语句。

（2）删除表中数据（记录）的SQL语句是________语句。

（3）SQL中的数据查询是通过________语句及其子语句配合完成的。

（4）可以用具体的字段名来代替*，表示只是显示指定的字段，当需要显示多个字段时，需要用________隔开。

（5）在SQL Server中，WHERE子句可以包含NOT、OR、AND这3种逻辑运算符，其中________优先级最高，AND其次，________最低，也可以通过加括号来改变优先级。

（6）UNION操作可以出现在INSERT、SELECT语句中，但是不能在CREATE VIEW或________语句内，而且不能指定FOR BROWSE子句。

简答题

（1）试简述如何向数据库添加数据。

（2）简述如何修改数据库中的数据。

（3）简述如何删除数据库中的数据。

（4）简述查询数据的方法。

（5）简述SQL Server常用函数及其作用。

第8章 SQL的其他功能和应用

在第6章和第7章中，已经介绍了SQL的基础知识和基本操作，本章将进一步介绍SQL的其他功能和应用。本章重点介绍以下内容：

- 视图及其应用
- 索引及其应用
- 存储过程及其应用

8.1 视图及其应用

视图是一个由查询定义其内容的虚拟表，在视图中有一系列带有名称的列和行数据，这些数据来自由定义视图的查询所引用的表，并且在引用视图时动态生成。不过，视图在数据库中不会像表那样存储具体的数据。本节将介绍视图的基础知识，重点介绍视图的创建、修改、删除方法，还将介绍使用视图来修改表中数据的方法。

8.1.1 视图的概念

作为一种虚拟表，视图是为了方便数据库查询而定义的。尽管视图中并未包含任何数据，但可以通过视图来访问定义视图的基表。可见，视图的作用类似于筛选，它可以从一个或多个表中筛选出所需的部分数据。通过视图进行查询没有任何限制，通过它们进行数据修改时的限制也很少。

比如，在一个数据库中有“住户信息”和“物业收费”两个表，便可以通过这两个基表来创建一新的视图，所创建的视图中既包含了“住户信息表”中的住房编号、户主姓名、入住时间和联系电话4个字段的信息，又包含了“物业收费表”中的住房面积和公摊面积两个字段的信息，如图8-1所示。

在SQL Server中，视图作为一个对象存储，其行和列引用的是基表中的数据。在引用视图时，其中的数据将随基表的数据变化而变化。

创建视图后，数据库用户可以像使用一般表那样对其操作，如查询、修改数据等。但一定要注意视图和表的区别，视图在数据库中存储的是视图的定义，而不是所查询的数据。通过视图的定义，对视图的查询最终可以转化为对基表的查询。

8.1.2 创建视图

创建视图的方法很多，利用SQL Server 2000的SQL语句、企业管理器和视图向导都可以创建视图。

1. 使用SQL语句创建视图

使用Transact-SQL语句创建视图的语法为：

```
CREATE VIEW[database_name>.][<ower>.]view_name[(column[,...n])
```

```
[WITH<view_attribute>[,...n]]
AS
select_statement
[WITH CHECK OPTION]
<view_attribute>::=
        {ENCRYPTION|SCHEMABINDING|VIEW_METADATA}
```

住户信息表

住房编号	户主姓名	性别	入住时间	联系电话
1-1-01	王志平	男	02/05/1999	31501109
1-1-02	张志亮	男	07/23/1999	31502221
2-2-01	刘小刚	男	11/10/1998	32503367
1-2-04	李金浩	男	04/17/1999	32504546
2-1-01	杨柳明	男	07/05/1999	31522462
1-2-06	胡成丽	女	06/20/1998	31502766

视图

住房编号	户主姓名	入住时间	住房面积	公摊面积	联系电话
1-1-01	王志平	02/05/1999	156.72	12.00	31501109
1-1-02	张志亮	07/23/1999	164.43	13.50	31502221
2-2-01	刘小刚	11/10/1998	178.78	12.40	32503367
1-2-04	李金浩	04/17/1999	178.78	11.30	32504546
2-1-01	杨柳明	07/05/1999	188.66	11.50	31522462
1-2-06	胡成丽	06/20/1998	164.78	12.00	31502766

物业收费表

住房编号	户主姓名	住房面积	公摊面积	清洁费	安保费	水电费	合计
1-1-01	王志平	156.72	12.00	0.00	0.00	70.00	
1-1-02	张志亮	164.43	13.50	0.00	0.00	74.80	
1-2-04	李金浩	178.78	11.30	0.00	0.00	76.40	
1-2-06	胡成丽	164.78	12.00	0.00	0.00	72.00	
2-1-01	杨柳明	188.66	11.50	0.00	0.00	78.00	
2-2-01	刘小刚	178.78	12.40	0.00	0.00	75.00	

图8-1 由“住户信息表”和“物业收费表”创建的视图

其中，各个参数的含义如下。

· view_name：要创建的视图名，视图名应符合标识符规则。还可选择是否指定视图所有者名称。

· column：视图中的列名。

提示： 如果某个列是通过算术表达式、函数或常量派生而来的，或者两个以上列可能具有相同的名称，或者视图的某列被赋予了不同于派生来源列的名称，则需要命名CREATE VIEW中的列。

· n：占位符，表示可以指定多列。

· AS：视图要执行的操作。

· select_statement：定义视图的SELECT语句，可以用于多个表或其他视图。如果要从创建视图的对象上进行SELECT查询，必须具有相应的权限。

注意： 在CREATE VIEW语句中不能含有COMPUTE或COMPUTE BY子句，也不能含有ORDER BY子句（在SELECT语句中有一个TOP子句除外），还不能包含INTO关键字和不能引用临时表或表变量。

· WITH CHECK OPTION：设置视图上执行的所有数据修改语句必须符合由select_

statement设置的准则。

· ENCRYPTION：设置SQL Server对系统表中包含CREATE VIEW语句的文字的列进行加密。加密后，可以防止视图作为SQL Server的一部分发布。

· SCHEMABINDING：设置将视图与计划关联。设置关联时，select_statement中所引用的表、视图或用户定义函数必须包含两部分名称（owner.object）。

· VIEW_METADATA：设置引用视图的查询请求浏览模式的元数据时，SQL Server将有关视图的元数据信息返回给DBLIB、ODBC和OLE DB API，而不是返回基表或表。

例如，要创建一个名为“物业收费视图”的视图，其中包含“住户信息表”中的住房编号、户主姓名两个字段，包含“物业收费表”中的清洁费、安保费、水电费及合计4个字段，具体方法如下：

```
USE [小区信息管理]
GO
CREATE VIEW [物业收费视图]
AS
SELECT [dbo].[住户信息表].[信房编号], [dbo].[住户信息表].[户主姓名], [dbo].[物业收费表].[清洁费], [dbo].[物业收费表].[安保费], [dbo].[物业收费表].[水电费], [dbo].[物业收费表].[合计]
FROM [dbo].[住户信息表], [dbo].[物业收费表]
```

2. 使用SQL Server企业管理器创建视图

使用SQL Server企业管理器创建视图则更加直观和简便，具体方法如下：

（1）在企业管理器中展开要创建视图的服务器和数据库，从数据库选项中选中相应的数据库（本例为“小区信息管理”数据库）。

（2）在右窗格中单击鼠标右键，从出现的快捷菜单中选择【新建视图】命令，如图8-2所示。

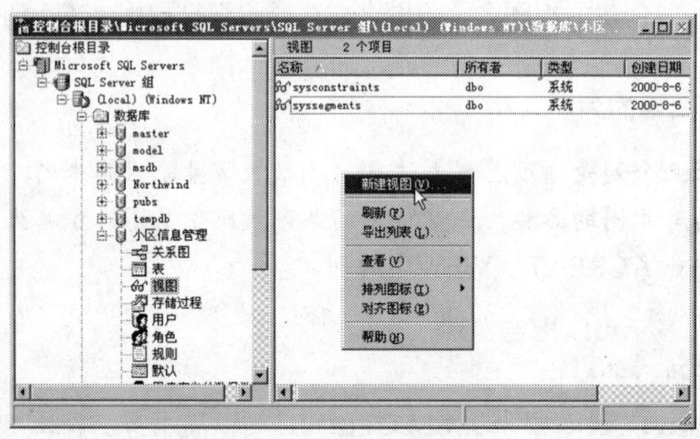

图8-2　选择【新建视图】命令

（3）在出现的“视图设计”窗口中的“关系窗格”内右击，出现“添加表”对话框，从列表中选择所需的基表，如图8-3所示。

（4）单击【添加】按钮，即可在“视图设计”窗口中添加上第一个基表。

（5）用同样的方法继续添加其他基表，添加完成后单击【关闭】按钮，效果如图8-4所示。

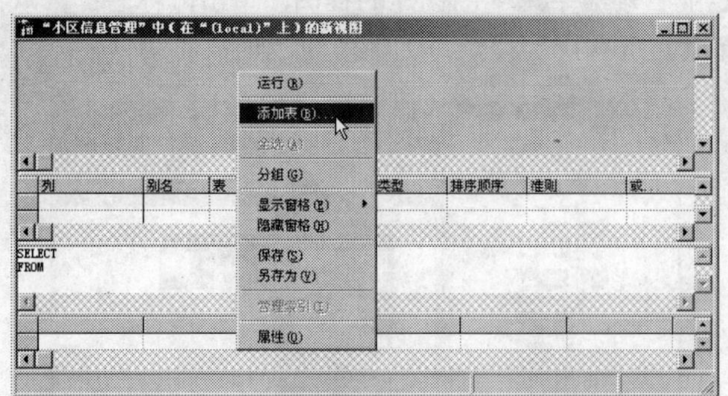

图8-3　添加基表

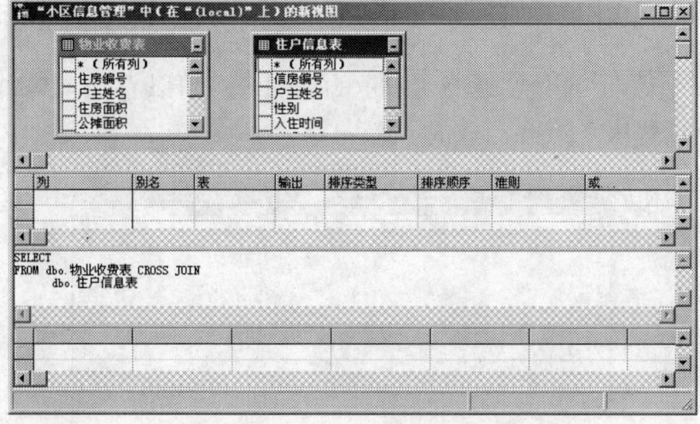

图8-4　添加完成的基表

（6）从基表中选择视图所需的字段，如图8-5所示。

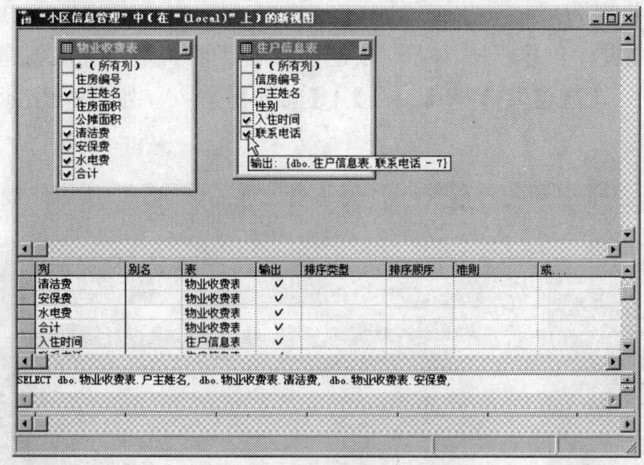

图8-5　选择视图所需的字段

（7）单击工具栏上的【保存】按钮，在出现的“另存为”对话框中输入视图的名称，如图8-6所示。

（8）单击【确定】按钮，即可完成视图的创建。

（9）要查看视图效果，只需在企业管理器中选中已创建的视图，单击鼠标右键，从出现的快捷菜单中选择【打开视图】|【返回所有行】命令，如图8-7所示。

图8-6　命名视图

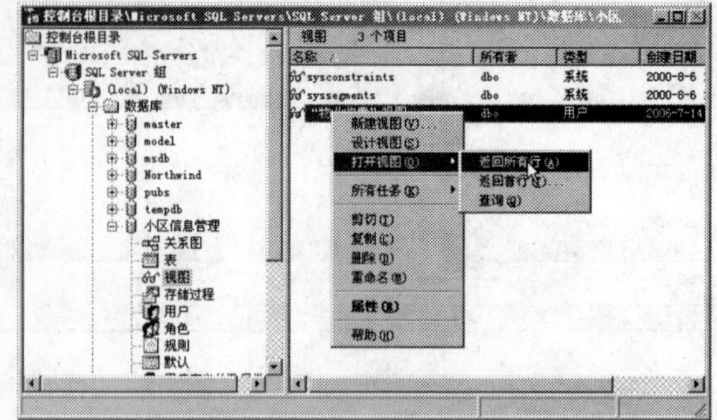

图8-7　选择【打开视图】|【返回所有行】命令

（10）执行命令后即可出现如图8-8所示的视图表。可以看到，其中各列正是由“住户信息表”和“物业收费表”组合而成的。

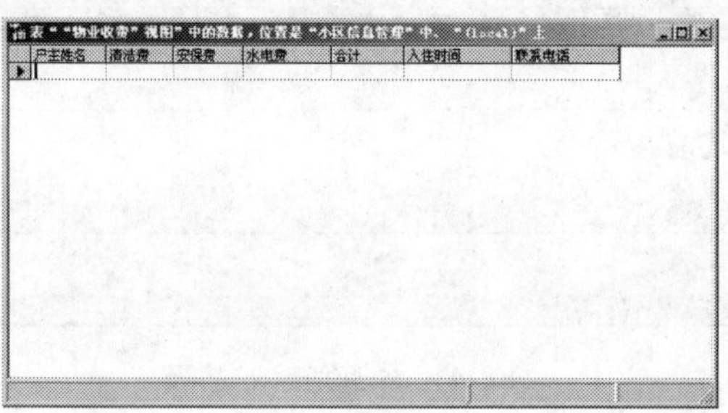

图8-8　视图表

3. 用向导创建视图

视图也可以通过“创建视图向导”来创建，下面举例说明具体创建方法：

（1）在“企业管理器”选择【工具】|【向导】命令（如图8-9所示），出现“选择向导”对话框。

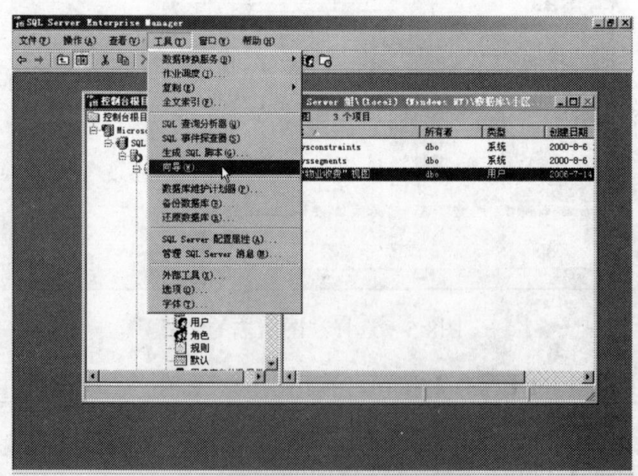

图8-9　选择【工具】|【向导】命令

（2）在“向导选择”对话框中单击“数据库”前面的“+”号，展开相关选项，然后选择其中的“创建视图向导”选项，如图8-10所示。

（3）单击【确定】按钮，出现“欢迎使用创建视图向导”窗口，如图8-11所示。

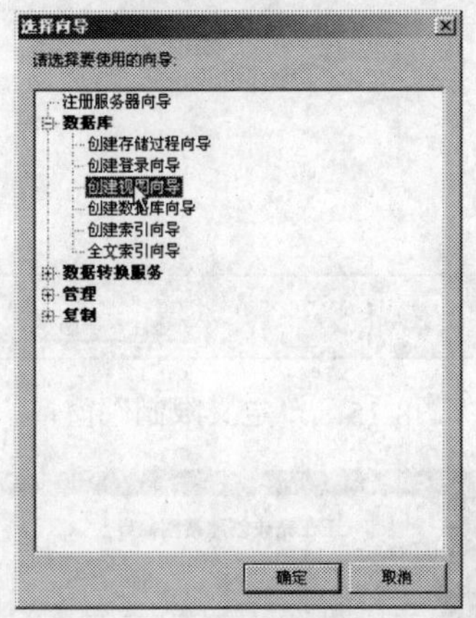

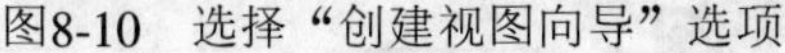

图8-10　选择“创建视图向导”选项

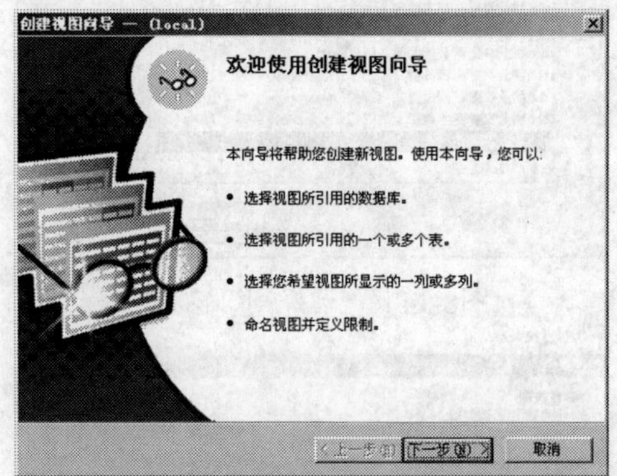

图8-11　“欢迎使用创建视图向导”窗口

（4）直接单击【下一步】按钮，出现如图8-12的“选择数据库”窗口，从“数据库”名称列表中选择要创建视图的数据库。

（5）单击【下一步】按钮，出现如图8-13所示的“选择对象”窗口，应在其中的“包含在视图中”栏中选择视图将引用的表。

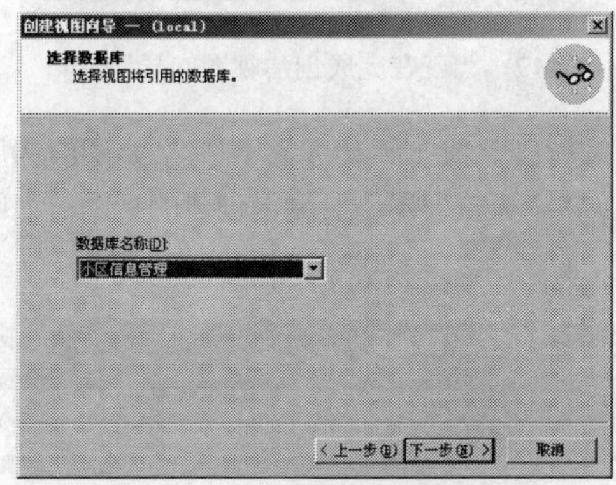

图8-12　“选择数据库”窗口

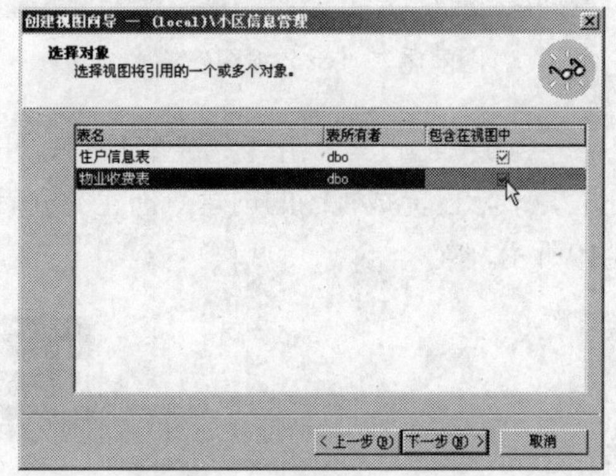

图8-13　“选择对象”窗口

（6）单击【下一步】按钮，出现如图8-14所示的“选择列”窗口，其中列出了所选择表的各个字段，只需在“选择列”栏中勾选需要创建视图的列。

（7）单击【下一步】按钮，出现如图8-15所示的“定义限制”窗口，可以在其文本框中输入Transact-SQL语句来限制视图所显示的信息。

（8）单击【下一步】按钮，出现如图8-16所示的“命名视图”窗口，可以在“视图名称”框中新输入一个视图名称来取代系统默认的名称。

（9）单击【下一步】按钮，出现如图8-17所示的“正在完成创建视图向导”窗口。可以在编辑框中修改视图的定义。

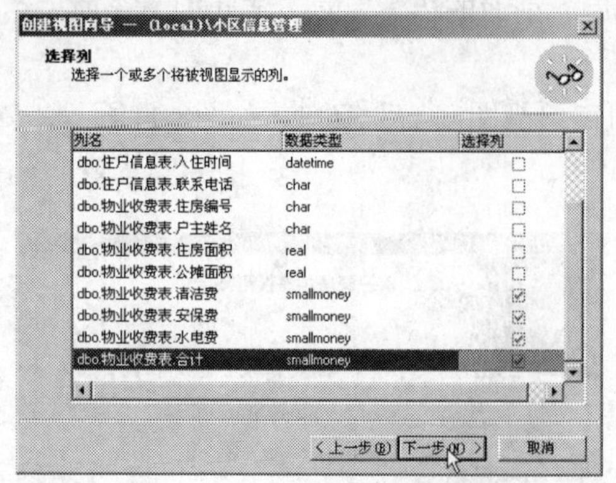

图8-14 “选择列”窗口

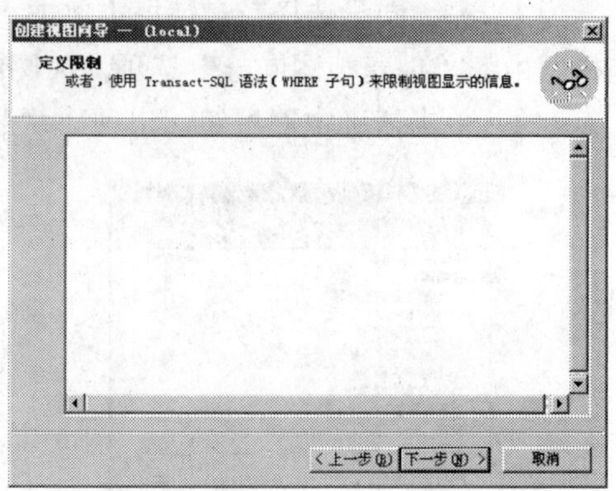

图8-15 “定义限制”窗口

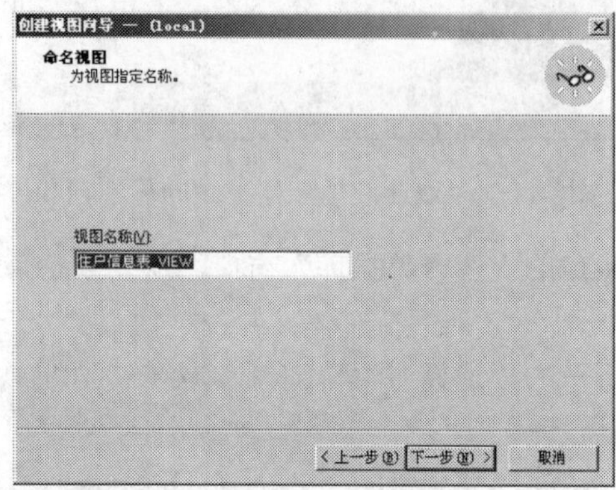

图8-16 “命名视图”窗口

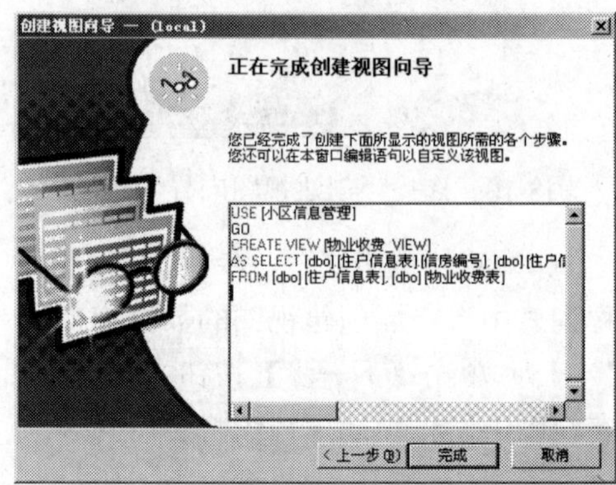

图8-17 “正在完成创建视图向导”窗口

（10）最后，单击【完成】按钮，出现“向导已完成！”提示信息框（如图8-19所示），表示已完成视图的创建。创建完成后，可以在企业管理器中看到已创建的视图，如图8-19所示。

图8-18 提示视图创建完成

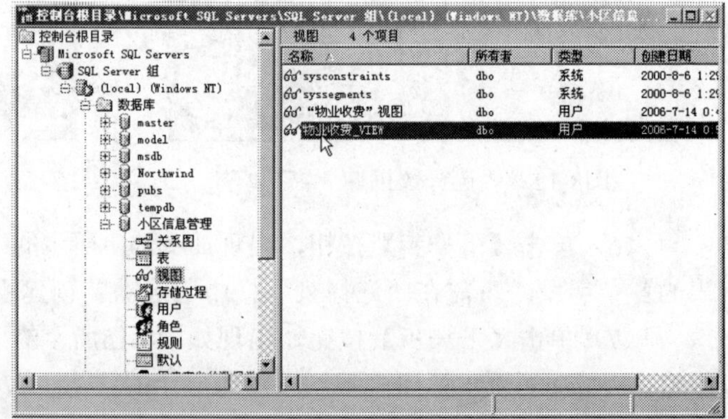

图8-19 视图的创建效果

8.1.3 修改视图

无论用何种方法创建的视图，都可以进行修改。既可以使用ALTER VIEW命令修改视

图，也可以直接将视图删除后再重新创建，还可以直接使用“企业管理器”来修改。

ALTER VIEW命令的语法如下：

```
ALTER VIEW [<database_name>.][<owner>].view_name[(column[,...n])]
[WITH<view_attribute>[,...n]]
AS
        Select_statement
[WITH CHECK OPTION]
<view_attribute>::=
        {ENCRYPTION|SCHEMABING|WIEW_METADATA}
```

其中，各个参数的含义如下。

· view_name：待修改的视图名。

· column：列名，当存在多个列时，应使用逗号来分开。

· n：占位符，表示column可重复n次。

· ENCRYPTION：设置SQL Server将对系统表中包含ALTER VIEW语句的文字的列进行加密。加密后可以防止视图作为SQL Server复制的一部分发布。

· SCHEMABINDING：设置将视图与计划关联。当设置了SCHEMABINDING时，select_statement中所引用的表、视图或用户定义函数必须包含两部分名称（owner.object）。

注意： 不能删除与用计划关联子句创建的视图中的表或视图，除非该视图已被除去或更改，不再具有计划关联。否则，SQL Server将产生错误。另外，也不能使用ALTER TABLE语句修改参与构建计划关联的视图所引用的表。

· VIEW_METADATA：设置当引用视图的查询请求浏览模式的元数据时，SQL Server将有关视图的元数据信息返回给DBLIB、ODBC和OLE DB API，而不是返回基表或表。浏览模式的元数据是由 SQL Server返回给客户端DB-LIB、ODBC和OLE DB API的附加元数据，它允许客户端API实现可更新的客户端游标。浏览模式的元数据包含相关结果集内的列所属的基表信息。

提示： 当用VIEW_METADATA选项创建视图并对结果集中视图内的列进行描述时，浏览模式的元数据返回与基表名相对的视图名。该情况下，如果视图上具有INSERT或UPDATE INSTEAD OF触发器，则视图中的所有列（除timestamp外）都是可更新的。

· AS：视图要执行的操作。

· select_statement：定义视图的SELECT语句。

· WITH CHECK OPTION：设置视图上执行的所有数据修改语句必须符合由select_statement设置的准则。

使用企业管理器修改视图的方法更加直观，下面举例说明在企业管理器中修改视图的方法。

（1）在企业管理器中双击要修改的视图名，出现如图8-20所示的“查看属性”对话框。

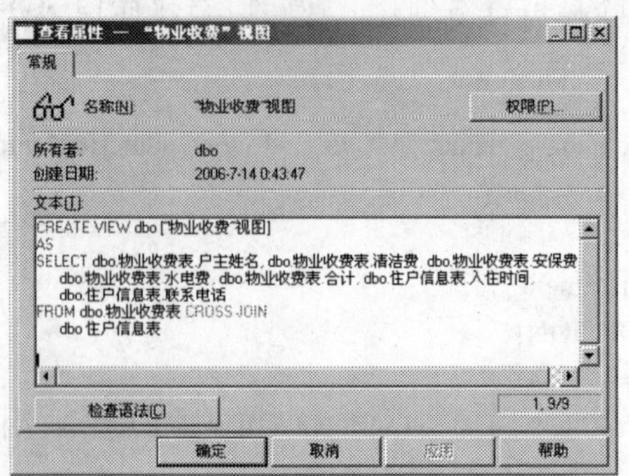

图8-20　“查看属性”对话框

（2）在“文本”编辑框中直接修改相应的语句，如图8-21所示。

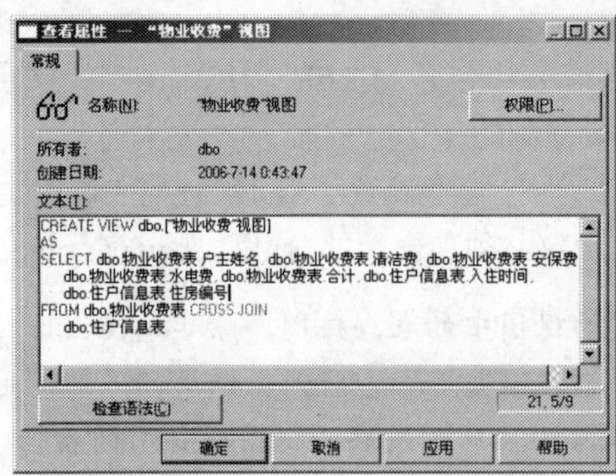

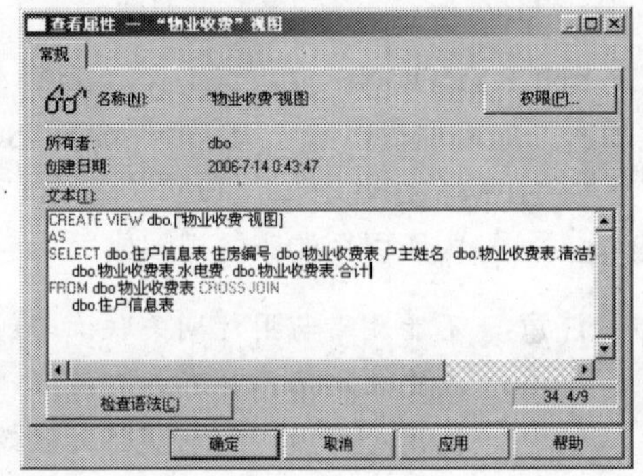

图8-21　在“文本”编辑框编辑视图语句

（3）单击【确定】按钮即可完成修改，修改后的效果如图8-22所示。

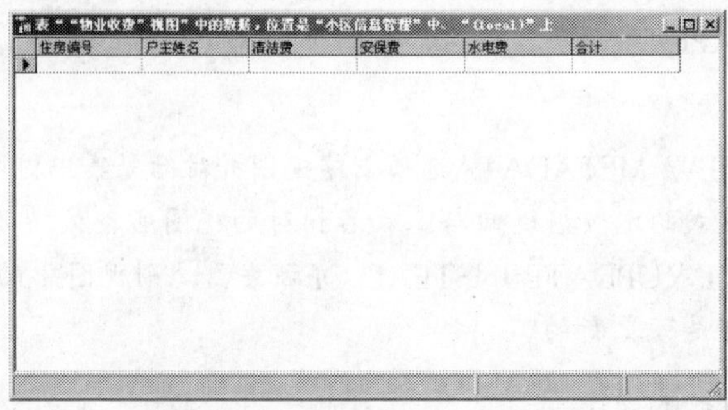

图8-22　修改后的视图

8.1.4　删除视图

可以根据需要删除不再需要的视图，删除某个视图时，视图所引用的表和表中的数据不会产生任何变化。

1. 使用Transact-SQL语句删除视图

可以使用DROP　VIEW语句从当前数据库中删除一个或多个视图。DROP　VIEW命令的语法如下：

```
DROP VIEW { view } [ ,...n ]
```

其中，参数view表示要删除的视图的名称。

2. 直接在企业管理器中删除视图

也可以直接在企业管理器中删除不需要的视图，具体方法如下：

（1）展开并右击需要删除的视图，从出现的快捷菜单中选择【删除】命令，如图8-23所示。

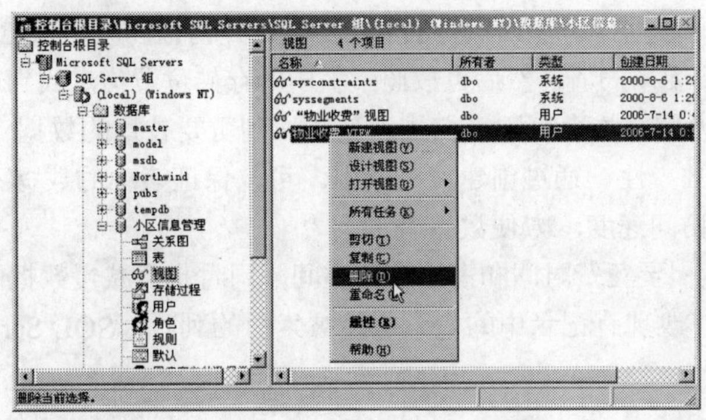

图8-23　选择【删除】命令

（2）出现如图8-24所示的“除去对象”对话框，单击其中的【全部除去】按钮，即可删除选定的视图。

（3）如果在“除去对象”对话框中单击【显示相关性】按钮，将出现视图的“相关性”对话框，如图8-25所示。其中显示有依附于视图的对象和视图依附的对象。

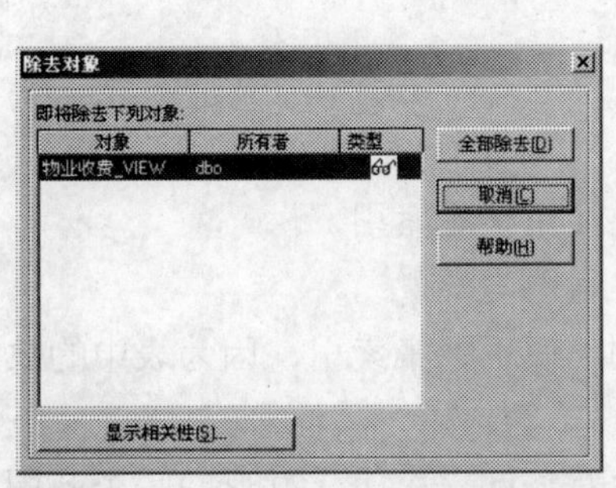

图8-24　“除去对象”对话框

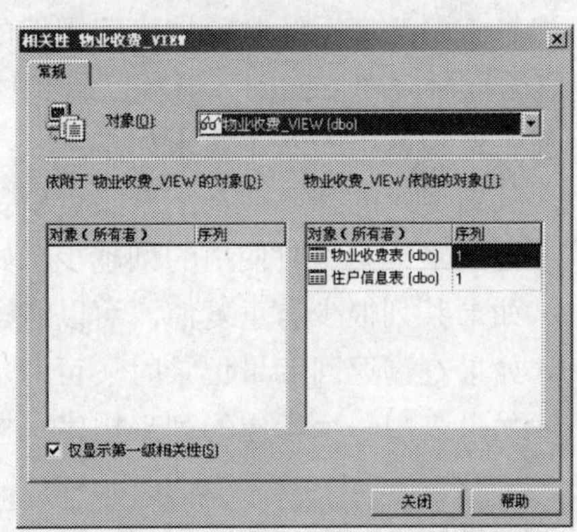

图8-25　“相关性”对话框

8.2　索引及其应用

索引的主要作用是保证数据的唯一性和提高对数据的访问速度，它是对数据表的某列或多个列的值进行排序的一种结构。索引提供了一个指向存储在表中指定列的数据值的指针。所以，索引实际上注明了表中包含多个值的行所在的存储位置。在数据库使用索引时，可以通过搜索索引而快速找到特定的值，然后跟随指针指向具体的包含该值的某个或某些行。

8.2.1 索引基础

索引是一个很重要的数据库对象，通过索引能极大地提高检索数据的速度。索引的操作包括创建索引、修改和查看索引以及删除索引等。

数据查询是对数据库最频繁的操作。如果不创建索引，则在进行查询操作时，要对整个表逐行进行数据检索。不难想象，对于记录很多的表，查询一个记录就要花费很长的时间。

如果在数据库中的一个列（如编号）上事先创建一个索引，索引中存储该列值，并指向表中包含各个值的数据行，那么执行Transact-SQL查询语句时，SQL Server 2000就能先搜索该个索引，找到要求的值，然后再按照索引中的存储位置信息找到表中的行。可见，使用索引能让数据库无需对整个表进行扫描，就能找到所要查找的数据。即索引的功能是：

· 确保数据的唯一性。通过创建唯一索引，可以保证表中的数据不会重复。

· 提高数据的访问速度，方便数据查询。

不过，创建索引要花费时间和占用存储空间，同时也会减慢数据修改速度。为某个表添加一条记录或者修改现有记录中的一个已经被索引的列时，SQL Server 2000必须修改和维护这个索引。

8.2.2 索引的类型

SQL Server 2000支持两种类型的索引，即聚集索引和非聚集索引，下面分别介绍。

1. 聚集索引

在聚集索引中，表中各行的物理顺序与键值的逻辑（索引）顺序相同。由于聚集索引规定数据在表中的物理存储顺序，所以表中只能包含一个聚集索引。

聚集索引适用于经常要搜索范围值的列。SQL Server 2000使用聚集索引找到包含第一个值的行后，便依次向下寻找，直到该范围的最后一个值找到为止。

使用聚集索引的基本要求如下：

· 频繁更改的列不适合于聚集索引。

· 定义聚集索引时使用的列越少越好。

· 如果某列很少有重复值，可以考虑在该列上使用聚集索引。

· 如果查询返回大量记录时，可考虑使用聚集索引。

· 如果表由一个指定的列来排序，应该在该列上使用聚集索引，因为表中的数据已经排序。

· 如果使用BETWEEN、>、>=、<、<=等运算符访问一个表，并返回一个范围值时，可考虑使用聚集索引。

2. 非聚集索引

非聚集索引中的数据顺序不同于表中的数据存放顺序。SQL Server 2000在搜索数据值时，先对非聚集索引进行搜索，找到数据值在表中的位置，然后从该位置直接检索数据。一个数据表只能有一个聚集索引，但可以有多个非聚集索引。

使用非聚集索引的基本要求如下：

· 如果查询不返回大量记录，可以使用非聚集索引。

・如果只有很少的非重复值，则大多数查询将不使用索引，因为此时利用表扫描的方法通常更有效。

唯一索引是作为聚集索引或非聚集索引的一部分而创建的，它保证索引数据唯一。如果索引只包含一列，则表示表中的记录在该列上没有重复值，如果索引包含多个列，则表中这些列值的组合是唯一的。如果该表中创建了PRIMARY KEY或UNIQUE约束，则SQL Server 2000将会在表中自动生成一个唯一索引，以强制实施PRIMARY KEY或UNIQUE约束的唯一性要求。

8.2.3　创建索引

要创建索引，既可以使用企业管理器、管理索引对话框、创建索引向导，也可以使用Transact-SQL语句。

1. 使用企业管理器创建索引

使用企业管理器创建索引的方法如下：

（1）选择单击【开始】|【程序】|【Microsoft SQL Server】|【企业管理器】命令，打开“企业管理器”对话框。

（2）在服务器目录树中选中表所在的数据库，展开目录，单击“表”选项，在右窗格（任务对象窗口）中右击需要创建索引的表，如图8-26所示。

（3）从出现的快捷菜单中选择【设计表】命令，出现如图8-27所示的“设计表”对话框。

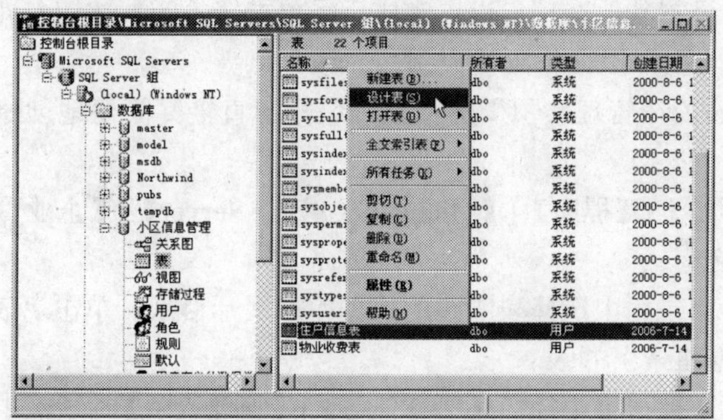

图8-26　右击需要创建索引的表

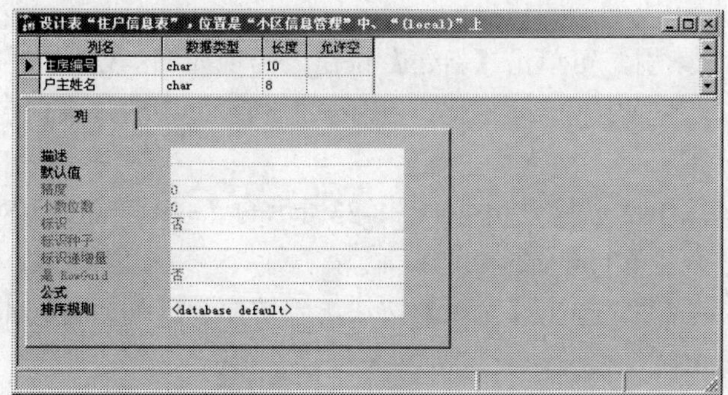

图8-27　“设计表”对话框

（4）单击主工具栏上的【管理索引/键】按钮，出现如图8-28所示的“属性”对话框。当前默认打开“索引/键”选项卡。

（5）单击【新建】按钮，激活相关选项，即可创建索引，如图8-29所示。

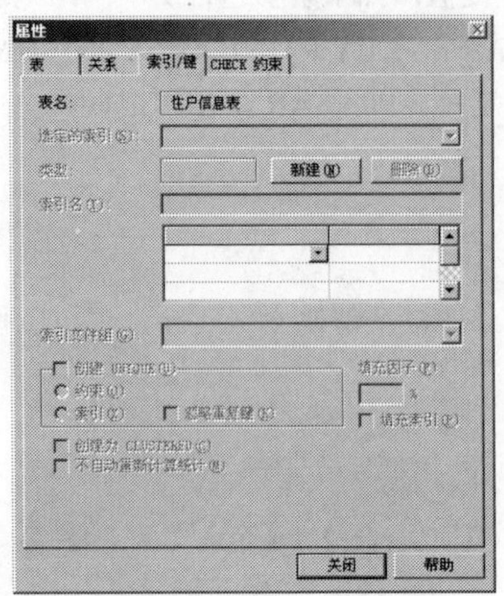

图8-28 “属性”对话框

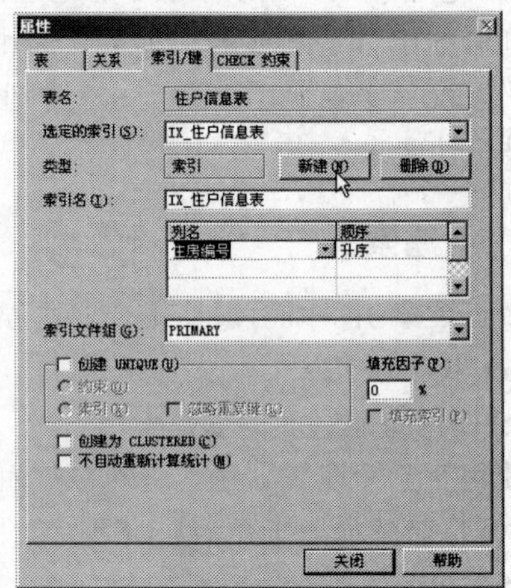

图8-29 新建索引

（6）在“索引名”文本框中输入一个索引名，在“列名”列表框中选择要创建索引的列（即字段），在“顺序”列表框中选择索引按升序或降序排列字段值，如图8-30所示。

（7）根据需要设置其他选项。设置完成后，单击【关闭】按钮，即可创建一个索引。

2. 使用“管理索引”对话框创建索引

使用SQL Server的“管理索引”对话框可以相当直接、简便地创建索引，具体创建方法如下：

（1）选择【开始】|【程序】|【Microsoft SQL Server】|【企业管理器】命令，打开“企业管理器”对话框。

（2）在服务器目录树中选择表所在的数据库，展开目录，单击“表”选项，再右击任务对象窗格中需要创建索引的表。

（3）从出现的快捷菜单中选择【所有任务】|【管理索引】命令，打开如图8-31所示的“管理索引”对话框。在“管理索引”对话框的“现有索引”列表框中将列出当前数据库和表/视图中已经存在的索引。

（4）要新建一个索引，可单击【新建】按钮，出现如图8-32所示的“新建索引”对话框。在“索引名称”文本框中输入索引名，在“列”列表框中选择索引包含的列，也可以根据需要设置其他索引选项。

（5）单击【编辑SQL】按钮，出现如图8-33所示的“编辑Transact-SQL脚本”对话框，在其中可编辑创建该索引的Transact-SQL脚本。

（6）脚本编辑完成后，单击【分析】按钮，系统便会自动分析脚本的语法等正确性。如果单击【执行】按钮，便可以执行该脚本来创建索引。

3. 使用“创建索引向导”创建索引

SQL Server 2000提供了多个向导来简化编程工作，使用“创建索引向导”创建索引的具体方法如下：

（1）选择【开始】|【程序】|【Microsoft SQL Server】|【企业管理器】命令，打开“企业管理器”对话框。

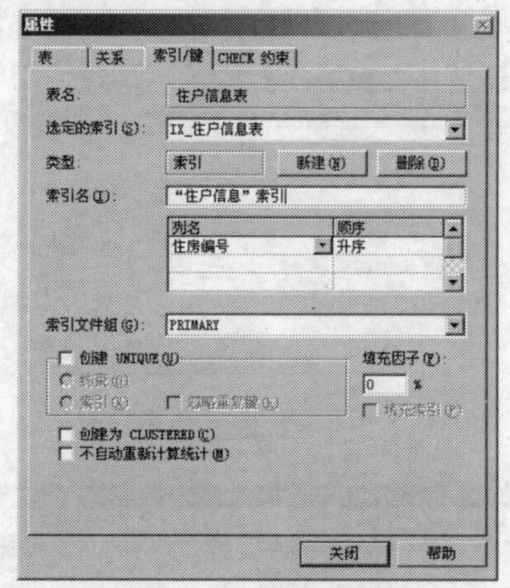

图8-30　参数设置

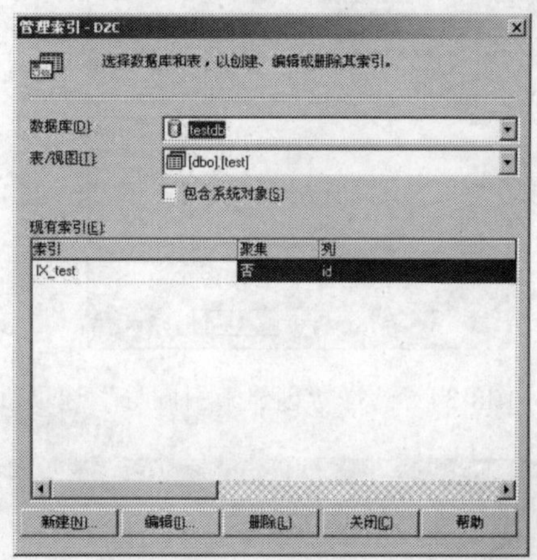

图8-31　“管理索引”对话框

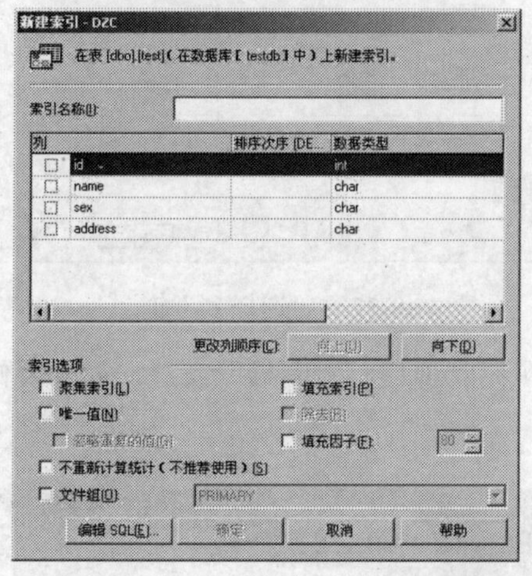

图8-32　“新建索引”对话框

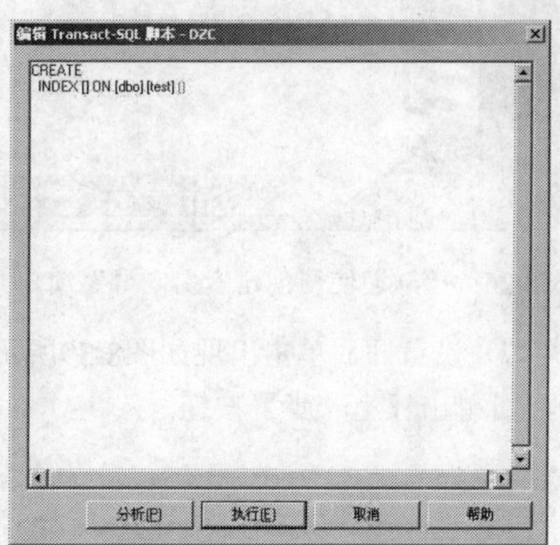

图8-33　“编辑Transact-SQL脚本”对话框

（2）选择主菜单中的【工具】|【向导】命令，从出现的“选择向导”对话框中展开数据库目录树，选择其中的“创建索引向导”选项，如图8-34所示。

（3）单击【确定】按钮，将出现如图8-35所示的“选择数据库和表”窗口，可以从中选择数据库和表来进行索引。

（4）单击【下一步】按钮，将出现如图8-36所示的“欢迎使用创建索引向导”窗口。

（5）直接单击【下一步】按钮，出现如图8-37所示的“选择列”窗口，可以从列出的列中选择一个或多个被包含在索引中的列。

（6）单击【下一步】按钮，出现如图8-38所示的“指定索引选项”窗口，可以利用其中的参数使该索引成为聚集索引，还可以指定填充因子。

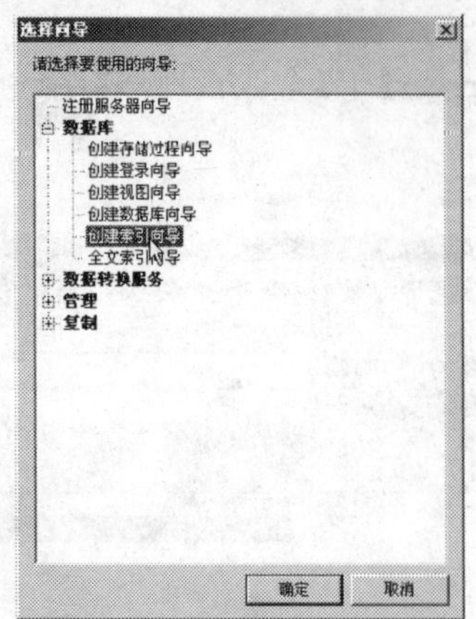

图8-34 选择“创建索引向导”选项

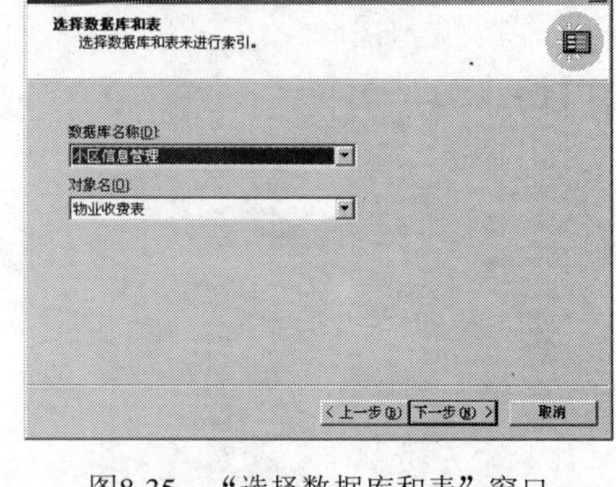

图8-35 “选择数据库和表”窗口

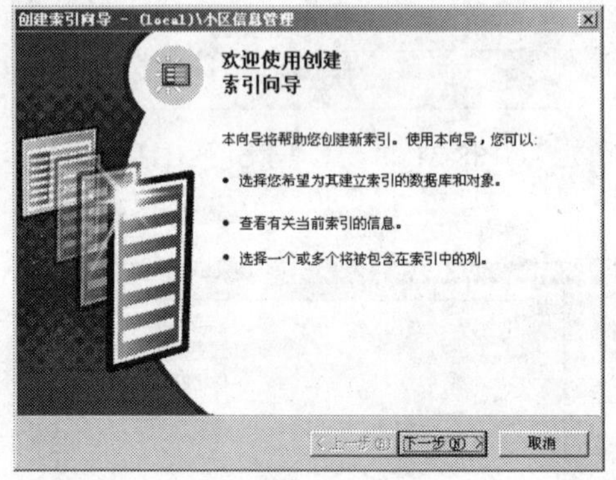

图8-36 “欢迎使用创建索引向导”窗口

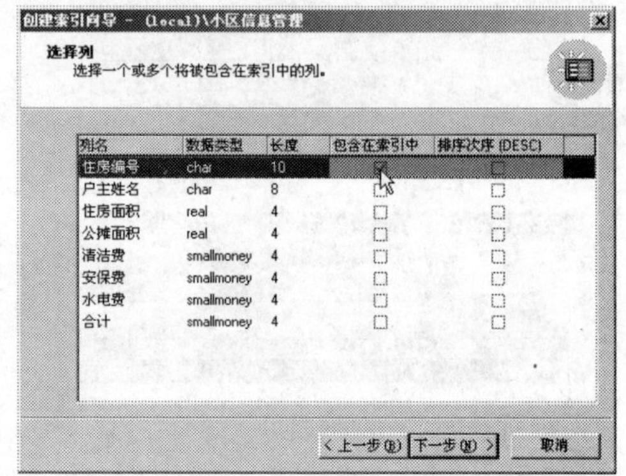

图8-37 “选择列”窗口

（7）设置好后单击出现如图8-39所示的“正在完成创建索引向导”窗口，如果要修改索引，可单击【上一步】按钮。

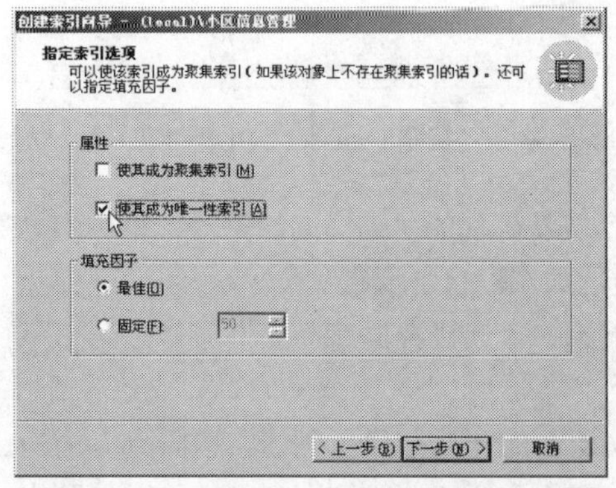

图8-38 “指定索引选项”窗口

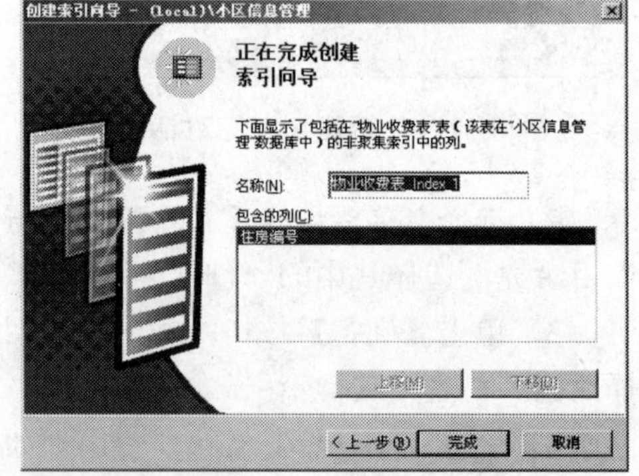

图8-39 “正在完成创建索引向导”窗口

（8）单击【完成】按钮，出现如图8-40所示的消息框，提示创建索引成功。

图8-40 提示创建索引成功

4. 使用Transact-SQL语句创建索引

使用CREATE INDEX语句也可以创建索引，其具体语法如下：

```
CREATE [ UNIQUE ] [ CLUSTERED | NONCLUSTERED ] INDEX index_name
        ON { table | view } ( column [ ASC | DESC ] [ , ...n ] )
[ WITH <index_option> [ , ...n ] ]
[ ON filegroup ]
<index_option>::=
        { PAD_INDEX |
FILLFACTOR=fillfactor |
IGNORE_DUP_KEY |
DROP_EXISTING |
STATISTICS_NORECOMPUTE |
SORT_IN_TEMPDB
        }
```

其中，各个参数和关键字的含义如下。

· UNIQUE：创建一个唯一索引，即索引的键值不能重复。在创建索引时，如果表中有数据，系统将检查是否有重复值，并在使用INSERT或UPDATE语句添加数据时进行检查。如果有重复的键值，系统将取消CREATE INDEX语句，并返回错误提示信息。

· CLUSTERED | NONCLUSTERED：CLUSTERED表示创建聚集索引；NONCLUSTERED表示创建非聚集索引。默认为创建非聚集索引。

· index_name：用于指定索引名。索引名是针对数据表或视图的，在同一个数据表或视图中，索引名是唯一的，但在不同的数据库中，索引名可以相同。

· table：指定包含要创建的列的表名，可以指定数据库和表的所有者。

· view：指定要创建索引的视图名。但必须使用SCHEMABINDING定义视图才能在视图上创建索引。

· column：应用索引的列。可以创建复合索引，即指定两个或多个列。

· [ASC | DESC]：用于指定具体某个索引列的升序或降序排序，其默认设置为ASC。

· n：表示可以为特定索引指定多个columns。

· PAD_INDEX：指定填充索引的内部节点的行数，至少不会小于两行。该选项只有在指定了FILLFACTOR时才可用。

· FILLFACTOR = fillfactor：FILLFACTOR为填充因子。它指定创建索引时，每个索引页的数据占索引页大小的百分比，fillfactor的值为1到100。

· IGNORE_DUP_KEY：用于控制当尝试向属于唯一聚集索引的列插入重复的键值时所发生的情况。如果为索引指定了IGNORE_DUP_KEY，且执行了创建重复键的INSERT语句，系统将发出警告消息并忽略重复的行。如果没有为索引指定 IGNORE_DUP_KEY，系统将发出一条警告消息。

· DROP_EXISTING：表示要删除先前存在的同名的索引。指定的索引名必须与现有的索引名相同。由于非聚集索引包含聚集键，在除去聚集索引时，必须重建非聚集索引。如果重建聚集索引，则应重建非聚集索引，以便使用新的键集。

· STATISTICS_NORECOMPUTE：指定分布统计不自动重新计算。要恢复自动更新统计，可执行没有NORECOMPUTE子句的UPDATE STATISTICS。

· SORT_IN_TEMPDB：指定将用于生成索引的中间排序结果存储在tempdb数据库中。

· ON filegroup：指定存放索引的文件组filegroup。

例如，要根据住房编号创建索引，具体方法如下：

```
CREATE
  INDEX [“住户信息”索引] ON [dbo].[住户信息表] ([住房编号])
WITH
    DROP_EXISTING
ON [PRIMARY]
```

8.2.4 查看和编辑索引

要查看和编辑已创建的索引，既可以利用企业管理器来完成，也可以利用sp_helpindex语句来查看索引，利用sp_rename语句来修改索引名。

1. 使用企业管理器查看和编辑索引

使用企业管理器查看和编辑索引的方法如下：

（1）选择【开始】|【程序】|【Microsoft SQL Server】|【企业管理器】命令，打开“企业管理器”对话框。

（2）在服务器目录树中选择表所在的数据库，展开目录，单击“表”选项，再右击任务对象窗口中需要查看或编辑的索引名。

（3）从出现的快捷菜单中选择【所有任务】|【管理索引】命令，打开“管理索引”对话框，如图8-41所示。

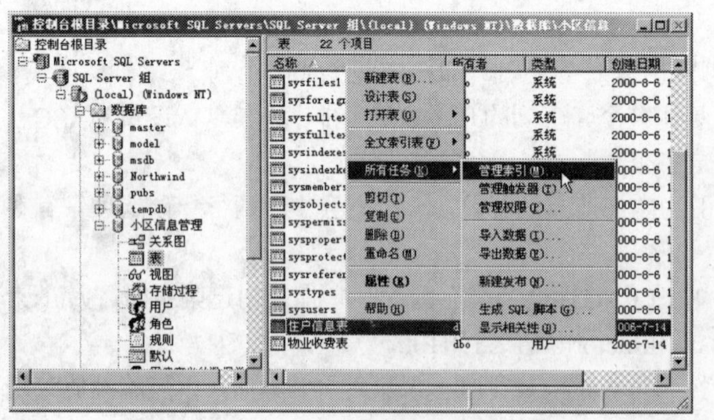

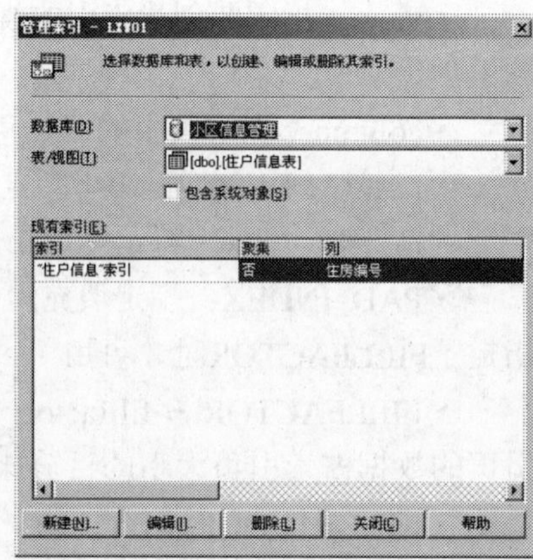

图8-41 打开“管理索引”对话框

（4）在“管理索引”对话框的“现有索引”列表框中选择需要查看和编辑的索引，再单击【编辑】按钮，即可出现“编辑现有索引”对话框，如图8-42所示。可以在该对话框中修改设置。

（5）单击【编辑SQL】按钮，打开如图8-43所示的“编辑Transact-SQL脚本”对话框，利用该对话框，可编辑修改创建该索引的Transact-SQL脚本。

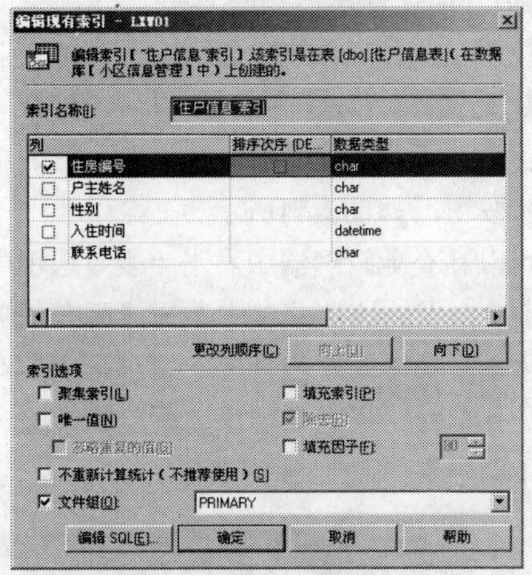

图8-42 “编辑现有索引”对话框

图8-43 “编辑Transact-SQL脚本”对话框

2. 使用sp_helpindex语句查看索引信息

利用SQL Server 2000的sp_helpindex语句，可以查看视图或表上的索引信息。具体语法如下：

```
sp_helpindex [ @objname = ] 'name'
```

其中，[@objname =] 'name'表示当前数据库的表名或视图名。

3. 使用sp_rename修改索引名

利用SQL Server 2000的sp_rename语句，可以修改索引名，也可以更改用户对象（表、列、视图、存储过程、触发器、默认值、数据库、对象或规则）或数据类型的名称，具体语法：

```
sp_rename [ @objname = ] 'object_name' ,
          [ @newname = ] 'new_name'
          [ , [ @objtype = ] 'object_type' ]
```

其中，各个参数的含义如下。

• [@objname =] 'object_name'：表示用户对象（表、列、视图、存储过程、触发器、默认值、数据库、对象或规则）或数据类型的当前名称。

• [@newname =] 'new_name'：指定对象的新名称。

• [, [@objtype =] 'object_type']：要更改对象的类型，如果要更改索引名，则object_name应取为INDEX。

8.2.5 删除索引

索引也可以从数据库中删除。删除索引的方法有两种，一是使用企业管理器，二是使用Transact-SQL语句。

1. 使用企业管理器删除索引

要使用企业管理器删除索引，可在“企业管理器”中双击“表”选项中的索引名，打开“属性”对话框，从中选择要删除的索引，然后单击【删除】按钮，如图8-44所示。

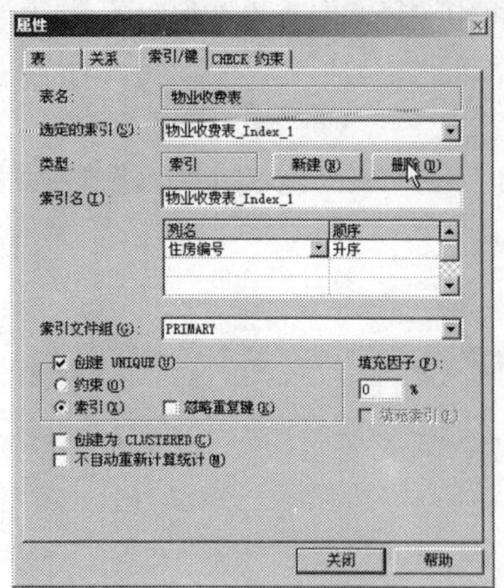

图8-44 利用“企业管理器”删除索引

还可以在企业管理器中右击“表”选项中的索引名，从出现的快捷菜单中选择【所有任务】|【管理索引】命令，在出现的“管理索引”对话框的“现有索引”列表中选择要删除的索引，然后单击【删除】按钮，如图8-45所示。

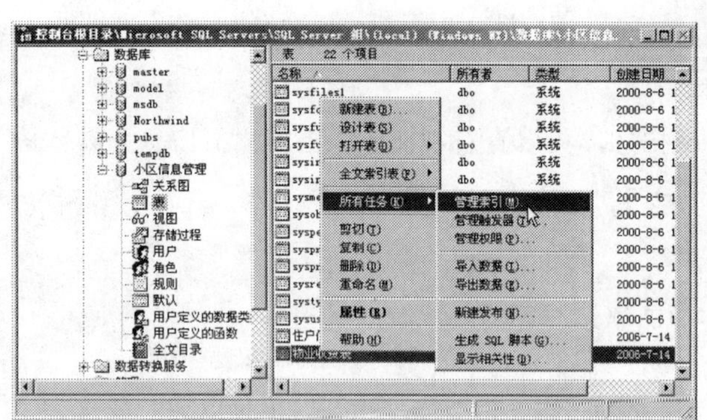

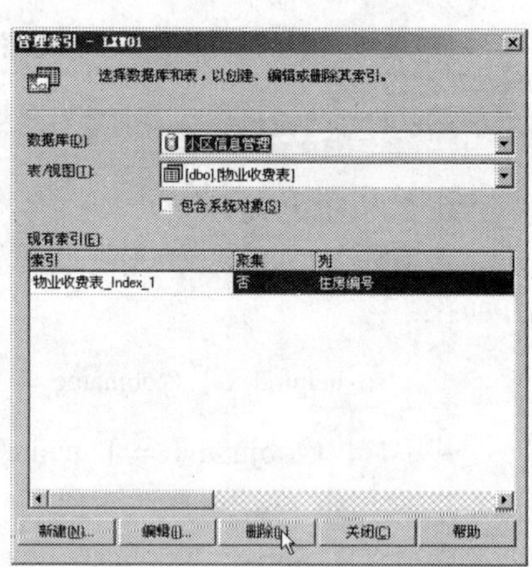

图8-45 利用“管理索引”对话框删除索引

2. 使用Transact-SQL语句

使用DROP INDEX语句也可以删除索引，具体语法如下：

```
DROP INDEX 'table.index | view.index' [ , ...n ]
```

其中，各参数和关键字的含义如下。

- table：用于指定索引所在的表。
- view：用于指定索引所在的视图。
- index：用于指定要删除的索引名称。
- n：表示可以同时删除多个索引。

8.3　存储过程及其应用

存储过程是Transact-SQL语句的预编译集合，它以一个名称存储并作为一个单元处理。存储过程存储在数据库内，用户可以在前台或后台调用存储过程。下面简要介绍存储过程及其应用。

8.3.1　存储过程概述

存储过程是一组为了完成特定功能的Transact-SQL语句的预编译集合。存储过程经过编译后存储在数据库中，用户可以在前台或后台通过存储过程的名字并提供参数（若该存储过程带有输入参数）来调用存储过程。可以类似于用户自定义函数来理解存储过程。

存储过程有系统存储过程、用户定义存储过程和扩展存储过程3种类型。

1. 系统存储过程

安装SQL Server 2000时，系统将自动创建一些存储过程，这些存储过程主要存储在master数据库中，并以sp_为系统存储过程名前缀。许多管理和信息活动都可以通过系统存储过程来执行。系统存储过程主要是从系统表中获取信息，为SQL Server 2000系统管理员和开发人员提供支持。

提示： 系统存储过程可以在其他数据库中调用。系统存储过程类似于其他编程语言中的系统函数。

2. 用户定义存储过程

除了调用系统存储过程外，也可以自定义存储过程。为完成某一特定功能而编写的存储过程便称为用户定义存储过程。

3. 扩展存储过程

扩展存储过程是对动态链接库（DLL）函数的调用，它使用户能够在动态链接库文件所包含的函数中实现逻辑，从而扩展了Transact-SQL的功能。扩展存储过程名以xp_为前缀。

8.3.2　创建存储过程

与其他数据库对象一样，创建存储过程也有多种方法，常用的有使用Transact-SQL语句、使用企业管理器和使用向导。

1. 使用Transact-SQL语句创建存储过程

使用Transact-SQL语句创建存储过程的语句是CREATE PROCEDURE语句，其具体语法如下：

```
CREATE PROC[EDURE] procedure_name [ ; number ]
        [ { @parameter data_type }
                [ VARYING ] [ =default ] [ OUTPUT ]
        ] [ ,...n ]
[ WITH
        { RECOMPILE | ENCRYPTION | RECOMPILE, ENCRYPTION } ]
```

```
[ FOR REPLICATION ]
AS sql_statement [ ...n ]
```

其中，各个参数和关键字的含义如下。

· procedure_name：指定待创建的存储过程的名称。过程名必须复合标识符规则，而且对于数据库及其所有者必须唯一。

· ; number：这是一个可选的整数，用来标识一组同名的存储过程。

· @parameter：用于指定存储过程的参数，也是可选行。使用@符号作为第一个字符来指定参数名称，parameter即为参数名，它必须符合标识符的命名规则。与其他程序设计语言中函数的参数一样，该参数仅用于该存储过程，不同存储过程中的参数名可以重复。存储过程最多可有2100个参数。

· data_type：用于指定参数的数据类型。在SQL Server 2000中，所有数据类型都可以用做存储过程的参数。

· VARYING：用于指定作为输出参数支持的结果集。仅应用于游标参数。

· default：指定参数的默认值。

· OUTPUT：表明该参数是一个返回参数。

· { RECOMPILE | ENCRYPTION | RECOMPILE, ENCRYPTION }：RECOMPILE表示系统不保存该存储过程的执行计划，每执行一次存储过程都要重新编译；ENCRYPTION表示系统加密syscomments表中包含CREATE PROCEDURE语句文本的条目。

· FOR REPLICATION：指定复制创建的存储过程不能在订阅服务器上执行。该选项不能和WITH RECOMPILE选项一起使用。

· AS：指定存储过程将要执行的动作。

· sql_statement：该存储过程包含的任意数据和任意类型的Transact-SQL语句。

· n：表示该存储过程中可以包含多条Transact-SQL语句。

下面举例说明使用CREATE PROCEDURE语句创建存储过程的方法。

```
USE [小区信息管理]
GO
CREATE PROCEDURE [insert_物业收费表_1]
    (@住房编号_1[char](10),
     @户主姓名_2         [char](8),
     @住房面积_3         [real])
AS INSERT INTO [小区信息管理].[dbo].[物业收费表]
     ( [住房编号],
     [户主姓名],
     [住房面积])
VALUES
    ( @住房编号_1,
     @户主姓名_2,
     @住房面积_3)
```

2. 使用企业管理器创建存储过程

使用企业管理器创建存储过程的方法如下：

（1）选择【开始】|【程序】|【Microsoft SQL Server】|【企业管理器】命令，打开“企业管理器”窗口。

（2）在服务器目录树中选择需要在其中建立存储过程的数据库，展开目录，右击其中的“存储过程”选项，如图8-46所示。

（2）从快捷菜单中选择【新建存储过程】命令，打开如图8-47所示的“新建存储过程”对话框。

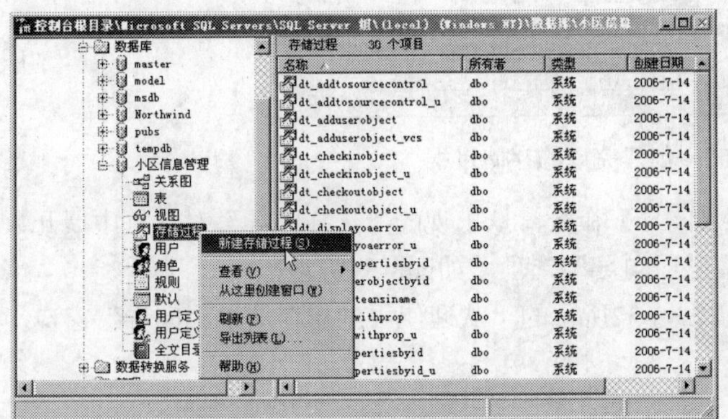

图8-46　右击“存储过程”选项

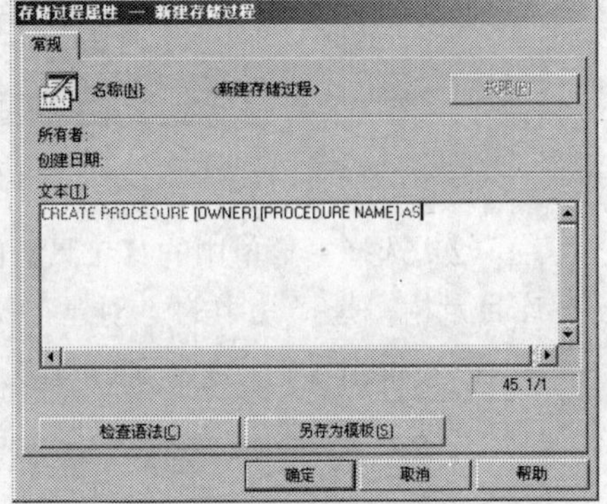

图8-47　“新建存储过程”对话框

（3）在“文本”框中输入创建存储过程的Transact-SQL文本，如图8-48所示。

（4）要检查用于创建存储过程的Transact-SQL语句语法，可单击【检查语法】按钮，检查通过后，将出现如图8-49所示的消息框。

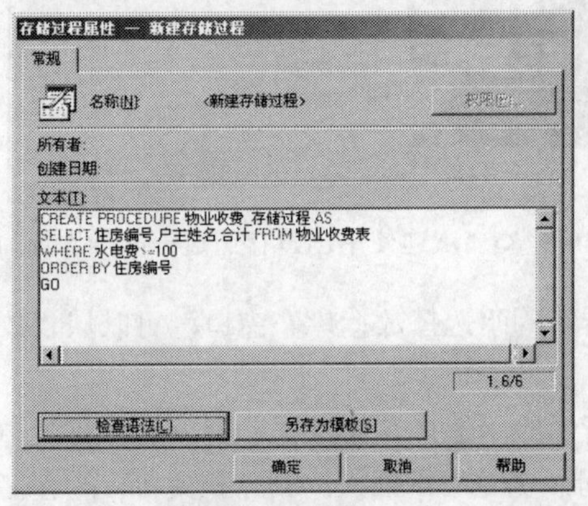

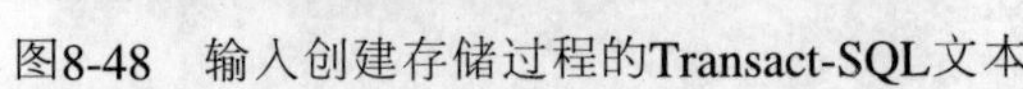
图8-48　输入创建存储过程的Transact-SQL文本

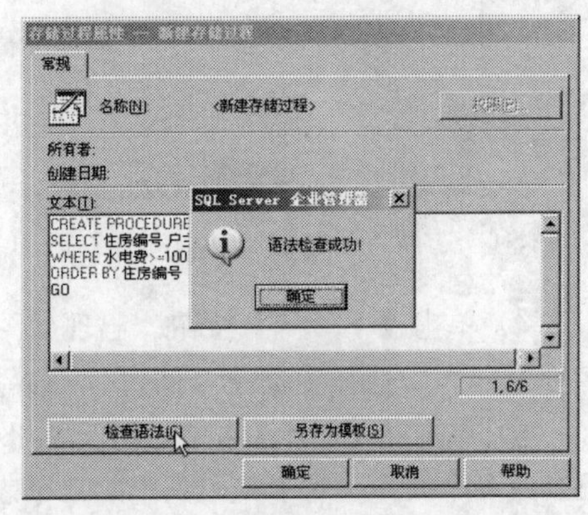

图8-49　语法检查成功的提示

（5）要创建存储过程，只需单击【确定】按钮即可。创建好的存储过程会显示在企业管理器的任务对象窗口中，如图8-50所示。

3. 利用向导创建存储过程

利用向导可以创建、更新或删除行的存储过程。下面举例说明用向导创建存储过程的具体方法：

（1）选择【开始】|【程序】|【Microsoft SQL Server】|【企业管理器】命令，打开“企业管理器”对话框。

图8-50　创建完成的存储过程

（2）选择主菜单中的【工具】|【向导】命令，从出现的“选择向导”对话框中展开数据库目录树，选择其中的“创建存储过程向导”选项，如图8-51所示。

（3）单击【确定】按钮，出现如图8-52所示的“欢迎使用创建存储过程向导”窗口。

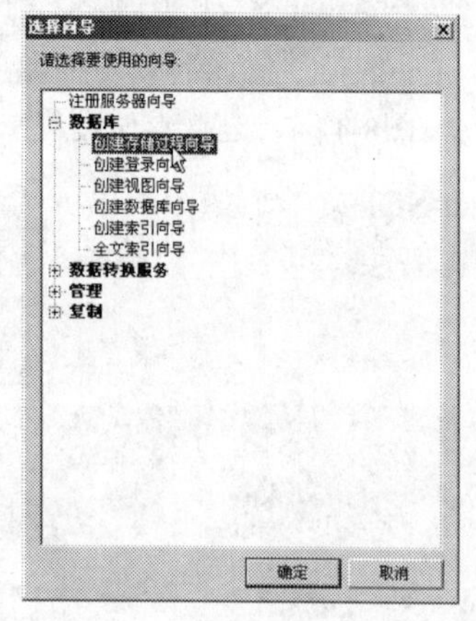

图8-51　选择“创建存储过程向导”选项

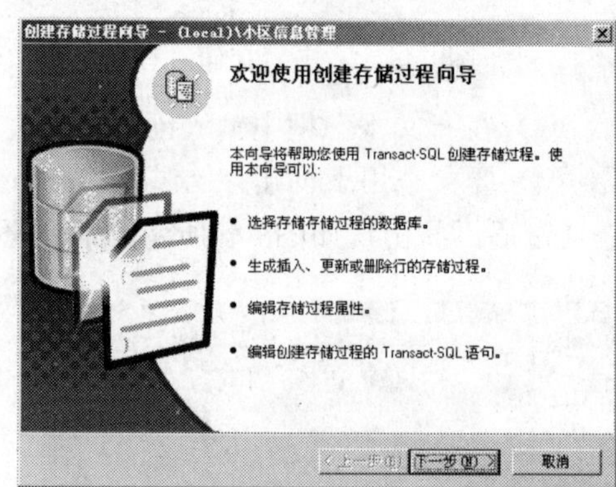

图8-52　“欢迎使用创建存储过程向导”窗口

（4）单击【下一步】按钮，出现如图8-53所示的“选择数据库”窗口，可以从“数据库名称”列表中选择要创建存储过程的数据库。

（5）单击【下一步】按钮，出现如图8-54所示的“选择存储过程”窗口，可在其中选择一个或多个操作。对于其中列出的每个表，都可以创建用于插入、删除和更新行的存储过程。

（6）单击【下一步】按钮，出现如图8-55所示的“正在完成创建存储过程向导”窗口。

（7）要查看或修改存储过程，可以单击【编辑】按钮，然后从出现的“编辑存储过程属性”对话框中进行编辑，如图8-56所示。

（8）单击“编辑存储过程属性”对话框中的【编辑SQL】按钮，将出现如图8-57所示的“编辑存储过程SQL”对话框，可以在其中编辑用于创建存储过程的Transact-SQL语句。

（9）SQL语句编辑完成后单击【确定】按钮，返回“编辑存储过程属性”对话框，再单击【确定】按钮，即可完成向导。此时，将出现如图8-58所示的提示框，提示存储过程创建成功。

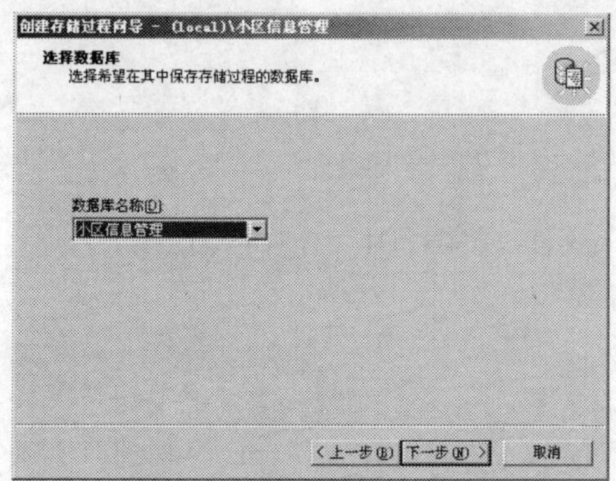

图8-53　“选择数据库”窗口

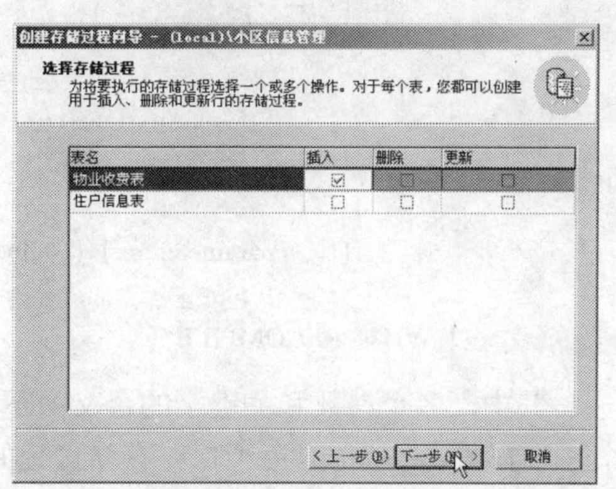

图8-54　“选择存储过程”窗口

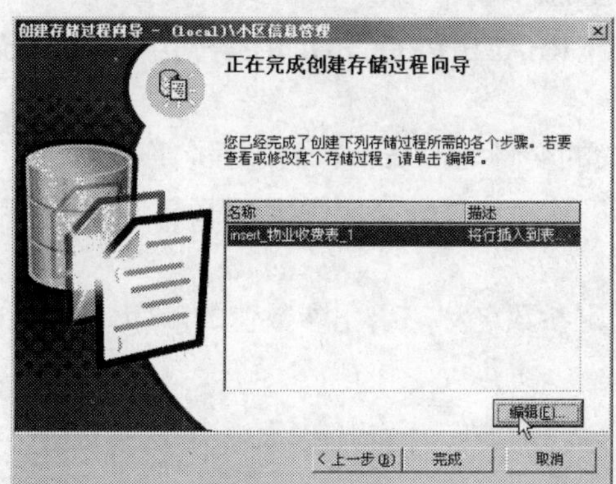

图8-55　“正在完成创建存储过程向导”窗口

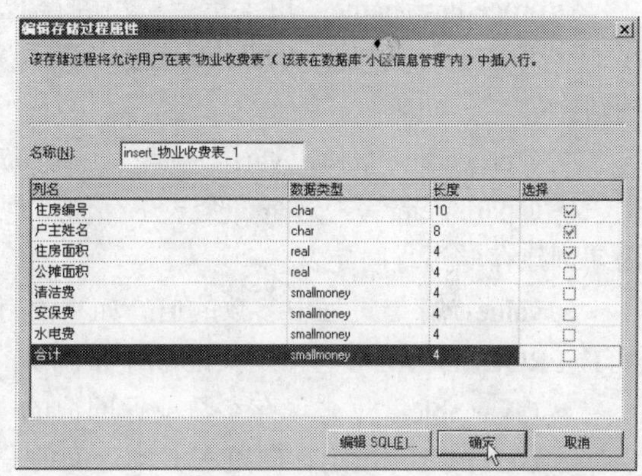

图8-56　“编辑存储过程属性”对话框窗口

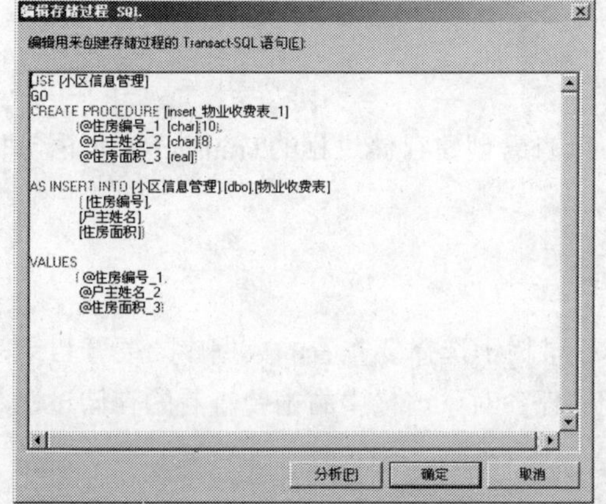

图8-57　“编辑存储过程SQL”对话框

图8-58　提示存储过程创建成功

8.3.3　执行存储过程

在SQL Server 2000中，主要使用EXECUTE语句来执行存储过程或执行标量值的用户自定义函数。其具体语法如下。

```
[ [ EXEC [ UTE ]
        {
                [ @return_status = ]
                { procedure_name [ ; number ] | @procedure_name_var
        }
         [ [ @parameter = ] { value | @variable [ OUTPUT ] | [ DEFAULT ] }
                [ ,...n ]
[ WITH RECOMPILE ]
```

其中，各个参数和关键字的含义如下。

• @return_status：用于保存存储过程的返回状态，该变量在执行存储过程前，必须在批处理、存储过程或函数中进行声明。

• procedure_name：用于指定调用的存储过程的名称。

• ; number：这是一个可选的整数，其含义与CREATE PROCEDURE语句中的; number相同。

• @procedure_name_var：这是一个局部定义的变量名，表示存储过程名称。

• @parameter =：这是一个表示存储过程的参数。该参数在用CREATE PROCEDURE语句创建存储过程时定义。

• value：存储过程中参数的值。如果没有指定参数名称，给出参数值的顺序应与CREATE PROCEDURE语句中定义的顺序相同。

• @variable：用来保存参数或返回值的变量。

• OUTPUT：指定存储过程必须返回的一个参数。

• DEFAULT：根据存储过程的定义，提供参数的默认值。

• WITH RECOMPILE：表示调用存储过程时，强制编译新的计划。

8.3.4 查看存储过程

使用企业管理器和Transact-SQL语句，都可以查看创建存储过程的Transact-SQL语句和存储过程的信息。

1. 使用企业管理器查看存储过程

使用企业管理器查看存储过程的方法如下：

（1）打开“企业管理器”窗口，在服务器目录树中选择要查看的数据库，展开目录，选择“存储过程”选项，然后在企业管理器右侧的任务对象窗格中右击要查看的存储过程，如图8-59所示。

（2）从出现的快捷菜单中选择【属性】命令，打开“存储过程属性”对话框，如图8-60示。在该对话框中，显示了存储过程名称、所有者、创建日期以及创建文本。

（3）查看后，只需单击【确定】按钮即可。

2. 使用Transact-SQL语句查看存储过程

在查询分析器中执行Transact-SQL语句，也可以查看存储过程。SQL Server 2000中提供了系统存储过程sp_helptext语句和sp_help语句，可以分别查看存储过程的文本以及存储过程的其他信息。

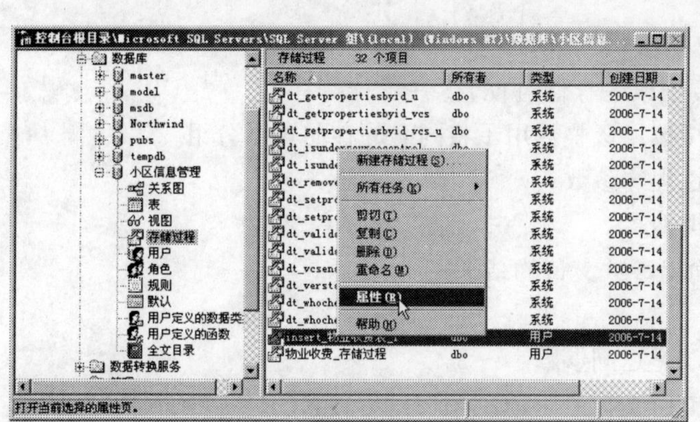

图8-59　右击要查看的存储过程

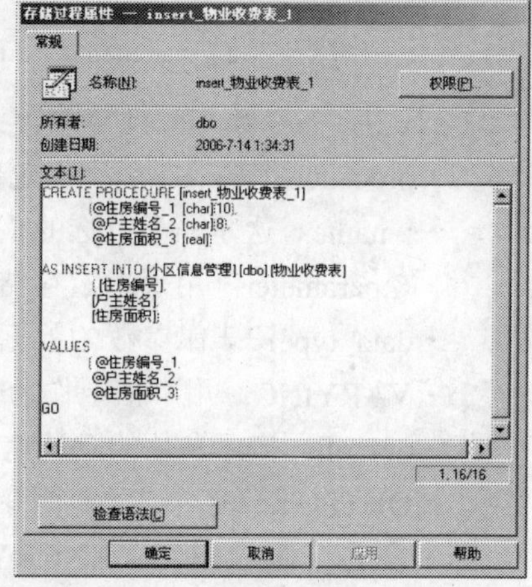

图8-60　“存储过程属性”对话框

· sp_helptext

使用sp_helptext语句除了可以查看存储过程的文本外，还可以查看规则、默认值、用户自定义函数、触发器、视图的文本。具体语法如下：

```
sp_helptext [ @objname = ] 'name'
```

其中，[@objname =] 'name'表示对象的名称。

· sp_help

创建存储过程后，其名称存储在系统表sysobjects中。使用sp_help语句可以查看存储过程的信息，也可以查看规则、默认值、用户自定义函数、触发器、视图等其他数据库对象以及用户自定义类型的信息。其具体语法如下：

```
sp_helptext [ @objname = ] 'name'
```

其中，[@objname =] 'name'是sysobjects中的任意对象的名称，或者是systypes表中任何用户自定义数据类型的名称。如果是查看存储过程的信息，则此参数是指存储过程的名称。

8.3.5　存储过程的修改

利用ALTER PROCEDURE语句，可以修改已创建的存储过程，但不更改权限。具体语法如下：

```
ALTER PROC[ EDURE ] procedure_name [ ; name ]
        [ { @parameter data_type }
                [ VARYING ] [ = default ] [ OUTPUT ]
                ] [ ,...n ]
[ WITH
        { RECOMPILE | ENCRYPTION | RECOMPILE , ENCRYPTION }
]
[ FOR REPLICATION ]
```

```
    AS
        sql_statement [ ,...n ]
```

其中，各参数和关键字的含义如下。

• procedure_name：用于指定要更改的存储过程名。

• ; name：这是一个可选的整型数，该整数用于将同名的存储过程分组。

• @parameter：用于指定存储过程的参数。

• data_type：表示参数的数据类型。

• VARYING：用于指定作为输出参数支持的结果集。

• default：表示参数的默认值。

• OUTPUT：该可选项表明参数是返回参数。

• {RECOMPILE | ENCRYPTION | RECOMPILE，ENCRYPTION}：其中的RECOMPILE表明系统不保存该存储过程的执行计划。每执行一次存储过程都要重新编译。而ENCRYPTION表示系统加密syscomments表中包含ALTER PROCEDURE语句文本的条目。

• FOR REPLICATION：用于指定复制创建的存储过程不能在订阅服务器上执行。但该选项不能和 WITH RECOMPILE选项一起使用。

• AS：用于指定存储过程将要执行的动作。

• sql_statement：该存储过程包含的任意数据和任意类型的Transact-SQL语句。

• n：表示该存储过程中可以包含多条Transact-SQL语句。

8.3.6 删除存储过程

和其他对象一样，也可以根据需要删除不需要的存储过程。要删除存储过程，既可以直接在企业管理器中完成，也可以使用DROP PROCEDURE语句来实现。

1. 利用企业管理器删除存储过程

在企业管理器中，右击要删除的存储过程，然后从出现的快捷菜单中选择【删除】命令，确认后即可删除存储过程，如图8-61所示。

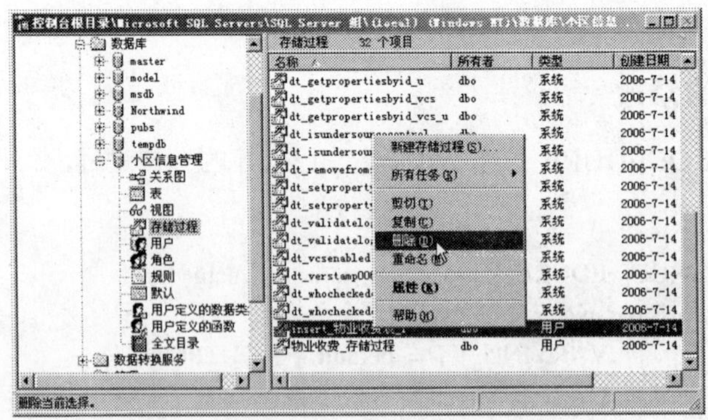

图8-61 利用企业管理器删除存储过程

2. 使用DROP PROCEDURE语句删除存储过程

使用DROP PROCEDURE语句不但可以删除存储过程，还可以删除存储过程组。其具体语法如下：

```
DROP PROCEDURE { procedure_name } [ ,...n ]
```

其中，各参数的含义如下。

- procedure_name：表示要删除的存储过程或存储过程组的名称。
- n：表示一条DROP PROCEDURE语句可以删除多个存储过程。

本章要点小结

本章介绍了SQL的其他功能和应用，主要介绍了视图、索引和存储过程及其应用。下面对本章的重点内容进行小结。

（1）视图是一个由查询定义其内容的虚拟表，在视图中有一系列带有名称的列和行数据，这些数据来自由定义视图的查询所引用的表，并且在引用视图时动态生成。视图的作用类似于筛选，它可以从一个或多个表中筛选出所需的部分数据。创建视图后，数据库用户可以像使用一般表那样对其操作，如查询、修改数据等。

（2）创建视图的方法很多，利用SQL Server 2000的SQL语句、企业管理器和视图向导都可以创建视图。

（3）对于已创建好的视图，都可以进行修改。既可以使用ALTER VIEW命令修改视图，或直接将视图删除后再重新创建，也可以直接使用企业管理器来修改。还可以将不再需要的视图删除。

（4）索引的主要作用是保证数据的唯一性和提高对数据的访问速度，它是对数据表的某列或多个列的值进行排序的一种结构。索引是一个很重要的数据库对象，通过索引能极大地提高检索数据的速度。索引的操作包括创建索引、修改和查看索引以及删除索引等。

（5）SQL Server 2000支持两种类型的索引，即聚集索引和非聚集索引。在聚集索引中，表中各行的物理顺序与键值的逻辑（索引）顺序相同。非聚集索引中的数据顺序不同于表中的数据存放顺序。

（6）要创建索引，既可以使用企业管理器、管理索引对话框、创建索引向导，也可以使用Transact-SQL语句。创建索引后，可以查看和修改，还可以删除不需要的索引。

（7）存储过程是Transact-SQL语句的预编译集合，它以一个名称存储并作为一个单元处理。存储过程有系统存储过程、用户定义存储过程和扩展存储过程3种类型。

（8）创建存储过程也有多种方法，常用的有使用Transact-SQL语句、使用企业管理器和使用向导。使用EXECUTE语句，可以执行存储过程或执行标量值的用户自定义函数。另外，创建存储过程后也可以查看、修改和删除。

习题

选择题

（1）视图是一个由查询定义其内容的（　　）。

A）表　　　B）虚拟表　　　C）数据库　　　D）字段

（2）视图在数据库中存储的是视图的（　　）。

A）定义　　B）数据　　C）结构　　D）基表

（3）通过视图的定义，对视图的查询最终可以转化为对（　）的查询。

A）记录　　B）字段　　C）基表　　D）虚拟表

（4）使用DROP VIEW语句可以从当前数据库中删除一个或多个（　）。

A）存储过程　　B）查询　　C）索引　　D）视图

（5）（　）语句也可以创建索引。

A）sp_helpindex　　B）sp_rename　　C）DROP INDEX　　D）CREATE INDEX

（6）存储过程是Transact-SQL语句的预编译集合，它以一个（　）存储并作为一个单元处理。

A）大小　　B）名称　　C）结构　　D）视图

（7）在（　）中执行Transact-SQL语句，也可以查看存储过程。

A）表设计器　　B）设计分析器　　C）查询分析器　　D）企业管理器

填空题

（1）作为一种虚拟表，视图是为了________而定义的。尽管视图中并未包含任何数据，但可以通过视图来访问定义视图的________。

（2）视图的作用类似于________，它可以从一个或多个表中选择出所需的部分数据。

（3）修改视图的语句是________。

（4）索引的主要作用是________，它是对数据表的某列或多个列的值进行排序的一种结构。索引提供了一个指向存储在表中指定列的数据值的________。

（5）索引实际上注明了表中包含多个值的行所在的________。

（6）SQL Server 2000支持两种类型的索引，即________和________。

（7）SQL Server 2000在搜索数据值时，先对________索引进行搜索，找到数据值在表中的位置，然后从该位置直接检索数据。

（8）存储过程经过编译后存储在数据库中，用户可以在前台或后台通过存储过程的________并提供参数来调用存储过程。

（9）存储过程有________存储过程、________存储过程和________存储过程3种类型。

（10）利用ALTER PROCEDURE语句，可以修改已创建的________，但不更改权限。

简答题

（1）什么是视图？在哪些情况下需要创建和使用视图？

（2）举例说明视图的创建、修改和删除方法。

（3）什么是索引？索引有哪些类型？在哪些情况下需要创建和使用索引？

（4）举例说明索引的创建、修改和删除方法。

（5）什么是存储过程？在哪些情况下需要创建和使用存储过程？

（6）举例说明存储过程的创建、修改和删除方法。

（7）如何执行存储过程？

第三篇　网站开发范例

要将ASP.NET强大的Web设计功能用于网站设计实践，打造出功能强大且高效的Web系统，随心所欲的表达极具个性化的设计理念，充分展示创新的能力，使自己的设计作品更贴心、具有更高的特性，仅仅掌握ASP.NET编程是不够的。必须根据实际的设计目标，将设计创意、系统结构、设计模式、算法等因素与ASP.NET编程技术结合起来，将经验与技术结合起来，才能设计出好的作品。网站系统类别众多，常见的有CMS（内容管理系统）、网上商城系统、BLOG（博客）、BBS（论坛）、聊天室、SNS（个人社会网络）、留言本等等。但无论何种网站作品，其设计过程中所涉及的设计元素都是一致的，如数据库、程序、界面等。实践表明，通过对一些典型范例的学习和模仿性制作，可以进一步掌握ASP.NET，熟悉网站设计制作的步骤。为了使读者今后能创造出既能赢得市场又有鲜明个性的优秀设计，本篇安排了两章的内容，分别介绍以下两种类型的行业应用范例：

◊ 新闻系统设计

◊ 电子商场设计

第9章　新闻系统设计

网站新闻系统，是将网页上的某些需要经常变动的信息集中管理，并通过信息的某些共性进行分类，最后系统化、标准化发布到网站上的一种网站应用程序。网站信息通过一个简单易用的后台向数据库添加新闻，然后通过已有的网页模板格式与审核流程发布到网站上。它的出现大大减轻了网站更新维护的工作量，通过网络数据库的引用，将网站的更新维护工作简化到只需录入文字和上传图片，从而使网站的更新速度大大缩短，吸引了更多的长期用户群，时时保持网站的活动力和影响力。本章将通过一个完整的新闻系统设计范例，系统介绍使用ASP.NET和SQL协同工作，完成实用系统设计的方法和技巧。

9.1　范例分析

新闻系统在向浏览者提供浏览新闻的同时，还必须向系统管理员提供新闻管理后台。设计新闻时，应充分把握好以下几点：

（1）数据库是信息实际存储之地，处于前台和后台之间，所以在设计数据库时必须综合考虑。

（2）通常新闻系统的后台不直接控制前台，而是通过数据库操作来实现对前台的控制。在设计时，要注意从整体上把握一个流程。

（3）新闻系统前台虽然功能简单，但要注意显示方式和版面应尽可能灵活多样。

（4）尽管目前所有网站系统后台都在尽最大努力把所有操作都设计成可视化的，但简单的代码编辑模式依然不可缺少。

9.2　制作要领

在网站系统中，新闻系统应用最为广泛，它是很多网站不可缺少的一部分。优秀的新闻系统都具有很高的通用性，适合范围广泛，且能保持不错的运行效率。在制作本例时，应注意以下事项：

（1）新闻系统的后台编辑功能是一个很重要的功能，但这部分的设计制作难度较高。通常可以使用第三方通用控件来制作。

（2）尽管ASP.NET本身具有很好的资源回收能力，但这并不代表在编写程序时不需要手动释放资源。

（3）在设计程序时，要尽量把数据处理层和业务层分开。

9.3　制作过程

下面详细介绍本范例的制作过程。

1. 创建数据

（1）启动Microsoft SQL Server的企业管理器，新建一个名为news的数据库。

（2）在news数据库中创建一个名为NewInfo的表，用于存放新闻信息，NewInfo表的详细描述如表9-1所示。

表9-1　NewInfo表的定义

字段名	数据类型	长度	允许为空	是否为主键	说明
id	int	4	否	是	唯一标识
title	varchar	200	是	否	新闻标题
content	text	16	是	否	新闻内容
classname	varchar	50	是	否	分类名称
smalltitle	varchar	200	是	否	副标题
frominfo	varchar	200	是	否	新闻来源
keywords	varchar	200	是	否	关键字
titlecolor	varchar	50	是	否	标题颜色
readtimes	int	4	是	否	阅读次数
addtime	smalldatetime	4	是	否	加入时间

（3）在news数据库中创建一个名为ClassName的表，用于存放新闻分类信息，ClassName表的详细描述如表9-2所示。

表9-2　ClassName表的定义

字段名	数据类型	长度	允许为空	是否为主键	说明
classId	int	4	否	是	唯一标识
className	varchar	100	是	否	类别名称
addtime	smalldatetime	4	是	否	加入时间

（4）在news数据库中创建一个名为Admin的表，用于存放后管理员账号及密码，Admin的表的详细描述如表9-3所示。

表9-3　Admin表的定义

字段名	数据类型	长度	允许为空	是否为主键	说明
id	int	4	否	是	唯一标识
adminuser	varchar	30	是	否	管理员账号
password	varchar	50	是	否	管理员密码
addtime	smalldatetime	4	是	否	加入时间

2. 准备工作

（1）启动Microsoft Visual Studio .NET 2003，创建一个名为news的空Web项目。

（2）在项目根目录下创建一个名为Classes和NewsAdmin的文件夹。

（3）将编辑控件dxcontrols.dll复制到网站根目录的bin目录中，将dxtb文件夹复制到NewsAdmin目录中。

（4）回到Microsoft Visual Studio .NET 2003，在“解决方案资源管理器”窗口中右击“引用”选项，选择【添加引用】命令，出现“添加引用”对话框，如图9-1和图9-2所示。

图9-1 右击“引用”选项

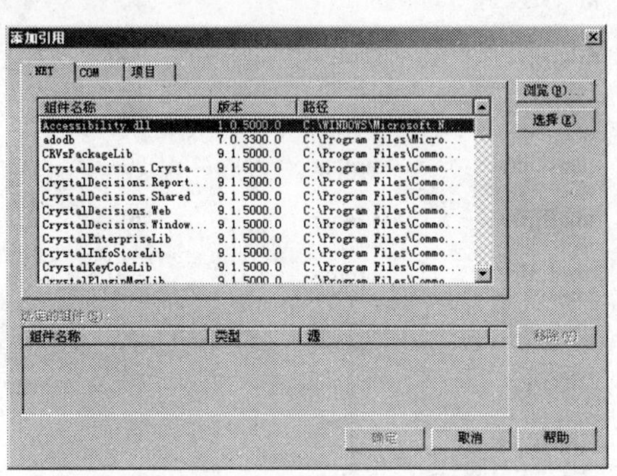

图9-2 “添加引用”对话框

（5）单击【浏览】按钮，出现“选择组件”对话框，如图9-3所示，在“查找范围”栏选择网站的bin目录，选中dxcontrols.dll，单击【打开】按钮。

3. 创建公共类

（1）选择【文件】|【添加新项】命令，出现“添加新项”对话框，如图9-4所示。在“类别”栏选择“Web项目项”下的“代码”选项，在“模板”栏选择“类”，在“名称”文本框中输入DataBase.cs，然后单击【打开】按钮。

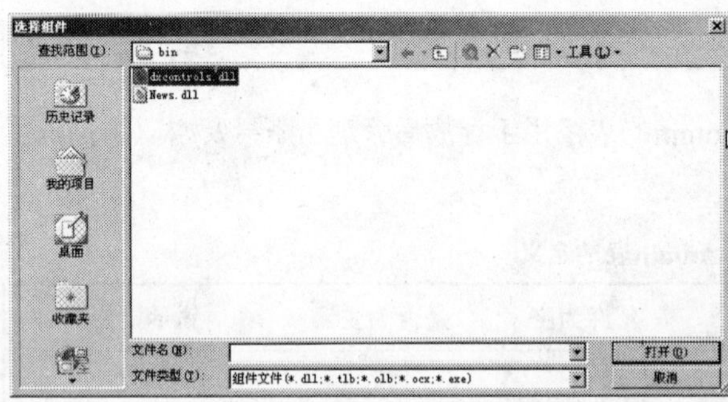

图9-3 “选择组件”对话框

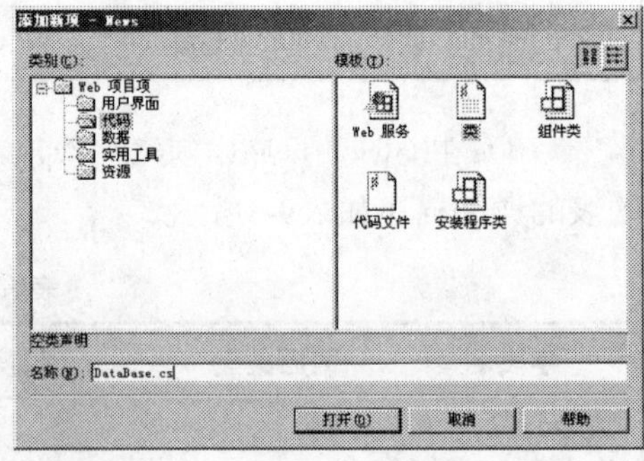

图9-4 “添加新项”对话框

（2）在DataBase.cs类文件中输入如下代码：

```
using System;
using System.Data.SqlClient;
namespace News.Classes
```

```
{
    /// <summary>
    /// 返回SqlConnection
    /// 数据库更新方法
    /// </summary>
    public class DataBase
    {
        /// <summary>
        /// 返回数据库链接对象conn
        /// </summary>
        /// <returns></returns>
        #region
        public static SqlConnection GetConn( )
        {
            SqlConnection conn = null;
            //从Web.Config文件中取出ConnectionString
            string ConnectionString = System.Configuration.Configuration Settings.App-
Settings["ConnectionString"];
            try
            {
                conn = new SqlConnection(ConnectionString);
            }
            catch
            {
                System.Web.HttpContext.Current.Response.Write("数据库链接出错!");
            }
            finally
            {
                if(conn!=null)
                    conn.Close( );
            }
            return conn;
        }
        #endregion
        /// <summary>
        /// 只查询一个字段时返回一个object对象，平常用于int string等对象的实例
        /// </summary>
        /// <param name="sql">sql 语句</param>
        /// <returns></returns>
        #region
        public static object GetResult(string sql)
        {
            object i = new object( );
            SqlConnection conn = null;
            SqlCommand cmd      = null;
```

```
        try
        {
            conn = GetConn( );
            conn.Open( );
            cmd  = new SqlCommand(sql,conn);
            i = cmd.ExecuteScalar( );
        }
        catch
        {
            System.Web.HttpContext.Current.Response.Write("数据库查询出错!");

        }
        finally
        {
            if(conn!=null)
                conn.Close( );
            if(cmd!=null)
                cmd.Dispose( );
        }
        return i;
    }
    #endregion

    /// <summary>
    /// 执行更新和删除等语句的方法
    /// </summary>
    /// <param name="sql">sql语句</param>

    #region
    public static void ExecuteUpData(string sql)
    {
        SqlConnection conn = null;
        SqlCommand cmd       = null;
        try
        {
            conn = GetConn( );
            conn.Open( );
            cmd  = new SqlCommand(sql,conn);
            cmd.ExecuteNonQuery( );

        }
        catch
        {
            System.Web.HttpContext.Current.Response.Write("数据库更新出错");

        }
        finally
        {
            if(conn!=null)
                conn.Close( );
```

```
                    if(cmd!=null)
                            cmd.Dispose( );
                }
            }
            #endregion

    }
}
```

（3）添加一个名为HtmlCodes.cs的类文件，并输入如下代码：

```
using System;

namespace News.Classes
{
    /// <summary>
    /// 存放相关的HTML编码处理方法
    /// </summary>
    public class HtmlCodes
    {
            /// <summary>
            /// 对HTML标签进行简单过滤的方法，返回处理之后的字符串，用于新闻提交等时候
            /// </summary>
            /// <param name="str"></param>
            /// <returns>返回处理之后的string </returns>

            #region
            public static string HtmlEncode(string str)
            {
                    str = str.Replace("  "," ");
                    str = str.Replace("<","&lt;");
                    str = str.Replace(">","&gt;");
                    str = str.Replace(""","  ‘");
                    str = str.Replace("\""," “");
                    str = str.Replace("\n","<br>");
                    return str;
            }
            #endregion

            /// <summary>
            /// 还原从数据库中取出的经过过滤的字符串
            /// </summary>
            /// <param name="str"></param>
            /// <returns>返回还原的string </returns>

            #region
            public static string ReHtml(string str)
            {
                    str = str.Replace(" ", "");
                    str = str.Replace("&lt;","<");
```

```
                str = str.Replace("&gt;",">");
                str = str.Replace(" ‘","''");
                str = str.Replace(" “","\"");
                str = str.Replace("<br>","\n");
                return str;
            }
            #endregion

            /// <summary>
            /// 对XML输出的字符串中HTML空格符号进行自定义的方法
            /// </summary>
            /// <param name="str"></param>
            /// <returns></returns>
            #region
            public static string  XmlEncode(string str)
            {
                str = str.Replace(" "," ");
                return str;
            }
            #endregion

        }
    }
```

（4）添加一个名为CheckAdmin.cs的类文件，并输入如下代码：

```
    using System;

    namespace News.Classes
    {
        /// <summary>
        /// CheckAdmin的摘要说明
        /// </summary>
        public class CheckAdmin
        {
            /// <summary>
            /// 验证管理员是否有效
            /// </summary>

            #region
            public static void IsAdmin( )
            {
                string adminuser = string.Empty;
                try
                {
                    adminuser = System.Web.HttpContext.Current.Session["adminuser"].
ToString( );

                }
                catch
```

```
                {
                        adminuser = string.Empty;
                }
                if(adminuser.Trim( ).Length==0)
                {
                        System.Web.HttpContext.Current.Response.Write("<script>top.location.
href='Login.aspx';</script>");
                        System.Web.HttpContext.Current.Response.End( );
                }
            }
            #endregion

        }
    }
```

（5）添加一个名为Md5.cs的类文件，并输入如下代码：

```
using System;
using System.IO;
using System.Collections;
using System.Security.Cryptography;
using System.Text;

namespace News.Classes
{
    public class Md5
    {
            /// <summary>
            /// 返回16位的md5字符串
            /// </summary>
            /// <param name="s">根据s返回16位md5</param>
            /// <returns></returns>

            #region
            public static string GetMD5(string s)
            {
                    byte[] md5Bytes = Encoding.Default.GetBytes( s );
                    // compute MD5 hash.
                    MD5 md5 = new MD5CryptoServiceProvider( );
                    byte[] cryptString = md5.ComputeHash ( md5Bytes );
                    int len;
                    string temp=String.Empty;
                    len=cryptString.Length;
                    for(int i=0;i<len;i++)
                    {
                            temp +=cryptString[i].ToString("X2");
                    }
                    return temp.Substring(8,16).ToLower( );   //返回16位的md5字符串
            }
```

```
            #endregion

        }
    }
```

4. 设计前台

（1）选择【文件】|【添加新项】命令，出现“添加新项”对话框，如图9-5所示。在“类别”栏选择“Web项目项”下的“用户界面”，在“模板”栏选择“Web用户控件”，在“名称”文本框中输入top.ascx，然后单击【打开】按钮。

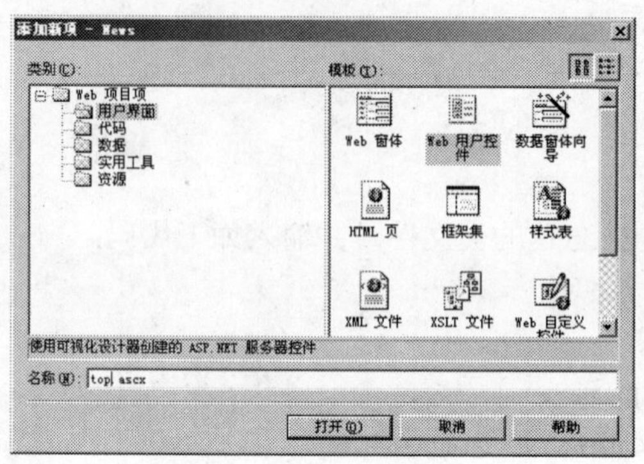

图9-5　“添加新项”对话框

（2）打开top.ascx文件，输入如下HTML代码：

```
<table width="777" border="0" cellpadding="0" cellspacing="1" bgcolor="#999999">
    <tr>
        <td width="49" height="24" bgcolor="#006699" align="center"><a href="/index.aspx"
><font color="#ffffff">新闻</font></a></td>
        <td width="730" bgcolor="#f2f2f2"> <FONT face="宋体">
                <a href="/index.aspx?class=国内新闻">国内新闻</a>
                    | <a href="/index.aspx?class=国际新闻">国际新闻</a>
                    | <a href="/index.aspx?class=社会新闻">社会新闻</a>
                    | <a href="/index.aspx?class=娱乐新闻">娱乐新闻</a>
                    | <a href="/index.aspx?class=体育新闻">体育新闻</a>
                    | <a href="/index.aspx?class=军事新闻">军事新闻</a>
            </FONT>
        </td>
    </tr>
</table>
```

（3）添加一个名为new.css的样式表，在输入如下样式代码：

```
/* CSS Document */
a:link {
        color: #000000;
        text-decoration: none;
}
a:visited {
```

```
            text-decoration: none;
            color: #000000;
    }
    a:hover {
            text-decoration: none;
            color: #000000;
    }
    a:active {
            text-decoration: none;
            color: #000000;
    }
```

（4）添加一个名为index.aspx的Web窗体，并将top.ascx拖到其顶部。

（5）将<LINK href="new.css" type="text/css" rel="stylesheet">添加到index.aspx的<HEAD>和</HEAD>之间。

（6）从工具箱的Web窗体中拖一个DataGrid控件到top控件下面。

（7）单击设计窗口左下角的 HTML 图标，进入HTML编辑界面，在DataGrid控件标记中加入如下代码：

```
<Columns>
    <asp:BoundColumn DataField="id" ReadOnly="True" HeaderText="编号"> </asp:BoundColumn>
    <asp:HyperLinkColumn Target="_blank" DataNavigateUrlField="ID" DataNavigateUrlFormatString="ShowNewsInfo.aspx?ID={0}" DataTextField="title" HeaderText="新闻标题"> </asp:HyperLinkColumn>
    <asp:BoundColumn DataField="readtimes" ReadOnly="True" HeaderText="阅读次数"> </asp:-BoundColumn>
    <asp:BoundColumn DataField="classname" ReadOnly="True" HeaderText="类别"> </asp:-BoundColumn>
    <asp:BoundColumn DataField="addtime" ReadOnly="True" HeaderText="发布时间"> </asp:-BoundColumn>
</Columns>
```

（8）单击设计窗口左下角的 设计 图标，返回设计界面。右击DataGrid控件，选择【属性】命令，在“属性”栏将AutoGenerateColumns的值改为False，即可将自动生成的3列隐藏掉。

（9）右击DataGrid控件，选择【自动套用格式】命令，出现“自动套用格式”对话框，在“选择方案”栏选择“专业型2”，如图9-6所示。

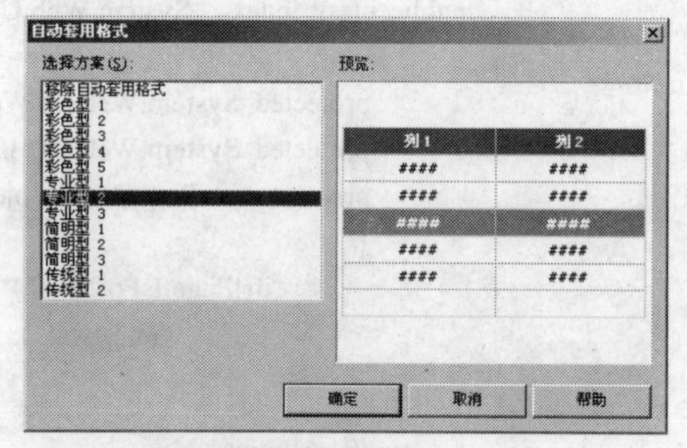

图9-6 “自动套用格式”对话框

（10）右击DataGrid控件，选择【属性生成器】命令，出现“DataGrid属性”对话框，在其中的“格式”栏内将“页眉”、“普通项”以及“交替项”的对齐方式设置为居中，设置效果如图9-7所示。

UserControl - Top1

编号	新闻标题	阅读次数	类别	发布时间
数据绑定	数据绑定	数据绑定	数据绑定	数据绑定
数据绑定	数据绑定	数据绑定	数据绑定	数据绑定
数据绑定	数据绑定	数据绑定	数据绑定	数据绑定
数据绑定	数据绑定	数据绑定	数据绑定	数据绑定
数据绑定	数据绑定	数据绑定	数据绑定	数据绑定
数据绑定	数据绑定	数据绑定	数据绑定	数据绑定
数据绑定	数据绑定	数据绑定	数据绑定	数据绑定
数据绑定	数据绑定	数据绑定	数据绑定	数据绑定
数据绑定	数据绑定	数据绑定	数据绑定	数据绑定
数据绑定	数据绑定	数据绑定	数据绑定	数据绑定
数据绑定	数据绑定	数据绑定	数据绑定	数据绑定
数据绑定	数据绑定	数据绑定	数据绑定	数据绑定
数据绑定	数据绑定	数据绑定	数据绑定	数据绑定
数据绑定	数据绑定	数据绑定	数据绑定	数据绑定
数据绑定	数据绑定	数据绑定	数据绑定	数据绑定
1 2				

图9-7　套用格式后的DataGrid

（11）右击页面空白处，选择【查看代码】命令，然后在出现的index.aspx.cs中输入如下代码：

```
using System;
using System.Collections;
using System.ComponentModel;
using System.Data;
using System.Drawing;
using System.Web;
using System.Web.SessionState;
using System.Web.UI;
using System.Web.UI.WebControls;
using System.Web.UI.HtmlControls;
using System.Data.SqlClient;
namespace News
{
    /// <summary>
    /// 新闻列表页面
    /// </summary>
    public class index : System.Web.UI.Page
    {
            protected System.Web.UI.WebControls.DataGrid DataGrid1;
            protected System.Web.UI.HtmlControls.HtmlForm Form1;
            private void Page_Load(object sender, System.EventArgs e)
            {
                    if(!Page.IsPostBack)
                            GetNews( );
            }
            /// <summary>
            /// 取出新闻表中的所有信息
            /// 绑定在GataGrid1上
            /// </summary>
```

```
#region
private void GetNews( )
{
        string sql = string.Empty;
        SqlConnection conn = null;
        DataSet ds = null;
        try
        {
                if (Request.QueryString["class"]==null)
                {
                        sql= string.Format("select * from [NewInfo] order by id desc");
}
                else
                {
                        string classname=Request.QueryString["class"].ToString( );
                        sql= string.Format("select * from [NewInfo] where classname
='"+classname+"' order by id desc");
                }
                conn = Classes.DataBase.GetConn( );
                SqlDataAdapter da = new SqlDataAdapter(sql,conn);
                ds = new DataSet( );
                da.Fill(ds,"s");
                this.DataGrid1.DataSource = ds.Tables["s"];
                this.DataGrid1.DataBind( );
        }
        catch(Exception ex)
        {
                Response.Write(ex);
        }
        finally
        {
                if(conn!=null)
                        conn.Close( );
        }
}
#endregion

#region Web窗体设计器生成的代码
override protected void OnInit(EventArgs e)
{
        //
        // CODEGEN: 该调用是ASP.NET Web窗体设计器所必需的
        //
        InitializeComponent( );
        base.OnInit(e);
}

/// <summary>
```

```
        /// 设计器支持所需的方法——不要使用代码编辑器修改
        /// 此方法的内容
        /// </summary>
        private void InitializeComponent( )
        {
            this.Load += new System.EventHandler(this.Page_Load);
        }
        #endregion

        /// <summary>
        /// 翻页事件
        /// </summary>
        /// <param name="source"></param>
        /// <param name="e"></param>

        #region
        private void DataGrid1_PageIndexChanged(object source, System.Web.UI.WebControls.DataGridPageChangedEventArgs e)
        {
            this.DataGrid1.CurrentPageIndex = e.NewPageIndex;
            GetNews( );
        }
        #endregion
    }
}
```

（12）添加一个名为ShowNewsInfo.aspx的Web窗体，然后在<body>和</body>之间输入如下HTML代码：

```
<div align="center">
    <form id="Form1" method="post" runat="server">
    <uc1:top id="Top1" runat="server"></uc1:top>
    <br>
    <TABLE id="Table1" border="0" cellpadding="0" cellspacing="1" bgcolor= "#999999">
    <TR>
    <TD width="600" align="center" bgcolor="#ffffff"><FONT face="宋体"></FONT>
    <br>
    <P><asp:Label id="title" runat="server" Font-Bold="True" Font-Size="Medium"> </asp:Label></P>
    <P><asp:Label id="info" runat="server" Height="24px" Font-Size="X-Small"> </asp:Label></P>
    <P><HR SIZE="1" width="90%">
    <P></P>
    <%=sb%>
    <FONT face="宋体"></FONT>
    </TD>
    <TD bgcolor="#ffffff" width="180"><FONT face="宋体"></FONT></TD>
      </TR>
      </TABLE>
```

```
    </form>
</div>
```

（13）右击页面空白处，选择【查看代码】命令，然后在出现的ShowNewsInfo.aspx.cs中输入如下代码：

```
using System;
using System.Collections;
using System.ComponentModel;
using System.Data;
using System.Drawing;
using System.Web;
using System.Web.SessionState;
using System.Web.UI;
using System.Web.UI.WebControls;
using System.Web.UI.HtmlControls;
using System.Data.SqlClient;
namespace News
{
    /// <summary>
    /// 新闻阅读页面
    /// </summary>
    public class ShowNewsInfo : System.Web.UI.Page
    {
        protected System.Web.UI.WebControls.Button addnews;
        protected System.Web.UI.WebControls.Label title;
        protected System.Web.UI.WebControls.Label info;
        private int id;
        protected System.Web.UI.HtmlControls.HtmlForm Form1;
        public System.Text.StringBuilder sb = new System.Text.StringBuilder( );

        private void Page_Load(object sender, System.EventArgs e)
        {
            GetValue( );
            if(id!=0)
            {     GetInfo( ) ;   }
            else
            {
                Response.Write("此新闻可能已经被删除!");
                Response.End( );
            }
        }
        /// <summary>
        /// 根据id值导出当前新闻的信息
        /// </summary>
        #region
        private void GetInfo( )
```

```
{
        SqlConnection conn = null;
        SqlCommand cmd      = null;
        SqlDataReader dr    = null;
        string sql = string.Empty;
        try
        {
                sql = string.Format("select id,title,content,readtimes,classname,addtime,
fromeinfo,titlecolor from newinfo where id={0}",this.id);
                conn = Classes.DataBase.GetConn( );
                conn.Open( );
                cmd  = new SqlCommand(sql,conn);
                dr   = cmd.ExecuteReader( );
                if(dr.Read( ))
                {
                        this.title.Text = "<span style='color:"+dr.GetString(7)+"'>"
+dr.Get String(1)+"</span>";
                        sb.Append(dr.GetString(2));
                        this.info.Text = "出自："+dr.GetString(6)+" 阅读次数：
"+dr.GetInt32 (3)+" 发布时间："+dr.GetDateTime(5);
                        //Response.Write(sb);
                }
        }
        catch(Exception ex)
        {       Response.Write(ex);     }
        finally
        {
                if(conn!=null)
                        conn.Close( );
                if(cmd!=null)
                        cmd.Dispose( );
                if(dr!=null)
                        dr.Close( );
        }
}
#endregion

/// <summary>
/// 取出其他页面用Get方法传送过来的id值
/// </summary>

#region
private void GetValue( )
{
        try
        {       id = Convert.ToInt32(Request.QueryString["id"]);     }
        catch
```

```
                { 	id = 0;}
            }
            #endregion

            #region Web窗体设计器生成的代码
            override protected void OnInit(EventArgs e)
            {
                //
                // CODEGEN: 该调用是ASP.NET Web窗体设计器所必需的
                //
                InitializeComponent( );
                base.OnInit(e);
            }

            /// <summary>
            /// 设计器支持所需的方法——不要使用代码编辑器修改
            /// 此方法的内容
            /// </summary>
            private void InitializeComponent( )
            {
                this.Load += new System.EventHandler(this.Page_Load);
            }
            #endregion
        }
    }
```

5. 设计后台

（1）在NewsAdmin目录下，添加一个名为Login.aspx的Web窗体。打开该文件，在<form>和</form>之间输入如下代码：

```
<FONT face="宋体">
<asp:Label id="Label1" style="Z-INDEX: 101; LEFT: 400px; POSITION: absolute; TOP: 192px" runat="server" Width="176px">新闻发布后台管理员登录</asp:Label>
<asp:TextBox id="password" style="Z-INDEX: 105; LEFT: 448px; POSITION: absolute; TOP: 264px" runat="server" Width="144px" TextMode="Password"></asp:TextBox>
<asp:Label id="Label3" style="Z-INDEX: 103; LEFT: 376px; POSITION: absolute; TOP: 272px" runat="server" Width="56px">密    码：</asp:Label>
<asp:Label id="Label2" style="Z-INDEX: 102; LEFT: 368px; POSITION: absolute; TOP: 232px" runat="server">登录名：</asp:Label>
<asp:TextBox id="adminuser" style="Z-INDEX: 104; LEFT: 448px; POSITION: absolute; TOP: 232px" runat="server" Width="144px"></asp:TextBox>
<asp:Button id="enter" style="Z-INDEX: 106; LEFT: 464px; POSITION: absolute; TOP: 312px" runat="server" Text=" 登 录 "></asp:Button>
<asp:Label id="info" style="Z-INDEX: 107; LEFT: 376px; POSITION: absolute; TOP: 368px" runat="server" Width="248px" Font-Size="12px" ForeColor="Red"></asp:Label>
</FONT>
```

（2）右击页面空白处，选择【查看代码】命令，然后在出现的Login.aspx.cs中输入如下代码：

```
using System;
using System.Collections;
using System.ComponentModel;
using System.Data;
using System.Drawing;
using System.Web;
using System.Web.SessionState;
using System.Web.UI;
using System.Web.UI.WebControls;
using System.Web.UI.HtmlControls;
using System.Data.SqlClient; //using MSSQL的操作类
namespace News.NewsAdmin
{
   /// <summary>
   /// Login的摘要说明
   /// </summary>
   public class Login : System.Web.UI.Page
   {
          protected System.Web.UI.WebControls.Label Label2;
          protected System.Web.UI.WebControls.Label Label3;
          protected System.Web.UI.WebControls.TextBox adminuser;
          protected System.Web.UI.WebControls.TextBox password;
          protected System.Web.UI.WebControls.Button enter;
          protected System.Web.UI.WebControls.Label info;
          protected System.Web.UI.WebControls.Label Label1;
          private void Page_Load(object sender, System.EventArgs e)
          {
          }
          #region Web窗体设计器生成的代码
          override protected void OnInit(EventArgs e)
          {
                 //
                 // CODEGEN: 该调用是ASP.NET Web窗体设计器所必需的
                 //
                 InitializeComponent( );
                 base.OnInit(e);
          }
          /// <summary>
          /// 设计器支持所需的方法——不要使用代码编辑器修改
          /// 此方法的内容
          /// </summary>
          private void InitializeComponent( )
          {
```

```
        this.enter.Click += new System.EventHandler(this.enter_Click);
        this.Load += new System.EventHandler(this.Page_Load);

}
#endregion

/// <summary>
/// 登录按钮的事件响应方法
/// </summary>
/// <param name="sender"></param>
/// <param name="e"></param>

#region
private void enter_Click(object sender, System.EventArgs e)
{
        if(adminuser.Text.Trim( ).Length==0||password.Text.Trim( ).Length==0)
        {
                info.Text = "您所填写的登录名或密码为空，登录失败！";
        }
        else
        {
                if(CheckAdmin(adminuser.Text.Trim( ),password.Text.Trim( )))
                {
                        //如果验证通过，则用SaveStatus存放管理员的状态
                        SaveStatus(adminuser.Text.Trim( ).ToString( ));
                        Response.Redirect("index.aspx");
                }
                else
                {
                        //验证失败
                        info.Text = "您所填写的登录名或密码错误，登录失败！";
                }
        }
}
#endregion

/// <summary>
/// 在Session中存储管理员的用户名
/// </summary>
/// <param name="adminusr">管理员用户名</param>

#region
private void SaveStatus(string adminuser)
{
        Session["adminuser"] = adminuser;
}
#endregion

/// <summary>
/// 验证后台管理员登录的方法
```

```
        /// </summary>
        /// <param name="adminuser">账号</param>
        /// <param name="password">密码</param>
        /// <returns></returns>

        #region
        private bool CheckAdmin(string adminuser,string password)
        {
            bool yes = false; //定义标识为false
            password = Classes.Md5.GetMD5(password.Trim( ));
            SqlConnection conn =  null;
            SqlCommand cmd       = null;
            SqlDataReader dr     = null;
            string sql = string.Empty;
            try
            {
                sql = string.Format("select password from [admin] where adminuser=
'{0}'", adminuser);

                conn = Classes.DataBase.GetConn( );
                conn.Open( );
                cmd  = new SqlCommand(sql,conn);
                dr   = cmd.ExecuteReader( );
                if(dr.Read( ))
                {
                    if(dr.GetString(0).Trim( ).Equals(password))
                        yes = true; //验证通过
                }
            }
            catch(Exception ex)
            {   Response.Write(ex.Message );}  //显示出错信息，用于Debug阶段
                finally
            {
                //关闭或释放相关的数据库对象
                if(conn!=null)
                    conn.Close( );
                if(cmd!=null)
                    cmd.Dispose( );
                if(dr!=null)
                    dr.Close( );
            }
            return yes;
        }
        #endregion

    }
}
```

（3）在NewsAdmin目录下，添加一个名为left.aspx的Web窗体。打开该文件，输入如下代码：

```
<html>
<head>
<meta http-equiv="Content-Type" content="text/html; charset=gb2312" >
<title>左边页面</title>
<link href="../style/style.css" rel="stylesheet" type="text/css">
</head>
<body bgcolor="#efefef">
   <table width="100%"  border="0" align="center" cellpadding="0" cellspacing="0">
        <tr>
            <td height="50" align="center"><span class="font-14"><strong>管理后台</strong></
span></td>
        </tr>
        <tr>
          <td height="20"><div align="center" class="header">操作菜单</div></td>
        </tr>
        <tr>
          <td height="20"><div align="center">
            <hr align="center" width="90%">
          </div></td>
        </tr>
        <tr>
          <td height="20"><div align="center">
            <table width="90%"  border="0" align="center" cellpadding="0" cellspacing ="0">
              <tr>
                    <td height="26" onMouseOver="this.id='over';" onMouseDown="this.id=
'down';" onMouseOut="this.id=";"><div align="center"><a href="AdminNews.aspx" target ="right">新闻管理
</a></div></td>
              </tr>
              <tr>
                  <td height="26" onMouseOver="this.id='over';" onMouseDown ="this.id=
'down';" onMouseOut="this.id=";"><div align="center"><a href="AdminClassName. aspx" target="right">分
类管理</a></div></td>
              </tr>
              <tr>
                    <td height="26" onMouseOver="this.id='over';" onMouseDown="this.id
='down';" onMouseOut="this.id=";"><div align="center"><a href="AdminUser.aspx" target= "right">用户管理
</a></div></td>
              </tr>
              <tr>
                  <td height="26" onMouseOver="this.id='over';" onMouseDown= "this.id=
'down';" onMouseOut="this.id=";"><div align="center"></div></td>
              </tr>
              <tr>
                  <td height="26" onMouseOver="this.id='over';" onMouseDown= "this.id=
```

```
'down';" onMouseOut="this.id='';"><div align="center"> <a href="Logout.aspx" target ="_top">安全退出</a>
</div></td>
                    </tr>
                    <tr>
                      <td height="26"><div align="center"></div></td>
                    </tr>
                    <tr>
                      <td height="26"><div align="center"></div></td>
                    </tr>
                    <tr>
                      <td height="26"><div align="center"></div></td>
                    </tr>
                  </table>
                </div></td>
              </tr>
            </table>
        </body>
        </html>
```

（4）在NewsAdmin目录下，添加一个名为right.aspx的文件。将其制作成一个空白纯HTML页面。

（5） 在NewsAdmin目录下，添加一个名为index.aspx的Web窗体。打开该文件，将</head>以下的代码替换成如下代码：

```
<frameset cols="173,*" frameborder="no" border="0" framespacing="0">
  <frame src="left.aspx" name="left" scrolling="No" noresize="noresize" id="left" title="left">
  <frame src="right.aspx" name="right" id="mainFrame" title="mainFrame">
</frameset>
<noframes><body>
</body>
</noframes></html>
```

（6）在解决方案资源管理器中，右击index.aspx，选择【查看代码】命令，然后在出现的index.aspx.cs中输入如下代码：

```
using System;
using System.Collections;
using System.ComponentModel;
using System.Data;
using System.Drawing;
using System.Web;
using System.Web.SessionState;
using System.Web.UI;
using System.Web.UI.WebControls;
using System.Web.UI.HtmlControls;
namespace News.NewsAdmin
{
```

```
/// <summary>
/// index的摘要说明
/// </summary>
public class index : System.Web.UI.Page
{
        private void Page_Load(object sender, System.EventArgs e)
        {
                //验证用户是否登录
                Classes.CheckAdmin.IsAdmin( );
        }
        #region Web窗体设计器生成的代码
        override protected void OnInit(EventArgs e)
        {
                //
                // CODEGEN: 该调用是ASP.NET Web窗体设计器所必需的
                //
                InitializeComponent( );
                base.OnInit(e);
        }
        /// <summary>
        /// 设计器支持所需的方法——不要使用代码编辑器修改
        /// 此方法的内容
        /// </summary>
        private void InitializeComponent( )
        {
                this.Load += new System.EventHandler(this.Page_Load);
        }
        #endregion
    }
}
```

（7）在NewsAdmin目录下，添加一个名为AddNews.aspx的Web窗体。在代码中加入DXControls控件的注册代码，具体代码如下：

```
<%@ Register TagPrefix="cc1" Namespace="DXControls" Assembly="DXControls" %>
```

（8）在<form>与</ form>之间加入如下HTML代码：

```
<table cellSpacing="0" cellPadding="0" width="94%" align="center" border="0">
    <tr>
        <td colSpan="4" height="24"><span style="COLOR: #ff0000"><b>新闻管理 - &gt; 添加
新闻</b></span>
          <hr noShade SIZE="1">
          </td>
    </tr>
    <tr>
          <td width="13%" height="27">
```

```
        <div align="center">新闻标题：</div>
        </td>
        <td colSpan="3"> 
        <asp:textbox id="title" runat="server" Width="344px"></asp:textbox></td>
</tr>
<tr>
        <td height="24">
        <div align="center">副 标 题：</div>
        </td>
        <td colSpan="3"> 
        <asp:textbox id="smalltitle" runat="server" Width="344px"></asp:textbox></td>
</tr>
<tr>
        <td height="22">
        <div align="center">新闻来源：</div>
        </td>
        <td width="27%" height="22"> 
        <asp:textbox id="comeinfo" runat="server" Width="176px"></asp:textbox></td>
        <td width="13%" height="22">
        <div align="center">关 键 字：</div>
        </td>
        <td width="47%" height="22"> 
        <asp:textbox id="keywords" runat="server" Width="176px"></asp:textbox></td>
</tr>
<tr>
        <td height="29">
        <div align="center">标题色彩：</div>
        </td>
        <td height="29"> 
        <asp:dropdownlist id="colortitle" runat="server" Width="176px">
        <asp:ListItem Value="#000000" Selected="True">黑色</asp:ListItem>
        <asp:ListItem Value="#ff0000">红色</asp:ListItem>
        <asp:ListItem Value="#0000ff">蓝色</asp:ListItem>
        </asp:dropdownlist></td>
        <td height="29">
        <div align="center">阅读次数：</div>
        </td>
        <td height="29"> 
        <asp:textbox id="readtimes" runat="server" Width="176px">0</asp:textbox></td>
</tr>
<tr>
        <td height="29"><div align="center">新闻类别：</div>
        </td>
        <td height="29"> 
        <asp:DropDownList id="classid" runat="server"></asp:DropDownList></td>
        <td height="29"> </td>
        <td height="29"> </td>
```

```
        </tr>
        <tr>
                <td vAlign="top" align="left" colSpan="4" height="300"><cc1:dxtb id="DXT"
runat="server"></cc1:dxtb></td>
        </tr>
        <tr>
            <td align="left" colSpan="4" height="40">
            <P align="center">
            <asp:Button id="enter" runat="server" Text=" 发 布 "></asp:Button></P>
            </td>
        </tr>
      </table>
```

（9） 右击页面空白处，选择【查看代码】命令，然后在出现的AddNews.aspx.cs中输入如下代码：

```
using System;
using System.Collections;
using System.ComponentModel;
using System.Data;
using System.Drawing;
using System.Web;
using System.Web.SessionState;
using System.Web.UI;
using System.Web.UI.WebControls;
using System.Web.UI.HtmlControls;
using System.Data.SqlClient;
namespace News.NewsAdmin
{
   /// <summary>
   /// AddNews的摘要说明
   /// </summary>
   public class AddNewInfo : System.Web.UI.Page
   {
        protected System.Web.UI.WebControls.TextBox readtimes;
        protected System.Web.UI.WebControls.TextBox title;
        protected System.Web.UI.WebControls.TextBox smalltitle;
        protected System.Web.UI.WebControls.TextBox comeinfo;
        protected System.Web.UI.WebControls.TextBox keywords;
        protected System.Web.UI.WebControls.DropDownList colortitle;
        protected DXControls.DXTB DXT;
        protected System.Web.UI.WebControls.DropDownList classid;
        protected System.Web.UI.WebControls.Button enter;
        private int newid;

        private void Page_Load(object sender, System.EventArgs e)
        {
```

```
            if(!Page.IsPostBack)
                GetClassName( );
        }
        private void GetClassName( )
        {
            SqlConnection conn = null;
            SqlCommand cmd       = null;
            SqlDataReader dr    = null;
            string sql = string.Empty;
            try
            {
                sql = string.Format("select classname from [className] order by
classid desc");
                conn = Classes.DataBase.GetConn( );
                conn.Open( );
                cmd  = new SqlCommand(sql,conn);
                dr    = cmd.ExecuteReader( );
                if(dr.Read( ))
                {
                    do
                    {
                        ListItem ls = new ListItem(dr.GetString(0).Trim(
),dr.GetString (0).ToString( ));
                        this.classid.Items.Add(ls);
                    }while(dr.Read( ));
                }
            }
            catch(Exception ex)
            {       Response.Write(ex);     }
            finally
            {
                if(conn!=null)
                    conn.Close( );
                if(cmd!=null)
                    cmd.Dispose( );
                if(dr!=null)
                    dr.Close( );
            }
        }
        private void enter_Click(object sender, System.EventArgs e)
        {
            SaveNews( );
            string info = "新闻添加成功，您可以做以下操作：<br><br>1.<a href='Add-
News.aspx'>继续添加新闻</a><br>2.<a href='AdminNews.aspx'>返回新闻列表页面</a><br>3.<a href='Edit-
News.aspx?id="+newid+"'>编辑刚才发布的新闻</a>";
```

```
            Response.Write(info);
            Response.End( );
        }
        private void SaveNews( )
        {
            string sql = string.Empty;
            sql = string.Format("insert into [NewInfo] (title,Content,SmallTitle,FromInfo,
KeyWords,TitleColor,readtimes,classname) values ('{0}','{1}','{2}','{3}','{4}','{5}',{6},'{7}') SELECT @@
IDENTITY AS 'newid'",Classes.HtmlCodes.HtmlEncode(title.Text.Trim( )), this.DXT.Text.ToString( ),
Classes.HtmlCodes.HtmlEncode(this.smalltitle.Text.ToString( )),Classes.HtmlCodes.HtmlEncode(this.
comeinfo.Text.ToString( )),Classes.HtmlCodes.HtmlEncode(this.keywords.Text.Trim( )),Classes.HtmlCodes.
HtmlEncode(this.colortitle.SelectedValue.ToString( )),Convert.ToInt32(this.readtimes.Text.ToString(
)),this.classid.SelectedValue.ToString( ));
            newid = Convert.ToInt32(Classes.DataBase.GetResult(sql));
        }
        #region Web窗体设计器生成的代码
        override protected void OnInit(EventArgs e)
        {
            //
            // CODEGEN: 该调用是ASP.NET Web窗体设计器所必需的
            //
            InitializeComponent( );
            base.OnInit(e);
        }
        private void InitializeComponent( )
        {
            this.enter.Click += new System.EventHandler(this.enter_Click);
            this.Load += new System.EventHandler(this.Page_Load);
        }
        /// <summary>
        /// 设计器支持所需的方法——不要使用代码编辑器修改
        /// 此方法的内容
        /// </summary>
        #endregion
    }
}
```

（10）在NewsAdmin目录下，添加一个名为EditNews.aspx的Web窗体。在代码中加入DXControls控件的注册代码，具体代码如下：

```
<%@ Register TagPrefix="cc1" Namespace="DXControls" Assembly="DXControls" %>
```

（11）在<form>与</ form>之间加入如下HTML代码：

```
<table cellSpacing="0" cellPadding="0" width="94%" align="center" border="0">
    <tr>
        <td colSpan="4" height="24"><span style="COLOR: #ff0000"><b>新闻管理 - &gt; 编辑
```

```
新闻</b></span>
                <hr noShade SIZE="1">
                </td>
            </tr>
            <tr>
                <td width="13%" height="27">
                <div align="center">新闻标题：</div>
                </td>
                <td colSpan="3"> 
                <asp:textbox id="title" runat="server" Width="344px"></asp:textbox></td>
            </tr>
            <tr>
                <td height="24">
                <div align="center">副 标 题：</div>
                </td>
                <td colSpan="3"> 
                <asp:textbox id="smalltitle" runat="server" Width="344px"></asp:textbox></td>
            </tr>
            <tr>
                <td height="22">
                <div align="center">新闻来源：</div>
                </td>
                <td width="27%" height="22"> 
                <asp:textbox id="comeinfo" runat="server" Width="176px"></asp:textbox></td>
                <td width="13%" height="22">
                <div align="center">关 键 字：</div>
                </td>
                <td width="47%" height="22"> 
                <asp:textbox id="keywords" runat="server" Width="176px"></asp:textbox></td>
            </tr>
            <tr>
                <td height="29">
                <div align="center">标题色彩：</div>
                </td>
                <td height="29"> 
                <asp:dropdownlist id="colortitle" runat="server" Width="176px">
                <asp:ListItem Value="#000000" Selected="True">黑色</asp:ListItem>
                <asp:ListItem Value="#ff0000">红色</asp:ListItem>
                <asp:ListItem Value="#0000ff">蓝色</asp:ListItem>
                </asp:dropdownlist></td>
                <td height="29">
                <div align="center">阅读次数：</div>
                </td>
                <td height="29"> 
                <asp:textbox id="readtimes" runat="server" Width="176px">0</asp:textbox></td>
            </tr>
```

```
        <tr>
            <td height="29"><div align="center">新闻类别：</div></td>
            <td height="29"> 
            <asp:DropDownList id="classid" runat="server"></asp:DropDownList></td>
            <td height="29"> </td>
            <td height="29"> </td>
        </tr>
        <tr>
                <td vAlign="top" align="left" colSpan="4" height="300"><cc1:dxtb id="DXT"
runat="server"></cc1:dxtb></td>
        </tr>
        <tr>
            <td align="left" colSpan="4" height="40">
            <P align="center">
            <asp:Button id="enter" runat="server" Text=" 更 新 "></asp:Button></P>
            </td>
        </tr>
    </table>
```

（12） 右击页面空白处，选择【查看代码】命令，然后在出现的EditNews.aspx.cs中输入如下代码：

```
using System;
using System.Collections;
using System.ComponentModel;
using System.Data;
using System.Drawing;
using System.Web;
using System.Web.SessionState;
using System.Web.UI;
using System.Web.UI.WebControls;
using System.Web.UI.HtmlControls;
using System.Data.SqlClient;
namespace News.NewsAdmin
{
    /// <summary>
    /// AddNews的摘要说明
    /// </summary>
    public class AddNews : System.Web.UI.Page
    {
            protected System.Web.UI.WebControls.TextBox readtimes;
            protected System.Web.UI.WebControls.TextBox title;
            protected System.Web.UI.WebControls.TextBox smalltitle;
            protected System.Web.UI.WebControls.TextBox comeinfo;
            protected System.Web.UI.WebControls.TextBox keywords;
            protected System.Web.UI.WebControls.DropDownList colortitle;
            protected DXControls.DXTB DXT; //Web编辑器控件
```

```
protected System.Web.UI.WebControls.DropDownList classid;
protected System.Web.UI.WebControls.Button enter;
private int id;
private void Page_Load(object sender, System.EventArgs e)
{
        //验证用户是否登录
        Classes.CheckAdmin.IsAdmin( );
        GetValue( );
        if(id!=0)
        {
                if(!Page.IsPostBack)
                {
                        GetClassName( );
                        GetNewsInfo( );
                }
        }
}

/// <summary>
/// 从数据表中取出当前id所指定的新闻信息
/// </summary>

#region
private void GetNewsInfo( )
{
        SqlConnection conn = null;
        SqlCommand cmd         = null;
        SqlDataReader dr       = null;
        string sql = string.Empty;
        try
        {
                sql = string.Format("select title,content,classname,smalltitle,frominfo,
keywords,titlecolor,readtimes from newinfo where id={0}",id);
                conn = Classes.DataBase.GetConn( );
                conn.Open( );
                cmd  = new SqlCommand(sql,conn);
                dr   = cmd.ExecuteReader( );
                if(dr.Read( ))
                {
                        this.title.Text = dr.GetString(0);

                        this.DXT.Text = dr.GetString(1);
                        this.classid.SelectedItem.Value = dr.GetString(2);
                        this.smalltitle.Text = dr.GetString(3);
                        this.comeinfo.Text = dr.GetString(4);
                        this.keywords.Text = dr.GetString(5);
                        this.colortitle.SelectedItem.Value = dr.GetString(6);
                        this.readtimes.Text = dr.GetInt32(7).ToString( );
```

```
                }
            }
            catch(Exception ex)
            {       Response.Write(ex.Message); }
            finally
            {
                if(conn!=null)
                    conn.Close( );
                if(cmd!=null)
                    cmd.Dispose( );
                if(dr!=null)
                    dr.Close( );
            }
        }
        #endregion
        /// <summary>
        /// 取出分类名称，并绑定在DropDownList对象的实例上
        /// </summary>
        #region
        private void GetClassName( )
        {
            SqlConnection conn = null;
            SqlCommand cmd        = null;
            SqlDataReader dr     = null;
            string sql = string.Empty;
            try
            {
                sql  =  string.Format("select  classname  from  [className]  order  by
classid desc");
                conn = Classes.DataBase.GetConn( );
                conn.Open( );
                cmd  = new SqlCommand(sql,conn);
                dr    = cmd.ExecuteReader( );
                if(dr.Read( ))
                {
                    do
                    {
                        ListItem  ls  =  new  ListItem(dr.GetString(0).Trim( ),dr.
GetString(0). ToString( ));
                        this.classid.Items.Add(ls);
                    }while(dr.Read( ));
                }
            }
            catch(Exception ex)
            {       Response.Write(ex);     }
```

```
            finally
            {
                if(conn!=null)
                    conn.Close( );
                if(cmd!=null)
                    cmd.Dispose( );
                if(dr!=null)
                    dr.Close( );
            }
        }
        #endregion

        /// <summary>
        /// 编辑新闻按钮的事件响应
        /// </summary>
        /// <param name="sender"></param>
        /// <param name="e"></param>

        #region
        private void enter_Click(object sender, System.EventArgs e)
        {
            SaveNews( );
            string info = "新闻更新成功，您可以做以下操作：<br><br>1.<a href=
'AddNews.aspx'>添加新闻</a><br>2.<a href='AdminNews.aspx'>返回新闻列表页面</a><br>3.<a href=
'EditNews.aspx?id="+id+"'>编辑刚才发布的新闻</a>";
            Response.Write(info);
            Response.End( );
        }
        #endregion

        /// <summary>
        /// 保存新闻信息到数据库中
        /// </summary>
        #region
        private void SaveNews( )
        {
            string sql = string.Empty;
            sql = string.Format("update [NewInfo] set title='{0}',smallTitle='{1}',frominfo=
'{2}',keywords='{3}',titlecolor='{4}',readtimes={5},classname='{6}',content='{7}' where id={8}",Classes.
HtmlCodes.HtmlEncode(title.Text.Trim( )),Classes. HtmlCodes.HtmlEncode(this.smalltitle.Text.ToString(
)),Classes.HtmlCodes.HtmlEncode(this.comeinfo.Text.ToString( )),Classes.HtmlCodes.HtmlEncode(this.
keywords.Text.Trim( )),Classes.HtmlCodes.HtmlEncode(this.colortitle.SelectedValue.ToString( )),
Convert.ToInt32(this.readtimes.Text.ToString( )),this.classid.SelectedValue.ToString( ),this.DXT.Text,id);
            Classes.DataBase.ExecuteUpData(sql);
        }
        #endregion

        /// <summary>
```

```
        /// 取出上一页传过来的id值
        /// </summary>

        #region
        private void GetValue( )
        {
            try
            {       id = Convert.ToInt32(Request.QueryString["id"]);    }
            catch
            {       id = 0;}
        }
        #endregion
        #region Web窗体设计器生成的代码
        override protected void OnInit(EventArgs e)
        {
            //
            // CODEGEN: 该调用是ASP.NET Web窗体设计器所必需的
            //
            InitializeComponent( );
            base.OnInit(e);}
        }
        private void InitializeComponent( )
        {
            this.enter.Click += new System.EventHandler(this.enter_Click);
            this.Load += new System.EventHandler(this.Page_Load);
        }
        /// <summary>
        /// 设计器支持所需的方法——不要使用代码编辑器修改
        /// 此方法的内容
        /// </summary>

        #endregion
    }
}
```

（13）在NewsAdmin目录下，添加一个名为AdminNews.aspx的Web窗体。打开该文件，在<form>与</form>之间加入如下HTML代码：

```
<asp:Label id="Label1" style="Z-INDEX: 101; LEFT: 24px; POSITION: absolute; TOP: 16px"
runat="server" Width="80px" Height="24px" ForeColor="Red" Font-Bold="True">新闻管理</asp:Label>
<HR style="Z-INDEX: 102; LEFT: 24px; POSITION: absolute; TOP: 40px" width="100%"
SIZE="1">
<asp:Button id="addnews" style="Z-INDEX: 103; LEFT: 24px; POSITION: absolute; TOP:
48px" runat="server" Text=" 添加新闻 "></asp:Button>
<HR style="Z-INDEX: 104; LEFT: 24px; POSITION: absolute; TOP: 80px" width="100%"
SIZE="1">
<asp:DataGrid id="DataGrid1" runat="server" AutoGenerateColumns="False" style="Z-INDEX:
105; LEFT: 24px; POSITION: absolute; TOP: 88px">
```

```
<Columns>
    <asp:BoundColumn DataField="id" ReadOnly="True" HeaderText="ID"> </asp:Bound Column>
    <asp:HyperLinkColumn Text="标题" Target="_blank" DataNavigate UrlField="ID" DataNavigateUrlFormatString="../ShowNewsInfo.aspx?ID={0}"DataTextField ="title" HeaderText="标题"></asp:HyperLinkColumn>
    <asp:BoundColumn DataField="classname" ReadOnly="True" HeaderText="类型"></asp:BoundColumn>
    <asp:BoundColumn DataField="addtime" ReadOnly="True" HeaderText="发布时间"> </asp:BoundColumn>
    <asp:HyperLinkColumn Text="编辑" DataNavigateUrlField="ID" DataNavigate UrlFormatString="EditNews.aspx?id={0}" HeaderText="编辑"> </asp: HyperLinkColumn>
    <asp:ButtonColumn Text="删除" CommandName="Delete"></asp:Button Column>
</Columns>
</asp:DataGrid>
```

（14）设置或套用DataGrid的样式。然后右击页面空白处，选择【查看代码】命令，然后在出现的AdminNews.aspx.cs中输入如下代码：

```
using System;
using System.Collections;
using System.ComponentModel;
using System.Data;
using System.Drawing;
using System.Web;
using System.Web.SessionState;
using System.Web.UI;
using System.Web.UI.WebControls;
using System.Web.UI.HtmlControls;
using System.Data.SqlClient;
namespace News.NewsAdmin
{
    /// <summary>
    /// AdminNews的摘要说明
    /// </summary>
    public class AdminNews : System.Web.UI.Page
    {
        protected System.Web.UI.WebControls.Button addnews;
        protected System.Web.UI.WebControls.DataGrid DataGrid1;
        protected System.Web.UI.WebControls.Label Label1;
        private void Page_Load(object sender, System.EventArgs e)
        {
            //验证用户是否登录
            Classes.CheckAdmin.IsAdmin( );
            GetNewsInfo( );
        }
        /// <summary>
```

```
/// 从数据库中取出新闻表的数据
/// 绑定在DataGrid1上
/// </summary>
#region
private void GetNewsInfo( )
{
        string sql = string.Empty;
        SqlConnection conn = null;
        DataSet ds = null;
        try
        {
                sql= string.Format("select * from [NewInfo] order by id desc");
                conn = Classes.DataBase.GetConn( );
                SqlDataAdapter da = new SqlDataAdapter(sql,conn);
                ds = new DataSet( );
                da.Fill(ds,"s");
                this.DataGrid1.DataSource = ds.Tables["s"];
                this.DataGrid1.DataBind( );
        }
        catch(Exception ex)
        {
                Response.Write(ex);
        }
        finally
        {
                conn.Close( );
        }
}
#endregion
#region Web窗体设计器生成的代码
override protected void OnInit(EventArgs e)
{
        //
        // CODEGEN: 该调用是ASP.NET Web窗体设计器所必需的
        //
        InitializeComponent( );
        base.OnInit(e);
}

/// <summary>
/// 设计器支持所需的方法——不要使用代码编辑器修改
/// 此方法的内容
/// </summary>
private void InitializeComponent( )
{
        this.addnews.Click += new System.EventHandler(this.addnews_Click);
```

```
            this.DataGrid1.PageIndexChanged += new System.Web.UI.WebControls.
DataGridPageChangedEventHandler(this.DataGrid1_PageIndexChanged);
            this.DataGrid1.DeleteCommand += new System.Web.UI.WebControls.
DataGridCommandEventHandler(this.DataGrid1_DeleteCommand);
            this.Load += new System.EventHandler(this.Page_Load);
        }
        #endregion

        /// <summary>
        /// 添加按钮的事件响应
        /// </summary>
        /// <param name="sender"></param>
        /// <param name="e"></param>
        #region
        private void addnews_Click(object sender, System.EventArgs e)
        {
            Response.Redirect("AddNews.aspx");
        }
        #endregion

        /// <summary>
        /// 翻页的事件响应
        /// </summary>
        /// <param name="source"></param>
        /// <param name="e"></param>

        #region
        private void DataGrid1_PageIndexChanged(object source, System.Web.UI. Web-
Controls.DataGridPageChangedEventArgs e)
        {
            this.DataGrid1.CurrentPageIndex = e.NewPageIndex;
            GetNewsInfo( );
        }
        #endregion

        /// <summary>
        /// 删除按钮的事件响应
        /// </summary>
        /// <param name="source"></param>
        /// <param name="e"></param>

        #region
        private void DataGrid1_DeleteCommand(object source, System.Web.UI.WebControls.
DataGridCommandEventArgs e)
        {
            int id = Convert.ToInt32(e.Item.Cells[0].Text); //取出id值
            string sql = string.Format("delete from [NewInfo] where id={0}",id);
```

```
                    Classes.DataBase.ExecuteUpData(sql);
                    this.DataGrid1.EditItemIndex=-1;
                    GetNewsInfo( );
                }
                #endregion
        }
    }
```

（15）在NewsAdmin目录下，添加一个名为AdminClassName.aspx的Web窗体。打开该文件，在<form>与</form>之间加入如下HTML代码：

```
<asp:Label id="Label1" style="Z-INDEX: 101; LEFT: 24px; POSITION: absolute; TOP: 16px" runat="server" Width="80px" Height="24px" ForeColor="Red" Font-Bold="True">分类管理</asp:Label>
<HR style="Z-INDEX: 102; LEFT: 24px; POSITION: absolute; TOP: 40px" width= "100%" SIZE="1">
<asp:Button id="addclassname" style="Z-INDEX: 103; LEFT: 256px; POSITION: absolute; TOP: 48px" runat="server" Text=" 添加分类"></asp:Button>
<HR style="Z-INDEX: 104; LEFT: 24px; POSITION: absolute; TOP: 80px" width= "100%" SIZE="1">
<asp:TextBox id="classname" style="Z-INDEX: 105; LEFT: 32px; POSITION: absolute; TOP: 48px" runat="server" Width="216px"></asp:TextBox>
<asp:DataGrid id="DataGrid1" style="Z-INDEX: 106; LEFT: 24px; POSITION: absolute; TOP: 96px" runat="server" AutoGenerateColumns="False">
    <Columns>
            <asp:BoundColumn DataField="classid" ReadOnly="True" HeaderText="ID"> </asp:BoundColumn>
        <asp:BoundColumn DataField="classname" HeaderText="分类名"></asp:Bound Column>
        <asp:EditCommandColumn ButtonType="LinkButton" UpdateText="更新" Header Text="编辑" CancelText="取消" EditText="编辑"></asp:EditCommandColumn>
        <asp:ButtonColumn Text="删除" HeaderText="删除" CommandName="Delete"> </asp:ButtonColumn>
    </Columns>
</asp:DataGrid>
<asp:Label id="info" style="Z-INDEX: 107; LEFT: 368px; POSITION: absolute; TOP: 48px" runat="server" ForeColor="Red" Width="200px"></asp:Label>
```

（16）设置或套用DataGrid的样式。然后右击页面空白处，选择【查看代码】命令，然后在出现的AdminClassName.aspx.cs中输入如下代码：

```
using System;
using System.Collections;
using System.ComponentModel;
using System.Data;
using System.Drawing;
using System.Web;
using System.Web.SessionState;
using System.Web.UI;
using System.Web.UI.WebControls;
```

```
using System.Web.UI.HtmlControls;
using System.Data.SqlClient;
namespace News.NewsAdmin
{
    /// <summary>
    /// AdminClassName的摘要说明
    /// </summary>
    public class AdminClassName : System.Web.UI.Page
    {
            protected System.Web.UI.WebControls.Label Label1;
            protected System.Web.UI.WebControls.Button addclassname;
            protected System.Web.UI.WebControls.DataGrid DataGrid1;
            protected System.Web.UI.WebControls.Label info;
            protected System.Web.UI.WebControls.TextBox classname;

            private void Page_Load(object sender, System.EventArgs e)
            {
                    //验证用户是否登录
                    Classes.CheckAdmin.IsAdmin( );
                    if(!Page.IsPostBack)
                            GetClassName( );
            }

            #region Web窗体设计器生成的代码
            override protected void OnInit(EventArgs e)
            {
                    //
                    // CODEGEN: 该调用是ASP.NET Web窗体设计器所必需的
                    //
                    InitializeComponent( );
                    base.OnInit(e);
            }

            /// <summary>
            /// 设计器支持所需的方法——不要使用代码编辑器修改
            /// 此方法的内容
            /// </summary>
            private void InitializeComponent( )
            {
                    this.addclassname.Click += new System.EventHandler(this.addnews_Click);
                    this.DataGrid1.CancelCommand += new System.Web.UI.WebControls.DataGrid
CommandEventHandler(this.DataGrid1_CancelCommand);
                    this.DataGrid1.EditCommand += new System.Web.UI.WebControls.DataGrid
CommandEventHandler(this.DataGrid1_EditCommand);
                    this.DataGrid1.UpdateCommand += new System.Web.UI.WebControls.
DataGridCommandEventHandler(this.DataGrid1_UpdateCommand);
                    this.DataGrid1.DeleteCommand += new System.Web.UI.WebControls.DataGrid
CommandEventHandler(this.DataGrid1_DeleteCommand);
```

```
			this.Load += new System.EventHandler(this.Page_Load);
		}
		#endregion

		/// <summary>
		/// 添加新闻按钮的事件响应
		/// </summary>
		/// <param name="sender"></param>
		/// <param name="e"></param>

		#region
		private void addnews_Click(object sender, System.EventArgs e)
		{
			this.info.Text = "";
			if(this.classname.Text.Trim( ).Length!=0)
			{
				string sql = string.Format("insert into [ClassName] (classname) values
('{0}')",this.classname.Text.Trim( ));
				Classes.DataBase.ExecuteUpData(sql);
				GetClassName( );
			}
			else
			{
				this.info.Text = "数据不能为空!";
			}
		}
		#endregion

		/// <summary>
		/// 取出新闻分类信息，并绑定在DataGrid1上
		/// </summary>

		#region
		private void GetClassName( )
		{
			string sql = string.Empty;
			SqlConnection conn = null;
			DataSet ds = null;
			try
			{
				sql= string.Format("select * from [classname] order by classid desc");
				conn = Classes.DataBase.GetConn( );
				SqlDataAdapter da = new SqlDataAdapter(sql,conn);
				ds = new DataSet( );
				da.Fill(ds,"s");
				this.DataGrid1.DataSource = ds.Tables["s"];
				this.DataGrid1.DataBind( );
			}
			catch(Exception ex)
```

```
            {
                Response.Write(ex);
            }
            finally
            {
                if(conn!=null)
                    conn.Close( );
            }
        }
        #endregion
        /// <summary>
        /// 编辑链接的事件响应
        /// </summary>
        /// <param name="source"></param>
        /// <param name="e"></param>
        #region
        private void DataGrid1_EditCommand(object source, System.Web.UI.Web Controls.
DataGridCommandEventArgs e)
        {
            this.DataGrid1.EditItemIndex=e.Item.ItemIndex;
            GetClassName( );
        }
        #endregion
        /// <summary>
        /// 编辑 ->取消按钮的事件响应
        /// </summary>
        /// <param name="source"></param>
        /// <param name="e"></param>
        #region
        private void DataGrid1_CancelCommand(object source, System.Web.UI.Web Controls.
DataGridCommandEventArgs e)
        {
            this.DataGrid1.EditItemIndex=-1;
            GetClassName( );
        }
        #endregion
        /// <summary>
        /// 更新按钮对应的事件
        /// </summary>
        /// <param name="source"></param>
        /// <param name="e"></param>
        #region
        private void DataGrid1_UpdateCommand(object source, System.Web.UI.WebControls.
DataGridCommandEventArgs e)
```

```
            {
                TextBox ClassNameText = (TextBox)e.Item.Cells[1].Controls[0];
                string className = ClassNameText.Text;
                int classID = Int32.Parse((e.Item.Cells[0].Text).ToString( ));
                string sql = string.Format("update [classname] set classname='{0}' where
classid={1}",className,classID);
                Classes.DataBase.ExecuteUpData(sql);
                this.DataGrid1.EditItemIndex=-1;
                GetClassName( );
            }
            #endregion
            /// <summary>
            /// 删除链接的事件响应
            /// </summary>
            /// <param name="source"></param>
            /// <param name="e"></param>
            #region
            private void DataGrid1_DeleteCommand(object source, System.Web.UI.WebControls.
DataGridCommandEventArgs e)
            {
                int id = Convert.ToInt32(e.Item.Cells[0].Text);
                string sql = string.Format("delete from [ClassName] where classid={0}",id);
                Classes.DataBase.ExecuteUpData(sql);
                this.DataGrid1.EditItemIndex=-1;
                GetClassName( );
            }
            #endregion
        }
    }
```

（17）在NewsAdmin目录下，添加一个名为AdminUser.aspx的Web窗体。打开该文件，在<form>与</form>之间加入如下HTML代码：

```
        <asp:Label id="Label1" style="Z-INDEX: 101; LEFT: 24px; POSITION: absolute; TOP: 16px"
runat="server" Width="112px" Height="24px" ForeColor="Red" Font-Bold="True">后台用户管理</
asp:Label>
        <asp:Label id="Label4" style="Z-INDEX: 110; LEFT: 384px; POSITION: absolute; TOP: 48px"
runat="server" Height="8px">密码确认：</asp:Label>
        <asp:TextBox id="enterpassword" style="Z-INDEX: 109; LEFT: 464px; POSITION: absolute;
TOP: 48px" runat="server" Width="96px" TextMode="Password"></asp:TextBox>
        <asp:TextBox id="password" style="Z-INDEX: 108; LEFT: 280px; POSITION: absolute; TOP:
48px" runat="server" Width="88px" TextMode="Password"></asp:TextBox>
        <asp:Label id="Label3" style="Z-INDEX: 107; LEFT: 232px; POSITION: absolute; TOP: 48px"
runat="server" Height="8px">密码：</asp:Label>
        <HR style="Z-INDEX: 102; LEFT: 24px; POSITION: absolute; TOP: 40px" width="100%"
SIZE="1">
```

```
<asp:Button id="addUser" style="Z-INDEX: 103; LEFT: 584px; POSITION: absolute; TOP: 48px" runat="server" Text="添加管理员"></asp:Button>
<HR style="Z-INDEX: 104; LEFT: 24px; POSITION: absolute; TOP: 80px" width="100%" SIZE="1">
<asp:TextBox id="username" style="Z-INDEX: 105; LEFT: 72px; POSITION: absolute; TOP: 48px" runat="server" Width="136px"></asp:TextBox>
<asp:Label id="Label2" style="Z-INDEX: 106; LEFT: 24px; POSITION: absolute; TOP: 48px" runat="server" Height="8px">账号：</asp:Label>
<asp:DataGrid id="DataGrid1" style="Z-INDEX: 111; LEFT: 24px; POSITION: absolute; TOP: 96px" runat="server" AllowPaging="True" AutoGenerateColumns="False" Caption="后台管理员列表">
<Columns>
        <asp:BoundColumn DataField="id" ReadOnly="True" HeaderText="ID"> </asp:BoundColumn>
        <asp:BoundColumn DataField="adminuser" ReadOnly="True" HeaderText="账号"></asp:BoundColumn>
        <asp:BoundColumn DataField="password" HeaderText="密码"></asp:Bound Column>
        <asp:BoundColumn DataField="addtime" ReadOnly="True" HeaderText="添加时间"></asp:BoundColumn>
        <asp:EditCommandColumn ButtonType="LinkButton" UpdateText="更新" HeaderText="编辑" CancelText="取消" EditText="编辑"></asp:EditCommandColumn>
        <asp:ButtonColumn Text="删除" HeaderText="删除" CommandName ="Delete"></asp:ButtonColumn>
    </Columns>
</asp:DataGrid>
```

（18）设置或套用DataGrid的样式。然后右击页面空白处，选择【查看代码】命令，然后在出现的AdminUser.aspx.cs中输入如下代码：

```
using System;
using System.Collections;
using System.ComponentModel;
using System.Data;
using System.Drawing;
using System.Web;
using System.Web.SessionState;
using System.Web.UI;
using System.Web.UI.WebControls;
using System.Web.UI.HtmlControls;
using System.Data.SqlClient; //导入Sql数据库的类
namespace News.NewsAdmin
{
    /// <summary>
    /// AdminUser的摘要说明
    /// </summary>
    public class AdminUser : System.Web.UI.Page
    {
        protected System.Web.UI.WebControls.Label Label1;
```

```
protected System.Web.UI.WebControls.TextBox username;
protected System.Web.UI.WebControls.Label Label2;
protected System.Web.UI.WebControls.Label Label3;
protected System.Web.UI.WebControls.TextBox password;
protected System.Web.UI.WebControls.Label Label4;
protected System.Web.UI.WebControls.TextBox enterpassword;
protected System.Web.UI.WebControls.DataGrid DataGrid1;
protected System.Web.UI.WebControls.Button addUser;

private void Page_Load(object sender, System.EventArgs e)
{
        //验证用户是否登录
        Classes.CheckAdmin.IsAdmin( );
        if(!Page.IsPostBack)
                GetUser( );
}

/// <summary>
/// 为DataGrid绑定数据的方法，取出所有用户
/// </summary>

#region
private void GetUser( )
{
        string sql = string.Empty;
        SqlConnection conn = null;
        DataSet ds = null;
        SqlDataAdapter da = null;
        try
        {
                sql= string.Format("select * from [admin] order by id desc");
                conn = Classes.DataBase.GetConn( );
                da = new SqlDataAdapter(sql,conn);
                ds = new DataSet( );
                da.Fill(ds,"s");
                this.DataGrid1.DataSource = ds.Tables["s"];
                this.DataGrid1.DataBind( );
        }
        catch(Exception ex)
        {
                Response.Write(ex);
        }
        finally
        {
                if(conn!=null)
                        conn.Close( );
        }
}
```

```
#endregion

#region Web窗体设计器生成的代码
override protected void OnInit(EventArgs e)
{
    //
    // CODEGEN: 该调用是ASP.NET Web窗体设计器所必需的
    //
    InitializeComponent( );
    base.OnInit(e);
}

/// <summary>
/// 设计器支持所需的方法——不要使用代码编辑器修改
/// 此方法的内容
/// </summary>
private void InitializeComponent( )
{
    this.addUser.Click += new System.EventHandler(this.addUser_Click);
    this.DataGrid1.PageIndexChanged += new System.Web.UI.WebControls.
DataGridPageChangedEventHandler(this.DataGrid1_PageIndexChanged);
    this.DataGrid1.CancelCommand += new System.Web.UI.WebControls.
DataGrid CommandEventHandler(this.DataGrid1_CancelCommand);
    this.DataGrid1.EditCommand += new System.Web.UI.WebControls.DataGrid
CommandEventHandler(this.DataGrid1_EditCommand);
    this.DataGrid1.UpdateCommand += new System.Web.UI.WebControls.Data-
Grid CommandEventHandler(this.DataGrid1_UpdateCommand);
    this.DataGrid1.DeleteCommand += new System.Web.UI.WebControls.DataGrid
CommandEventHandler(this.DataGrid1_DeleteCommand);
    this.Load += new System.EventHandler(this.Page_Load);
}
#endregion

/// <summary>
/// 编辑链接的响应方法
/// </summary>
/// <param name="source"></param>
/// <param name="e"></param>

#region
private void DataGrid1_EditCommand(object source, System.Web.UI.WebControls.
DataGridCommandEventArgs e)
{
    this.DataGrid1.EditItemIndex=e.Item.ItemIndex;
    GetUser( );
}
#endregion

/// <summary>
```

```
/// 翻页链接的响应方法
/// </summary>
/// <param name="source"></param>
/// <param name="e"></param>

#region
private void DataGrid1_PageIndexChanged(object source, System.Web.UI. Web-
Controls.DataGridPageChangedEventArgs e)
{
        this.DataGrid1.CurrentPageIndex = e.NewPageIndex;
        GetUser( );
}
#endregion
/// <summary>
/// 编辑链接中"取消"链接的响应方法
/// </summary>
/// <param name="source"></param>
/// <param name="e"></param>

#region
private void DataGrid1_CancelCommand(object source, System.Web.UI.WebControls.
DataGridCommandEventArgs e)
{
        this.DataGrid1.EditItemIndex=-1;
        GetUser( );
}
#endregion

/// <summary>
/// 编辑链接中"更新"链接的响应方法
/// </summary>
/// <param name="source"></param>
/// <param name="e"></param>
#region
private void DataGrid1_UpdateCommand(object source, System.Web.UI.WebControls.
DataGridCommandEventArgs e)
{
        int id = Int32.Parse((e.Item.Cells[0].Text).ToString( ));
        TextBox PassText = (TextBox)e.Item.Cells[2].Controls[0];
        string password = PassText.Text.Trim( );
        //更新登录密码
        string sql = string.Format("update [admin] set password='{0}' where id={1}",
Classes.Md5.GetMD5(password),id);
        Classes.DataBase.ExecuteUpData(sql);
        this.DataGrid1.EditItemIndex=-1;
        GetUser( );
}
```

```
        #endregion

        /// <summary>
        /// 删除链接的响应方法
        /// </summary>
        /// <param name="source"></param>
        /// <param name="e"></param>

        #region
        private void DataGrid1_DeleteCommand(object source, System.Web.UI.WebControls.
DataGridCommandEventArgs e)
        {
            int id = Int32.Parse((e.Item.Cells[0].Text).ToString( ));
            string sql = string.Format("delete  from [admin] where id={0}",id);
            Classes.DataBase.ExecuteUpData(sql);
            this.DataGrid1.EditItemIndex=-1;
            GetUser( );
        }
        #endregion

        /// <summary>
        /// 添加管理员按钮的响应方法
        /// </summary>
        /// <param name="sender"></param>
        /// <param name="e"></param>

        #region
        private void addUser_Click(object sender, System.EventArgs e)
        {
            if(this.username.Text.Trim( ).Length!=0&&this.password.Text.Trim( ).Length!=
0&&this.enterpassword.Text.Trim( ).Length!=0)
            {
                if(this.password.Text.Trim( ).Equals(this.enterpassword.Text.Trim( )))
                {
                    string sql = string.Format("insert into [admin] (adminuser, pass-
word) values ('{0}','{1}')",this.username.Text.Trim( ),Classes.Md5.GetMD5(this.password. Text. Trim( )));
                    Classes.DataBase.ExecuteUpData(sql);
                    GetUser( );
                }
                else
                {
                    Response.Write("<script>alert('两次输入的密码不一样！');</
script>");
                }
            }
        }
        #endregion
    }
}
```

到此为止，一个简单的新闻系统设计完了。加入一些测试数据后的效果如图9-8所示。

新闻　国内新闻 | 国际新闻 | 社会新闻 | 娱乐新闻 | 体育新闻 | 军事新闻

编号	新闻标题	阅读次数	类别	发布时间
43	韩国军方决定再购买20架F-15K战斗机	0	军事新闻	2006-5-21 17:25:00
42	白卷国奥暗示大变革 土伦杯面临天才缺失危机	5	体育新闻	2006-5-21 17:23:00
41	黑山独立问题全民公决令人关注	0	国际新闻	2006-5-21 17:16:00
40	五月天乐队加盟助学演唱会	8	娱乐新闻	2006-5-21 17:08:00
39	新华快评：简朴见证辉煌	1	国内新闻	2006-5-21 17:03:00
38	《无极》剧组还没因破坏环境而受到处罚	5	娱乐新闻	2006-5-21 16:59:00
37	日本羡慕中国队得到国际化磨练 渴望重回土伦杯	9	体育新闻	2006-5-21 16:49:00
36	四川一网民为台湾提供间谍情报获刑12年	1	社会新闻	2006-5-21 16:47:00
35	台湾已成世界上大型武器部署最密集地区	12	军事新闻	2006-5-21 16:44:00
34	法塔赫成员要求阿巴斯解散哈马斯政府	48	国际新闻	2006-5-21 16:19:00
33	建设部调查称北京等三地房价上涨过快	10	社会新闻	2006-5-21 14:26:00
31	温家宝部署三峡建设工作 要求确保高位蓄水安全	121	国内新闻	2006-5-13 18:18:00
1				

图9-8　测试效果

9.4　经验总结

本范例设计制作了一个简单的新闻系统。通过本范例的学习，读者可以了解新闻系统的基本常识，熟悉使用ASP.NET进行新闻系统设计的基本方法。下面简要总结本例设计制作的两点技巧。

（1）Web系统比较讲究分层，通常可以分为界面层、业务层和数据处理层。要做到各层各施其职、相互独立又相互配合，应从系统设计模式、系统架构及程序等多方面下功夫。

（2）ASP.NET拥有丰富的控件资源，这使得设计制作Web系统的速度进一步提高。但控件也不是万能的，更不是完美的，优秀的系统应该合理地使用控件，既不是什么都亲自设计，也不是控件的堆积。

9.5　举一反三训练

训练1　登录系统设计

试从网上查找一个你认为功能比较完善的登录系统，然后参照其外观，使用ASP.NET和SQL设计制作一个登录页面。

训练2　聊天室设计

试从网上查找一个你认为功能比较完善的聊天室，然后参照其外观，使用ASP.NET和SQL设计制作一个聊天室。

第10章　电子商场设计

随着电子商务迅猛发展，数以千万计的中小企业搭乘电子商务快车，通过网络贸易成功开拓了国内外市场。电子商场作为电子商务的基础平台，提供商品展示、订购商品和用户管理、交易管理等功能。本章将通过一个完整的电子商场设计范例，全方位介绍使用ASP.NET和SQL设计此类系统的方法和技巧。

10.1　范例分析

相对于新闻系统来说，电子商场的交互性更强一些。浏览者不仅可以查看商品及其他信息，还可以在线订购。其间存在一个流程的问题，在设计时，应充分把握好以下几点：

（1）在动手设计之前，应该先对电子商场系统按功能进行分块，然后搞清它们的依赖关系，理清先后顺序。

（2）电子商场系统中存在着很多业务流程，在进行系统设计时，要全局把握一个流程，要把一个流程看成一个整体。

（3）电子商场系统中有不少业务关系，在进行系统设计时，要充分考虑系统的扩展性，在处理用户基本信息和业务信息时，应该分开处理。

10.2　制作要领

在制作本例时，应注意以下事项：

（1）业务流程是本系统设计的一个难点，业务流程不仅要在代码中表现，在数据存储上也要有所关联，所以业务流程是系统设计时就需要重点考虑的。

（2）尽管ASP.NET本身具有很好的资源回收能力，但这并不代表在编写程序时不需要手动释放资源。

（3）在设计程序时，要尽量把数据处理层和业务层分开。

10.3　制作过程

下面详细介绍本范例的制作过程。

1. 创建数据

（1）启动Microsoft SQL Server的企业管理器，新建一个名为shop的数据库。

（2）在shop数据库中创建一个名为userinfo的表，用于存放用户信息，userinfo表的详细描述如表10-1所示。

（3）在shop数据库中创建一个名为shopclass的表，用于存放商品分类信息，shopclass表的详细描述如表10-2所示。

表10-1 userinfo表的定义

字段名	数据类型	长度	允许为空	是否为主键	说明
id	int	4	否	是	唯一标识
username	char	50	是	否	用户名
truename	char	50	是	否	真实名字
password	char	50	是	否	用户密码
sex	tinyint	1	是	否	性别
e_mail	char	50	是	否	电子邮件
tel	char	20	是	否	联系电话
postalcode	int	4	是	否	邮政编码
address	char	255	是	否	地址
regdate	datetime	8	是	否	注册时间

表10-2 shopclass表的定义

字段名	数据类型	长度	允许为空	是否为主键	说明
classid	int	4	否	是	唯一标识
classname	char	20	是	否	类别名称

（4）在shop数据库中创建一个名为shop的表，用于存放商品基本信息，shop表的详细描述如表10-3所示。

表10-3 shop表的定义

字段名	数据类型	长度	允许为空	是否为主键	说明
shopid	int	4	否	是	唯一标识
shopclass	int	4	否	否	商品类别标识
shopname	char	50	是	否	商品名称
shoppicture	char	50	是	否	商品图片地址
shopexplain	text	16	是	否	商品介绍
shopprice	money	8	是	否	商品价格
shopsum	int	4	是	否	商品数量
addtime	datetime	4	是	否	上架时间

（5）在shop数据库中创建一个名为shopconnection的表，用于存放用户商品交易业务信息，shopconnection表的详细描述如表10-4所示。

（6）在shop数据库中创建一个名为orderform的表，用于存放订单信息，orderform表的详细描述如表10-5所示。

表10-4 shopconnection表的定义

字段名	数据类型	长度	允许为空	是否为主键	说明
id	int	4	否	是	唯一标识
userid	int	4	是	否	用户标识
balance	money	8	是	否	用户余额
userlevel	int	4	是	否	用户级别
integral	int	4	是	否	用户积分
degree	int	4	是	否	交易次数

表10-5 orderform表的定义

字段名	数据类型	长度	允许为空	是否为主键	说明
id	int	4	否	是	唯一标识
userid	int	4	是	否	用户标识
shopid	int	4	是	否	商品标识
finallyprice	money	8	是	否	商品成交价格
indent	tinyint	1	是	否	订单状态
indentdate	datetime	8	是	否	订购时间
paydate	datetime	8	是	否	付款时间
consignmentdate	datetime	8	是	否	发货时间

（7）在shop数据库中创建一个名为moneynote的表，用于存放预付款记录，moneynote表的详细描述如表10-6所示。

表10-6 moneynote表的定义

字段名	数据类型	长度	允许为空	是否为主键	说明
id	int	4	否	是	唯一标识
userid	int	4	是	否	用户标识
operation	char	20	是	否	操作员
amount	money	8	是	否	预测金额
explain	text	16	是	否	说明
logdate	datetime	8	是	否	预付日期

（8）在shop数据库中创建一个名为admin的表，用于存放管理员账号及密码，admin表的详细描述如表10-7所示。

表10-7　admin表的定义

字段名	数据类型	长度	允许为空	是否为主键	说明
id	int	4	否	是	唯一标识
adminuser	char	50	是	否	管理员
password	char	50	是	否	密码

2. 准备工作

（1）启动Microsoft Visual Studio .NET 2003，创建一个名为news的空Web项目。

（2）在项目根目录下创建一个名为admin的文件夹。

（3）添加Web.config文件，并加上如下数据库连接字符串：

```
<appSettings>
        <add key="ConnectionString" value="packet size=4096;user id=sa;data source=.; per-
sist security info=True;initial catalog=shop;password=" />
</appSettings>
```

（4）添加一个名为shopcss.css的样式表文件，其内容如下：

```
a:link {
        color: #000000;
        text-decoration: none;
}
a:visited {
        text-decoration: none;
        color: #000000;
}
a:hover {
        text-decoration: none;
        color: #000000;
}
a:active {
        text-decoration: none;
        color: #000000;
}
a.top:link {
        font-size: 14px;
        color: #000099;
}
a.top:visited {
        font-size: 14px;
        color: #000099;
}
a.top:active {
        font-size: 14px;
        color: #000099;
}
```

```
a.top:hover {
        font-size: 14px;
        color: #000099;
}
a.top_index:link {
        font-size: 14px;
        color: #FFFFFF;
}
a.top_index:visited {
        font-size: 14px;
        color: #FFFFFF;
}
a.top_index:active {
        font-size: 14px;
        color: #FFFFFF;
}
a.top_index:hover {
        font-size: 14px;
        color: #FFFFFF;
}
.content{
        font-size: 14px;
        color: #333333;
}
.title_small{
        font-size: 14px;
        color: #333333;
        line-height: 26px;
        text-align: center;
        vertical-align: middle;
}
```

3. 创建公共类

（1）选择【文件】|【添加新项】命令，出现“添加新项”对话框，如图10-1所示。在“类别”栏选择“Web项目项”下的“代码”选项，在“模板”栏选择“类”，在“名称”文本框中输入DataBase.cs，然后单击【打开】按钮。

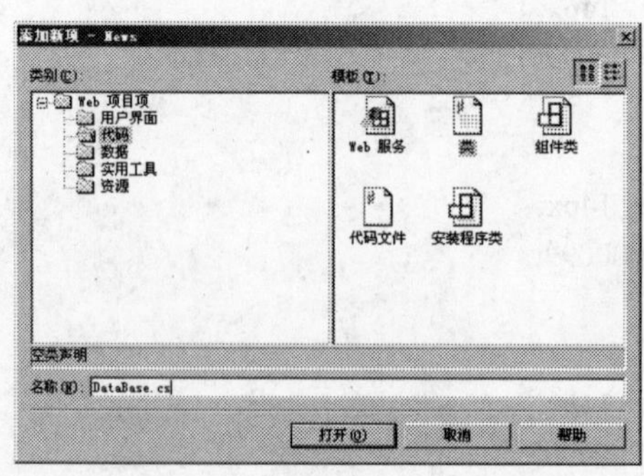

图10-1　“添加新项”对话框

（2）在DataBase.cs类文件中输入如下代码：

```
using System;
using System.Collections;
using System.ComponentModel;
using System.Data;
using System.Drawing;
using System.Web;
using System.Text;
using System.Web.SessionState;
using System.Web.UI;
using System.Web.UI.WebControls;
using System.Web.UI.HtmlControls;
using System.Data.SqlClient;
using System.Text.RegularExpressions;
using System.Security.Cryptography;

namespace shop
{
    /// <summary>
    /// shopdb的摘要说明
    /// </summary>
    public class DataBase
    {
            public DataBase( )
            {
                    //
                    // TODO: 在此处添加构造函数逻辑
                    //
            }
            #region 返回数据库链接对象conn
            public static SqlConnection GetConn( )
            {
                    SqlConnection conn = null;
                    //从Web.Config文件中取出ConnectionString
                    string ConnectionString=System.Configuration.ConfigurationSettings.App Set-
tings ["ConnectionString"];
                    try
                    {
                            conn = new SqlConnection(ConnectionString);
                    }
                    catch
                    {
                            System.Web.HttpContext.Current.Response.Write("数据库链接出错!");
                    }
                    finally
                    {
```

```
                if(conn!=null)
                conn.Close( );
            }
            return conn;
        }
        #endregion
        #region 验证管理员是否有效
        public static void IsAdmin( )
        {
            string adminuser = string.Empty;
            try
            {
            adminuser=System.Web.HttpContext.Current.Session["adminuser"].ToString( );
            }
            catch
            {
                adminuser = string.Empty;
            }

            if(adminuser.Trim( ).Length==0)
            {
               System.Web.HttpContext.Current.Response.Write("<script>top.location.href=
'Login.aspx';</script>");
              System.Web.HttpContext.Current.Response.End( );
            }
        }
        #endregion
        #region 执行更新和删除等语句的方法
        public static void ExecuteUpData(string sql)
        {
            SqlConnection conn= null;
            SqlCommand cmd= null;
            try
            {
                conn = GetConn( );
                conn.Open( );
                cmd  = new SqlCommand(sql,conn);
                cmd.ExecuteNonQuery( );
            }
            catch
            {
                System.Web.HttpContext.Current.Response.Write("数据库更新出错");
            }
            finally
            {
```

```
                if(conn!=null)
                    conn.Close( );
                if(cmd!=null)
                    cmd.Dispose( );
            }
        }
        #endregion

        #region 根据s返回16位的md5字符串
        public static string GetMD5(string s)
        {
            byte[] md5Bytes = Encoding.Default.GetBytes( s );
            // compute MD5 hash.
            MD5 md5 = new MD5CryptoServiceProvider( );
            byte[] cryptString = md5.ComputeHash ( md5Bytes );
            int len;
            string temp=String.Empty;
            len=cryptString.Length;
            for(int i=0;i<len;i++)
            {
                temp +=cryptString[i].ToString("X2");
            }
            //返回16位的md5字符串
            return temp.Substring(8,16).ToLower( );
        }
        #endregion

        #region 判断SQL执行是否成功
        public static bool JudSQL (string sql)
        {
            bool Jud=false;
            SqlConnection conn =DataBase.GetConn( );
            conn.Open( );
            SqlCommand cmd=new SqlCommand(sql,conn);
            SqlDataReader reader=cmd.ExecuteReader( );
            if(reader.Read( ))
            {
                Jud=true;
            }
            reader.Close( );
            conn.Close( );
            return Jud;
        }
        #endregion

        #region 返回AdaptertaView视图
        public static DataView ShowDataView(string sql)
        {
```

```
            SqlConnection conn =DataBase.GetConn( );
            conn.Open( );
            SqlDataAdapter Adapter=new SqlDataAdapter(sql,conn);
            DataSet ds=new DataSet( );
            Adapter.Fill(ds,"temp");
            conn.Close( );
            return ds.Tables["temp"].DefaultView;
        }
        #endregion

        #region 弹出对话框
        public static void MessageBox(string Message)
        {
            HttpContext.Current.Response.Write("<script language='javascript'>alert('"+
Message+"');</script>");
        }
        #endregion

        #region 弹出对话框后返回指定页面
        public static void ReturnBox(string Message,string Url)
        {
            HttpContext.Current.Response.Write("<script language='javascript'>alert('"+
Message+"');location.href='"+Url+"';</script>");
            HttpContext.Current.Response.End( );
        }
        #endregion
    }
}
```

4. 设计前台

（1）选择【文件】|【添加新项】命令，出现“添加新项”对话框，如图10-2所示。在“类别”栏选择“Web项目项”下的“用户界面”，在“模板”栏选择“Web用户控件”，在“名称”文本框中输入top.ascx，然后单击【打开】按钮。

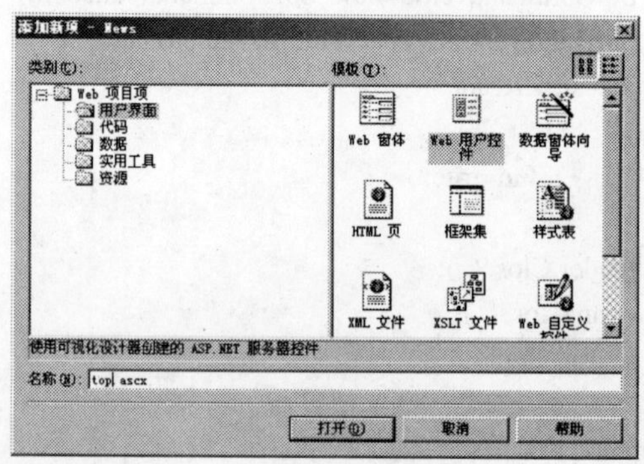

图10-2 “添加新项”对话框

（2）打开top.ascx文件，输入如下HTML代码：

```
<FONT face="宋体">
    <table width="777" border="0" cellpadding="0" cellspacing="1" bgcolor="#999999" align=
"center">
            <tr>
                    <td width="60" height="24" bgcolor="#006699" align="center"><a class="
top_index" href="/index.aspx">首 页</a></td>
                    <td width="718" bgcolor="#fdfdfd"> <FONT face="宋体"> <a
class="top" href="/index.aspx?classid=1">电脑硬件</a> | <a class="top" href="/index.aspx? classid=2">电脑
软件</a> | <a class="top" href="/index.aspx?classid=3">书籍音像</a> | <a class="top" href="/
index.aspx?classid=4">珠宝首饰</a> | <a class="top" href="/index.aspx? classid=5">手机通讯</a> | <a
class="top" href="/index.aspx?classid=6">服装服饰</a> | <a class="top" href="/index.aspx?classid=7">古董
古玩</a> | <a class="top" href="/index.aspx? classid=8">其他宝贝</a> </FONT>
                    </td>
            </tr>
    </table>
    <table width="778" border="0" cellspacing="0" cellpadding="0" align="center">
            <tr>
                    <td height="34">
                            <asp:Label id="Label1" runat="server" CssClass="content">尊敬的访客
,你好!请</asp:Label>
                            <asp:HyperLink id="regHLk" runat="server" CssClass="top" Navigate-
Url ="/userreg.aspx"> 注 册 </asp:HyperLink>
                            <asp:Label id="Label2" runat="server" CssClass="content">或</
asp:Label>
                            <asp:HyperLink id="loginHLk" runat="server" CssClass="top" Navi-
gate-Url ="/login.aspx"> 登 录</asp:HyperLink>
                            <asp:HyperLink id="userHLk" runat="server" CssClass="top">username
</asp:HyperLink>
                            <asp:Label id="Label3" runat="server" CssClass="content"> 你好
!欢迎光临小店!店小二在此恭候多时了!</asp:Label>
                            <asp:HyperLink id="userinfo" CssClass="top" runat="server"
NavigateUrl ="http://localhost/userinfo.aspx"> 修改用户资料 </asp:HyperLink>
                            <asp:HyperLink id="cart" CssClass="top" runat="server" NavigateUrl=
"http://localhost/cart.aspx"> 我的购物车 </asp:HyperLink>
                            <asp:HyperLink id="buyloglk" CssClass="top" runat="server"
NavigateUrl ="buylog.aspx"> 购买记录 </asp:HyperLink></td>
            </tr>
    </table>
</FONT>
```

（3）右击选择【查看代码】命令，并输入如下c#代码：

```
namespace shop
{
    using System;
    using System.Data;
    using System.Drawing;
```

```
using System.Web;
using System.Web.UI.WebControls;
using System.Web.UI.HtmlControls;

/// <summary>
/// top的摘要说明
/// </summary>
public class top : System.Web.UI.UserControl
{
    protected System.Web.UI.WebControls.Label Label2;
    protected System.Web.UI.WebControls.Label Label3;
    protected System.Web.UI.WebControls.HyperLink regHLk;
    protected System.Web.UI.WebControls.HyperLink loginHLk;
    protected System.Web.UI.WebControls.HyperLink userHLk;
    protected System.Web.UI.WebControls.HyperLink userinfo;
    protected System.Web.UI.WebControls.HyperLink cart;
    protected System.Web.UI.WebControls.HyperLink buyloglk;
    protected System.Web.UI.WebControls.Label Label1;

    private void Page_Load(object sender, System.EventArgs e)
    {
        // 在此处放置用户代码以初始化页面
        if(!IsPostBack)
        {
            loginisok( );
        }
    }

    #region Web窗体设计器生成的代码
    override protected void OnInit(EventArgs e)
    {
        //
        // CODEGEN: 该调用是ASP.NET Web窗体设计器所必需的
        //
        InitializeComponent( );
        base.OnInit(e);
    }
    /// <summary>
    /// 设计器支持所需的方法——不要使用代码编辑器
    /// 修改此方法的内容
    /// </summary>
    private void InitializeComponent( )
    {
        this.Load += new System.EventHandler(this.Page_Load);
    }
    #endregion

    #region 判断用户是否登录的代码
    public void loginisok( )
```

```
        {
            if(Session["username"]==null)
            {
                Label1.Visible=true;
                regHLk.Visible=true;
                Label2.Visible=true;
                loginHLk.Visible=true;
                userHLk.Visible=false;
                Label3.Visible=false;
                userinfo.Visible=false;
                cart.Visible=false;
                buyloglk.Visible=false;
            }
            else
            {
                Label1.Visible=false;
                regHLk.Visible=false;
                Label2.Visible=false;
                loginHLk.Visible=false;
                userHLk.Visible=true;
                Label3.Visible=true;
                userinfo.Visible=true;
                cart.Visible=true;
                buyloglk.Visible=true;
                userHLk.Text=Session["username"].ToString( );
            }
        }
        #endregion

    }
}
```

（4）添加一个bottom.ascx文件，输入如下HTML代码：

```
<TABLE id="Table1" cellSpacing="0" cellPadding="0" width="780" align="center" border="0">
    <TR>
        <TD align="center" height="30"> </TD>
    </TR>
    <TR>
        <TD height="1" align="center" bgcolor="#006699"></TD>
    </TR>
    <TR>
        <TD align="center"> </TD>
    </TR>
    <TR>
        <TD align="center">
            <P><FONT face="宋体">Copyright 2006-2008 IDShop.Net </FONT>
```

```
                        </P>
                        <P><FONT face="宋体">Powered by IDShop 1.00 Beta 1 SQL 2006-
2008</FONT></P>
                    </TD>
            </TR>
        </TABLE>
```

（5）添加一个名为index.aspx的Web窗体，并将top.ascx拖到其顶部，将bottom.ascx拖到其底部。

（6）将<LINK href=" shopcss.css" type="text/css" rel="stylesheet">添加到index.aspx的<HEAD>和</HEAD>之间。

（7）单击设计窗口左下角的 HTML 图标，进入HTML编辑界面，在<body>和</body>中加入如下代码：

```
        <table height="31" cellSpacing="0" cellPadding="0" width="778" border="0">
            <tr>
                <td height="15"></td>
            </tr>
            <tr>
                <td background="/image/bg.gif" height="1"></td>
            </tr>
            <tr>
                <td height="15"></td>
            </tr>
        </table>
        <asp:repeater id="listRpt" runat="server">
            <ItemTemplate>
            <table width="778" height="110" border="0" cellpadding="0" cellspacing="0" bgcolor=
"#D4D4D4">
                <tr>
                    <td width="152" rowspan="4" bgcolor="#FFFFFF" align="center"><%#
"<br><img src="+DataBinder.EvalContainer.DataItem,"shoppicture")+" border=0>" %></td>
                    <td width="626" height="29" bgcolor="#FFFFFF" class="content">商品名称：
<%# DataBinder.Eval(Container.DataItem,"shopname") %></td>
                </tr>
                <tr>
                    <td height="28" bgcolor="#FFFFFF" class="content">商品介绍：<%#
DataBinder.Eval(Container.DataItem,"shopexplain") %></td>
                </tr>
                <tr>
                    <td height="26" bgcolor="#FFFFFF" class="content">商品价格：<%#
DataBinder.Eval(Container.DataItem,"shopprice") %></td>
                </tr>
                <tr>
                    <td height="27" bgcolor="#FFFFFF"><a href="buy.aspx?shopid=<%#
DataBinder.Eval(Container.DataItem,"shopid") %>"><img src="/image/shopcart.gif" border="0" /></a></td>
```

```
            </tr>
    </table>
    <table width="778" height="31" border="0" cellspacing="0" cellpadding="0">
            <tr>
                    <td height="15"></td>
            </tr>
            <tr>
                    <td height="1" background="/image/bg.gif"></td>
            </tr>
            <tr>
                    <td height="15"></td>
            </tr>
    </table>
    </ItemTemplate>
    </asp:repeater>
```

（8）右击页面空白处，选择【查看代码】命令，然后在出现的index.aspx.cs中输入如下代码：

```
using System;
using System.Collections;
using System.ComponentModel;
using System.Data;
using System.Drawing;
using System.Web;
using System.Web.SessionState;
using System.Web.UI;
using System.Web.UI.WebControls;
using System.Web.UI.HtmlControls;
using System.Data.SqlClient;
namespace shop
{
    /// <summary>
    /// index的摘要说明
    /// </summary>
    public class index : System.Web.UI.Page
    {
            protected System.Web.UI.HtmlControls.HtmlForm Form1;
            protected System.Web.UI.WebControls.Repeater listRpt;
            private void Page_Load(object sender, System.EventArgs e)
            {
                    // 在此处放置用户代码以初始化页面
                    if(!IsPostBack)
                    {
                            shoplist( );
                    }
            }
```

```
#region Web窗体设计器生成的代码
override protected void OnInit(EventArgs e)
{
    //
    // CODEGEN: 该调用是ASP.NET Web窗体设计器所必需的
    //
    InitializeComponent( );
    base.OnInit(e);
}
/// <summary>
/// 设计器支持所需的方法——不要使用代码编辑器修改
/// 此方法的内容
/// </summary>
private void InitializeComponent( )
{
    this.Load += new System.EventHandler(this.Page_Load);
}
#endregion
#region 显示商品列表
public void shoplist( )
{
    string sql = string.Empty;
    SqlConnection conn = null;
    try
    {
        if (Request.QueryString["classid"]==null)
        {
            sql= string.Format("SELECT * FROM shop order by shopid
desc");
        }
        else
        {
            string classid=Request.QueryString["classid"].ToString( );
            sql= string.Format("SELECT * FROM shop WHERE (shopclass
="+classid+")");
        }
        conn =DataBase.GetConn( );
        SqlDataAdapter myCommand=new SqlDataAdapter(sql,conn);
        DataSet ds = new DataSet( );
        myCommand.Fill(ds,"0");
        listRpt.DataSource = ds.Tables["0"].DefaultView;
        listRpt.DataBind( );
    }
    catch(Exception ex)
    {
```

```
                        Response.Write(ex);
                    }
                    finally
                    {
                        if(conn!=null)
                        conn.Close( );
                    }
                }
                #endregion
        }
    }
```

（9）添加一个名为userreg.aspx的Web窗体，并将top.ascx拖到其顶部，将bottom.ascx拖到其底部。

（10）将<LINK href=" shopcss.css" type="text/css" rel="stylesheet">添加到userreg.aspx的<HEAD>和</HEAD>之间。

（11）单击设计窗口左下角的 HTML 图标，进入HTML编辑界面，在<body>和</body>中加入如下代码：

```
    <table height="31" cellSpacing="0" cellPadding="0" width="778" border="0" align="center">
            <tr>
                    <td height="15"></td>
            </tr>
            <tr>
                    <td background="/image/bg.gif" height="1"></td>
            </tr>
            <tr>
                    <td height="15"></td>
            </tr>
        </table>
        <table cellSpacing="0" cellPadding="0" width="778" align="center" border="0">
            <tr>
                    <td align="right" width="180" height="36">用户基本信息:</td>
                    <td colSpan="2"> </td>
            </tr>
            <tr>

                    <td bgColor="#f2f2f2" colSpan="3" height="1"></td>
            </tr>
            <tr>
                    <td class="content" align="right" height="30">用户名:</td>
                    <td width="300"> 
                    <asp:textbox id="usernameTB" runat="server"></asp:textbox><asp:requiredfield
validator id="RequiredFieldValidator1" runat="server" ErrorMessage="请输入用户名!" ControlToValidate=
"usernameTB" Font-Size="X-Small"></asp:requiredfieldvalidator></td>
                    <td class="content" width="298">推荐使用中文名。注册成功不能修改。</td>
            </tr>
```

```
<tr>
    <td class="content" align="right" height="30">密  码:</td>
    <td> 
    <asp:textbox id="pwdTB1" runat="server" TextMode="Password"> </
asp:textbox><asp:requiredfieldvalidator id="RequiredFieldValidator2" runat="server" ErrorMessage="请输入
密码!" ControlToValidate="pwdTB1" Font-Size="X-Small"> </asp:requiredfieldvalidator></td>
    <td class="content">请使用英文字母加数字或符号的组合。</td>
</tr>
<tr>
    <td class="content" align="right" height="30">再输入一次密码:</td>
    <td> 
    <asp:textbox id="pwdTB2" runat="server" TextMode="Password"> </
asp:textbox><asp:comparevalidator id="CompareValidator1" runat="server" ErrorMessage="两次密码不相同
!" ControlToValidate="pwdTB2" ControlToCompare="pwdTB1" Font-Size="X-Small"></asp:compare-
validator></td>
    <td class="content">请再输入一遍您上面输入的密码。</td>
</tr>
<tr>
    <td class="content" style="HEIGHT: 29px" align="right" height="30">性
  别:</td>
    <td> 
    <asp:radiobutton id="manRB" runat="server" Text="男" Checked="True"> </
asp:radiobutton> 
    <asp:radiobutton id="womanRB" runat="server" Text="女"></asp:radiobutton>
</td>
    <td></td>
</tr>
<tr>
    <td class="content" align="right" height="30">E-Mail:</td>
    <td> 
    <asp:textbox id="EmailTB" runat="server"></asp:textbox><asp:regularexpre
ssionvalidator id="RegularExpressionValidator1" runat="server" ErrorMessage="请输入正确的E-mail"
ControlToValidate="EmailTB" Font-Size="X-Small" ValidationExpression= "\w+([-+.]\w+)*@\w+([-
.]\w+)*\.\w+([-.]\w+)*"></asp:regularexpressionvalidator></td>
    <td class="content">为了方便联系，请如实填写电子邮件。</td>
</tr>
<tr>
    <td colSpan="3" height="10"> </td>
</tr>
<tr>
    <td align="right" height="36">收货人及联系信息:</td>
    <td colSpan="2"></td>
</tr>
<TR>
    <TD bgColor="#f2f2f2" colSpan="3" height="1"></TD>
</TR>
```

```
<TR>
        <TD class="content" align="right" height="30">姓名:</TD>
        <TD> 
        <asp:textbox id="truenameTB" runat="server"></asp:textbox> <asp:required-
field validator id="RequiredFieldValidator3" runat="server" ErrorMessage="请输入姓名!" ControlToValidate=
"truenameTB" Font-Size="X-Small"></asp:requiredfieldvalidator></TD>
        <TD class="content">请填写收货人的真实姓名。</TD>
</TR>
<TR>
        <td class="content" align="right" height="30">地址:</td>
        <td> 
        <asp:textbox id="addressTB" runat="server"></asp:textbox><asp:requiredfield
validator id="RequiredFieldValidator4" runat="server" ErrorMessage="请输入地址!" ControlToValidate=
"addressTB" Font-Size="X-Small"></asp:requiredfieldvalidator></td>
        <td class="content">请填写收货人的真实地址。</td>
</TR>
<tr>
        <td class="content" align="right" height="30">邮编:</td>
        <td> 
        <asp:textbox id="postalcodeTB" runat="server"></asp:textbox><asp:required
fieldvalidator id="RequiredFieldValidator5" runat="server" ErrorMessage="请输入邮编!" ControlToValidate=
"postalcodeTB" Font-Size="X-Small"></asp:requiredfieldvalidator></td>
        <td class="content">请填写收货人的真实邮编。</td>
</tr>
<tr>
        <td class="content" align="right" height="30">联系电话:</td>
        <td> 
        <asp:textbox id="telTB" runat="server"></asp:textbox><asp:required
fieldvalidator id="RequiredFieldValidator6" runat="server" ErrorMessage="请输入电话" ControlToValidate=
"telTB" Font-Size="X-Small"></asp:requiredfieldvalidator></td>
        <td class="content">请填写收货人的真实电话。</td>
</tr>
<tr>
        <td align="center" colSpan="3" height="60"><asp:button id="RegButton"
runat="server" Text="同意以下条款,并提交注册"></asp:button> </td>
</tr>
<TR>
        <td align="right" height="36">阅读本站服务协议:</td>
        <td colSpan="2"></td>
</TR>
<TR>
        <TD align="center" bgColor="#f2f2f2" colSpan="3" height="1"></TD>
</TR>
<TR>
        <TD align="center" colSpan="3" height="200"><TEXTAREA style="WIDTH:
642px; HEIGHT: 182px" rows="11" cols="77">请您自觉遵守以下条款:
```

一、不得利用本站危害国家安全、泄露国家秘密，不得侵犯国家社会集体的和公民的合法权益，不得利用本站制作、复制和传播下列信息：

（一）煽动抗拒、破坏宪法和法律、行政法规实施的；

（二）煽动颠覆国家政权，推翻社会主义制度的；

（三）煽动分裂国家、破坏国家统一的；

（四）煽动民族仇恨、民族歧视，破坏民族团结的；

（五）捏造或者歪曲事实，散布谣言，扰乱社会秩序的；

（六）宣扬封建迷信、淫秽、色情、赌博、暴力、凶杀、恐怖、教唆犯罪的；

（七）公然侮辱他人或者捏造事实诽谤他人的，或者进行其他恶意攻击的；

（八）损害国家机关信誉的；

（九）其他违反宪法和法律行政法规的；

（十）进行商业广告行为的。

二、互相尊重，对自己的言论和行为负责。</TEXTAREA></TD>

</TR>

</table>

（12）右击页面空白处，选择【查看代码】命令，然后在出现的userreg.aspx.cs中输入如下代码：

```
using System;
using System.Collections;
using System.ComponentModel;
using System.Data;
using System.Drawing;
using System.Web;
using System.Web.SessionState;
using System.Web.UI;
using System.Web.UI.WebControls;
using System.Web.UI.HtmlControls;
using System.Data.SqlClient;

namespace shop
{
    /// <summary>
    /// userreg的摘要说明
    /// </summary>
    public class userreg : System.Web.UI.Page
    {
            protected System.Web.UI.WebControls.TextBox usernameTB;
            protected System.Web.UI.WebControls.TextBox pwdTB1;
            protected System.Web.UI.WebControls.TextBox pwdTB2;
            protected System.Web.UI.WebControls.TextBox EmailTB;
            protected System.Web.UI.WebControls.TextBox truenameTB;
            protected System.Web.UI.WebControls.TextBox addressTB;
            protected System.Web.UI.WebControls.TextBox postalcodeTB;
            protected System.Web.UI.WebControls.TextBox telTB;
            protected System.Web.UI.WebControls.RequiredFieldValidator RequiredFieldValidat or1;
            protected System.Web.UI.WebControls.RequiredFieldValidator RequiredFieldValidat or2;
```

```
protected System.Web.UI.WebControls.CompareValidator CompareValidator1;
protected System.Web.UI.WebControls.RequiredFieldValidator RequiredFieldValidat or3;
protected System.Web.UI.WebControls.RequiredFieldValidator RequiredFieldValidat or4;
protected System.Web.UI.WebControls.RequiredFieldValidator RequiredFieldValidat or5;
protected System.Web.UI.WebControls.RequiredFieldValidator RequiredFieldValidat or6;
protected System.Web.UI.WebControls.RadioButton manRB;
protected System.Web.UI.WebControls.Button RegButton;
protected System.Web.UI.WebControls.RegularExpressionValidator Regular Expre-
ssionValidator1;
protected System.Web.UI.WebControls.RadioButton womanRB;
private void Page_Load(object sender, System.EventArgs e)
{
    // 在此处放置用户代码以初始化页面
}

#region Web窗体设计器生成的代码
override protected void OnInit(EventArgs e)
{
    //
    // CODEGEN: 该调用是ASP.NET Web窗体设计器所必需的。
    //
    InitializeComponent( );
    base.OnInit(e);
}

/// <summary>
/// 设计器支持所需的方法——不要使用代码编辑器修改
/// 此方法的内容
/// </summary>
private void InitializeComponent( )
{
    this.RegButton.Click += new System.EventHandler(this.RegButton_Click);
    this.Load += new System.EventHandler(this.Page_Load);

}
#endregion

#region 注册按钮动作代码
private void RegButton_Click(object sender, System.EventArgs e)
{
    int sex=0;
    string sql = string.Empty;
    string password = string.Empty;
    SqlConnection conn=DataBase.GetConn( );
    //判断用户选择的性别
    if(manRB.Checked)
    {
        sex=0;
    }
```

```
                else
                {
                    sex=1;
                }
                password=DataBase.GetMD5(pwdTB1.Text);
                sql="insert into userinfo(username,truename,password,sex,e_mail,tel,postalcode,
address,regdate) values('"+usernameTB.Text+"','"+truenameTB.Text+"','"+password+"',"+sex+", '"+EmailTB.
Text+"','"+telTB.Text+"','"+postalcodeTB.Text+"','"+addressTB.Text+"',getdate( ))";
                SqlCommand MC=new SqlCommand(sql,conn);
                MC.Connection.Open( );
                MC.ExecuteNonQuery( );
                MC.Connection.Close( );
                sql="SELECT id FROM userinfo WHERE (username = '"+usernameTB.
Text+"') AND (password = '"+password+"')";
                if (DataBase.JudSQL(sql))
                {
                    SqlDataAdapter myCommand=new SqlDataAdapter(sql,conn);
                    DataSet ds=new DataSet( );
                    myCommand.Fill(ds,"0");
                    Session["userid"]=ds.Tables[0].Rows[0].ItemArray[0].ToString( );
                    Session["username"]=usernameTB.Text;
                    Response.Redirect("index.aspx");
                }
                else
                {
                    DataBase.MessageBox("密码错误！");
                }
                DataBase.ReturnBox("恭喜你：注册成功了！","index.aspx");
            }
            #endregion
        }
    }
```

（13）添加一个名为login.aspx的Web窗体，并将top.ascx拖到其顶部，将bottom.ascx拖到其底部。

（14）将<LINK href=" shopcss.css" type="text/css" rel="stylesheet">添加到login.aspx的<HEAD>和</HEAD>之间。

（15）单击设计窗口左下角的 HTML 图标，进入HTML编辑界面，在<body>和</body>中加入如下代码：

```
    <TABLE id="Table1" height="300" cellSpacing="0" cellPadding="0" width="780" align="center"
border="0">
        <TR>
            <TD align="center">
            <table height="130" cellSpacing="1" cellPadding="0" width="340"
bgColor="#a2bef2" border="0">
```

```
<tr>
        <td bgColor="#a2bef2" align="center" height="30">用户登录</td>
</tr>
<tr>
        <td bgColor="#fdfdfd">
        <table height="100%" cellSpacing="0" cellPadding="0" width="100%" border="0">
                <tr>
                        <td align="center" height="30"> 账  号:
                        <asp:textbox id="username" runat="server" Width="150px"> </asp:textbox>
                        <asp:RequiredFieldValidator id="RequiredFieldValidator1" runat= "server" Font-Size="X-Small" ErrorMessage="请输入账号!" ControlToValidate="username"> </asp:RequiredFieldValidator></td>
                </tr>
                <tr>
                        <td align="center" height="30"> 密  码:
                        <asp:textbox id="userpwd" runat="server" Width="150px" TextMode="Password"></asp:textbox>
                        <asp:RequiredFieldValidator id="RequiredFieldValidator2" runat= "server" Font-Size="X-Small" ErrorMessage="请输入密码!" ControlToValidate="userpwd"> </asp:RequiredFieldValidator></td>
                </tr>
                <tr>
                        <td align="center" height="40"> 
                        <asp:Button id="login_button" runat="server" Text="登  登"></asp:Button></td>
                </tr>
        </table>
        </td>
</tr>
</table>
</TD>
</TR>
</TABLE>
```

（16）右击页面空白处，选择【查看代码】命令，然后在出现的login.aspx.cs中输入如下代码：

```
using System;
using System.Collections;
using System.ComponentModel;
using System.Data;
using System.Drawing;
using System.Web;
using System.Web.SessionState;
using System.Web.UI;
```

```
using System.Web.UI.WebControls;
using System.Web.UI.HtmlControls;
using System.Data.SqlClient;

namespace shop
{
    /// <summary>
    /// logo的摘要说明
    /// </summary>
    public class logo : System.Web.UI.Page
    {
            protected System.Web.UI.WebControls.TextBox username;
            protected System.Web.UI.WebControls.RequiredFieldValidator RequiredFieldValidat or1;
            protected System.Web.UI.WebControls.TextBox userpwd;
            protected System.Web.UI.WebControls.RequiredFieldValidator RequiredFieldValidat or2;
            protected System.Web.UI.WebControls.Button login_button;
                private void Page_Load(object sender, System.EventArgs e)
            {
                // 在此处放置用户代码以初始化页面
            }
            #region Web窗体设计器生成的代码
            override protected void OnInit(EventArgs e)
            {
                //
                // CODEGEN: 该调用是ASP.NET Web窗体设计器所必需的
                //
                InitializeComponent( );
                base.OnInit(e);
            }
            /// <summary>
            /// 设计器支持所需的方法——不要使用代码编辑器修改
            /// 此方法的内容
            /// </summary>
            private void InitializeComponent( )
            {
                this.login_button.Click += new System.EventHandler(this.login_button_Click);
                this.Load += new System.EventHandler(this.Page_Load);
            }
            #endregion

            #region 登录按钮动作代码
            private void login_button_Click(object sender, System.EventArgs e)
            {
                string sql = string.Empty;
                string password = string.Empty;
                SqlConnection conn=DataBase.GetConn( );
                password=DataBase.GetMD5(userpwd.Text);
```

```
                    sql="SELECT id FROM userinfo WHERE (username = '"+username.Text+"')
AND (password = '"+password+"')";
                    if (DataBase.JudSQL(sql))
                    {
                            SqlDataAdapter myCommand=new SqlDataAdapter(sql,conn);
                            DataSet ds=new DataSet( );
                            myCommand.Fill(ds,"0");
                            Session["userid"]=ds.Tables[0].Rows[0].ItemArray[0].ToString( );
                            Session["username"]=username.Text;
                            Response.Redirect("index.aspx");

                    }
                    else
                    {
                            DataBase.MessageBox("密码错误！");

                    }
            }
            #endregion
    }
}
```

（17）添加一个名为userinfo.aspx的Web窗体，并将top.ascx拖到其顶部，将bottom.ascx拖到其底部。

（18）将<LINK href=" shopcss.css" type="text/css" rel="stylesheet">添加到userinfo.aspx的<HEAD>和</HEAD>之间。

（19）单击设计窗口左下角的 HTML 图标，进入HTML编辑界面，在<body>和</body>中加入如下代码：

```
<table height="31" cellSpacing="0" cellPadding="0" width="778" border="0" align="center">
        <tr>
                <td height="15"></td>
        </tr>
        <tr>
                <td background="/image/bg.gif" height="1"></td>
        </tr>
        <tr>
                <td height="15"></td>
        </tr>
</table>
<table cellSpacing="0" cellPadding="0" width="778" align="center" border="0">
        <tr>
                <td align="right" width="180" height="36">用户基本信息:</td>
                <td colSpan="2"> </td>
        </tr>
        <tr>
                <td bgColor="#f2f2f2" colSpan="3" height="1"></td>
        </tr>
```

```
<tr>
    <td class="content" align="right" height="30">用户名:</td>
    <td width="300"> 
    <asp:Label id="usernameL" runat="server">Label</asp:Label></td>
    <td class="content" width="298"><FONT face="宋体"></FONT></td>
</tr>
<tr>
    <td class="content" align="right" height="30">新密码:</td>
    <td> 
    <asp:textbox id="pwdTB1" runat="server" TextMode="Password"> </
asp:textbox> </td>
    <td class="content"><FONT face="宋体">不输入新密码，表示不修改密码。
</FONT></td>
</tr>
<tr>
    <td class="content" align="right" height="30">再输入一次新密码:</td>
    <td> 
    <asp:textbox id="pwdTB2" runat="server" TextMode="Password"> </
asp:textbox><asp:comparevalidator id="CompareValidator1" runat="server" ErrorMessage="两次密码不相同
!" ControlToValidate="pwdTB2" ControlToCompare="pwdTB1" Font-Size="X-Small"></asp:com-
parevalidator></td>
    <td class="content">请再输入一遍您上面输入的密码。</td>
</tr>
<tr>
    <td class="content" style="HEIGHT: 29px" align="right" height="30">性
  别:</td>
    <td> 
    <asp:radiobutton id="manRB" runat="server" Text="男" Checked="True"></
asp:radiobutton> 
    <asp:radiobutton id="womanRB" runat="server" Text="女"></
asp:radiobutton></td>
    <td></td>
</tr>
<tr>
    <td class="content" align="right" height="30">E-Mail:</td>
    <td> 
    <asp:textbox id="EmailTB" runat="server"></asp:textbox><asp:regularexpre
ssionvalidator id="RegularExpressionValidator1" runat="server" ErrorMessage="请输入正确的E-mail"
ControlToValidate="EmailTB" Font-Size="X-Small" ValidationExpression= "\w+([-+.]\w+)*@\w+([-
.]\w+)*\.\w+([-.]\w+)*"></asp:regularexpressionvalidator></td>
    <td class="content">为了方便联系，请如实填写电子邮件。</td>
</tr>
<tr>
    <td colSpan="3" height="10"> </td>
</tr>
<tr>
```

```
                <td align="right" height="36">收货人及联系信息:</td>
                <td colSpan="2"></td>
            </tr>
            <TR>
                <TD bgColor="#f2f2f2" colSpan="3" height="1"></TD>
            </TR>
            <TR>
                <TD class="content" align="right" height="30">姓名:</TD>
                <TD> 
                <asp:textbox id="truenameTB" runat="server"></asp:textbox><asp:requiredfield
validator id="RequiredFieldValidator3" runat="server" ErrorMessage="请输入姓名!" ControlToValidate=
"truenameTB" Font-Size="X-Small"></asp:requiredfieldvalidator></TD>
                <TD class="content">请填写收货人的真实姓名。</TD>
            </TR>
            <TR>
                <td class="content" align="right" height="30">地址:</td>
                <td> 
                <asp:textbox id="addressTB" runat="server"></asp:textbox><asp:requiredfield
validator id="RequiredFieldValidator4" runat="server" ErrorMessage="请输入地址!" ControlToValidate=
"addressTB" Font-Size="X-Small"></asp:requiredfieldvalidator></td>
                <td class="content">请填写收货人的真实地址。</td>
            </TR>
            <tr>
                <td class="content" align="right" height="30">邮编:</td>
                <td> 
                <asp:textbox id="postalcodeTB" runat="server"></asp:textbox><asp:required
fieldvalidator id="RequiredFieldValidator5" runat="server" ErrorMessage="请输入邮编!" ControlToValidate=
"postalcodeTB" Font-Size="X-Small"></asp:requiredfieldvalidator></td>
                <td class="content">请填写收货人的真实邮编。</td>
            </tr>
            <tr>
                <td class="content" align="right" height="30">联系电话:</td>
                <td> 
                <asp:textbox id="telTB" runat="server"></asp:textbox><asp:requiredfield
validator id="RequiredFieldValidator6" runat="server" ErrorMessage="请输入电话" ControlToValidate=
"telTB" Font-Size="X-Small"></asp:requiredfieldvalidator></td>
                <td class="content">请填写收货人的真实电话。</td>
            </tr>
            <tr>
                <td align="center" colSpan="3" height="60"><asp:button id="RegButton"
runat="server" Text="修改个人信息"></asp:button> </td>
            </tr>
        </table>
```

（20）右击页面空白处，选择【查看代码】命令，然后在出现的userinfo.aspx.cs中输入如下代码:

```
using System;
using System.Collections;
using System.ComponentModel;
using System.Data;
using System.Drawing;
using System.Web;
using System.Web.SessionState;
using System.Web.UI;
using System.Web.UI.WebControls;
using System.Web.UI.HtmlControls;
using System.Data.SqlClient;

namespace shop
{
    /// <summary>
    /// userinfo的摘要说明
    /// </summary>
    public class userinfo : System.Web.UI.Page
    {
            protected System.Web.UI.WebControls.TextBox pwdTB1;
            protected System.Web.UI.WebControls.TextBox pwdTB2;
            protected System.Web.UI.WebControls.CompareValidator CompareValidator1;
            protected System.Web.UI.WebControls.RadioButton manRB;
            protected System.Web.UI.WebControls.RadioButton womanRB;
            protected System.Web.UI.WebControls.TextBox EmailTB;
            protected System.Web.UI.WebControls.RegularExpressionValidator RegularExpre
ssionValidator1;
            protected System.Web.UI.WebControls.TextBox truenameTB;
            protected System.Web.UI.WebControls.RequiredFieldValidator RequiredFieldValidat or3;
            protected System.Web.UI.WebControls.TextBox addressTB;
            protected System.Web.UI.WebControls.RequiredFieldValidator RequiredFieldValidat or4;
            protected System.Web.UI.WebControls.TextBox postalcodeTB;
            protected System.Web.UI.WebControls.RequiredFieldValidator RequiredFieldValidat or5;
            protected System.Web.UI.WebControls.TextBox telTB;
            protected System.Web.UI.WebControls.RequiredFieldValidator RequiredFieldValidat or6;
            protected System.Web.UI.WebControls.Label usernameL;
            protected System.Web.UI.WebControls.Button RegButton;
            private void Page_Load(object sender, System.EventArgs e)
            {
                    // 在此处放置用户代码以初始化页面
                    if(!IsPostBack)
                    {
                            showuserinfo( );
                    }
            }

            #region 获取用户信息，并绑定到相应的控件上
```

```
private void showuserinfo( )
{
        if (Session["username"]==null)
        {
                DataBase.ReturnBox("请先登录！","login.aspx");
        }
        else
        {
                string sql = string.Empty;
                SqlConnection conn=DataBase.GetConn( );
                string userid=Session["userid"].ToString( );
                sql= string.Format("SELECT * FROM userinfo WHERE (id ="+
userid+")");
                if (DataBase.JudSQL(sql))
                {
                        SqlDataAdapter myCommand=new SqlDataAdapter(sql,conn);
                        DataSet ds=new DataSet( );
                        myCommand.Fill(ds,"0");
                        string username=ds.Tables[0].Rows[0].ItemArray[1].ToString( );
                        usernameL.Text=username.Trim( );
                        string email=ds.Tables[0].Rows[0].ItemArray[5].ToString( );
                        EmailTB.Text=email.Trim( );
                        string truename=ds.Tables[0].Rows[0].ItemArray[2].ToString( );
                        truenameTB.Text=truename.Trim( );
                        string address=ds.Tables[0].Rows[0].ItemArray[8].ToString( );
                        addressTB.Text=address.Trim( );
                        string postalcode=ds.Tables[0].Rows[0].ItemArray[7].ToString( );
                        postalcodeTB.Text=postalcode.Trim( );
                        string tel=ds.Tables[0].Rows[0].ItemArray[6].ToString( );
                        telTB.Text=tel.Trim( );
                        int sex=int.Parse(ds.Tables[0].Rows[0].ItemArray[4].ToString( ));
                        if(sex==0)
                        {
                        }
                        else
                        {
                                manRB.Checked=false;
                                womanRB.Checked=true;
                        }
                }
                else
                {
                        DataBase.ReturnBox("提示：找不到该用户！","index.aspx");
                }
        }
}
#endregion
```

```
#region 更新动作按钮
private void RegButton_Click(object sender, System.EventArgs e)
{
        int sex=0;
        string sql = string.Empty;
        string password=string.Empty;
        SqlConnection conn=DataBase.GetConn( );
        string userid=Session["userid"].ToString( );
        //判断用户选择的性别
        if(manRB.Checked)
        {
            sex=0;
        }
        else
        {
            sex=1;
        }
        //判断是否修改密码
        if(pwdTB1.Text.Trim( )=="")
        {
            sql= string.Format("UPDATE userinfo SET truename='"+truenameTB.
Text.Trim( )+"',sex="+sex+",e_mail='"+EmailTB.Text.Trim( )+"',tel='"+telTB.Text+"',postalcode='"+
postalcodeTB.Text+"', address='"+addressTB.Text+"' WHERE (id ="+userid+")");
        }
        else
        {
            password=DataBase.GetMD5(pwdTB1.Text.Trim( ));
            sql= string.Format("UPDATE userinfo SET truename='"+truenameTB.
Text. Trim( )+"',password='"+password+"',sex="+sex+",e_mail='"+EmailTB.Text. Trim( )+"',tel='"+telTB.
Text+"',postalcode='"+postalcodeTB.Text+"', address='"+addressTB.Text+"' WHERE (id ="+userid+")");
        }
        SqlCommand MC=new SqlCommand(sql,conn);
        MC.Connection.Open( );
        MC.ExecuteNonQuery( );
        MC.Connection.Close( );
        DataBase.ReturnBox("恭喜你：修改成功了！","index.aspx");
}
#endregion

#region Web窗体设计器生成的代码
override protected void OnInit(EventArgs e)
{
        //
        // CODEGEN: 该调用是ASP.NET Web窗体设计器所必需的
        //
        InitializeComponent( );
        base.OnInit(e);
```

```
            }
                /// <summary>
            /// 设计器支持所需的方法——不要使用代码编辑器修改
            /// 此方法的内容
            /// </summary>
            private void InitializeComponent( )
            {
                    this.RegButton.Click += new System.EventHandler(this.RegButton_Click);
                    this.Load += new System.EventHandler(this.Page_Load);
            }
            #endregion
        }
    }
```

（21）添加一个名为buy.aspx的Web窗体，右击页面空白处，选择【查看代码】命令，然后在出现的buy.aspx.cs中输入如下代码：

```
using System;
using System.Collections;
using System.ComponentModel;
using System.Data;
using System.Drawing;
using System.Web;
using System.Web.SessionState;
using System.Web.UI;
using System.Web.UI.WebControls;
using System.Web.UI.HtmlControls;
using System.Data.SqlClient;

namespace shop
{
    /// <summary>
    /// buy的摘要说明
    /// </summary>
    public class buy : System.Web.UI.Page
    {
            private void Page_Load(object sender, System.EventArgs e)
            {
                    // 在此处放置用户代码以初始化页面
                    if(!IsPostBack)
                    {
                            buyshop( );
                    }
            }

            #region Web窗体设计器生成的代码
            override protected void OnInit(EventArgs e)
            {
```

```
            //
            // CODEGEN: 该调用是ASP.NET Web窗体设计器所必需的
            //
            InitializeComponent( );
            base.OnInit(e);
        }
            /// <summary>
        /// 设计器支持所需的方法——不要使用代码编辑器修改
        /// 此方法的内容
        /// </summary>
        private void InitializeComponent( )
        {
            this.Load += new System.EventHandler(this.Page_Load);
        }
        #endregion

        #region 加入购物车代码
        private void buyshop( )
        {
            string sql = string.Empty;
            SqlConnection conn = null;
            try
            {
                if (Request.QueryString["shopid"]==null)
                {
                    DataBase.ReturnBox("商品ID丢失,请重新选择!","index.aspx");
                }
                else if(Session["username"]==null)
                {
                    DataBase.ReturnBox("请先登录!","login.aspx");
                }
                else
                {
                    string shopid=Request.QueryString["shopid"].ToString( );
                    string userid=Session["userid"].ToString( );
                    conn =DataBase.GetConn( );
                    //获取商品价格
                    sql= string.Format("SELECT shopprice FROM shop WHERE
(shopid ="+shopid+")");
                    SqlDataAdapter myCommand=new SqlDataAdapter(sql,conn);
                    DataSet ds=new DataSet( );
                    myCommand.Fill(ds,"0");
                    string shopprice=ds.Tables[0].Rows[0].ItemArray[0].ToString( );
                    //加入购物车
                    sql=string.Format("INSERT INTO orderform(userid, shopid,
finallyprice, indentdate, indent) VALUES ("+userid+","+shopid+", "+shopprice+", GETDATE( ), 1)");
                    SqlCommand MC=new SqlCommand(sql,conn);
```

```
                        MC.Connection.Open( );
                        MC.ExecuteNonQuery( );
                        MC.Connection.Close( );
                        DataBase.ReturnBox("你已经将该商品加入购物车！","cart.aspx");
                    }
                }
                catch(Exception ex)
                {
                    Response.Write(ex);
                }
                finally
                {
                    if(conn!=null)
                        conn.Close( );
                }
            }
            #endregion
        }
    }
```

（22）添加一个名为cart.aspx的Web窗体，并将top.ascx拖到其顶部，将bottom.ascx拖到其底部。

（23）将<LINK href=" shopcss.css" type="text/css" rel="stylesheet">添加到cart.aspx的<HEAD>和</HEAD>之间。

（24）单击设计窗口左下角的 HTML 图标，进入HTML编辑界面，在<body>和</body>中加入如下代码：

```
    <br>
        <table width="778" border="0" cellpadding="0" cellspacing="1" bgcolor="#cccccc" align="center">
            <tr>
                <td width="218" height="22" bgcolor="#96aada" align="center" class="content">商品名称</td>
                <td width="136" bgcolor="#96aada" align="center" class="content">定  价</td>
                <td width="134" bgcolor="#96aada" align="center" class="content">成交价</td>
                <td width="156" bgcolor="#96aada" align="center" class="content">订购时间</td>
                <td width="128" bgcolor="#96aada" align="center" class="content">操  作</td>
            </tr>
            <asp:repeater id="cartlist" runat="server">
            <ItemTemplate>
            <tr>
                <td height="24" align="center" bgcolor="#ffffff" class="content"><%#
```

```
DataBinder.Eval(Container.DataItem,"shopname") %></td>
                        <td bgcolor="#ffffff" align="center" class="content"><%# DataBinder.Eval
(Container.DataItem,"finallyprice") %></td>
                        <td bgcolor="#ffffff" align="center" class="content"><%# DataBinder.Eval
(Container.DataItem,"shopprice") %></td>
                        <td bgcolor="#ffffff" align="center" class="content"><%# DataBinder.Eval
(Container.DataItem,"indentdate") %></td>
                        <td bgcolor="#ffffff" align="center" class="content"><%#"<a href=pay.aspx?
cartid="+DataBinder.Eval(Container.DataItem,"id")+">付 款</a>" %> |  <%#"<a
href=delcart.aspx?cartid="+DataBinder.Eval(Container.DataItem,"id")+">删除订单</a>" %></td>
                    </tr>
                    </ItemTemplate>
                    </asp:repeater>
            </table>
            <br>
            <br>
```

（25）右击页面空白处，选择【查看代码】命令，然后在出现的cart.aspx.cs中输入如下代码：

```
using System;
using System.Collections;
using System.ComponentModel;
using System.Data;
using System.Drawing;
using System.Web;
using System.Web.SessionState;
using System.Web.UI;
using System.Web.UI.WebControls;
using System.Web.UI.HtmlControls;
using System.Data.SqlClient;

namespace shop
{
    /// <summary>
    /// cart的摘要说明
    /// </summary>
    public class cart : System.Web.UI.Page
    {
            protected System.Web.UI.WebControls.Repeater cartlist;
            private void Page_Load(object sender, System.EventArgs e)
            {
                    // 在此处放置用户代码以初始化页面
                    if(!IsPostBack)
                    {
                            showcartlist( );
                    }
            }
```

```
#region Web窗体设计器生成的代码
override protected void OnInit(EventArgs e)
{
        //
        // CODEGEN: 该调用是ASP.NET Web窗体设计器所必需的
        //
        InitializeComponent( );
        base.OnInit(e);
}

/// <summary>
/// 设计器支持所需的方法——不要使用代码编辑器修改
/// 此方法的内容
/// </summary>
private void InitializeComponent( )
{
        this.Load += new System.EventHandler(this.Page_Load);
}
#endregion

#region 显示订单列表
public void showcartlist( )
{
        string sql = string.Empty;
        SqlConnection conn = null;
        try
        {
                if (Session["username"]==null)
                {
                        DataBase.ReturnBox("请先登录!","login.aspx");
                }
                else
                {
                        string userid=Session["userid"].ToString( );
                        sql= string.Format("SELECT orderform.id, shop.shopname,
orderform.finallyprice, shop.shopprice, orderform.indentdate FROM orderform INNER JOIN shop ON
orderform.shopid = shop.shopid WHERE (orderform.userid ="+userid+") AND (orderform.indent = 1)");
                        conn =DataBase.GetConn( );
                        SqlDataAdapter myCommand=new SqlDataAdapter(sql,conn);
                        DataSet ds = new DataSet( );
                        myCommand.Fill(ds,"0");
                        cartlist.DataSource = ds.Tables["0"].DefaultView;
                        cartlist.DataBind( );
                }
        }
        catch(Exception ex)
        {
```

```
                        Response.Write(ex);
                    }
                    finally
                    {
                        if(conn!=null)
                            conn.Close( );
                    }
                }
                #endregion
        }
    }
```

（26）添加一个名为pay.aspx的Web窗体，右击页面空白处，选择【查看代码】命令，然后在出现的pay.aspx.cs中输入如下代码：

```
using System;
using System.Collections;
using System.ComponentModel;
using System.Data;
using System.Drawing;
using System.Web;
using System.Web.SessionState;
using System.Web.UI;
using System.Web.UI.WebControls;
using System.Web.UI.HtmlControls;
using System.Data.SqlClient;

namespace shop
{
    /// <summary>
    /// pay的摘要说明
    /// </summary>
    public class pay : System.Web.UI.Page
    {
            private void Page_Load(object sender, System.EventArgs e)
            {
                // 在此处放置用户代码以初始化页面
                if(!IsPostBack)
                {
                        userpay( );
                }
            }
            #region  付款代码
            private void userpay( )
            {
                string sql = string.Empty;
                SqlConnection conn = null;
```

```
try
{
    if (Request.QueryString["cartid"]==null)
    {
        DataBase.ReturnBox("订单ID丢失,请重新选择!","cart.aspx");
    }
    else if(Session["username"]==null)
    {
        DataBase.ReturnBox("请先登录!","login.aspx");
    }
    else
    {
        string cartid=Request.QueryString["cartid"].ToString( );
        string userid=Session["userid"].ToString( );
        conn =DataBase.GetConn( );
        sql=string.Format("SELECT * FROM shopconnection WHERE
(balance >(SELECT finallyprice FROM orderform WHERE (id = "+cartid+"))) AND (userid ="+userid+")");
        if(DataBase.JudSQL(sql))
        {
            //从用户账户余额中扣除商品相应的金额
            sql=string.Format("update shopconnection set balance=
balance- (SELECT finallyprice FROM orderform WHERE (id = "+cartid+")) where userid="+userid+"");
            SqlCommand MC=new SqlCommand(sql,conn);
            MC.Connection.Open( );
            MC.ExecuteNonQuery( );
            MC.Connection.Close( );
            //修改订单状态
            sql=string.Format("UPDATE orderform SET indent = 2,
paydate = GETDATE( ) WHERE (id = "+cartid+")");
            MC=new SqlCommand(sql,conn);
            MC.Connection.Open( );
            MC.ExecuteNonQuery( );
            MC.Connection.Close( );
            //修改用户业务记录
            sql=string.Format("UPDATE shopconnection SET inte-
gral = integral + 10, degree = degree + 1 WHERE (userid = 1)");
            MC=new SqlCommand(sql,conn);
            MC.Connection.Open( );
            MC.ExecuteNonQuery( );
            MC.Connection.Close( );
            DataBase.ReturnBox("付款成功！我们会第一时间把商品
邮寄给你！","cart.aspx");

        }
        else
        {
            DataBase.ReturnBox("你账户余额不足！","cart.aspx");
```

```
                    }
                }
            }
            catch(Exception ex)
            {
                Response.Write(ex);
            }
            finally
            {
                if(conn!=null)
                conn.Close( );
            }
        }
        #endregion

        #region Web窗体设计器生成的代码
        override protected void OnInit(EventArgs e)
        {
            //
            // CODEGEN: 该调用是ASP.NET Web窗体设计器所必需的
            //
            InitializeComponent( );
            base.OnInit(e);
        }

        /// <summary>
        /// 设计器支持所需的方法——不要使用代码编辑器修改
        /// 此方法的内容
        /// </summary>
        private void InitializeComponent( )
        {
            this.Load += new System.EventHandler(this.Page_Load);
        }
        #endregion
    }
}
```

（27）添加一个名为delcart.aspx的Web窗体，右击页面空白处，选择【查看代码】命令，然后在出现的delcart.aspx.cs中输入如下代码：

```
using System;
using System.Collections;
using System.ComponentModel;
using System.Data;
using System.Drawing;
using System.Web;
using System.Web.SessionState;
using System.Web.UI;
```

```
using System.Web.UI.WebControls;
using System.Web.UI.HtmlControls;
using System.Data.SqlClient;
namespace shop
{
    /// <summary>
    /// delcart的摘要说明
    /// </summary>
    public class delcart : System.Web.UI.Page
    {
        private void Page_Load(object sender, System.EventArgs e)
        {
            // 在此处放置用户代码以初始化页面
            if(!IsPostBack)
            {
                userdelcart( );
            }
        }
        #region 删除商品
        public void userdelcart( )
        {
                if (Request.QueryString["cartid"]==null)
            {
                DataBase.ReturnBox("提示：请选择订单！","cart.aspx");
            }
            else
            {
                string sql = string.Empty;
                SqlConnection conn=DataBase.GetConn( );
                string cartid=Request.QueryString["cartid"].ToString( );
                sql= string.Format("DELETE FROM orderform WHERE (id
="+cartid+")");
                SqlCommand MC=new SqlCommand(sql,conn);
                MC.Connection.Open( );
                MC.ExecuteNonQuery( );
                MC.Connection.Close( );
                DataBase.ReturnBox("提示：删除订单成功！","cart.aspx");
            }
        }
        #endregion
        #region Web窗体设计器生成的代码
        override protected void OnInit(EventArgs e)
        {
            //
            // CODEGEN: 该调用是ASP.NET Web窗体设计器所必需的
            //
```

```
                InitializeComponent( );
                base.OnInit(e);
            }
            /// <summary>
            /// 设计器支持所需的方法——不要使用代码编辑器修改
            /// 此方法的内容
            /// </summary>
            private void InitializeComponent( )
            {
                this.Load += new System.EventHandler(this.Page_Load);
            }
            #endregion
        }
    }
```

（28）添加一个名为buylog.aspx的Web窗体，并将top.ascx拖到其顶部，将bottom.ascx拖到其底部。

（29）将<LINK href=" shopcss.css" type="text/css" rel="stylesheet">添加到buylog.aspx的<HEAD>和</HEAD>之间。

（30）单击设计窗口左下角的HTML图标，进入HTML编辑界面，在<body>和</body>中加入如下代码：

```
<br>
    <table width="778" border="0" cellpadding="0" cellspacing="1" bgcolor="#cccccc" align="center">
        <tr>
            <td width="218" height="22" bgcolor="#96aada" align="center" class="content">商品名称</td>
            <td width="136" bgcolor="#96aada" align="center" class="content">价  格</td>
            <td width="134" bgcolor="#96aada" align="center" class="content">订购时间</td>
            <td width="156" bgcolor="#96aada" align="center" class="content">付款时间</td>
            <td width="128" bgcolor="#96aada" align="center" class="content">发货时间</td>
        </tr>
        <asp:repeater id="buyloglist" runat="server">
        <ItemTemplate>
        <tr>
            <td height="24" align="center" bgcolor="#ffffff" class="content"><%# DataBinder.Eval(Container.DataItem,"shopname") %></td>
            <td bgcolor="#ffffff" align="center" class="content"><%# DataBinder.Eval(Container.DataItem,"finallyprice") %></td>
            <td bgcolor="#ffffff" align="center" class="content"><%# DataBinder.Eval(Container.DataItem,"indentdate") %></td>
```

```
                    <td bgcolor="#ffffff" align="center" class="content"><%# DataBinder.Eval
(Container.DataItem,"paydate") %></td>
                    <td bgcolor="#ffffff" align="center" class="content"><%# DataBinder.Eval
(Container.DataItem,"consignmentdate") %></td>
                </tr>
                </ItemTemplate>
                </asp:repeater>
        </table>
        <br>
        <br>
```

（31）右击页面空白处，选择【查看代码】命令，然后在出现的delcart.aspx.cs中输入如下代码：

```
using System;
using System.Collections;
using System.ComponentModel;
using System.Data;
using System.Drawing;
using System.Web;
using System.Web.SessionState;
using System.Web.UI;
using System.Web.UI.WebControls;
using System.Web.UI.HtmlControls;
using System.Data.SqlClient;

namespace shop
{
    /// <summary>
    /// buylog的摘要说明
    /// </summary>
    public class buylog : System.Web.UI.Page
    {
            protected System.Web.UI.WebControls.Repeater buyloglist;
            private void Page_Load(object sender, System.EventArgs e)
            {
                    // 在此处放置用户代码以初始化页面
                    if(!IsPostBack)
                    {
                            showbuylog( );
                    }
            }

            #region 显示已购商品列表
            public void showbuylog( )
            {
                    string sql = string.Empty;
                    SqlConnection conn = null;
```

```
            try
            {
                    if (Session["username"]==null)
                    {
                            DataBase.ReturnBox("请先登录!","login.aspx");
                    }
                    else
                    {
                            string userid=Session["userid"].ToString( );
                            sql= string.Format("SELECT orderform.id, shop.shopname, 
orderform.finallyprice,orderform.indentdate, orderform.paydate,orderform.consignmentdate FROM orderform 
INNER JOIN shop ON orderform.shopid = shop.shopid WHERE (orderform.userid = 6) AND 
(orderform.indent <> 1)");
                            conn =DataBase.GetConn( );
                            SqlDataAdapter myCommand=new SqlDataAdapter(sql,conn);
                            DataSet ds = new DataSet( );
                            myCommand.Fill(ds,"0");
                            buyloglist.DataSource = ds.Tables["0"].DefaultView;
                            buyloglist.DataBind( );
                    }
            }
            catch(Exception ex)
            {
                    Response.Write(ex);
            }
            finally
            {
                    if(conn!=null)
                            conn.Close( );
            }
        }
        #endregion

        #region Web窗体设计器生成的代码
        override protected void OnInit(EventArgs e)
        {
            //
            // CODEGEN: 该调用是ASP.NET Web窗体设计器所必需的
            //
            InitializeComponent( );
            base.OnInit(e);
        }

        /// <summary>
        /// 设计器支持所需的方法——不要使用代码编辑器修改
        /// 此方法的内容
        /// </summary>
        private void InitializeComponent( )
```

```
		{
			this.Load += new System.EventHandler(this.Page_Load);
		}
		#endregion
	}
}
```

到此为止，电子商场前台设计完成。

5. 设计后台

（1）在admin目录中，添加一个名为index.aspx的Web窗体，单击HTML标签，在HTML代码窗体中输入如下代码：

```
<HTML>
	<HEAD>
		<TITLE>IDShop系统管理后台</TITLE>
		<meta http-equiv="Content-Type" content="text/html; charset=gb2312">
	</HEAD>
	<frameset border="0" frameSpacing="0" frameBorder="no" cols="142,85%">
		<frame id="left" title="left" name="left" src="left.aspx" noResize scrolling="no">
		<frame id="mainFrame" title="mainFrame" name="right" src="admin_shop.aspx">
	</frameset>
</HTML>
```

（2）右击页面空白处，选择【查看代码】命令，然后在出现的index.aspx.cs中输入如下代码：

```
using System;
using System.Collections;
using System.ComponentModel;
using System.Data;
using System.Drawing;
using System.Web;
using System.Web.SessionState;
using System.Web.UI;
using System.Web.UI.WebControls;
using System.Web.UI.HtmlControls;
namespace shop.admin
{
	/// <summary>
	/// index的摘要说明
	/// </summary>
	public class index : System.Web.UI.Page
	{
		private void Page_Load(object sender, System.EventArgs e)
		{
			// 在此处放置用户代码以初始化页面
			DataBase.IsAdmin ( );
```

```
            }
            #region Web窗体设计器生成的代码
            override protected void OnInit(EventArgs e)
            {
                //
                // CODEGEN: 该调用是ASP.NET Web窗体设计器所必需的
                //
                InitializeComponent ( );
                base.OnInit (e);
            }

            /// <summary>
            /// 设计器支持所需的方法——不要使用代码编辑器修改
            /// 此方法的内容
            /// </summary>
            private void InitializeComponent( )
            {
                this.Load += new System.EventHandler (this.Page_Load);
            }
            #endregion
        }
    }
```

（3）在admin目录中，添加一个名为login.aspx的Web窗体，单击HTML标签，在<form></form>标签之间输入如下代码：

```
<asp:Label id="Label1" style="Z-INDEX: 101; LEFT: 400px; POSITION: absolute; TOP: 192px" runat="server" Width="176px">IDShop后台管理员登录</asp:Label>
    <asp:TextBox id="password" style="Z-INDEX: 105; LEFT: 448px; POSITION: absolute; TOP: 264px" runat="server" Width="144px" TextMode="Password"></asp:TextBox>
    <asp:Label id="Label3" style="Z-INDEX: 103; LEFT: 376px; POSITION: absolute; TOP: 272px" runat="server" Width="56px">密　　码：</asp:Label>
    <asp:Label id="Label2" style="Z-INDEX: 102; LEFT: 368px; POSITION: absolute; TOP: 232px" runat="server">登录名：</asp:Label>
    <asp:TextBox id="adminuser" style="Z-INDEX: 104; LEFT: 448px; POSITION: absolute; TOP: 232px" runat="server" Width="144px"></asp:TextBox>
    <asp:Button id="enter" style="Z-INDEX: 106; LEFT: 464px; POSITION: absolute; TOP: 312px" runat="server" Text=" 登 录 "></asp:Button>
    <asp:Label id="info" style="Z-INDEX: 107; LEFT: 376px; POSITION: absolute; TOP: 368px" runat="server" Width="248px" Font-Size="12px" ForeColor="Red"></asp:Label>
```

（4） 右击页面空白处，选择【查看代码】命令，然后在出现的login.aspx.cs中输入如下代码：

```
using System;
using System.Collections;
using System.ComponentModel;
using System.Data;
```

```
using System.Drawing;
using System.Web;
using System.Web.SessionState;
using System.Web.UI;
using System.Web.UI.WebControls;
using System.Web.UI.HtmlControls;
using System.Data.SqlClient;

namespace shop.admin
{
   /// <summary>
   /// login的摘要说明
   /// </summary>
   public class login : System.Web.UI.Page
   {
         protected System.Web.UI.WebControls.Label Label1;
         protected System.Web.UI.WebControls.TextBox password;
         protected System.Web.UI.WebControls.Label Label3;
         protected System.Web.UI.WebControls.Label Label2;
         protected System.Web.UI.WebControls.TextBox adminuser;
         protected System.Web.UI.WebControls.Button enter;
         protected System.Web.UI.WebControls.Label info;
         private void Page_Load(object sender, System.EventArgs e)
         {
               // 在此处放置用户代码以初始化页面
         }

         #region Web窗体设计器生成的代码
         override protected void OnInit(EventArgs e)
         {
               //
               // CODEGEN: 该调用是ASP.NET Web窗体设计器所必需的
               //
               InitializeComponent( );
               base.OnInit(e);
         }

         /// <summary>
         /// 设计器支持所需的方法——不要使用代码编辑器修改
         /// 此方法的内容
         /// </summary>
         private void InitializeComponent( )
         {
               this.enter.Click += new System.EventHandler(this.enter_Click);
               this.Load += new System.EventHandler(this.Page_Load);
         }
         #endregion

         #region 登录按钮的事件响应方法
```

```
        private void enter_Click(object sender, System.EventArgs e)
        {
            if(adminuser.Text.Trim( ).Length==0||password.Text.Trim( ).Length==0)
            {
                info.Text = "您所填写的登录名或密码为空，登录失败！";
            }
            else
            {
                if(CheckAdmin(adminuser.Text.Trim( ),password.Text.Trim( )))
                {
                    //如果验证通过，则用SaveStatus存放管理员的状态
                    SaveStatus(adminuser.Text.Trim( ).ToString( ));
                    Response.Redirect("index.aspx");
                }
                else
                {
                    //验证失败
                    info.Text = "您所填写的登录名或密码错误，登录失败！";
                }
            }
        }
    #endregion
        #region 在Session中存储管理员的用户名
        private void SaveStatus(string adminuser)
        {
            Session["adminuser"] = adminuser;
        }
        #endregion
        #region 验证后台管理员登录的方法
        private bool CheckAdmin(string adminuser,string password)
        {
            bool yes = false; //定义标识为false
            password = DataBase.GetMD5(password.Trim( ));
            SqlConnection conn =  null;
            SqlCommand cmd       = null;
            SqlDataReader dr    = null;
            string sql = string.Empty;
            try
            {
                sql = string.Format("select password from [admin] where
adminuser='{0}'", adminuser);
                conn = DataBase.GetConn( );
                conn.Open( );
                cmd  = new SqlCommand(sql,conn);
                dr   = cmd.ExecuteReader( );
                if(dr.Read( ))
```

```
					{
						if(dr.GetString(0).Trim( ).Equals(password))
							yes = true; //验证通过
					}
				}
				catch(Exception ex)
				{	Response.Write(ex.Message );}		//打印数据库处理的处错信息，用于Debug阶段
				finally
				{
					//关闭或释放相关的数据库对象
					if(conn!=null)
						conn.Close( );
					if(cmd!=null)
						cmd.Dispose( );
					if(dr!=null)
						dr.Close( );
				}

				return yes;
			}
			#endregion
		}
	}
```

（5）在admin目录中，添加一个名为left.aspx的Web窗体，单击HTML标签，在HTML代码窗口中删除默认的所有代码，然后输入如下代码：

```
<html>
<head>
<meta http-equiv="Content-Type" content="text/html; charset=gb2312">
<title>左边页面</title>
<link href="../style/style.css" rel="stylesheet" type="text/css">
</head>
<body bgcolor="#efefef">
<table width="100%" border="0" align="center" cellpadding="0" cellspacing="0">
		<tr>
			<td height="50" align="center"><span class="font-14"><strong>管理后台</strong> </span></td>
		</tr>
		<tr>
			<td height="20"><div align="center" class="header">操作菜单</div> </td>
		</tr>
		<tr>
			<td height="20"><div align="center">
			<hr align="center" width="90%"></div>
		</td>
		</tr>
```

```
<tr>
    <td height="20"><div align="center">
    <table width="90%" border="0" align="center" cellpadding="0" cellspacing="0">
        <tr>
            <td height="26" onMouseOver="this.id='over';" onMouseDown="this.id='down';" onMouseOut="this.id='';"><div align="center"><a href="admin_shop.aspx" target="right">商品管理</a></div></td>
        </tr>
        <tr>
            <td height="26" onMouseOver="this.id='over';" onMouseDown="this.id='down';" onMouseOut="this.id='';"><div align="center"><a href="admin_class.aspx" target="right">分类管理</a></div>
            </td>
        </tr>
        <tr>
            <td height="26" onMouseOver="this.id='over';" onMouseDown="this.id='down';" onMouseOut="this.id='';"><div align="center"><a href="admin_user.aspx" target="right">用户管理</a></div></td>
        </tr>
        <tr>
            <td height="26" onMouseOver="this.id='over';" onMouseDown="this.id='down';" onMouseOut="this.id='';"><div align="center"><a href="admin_cart.aspx" target="right">订单管理</a></div></td>
        </tr>
        <tr>
            <td height="26" onMouseOver="this.id='over';" onMouseDown="this.id='down';" onMouseOut="this.id='';"><div align="center"><a href="postshoplist.aspx" target="right">已发商品</a></div></td>
        </tr>
        <tr>
            <td height="26"><div align="center"><a href="Logout.aspx" target="_top">安全退出</a></div></td>
        </tr>
        <tr>
            <td height="26"><div align="center"></div></td>
        </tr>
        <tr>
            <td height="26"><div align="center"></div></td>
        </tr>
    </table></div></td>
</tr>
</table>
</body>
</html>
```

（6）在admin目录中，添加一个名为admin_shop.aspx的Web窗体，单击HTML标签，在<form></form>标签之间输入如下代码：

```
<table width="700" height="30" border="0" cellspacing="0" cellpadding="0" align="center">
    <tr>
        <td><asp:HyperLink id="HyperLink1" runat="server" NavigateUrl= "addshop.aspx">添加商品</asp:HyperLink></td>
    </tr>
</table>
<table cellSpacing="1" cellPadding="0" width="700" align="center" bgColor="#698cc3" border="0">
    <tr>
        <td align="center" bgColor="#8caed5" height="24"><FONT size="2">商品ID</FONT></td>
        <td align="center" bgColor="#8caed5"><FONT size="2">商品名称</FONT></td>
        <td align="center" bgColor="#8caed5"><FONT size="2">商品价格</FONT></td>
        <td align="center" bgColor="#8caed5"><FONT size="2">商品数量</FONT></td>
        <td align="center" bgColor="#8caed5"><FONT size="2">上架时间</FONT></td>
        <td align="center" bgColor="#8caed5"><FONT size="2">操作</FONT></td>
    </tr>
    <asp:repeater id="shoplist" runat="server">
    <ItemTemplate>
    <tr>
        <td width="91" align="center" height="24" bgcolor="#FFFFFF"><FONT size="2"><%# DataBinder.Eval(Container.DataItem,"shopid") %></FONT></td>
        <td width="140" align="center" bgcolor="#FFFFFF"><FONT size="2"><%# DataBinder.Eval(Container.DataItem,"shopname") %></FONT></td>
        <td width="124" align="center" bgcolor="#FFFFFF"><FONT size="2"><%# DataBinder.Eval(Container.DataItem,"shopprice") %></FONT></td>
        <td width="100" align="center" bgcolor="#FFFFFF"><FONT size="2"><%# DataBinder.Eval(Container.DataItem,"shopsum") %></FONT></td>
        <td width="198" align="center" bgcolor="#FFFFFF"><FONT size="2"><%# DataBinder.Eval(Container.DataItem,"adddate") %></FONT></td>
        <td width="142" align="center" bgcolor="#FFFFFF"><FONT size="2"><%#"<a href=upshop.aspx?shopid="+DataBinder.Eval(Container.DataItem,"shopid")+">修改</a>" %> | <%#"<a href=delshop.aspx?shopid="+DataBinder.Eval(Container.DataItem,"shopid")+">删除</a>" %></FONT></td>
    </tr>
    </ItemTemplate>
    </asp:repeater>
</table>
```

（7） 右击页面空白处，选择【查看代码】命令，然后在出现的admin_shop.aspx.cs中输入如下代码：

```
using System;
using System.Collections;
using System.ComponentModel;
using System.Data;
using System.Drawing;
using System.Web;
using System.Web.SessionState;
using System.Web.UI;
using System.Web.UI.WebControls;
using System.Web.UI.HtmlControls;
using System.Data.SqlClient;

namespace shop.admin
{
    /// <summary>
    /// shopmanage的摘要说明
    /// </summary>
    public class shopmanage : System.Web.UI.Page
    {
            protected System.Web.UI.WebControls.Repeater shoplist;
            private void Page_Load(object sender, System.EventArgs e)
            {
                    // 在此处放置用户代码以初始化页面
                    if(!IsPostBack)
                    {
                            DataBase.IsAdmin( );
                            shoplistshow( );
                    }
            }
            #region 显示商品信息列表
            public void shoplistshow( )
            {
                    string sql = string.Empty;
                    SqlConnection conn =DataBase.GetConn( );
                    sql="SELECT shopid, shopname, shopprice, shopsum, adddate FROM shop";
                    SqlDataAdapter myCommand=new SqlDataAdapter(sql,conn);
                    DataSet ds = new DataSet( );
                    myCommand.Fill(ds,"0");
                    shoplist.DataSource = ds.Tables["0"].DefaultView;
                    shoplist.DataBind( );
                    conn.Close( );
            }
            #endregion

            #region Web窗体设计器生成的代码
```

```
            override protected void OnInit(EventArgs e)
            {
                //
                // CODEGEN: 该调用是ASP.NET Web窗体设计器所必需的
                //
                InitializeComponent( );
                base.OnInit(e);
            }

            /// <summary>
            /// 设计器支持所需的方法——不要使用代码编辑器修改
            /// 此方法的内容
            /// </summary>
            private void InitializeComponent( )
            {
                this.Load += new System.EventHandler(this.Page_Load);
            }
            #endregion
        }
    }
```

（8）在admin目录中，添加一个名为addshop.aspx的Web窗体，单击HTML标签，将<LINK href="../shopcss.css" type="text/css" rel="stylesheet">添加到<HEAD>和</HEAD>之间，在<form></form>标签之间输入如下代码：

```
    <table width="600" border="0" cellpadding="0" cellspacing="1" bgcolor="#cccccc">
            <tr>
                <td height="30" colspan="2" bgcolor="#ffffff" class="title_small">添加商品</td>
            </tr>
            <tr>
                <td width="132" bgcolor="#ffffff" class="title_small">商品类别：</td>
                <td bgcolor="#ffffff"> 
                <asp:DropDownList id="ClassDDL" runat="server"></asp:DropDownList></td>
            </tr>
            <tr>
                <td bgcolor="#ffffff" class="title_small">商品名称：</td>
                <td bgcolor="#ffffff"> 
                <asp:TextBox id="NameTB" runat="server"></asp:TextBox>
                <asp:RequiredFieldValidator id="RequiredFieldValidator1" runat="server"
ErrorMessage="请输入商品名称!" ControlToValidate="NameTB"></asp:RequiredField Validator></td>
            </tr>
            <tr>
                <td bgcolor="#ffffff" class="title_small">图片地址：</td>
                <td bgcolor="#ffffff"> 
                <asp:TextBox id="ImageTB" runat="server" Width="312px"></asp:TextBox>
                <asp:RequiredFieldValidator id="RequiredFieldValidator2" runat="server"
ErrorMessage="请输入图片地址！" ControlToValidate="ImageTB"></asp:RequiredField Validator></td>
```

```
        </tr>
        <tr>
            <td bgcolor="#ffffff" class="title_small">商品介绍：</td>
            <td bgcolor="#ffffff"> 
            <asp:TextBox id="ExplainTB" runat="server" TextMode="MultiLine" Width=
"312px"></asp:TextBox>
            <asp:RequiredFieldValidator id="RequiredFieldValidator3" runat="server"
ErrorMessage="请输入商品介绍!" ControlToValidate="ExplainTB"></asp:RequiredFieldValidator></td>
        </tr>
        <tr>
            <td bgcolor="#ffffff" class="title_small">商品价格：</td>
            <td bgcolor="#ffffff"> 
            <asp:TextBox id="PriceTB" runat="server"></asp:TextBox>
            <asp:RequiredFieldValidator id="RequiredFieldValidator4" runat="server"
ErrorMessage="请输入商品价格！" ControlToValidate="PriceTB"> </asp:Required FieldValidator></td>
        </tr>
        <tr>
            <td bgcolor="#ffffff" class="title_small">商品数量：</td>
            <td bgcolor="#ffffff"> 
            <asp:TextBox id="SumTB" runat="server"></asp:TextBox>
            <asp:RequiredFieldValidator id="RequiredFieldValidator5" runat="server"
ErrorMessage="请输入商品数量！" ControlToValidate="SumTB"> </asp:RequiredField Validator></td>
        </tr>
        <tr>
            <td bgcolor="#ffffff" class="title_small">上架时间：</td>
            <td bgcolor="#ffffff"> 
            <asp:TextBox id="AddtimeTB" runat="server"></asp:TextBox>
            <asp:RequiredFieldValidator id="RequiredFieldValidator6" runat="server"
ErrorMessage="请输入上架时间!" ControlToValidate="AddtimeTB"> </asp:RequiredFieldValidator></td>
        </tr>
        <TR>
            <TD height="36" bgColor="#ffffff" colSpan="2" align="center">
            <asp:Button id="PostButton" runat="server" Text="提 交"></asp:Button></TD>
        </TR>
    </table>
```

（9）右击页面空白处，选择【查看代码】命令，然后在出现的addshop.aspx.cs中输入如下代码：

```
using System;
using System.Collections;
using System.ComponentModel;
using System.Data;
using System.Drawing;
using System.Web;
using System.Web.SessionState;
using System.Web.UI;
```

```
using System.Web.UI.WebControls;
using System.Web.UI.HtmlControls;
using System.Data.SqlClient;
namespace shop.admin
{
   /// <summary>
   /// addshop的摘要说明
   /// </summary>
   public class addshop : System.Web.UI.Page
   {
         protected System.Web.UI.WebControls.DropDownList ClassDDL;
         protected System.Web.UI.WebControls.TextBox NameTB;
         protected System.Web.UI.WebControls.TextBox ImageTB;
         protected System.Web.UI.WebControls.TextBox ExplainTB;
         protected System.Web.UI.WebControls.TextBox PriceTB;
         protected System.Web.UI.WebControls.TextBox SumTB;
         protected System.Web.UI.WebControls.Button PostButton;
         protected System.Web.UI.WebControls.RequiredFieldValidator RequiredFieldValidat or1;
         protected System.Web.UI.WebControls.RequiredFieldValidator RequiredFieldValidat or2;
         protected System.Web.UI.WebControls.RequiredFieldValidator RequiredFieldValidat or3;
         protected System.Web.UI.WebControls.RequiredFieldValidator RequiredFieldValidat or4;
         protected System.Web.UI.WebControls.RequiredFieldValidator RequiredFieldValidat or5;
         protected System.Web.UI.WebControls.RequiredFieldValidator RequiredFieldValidat or6;
         protected System.Web.UI.WebControls.TextBox AddtimeTB;
         private void Page_Load(object sender, System.EventArgs e)
         {
               // 在此处放置用户代码以初始化页面
               if(!IsPostBack)
               {
                     DataBase.IsAdmin( );
                     DDLClass( );
               }
         }
         #region Web窗体设计器生成的代码
         override protected void OnInit(EventArgs e)
         {
               //
               // CODEGEN: 该调用是ASP.NET Web窗体设计器所必需的
               //
               InitializeComponent( );
               base.OnInit(e);
         }
         /// <summary>
         /// 设计器支持所需的方法——不要使用代码编辑器修改
         /// 此方法的内容
```

```
        /// </summary>
        private void InitializeComponent( )
        {
            this.PostButton.Click += new System.EventHandler(this.PostButton_Click);
            this.Load += new System.EventHandler(this.Page_Load);
        }
        #endregion

        #region 添加商品按钮动作代码
        private void PostButton_Click(object sender, System.EventArgs e)
        {
            string sql = string.Empty;
            SqlConnection conn=DataBase.GetConn( );
            int classid=int.Parse(this.ClassDDL.SelectedValue.ToString( ));
            sql="insert into shop(shopclass,shopname,shoppicture,shopexplain,shopprice,
shopsum,adddate) values("+classid+",'"+NameTB.Text+"','"+ImageTB.Text+"','"+ExplainTB. Text+"',"+
PriceTB.Text+","+SumTB.Text+","+AddtimeTB.Text+")";
            SqlCommand MC=new SqlCommand(sql,conn);
            MC.Connection.Open( );
            MC.ExecuteNonQuery( );
            MC.Connection.Close( );
            DataBase.ReturnBox("提示：添加商品成功！","admin_shop.aspx");
        }
        #endregion

        #region 绑定商品类别及值
        public void DDLClass( )
        {
            string sql = string.Empty;
            sql="SELECT * FROM shopclass";
            if(DataBase.JudSQL(sql))
            {
                ClassDDL.DataSource=DataBase.ShowDataView(sql);
                ClassDDL.DataTextField="classname";
                ClassDDL.DataValueField="classid";
                ClassDDL.DataBind( );
                ClassDDL.Items.Insert(0,"选择商品类别");
                ClassDDL.Items[0].Value="0";
            }
        }
    #endregion
  }
}
```

（10）在admin目录中，添加一个名为upshop.aspx的Web窗体，单击HTML标签，将<LINK href="../shopcss.css" type="text/css" rel="stylesheet">添加到<HEAD>和</HEAD>之间，在<form></form>标签之间输入如下代码：

```
<table width="600" border="0" cellpadding="0" cellspacing="1" bgcolor="#cccccc">
        <tr>
                <td height="30" colspan="2" bgcolor="#ffffff" class="title_small">修改商品</td>
        </tr>
        <tr>
                <td width="132" bgcolor="#ffffff" class="title_small">商品类别：</td>
                <td bgcolor="#ffffff"> 
                <asp:DropDownList id="ClassDDL" runat="server"></asp:DropDownList></td>
        </tr>
        <tr>
                <td bgcolor="#ffffff" class="title_small">商品名称：</td>
                <td bgcolor="#ffffff"> 
                <asp:TextBox id="NameTB" runat="server"></asp:TextBox>
                <asp:RequiredFieldValidator id="RequiredFieldValidator1" runat="server"
ErrorMessage="请输入商品名称!" ControlToValidate="NameTB"> </asp:RequiredField Validator></td>
        </tr>
        <tr>
                <td bgcolor="#ffffff" class="title_small">图片地址：</td>
                <td bgcolor="#ffffff"> 
                <asp:TextBox id="ImageTB" runat="server" Width="312px"></asp:TextBox>
                <asp:RequiredFieldValidator id="RequiredFieldValidator2" runat="server"
ErrorMessage="请输入图片地址！" ControlToValidate="ImageTB"> </asp:RequiredField Validator></td>
        </tr>
        <tr>
                <td bgcolor="#ffffff" class="title_small">商品介绍：</td>
                <td bgcolor="#ffffff"> 
                <asp:TextBox id="ExplainTB" runat="server" TextMode="MultiLine" Width
="312px"></asp:TextBox>
                <asp:RequiredFieldValidator id="RequiredFieldValidator3" runat="server"
ErrorMessage="请输入商品介绍!" ControlToValidate="ExplainTB"> </asp:RequiredField Validator></td>
        </tr>
        <tr>
                <td bgcolor="#ffffff" class="title_small">商品价格：</td>
                <td bgcolor="#ffffff"> 
                <asp:TextBox id="PriceTB" runat="server"></asp:TextBox>
                <asp:RequiredFieldValidator id="RequiredFieldValidator4" runat="server"
ErrorMessage="请输入商品价格！" ControlToValidate="PriceTB"> </asp:RequiredField Validator></td>
        </tr>
        <tr>
                <td bgcolor="#ffffff" class="title_small">商品数量：</td>
                <td bgcolor="#ffffff"> 
                <asp:TextBox id="SumTB" runat="server"></asp:TextBox>
                <asp:RequiredFieldValidator id="RequiredFieldValidator5" runat="server"
ErrorMessage="请输入商品数量！" ControlToValidate="SumTB"> </asp:RequiredField Validator></td>
        </tr>
        <tr>
                <td bgcolor="#ffffff" class="title_small">上架时间：</td>
```

```
            <td bgcolor="#ffffff"> 
            <asp:Label id="addtimeL" runat="server">Label</asp:Label></td>
        </tr>
        <TR>
            <TD height="36" bgColor="#ffffff" colSpan="2" align="center">
            <asp:Button id="UPButton" runat="server" Text="修 改"></asp:Button></TD>
        </TR>
</table>
```

（11）右击页面空白处，选择【查看代码】命令，然后在出现的upshop.aspx.cs中输入如下代码：

```
using System;
using System.Collections;
using System.ComponentModel;
using System.Data;
using System.Drawing;
using System.Web;
using System.Web.SessionState;
using System.Web.UI;
using System.Web.UI.WebControls;
using System.Web.UI.HtmlControls;
using System.Data.SqlClient;

namespace shop.admin
{
    /// <summary>
    /// upshop的摘要说明
    /// </summary>
    public class upshop : System.Web.UI.Page
    {
            protected System.Web.UI.WebControls.DropDownList ClassDDL;
            protected System.Web.UI.WebControls.TextBox NameTB;
            protected System.Web.UI.WebControls.RequiredFieldValidator RequiredFieldValidat or1;
            protected System.Web.UI.WebControls.TextBox ImageTB;
            protected System.Web.UI.WebControls.RequiredFieldValidator RequiredFieldValidat or2;
            protected System.Web.UI.WebControls.TextBox ExplainTB;
            protected System.Web.UI.WebControls.RequiredFieldValidator RequiredFieldValidat or3;
            protected System.Web.UI.WebControls.TextBox PriceTB;
            protected System.Web.UI.WebControls.RequiredFieldValidator RequiredFieldValidat or4;
            protected System.Web.UI.WebControls.TextBox SumTB;
            protected System.Web.UI.WebControls.RequiredFieldValidator RequiredFieldValidat or5;
            protected System.Web.UI.WebControls.Label addtimeL;
            protected System.Web.UI.WebControls.Button UPButton;
            string shopclass;
            private void Page_Load(object sender, System.EventArgs e)
            {
                    // 在此处放置用户代码以初始化页面
```

```
            if(!IsPostBack)
            {
                DataBase.IsAdmin( );
                showshop( );
                DDLClass( );
            }
        }
        #region 显示商品信息
        public void showshop( )
        {
            if (Request.QueryString["shopid"]==null)
            {
                DataBase.ReturnBox("提示：请选择商品！","shopmanage.aspx");
            }
            else
            {
                string sql = string.Empty;
                SqlConnection conn=DataBase.GetConn( );
                string shopid=Request.QueryString["shopid"].ToString( );
                sql= string.Format("SELECT * FROM shop WHERE (shopid ="+
shopid+")");
                SqlDataAdapter myCommand=new SqlDataAdapter(sql,conn);
                DataSet ds=new DataSet( );
                myCommand.Fill(ds,"0");
                shopclass=ds.Tables[0].Rows[0].ItemArray[1].ToString( );
                NameTB.Text=ds.Tables[0].Rows[0].ItemArray[2].ToString( );
                ImageTB.Text=ds.Tables[0].Rows[0].ItemArray[3].ToString( );
                ExplainTB.Text=ds.Tables[0].Rows[0].ItemArray[4].ToString( );
                PriceTB.Text=ds.Tables[0].Rows[0].ItemArray[5].ToString( );
                SumTB.Text=ds.Tables[0].Rows[0].ItemArray[6].ToString( );
                addtimeL.Text=ds.Tables[0].Rows[0].ItemArray[7].ToString( );
            }
        }
        #endregion
        public void DDLClass( )//绑定商品类别及值
        {
            string sql = string.Empty;
            sql="SELECT * FROM shopclass";
            if(DataBase.JudSQL(sql))
            {
                ClassDDL.DataSource=DataBase.ShowDataView(sql);
                ClassDDL.DataTextField="classname";
                ClassDDL.DataValueField="classid";
                ClassDDL.DataBind( );
                ClassDDL.SelectedValue=shopclass;
```

```
                }
            }
            #region Web窗体设计器生成的代码
            override protected void OnInit(EventArgs e)
            {
                //
                // CODEGEN: 该调用是ASP.NET Web窗体设计器所必需的
                //
                InitializeComponent( );
                base.OnInit(e);
            }
            /// <summary>
            /// 设计器支持所需的方法——不要使用代码编辑器修改
            /// 此方法的内容
            /// </summary>
            private void InitializeComponent( )
            {
                this.UPButton.Click += new System.EventHandler(this.UPButton_Click);
                this.Load += new System.EventHandler(this.Page_Load);
            }
            #endregion
            private void UPButton_Click(object sender, System.EventArgs e)
            {
                if (Request.QueryString["shopid"]==null)
                {
                    DataBase.ReturnBox("提示：商品ID丢失！","admin_shop.aspx");
                }
                else
                {
                    string sql = string.Empty;
                    SqlConnection conn=DataBase.GetConn( );
                    string shopid=Request.QueryString["shopid"].ToString( );
                    int classid=int.Parse(this.ClassDDL.SelectedValue.ToString( ));
                    sql= string.Format("UPDATE shop SET shopclass="+classid+
",shopname ='"+NameTB.Text+"',shoppicture='"+ImageTB.Text+"',shopexplain='"+ExplainTB.Text+"',
shopprice="+PriceTB.Text+",shopsum="+SumTB.Text+" WHERE (shopid ="+shopid+")");
                    SqlCommand MC=new SqlCommand(sql,conn);
                    MC.Connection.Open( );
                    MC.ExecuteNonQuery( );
                    MC.Connection.Close( );
                    DataBase.ReturnBox("提示：修改商品信息成功！","admin_shop.aspx");
                }
            }
        }
    }
```

（12）在admin目录中，添加一个名为delshop.aspx的Web窗体，右击页面空白处，选择【查看代码】命令，然后在出现的delshop.aspx.cs中输入如下代码：

```
using System;
using System.Collections;
using System.ComponentModel;
using System.Data;
using System.Drawing;
using System.Web;
using System.Web.SessionState;
using System.Web.UI;
using System.Web.UI.WebControls;
using System.Web.UI.HtmlControls;
using System.Data.SqlClient;

namespace shop.admin
{
    /// <summary>
    /// delshop的摘要说明
    /// </summary>
    public class delshop : System.Web.UI.Page
    {
            private void Page_Load(object sender, System.EventArgs e)
            {
                    // 在此处放置用户代码以初始化页面
                    if(!IsPostBack)
                    {
                            DataBase.IsAdmin( );
                            admindelshop( );
                    }
            }
        #region 删除商品
            public void admindelshop( )
            {
                    if (Request.QueryString["shopid"]==null)
                    {
        DataBase.ReturnBox("提示：请选择商品！","admin_shop.aspx");
                    }
                    else
                    {
                            string sql = string.Empty;
                            SqlConnection conn=DataBase.GetConn( );
                            string shopid=Request.QueryString["shopid"].ToString( );
                            sql=string.Format("DELETE FROM shop WHERE (shopid
="+shopid+")");

                            SqlCommand MC=new SqlCommand(sql,conn);
                            MC.Connection.Open( );
```

```
                    MC.ExecuteNonQuery( );
                    MC.Connection.Close( );
                    DataBase.ReturnBox("提示：删除商品成功！","admin_shop.aspx");
                }
            }
            #endregion

            #region Web窗体设计器生成的代码
            override protected void OnInit(EventArgs e)
            {
                //
                // CODEGEN: 该调用是ASP.NET Web窗体设计器所必需的
                //
                InitializeComponent( );
                base.OnInit(e);
            }

            /// <summary>
            /// 设计器支持所需的方法——不要使用代码编辑器修改
            /// 此方法的内容
            /// </summary>
            private void InitializeComponent( )
            {
                this.Load += new System.EventHandler(this.Page_Load);
            }
            #endregion
        }
    }
```

（13）在admin目录中，添加一个名为admin_class.aspx的Web窗体，单击HTML标签，在<form></form>标签之间输入如下代码：

```
        <asp:Label id="Label1" style="Z-INDEX: 101; LEFT: 24px; POSITION: absolute; TOP: 16px" runat="server" Width="104px" Height="24px" ForeColor="Red" Font-Bold="True">商品分类管理</asp:Label>
        <HR style="Z-INDEX: 102; LEFT: 24px; POSITION: absolute; TOP: 40px" width="100%" SIZE="1">
        <asp:Button id="addclassname" style="Z-INDEX: 103; LEFT: 256px; POSITION: absolute; TOP: 48px" runat="server" Text=" 添加分类"></asp:Button>
        <HR style="Z-INDEX: 104; LEFT: 24px; POSITION: absolute; TOP: 80px" width="100%" SIZE="1">
        <asp:TextBox id="classname" style="Z-INDEX: 105; LEFT: 32px; POSITION: absolute; TOP: 48px" runat="server" Width="216px"></asp:TextBox>
        <asp:DataGrid id="DataGrid1" style="Z-INDEX: 106; LEFT: 24px; POSITION: absolute; TOP: 96px" runat="server" ForeColor="Black" Height="30px" Width="448px" BorderColor="#DEDFDE" BorderStyle="None" AutoGenerateColumns="False" BorderWidth= "1px" BackColor="White" CellPadding="2" GridLines="Vertical">
      <FooterStyle BackColor= "#CCCC99"></FooterStyle>
```

```
            <SelectedItemStyle Font-Bold="True" ForeColor="White" BackColor="#CE5D5A"> </
SelectedItemStyle>
            <AlternatingItemStyle BackColor="White"></AlternatingItemStyle>
            <ItemStyle BackColor="#F7F7DE"></ItemStyle>
            <HeaderStyle Font-Bold="True" ForeColor="White" BackColor="#6B696B"> </HeaderStyle>
            <Columns>
                <asp:BoundColumn DataField="classid" ReadOnly="True" HeaderText="ID"> </
asp:BoundColumn>
                <asp:BoundColumn DataField="classname" HeaderText="分类名"></asp:Bound Col-
umn>
                <asp:EditCommandColumn ButtonType="LinkButton" UpdateText="更新"
HeaderText="编辑" CancelText="取消" EditText="编辑"></asp:EditCommandColumn>
                <asp:ButtonColumn Text="删除" HeaderText="删除" CommandName="Delete"> </
asp:ButtonColumn>
            </Columns>
            <PagerStyle HorizontalAlign="Right" ForeColor="Black" BackColor="#F7F7DE" Mode=
"NumericPages"></PagerStyle>
            </asp:DataGrid>
            <asp:Label id="info" style="Z-INDEX: 107; LEFT: 368px; POSITION: absolute; TOP: 48px"
runat="server" ForeColor="Red" Width="200px"></asp:Label>
```

（14）右击页面空白处，选择【查看代码】命令，然后在出现的admin_class.aspx.cs中输入如下代码：

```
using System;
using System.Collections;
using System.ComponentModel;
using System.Data;
using System.Drawing;
using System.Web;
using System.Web.SessionState;
using System.Web.UI;
using System.Web.UI.WebControls;
using System.Web.UI.HtmlControls;
using System.Data.SqlClient;

namespace shop.admin
{
    /// <summary>
    /// classmanage的摘要说明
    /// </summary>
    public class classmanage : System.Web.UI.Page
    {
        protected System.Web.UI.WebControls.Label Label1;
        protected System.Web.UI.WebControls.Button addclassname;
        protected System.Web.UI.WebControls.TextBox classname;
        protected System.Web.UI.WebControls.DataGrid DataGrid1;
        protected System.Web.UI.WebControls.Label info;
```

```
		private void Page_Load(object sender, System.EventArgs e)
		{
			// 在此处放置用户代码以初始化页面
			if(!Page.IsPostBack)
			{
				DataBase.IsAdmin( );
				GetClassName( );
			}
		}

		#region Web窗体设计器生成的代码
		override protected void OnInit(EventArgs e)
		{
			//
			// CODEGEN: 该调用是ASP.NET Web窗体设计器所必需的
			//
			InitializeComponent( );
			base.OnInit(e);
		}
		/// <summary>
		/// 设计器支持所需的方法——不要使用代码编辑器修改
		/// 此方法的内容
		/// </summary>
		private void InitializeComponent( )
		{
			this.addclassname.Click += new System.EventHandler(this.addnews_Click);
			this.DataGrid1.CancelCommand += new System.Web.UI.WebControls.DataGrid
CommandEventHandler(this.DataGrid1_CancelCommand);
			this.DataGrid1.EditCommand += new System.Web.UI.WebControls.DataGrid
CommandEventHandler(this.DataGrid1_EditCommand);
			this.DataGrid1.UpdateCommand += new System.Web.UI.WebControls.
DataGrid CommandEventHandler(this.DataGrid1_UpdateCommand);
			this.DataGrid1.DeleteCommand += new System.Web.UI.WebControls.DataGrid
CommandEventHandler(this.DataGrid1_DeleteCommand);
			this.Load += new System.EventHandler(this.Page_Load);
		}
		#endregion
		#region 添加新闻按钮的事件响应
		private void addnews_Click(object sender, System.EventArgs e)
		{
			this.info.Text = "";
			if(this.classname.Text.Trim( ).Length!=0)
			{
				string sql = string.Format("insert into [shopclass] (classname) values
('{0}')",this.classname.Text.Trim( ));
				DataBase.ExecuteUpData(sql);
```

```
                GetClassName( );
            }
            else
            {
                this.info.Text = "数据不能为空!";
            }
        }
        #endregion
        #region 取出商品分类信息，并绑定在DataGrid1上
        private void GetClassName( )
        {
            string sql = string.Empty;
            SqlConnection conn = null;
            DataSet ds = null;
            try
            {
                sql= string.Format("SELECT * FROM shopclass");
                conn = DataBase.GetConn( );
                SqlDataAdapter da = new SqlDataAdapter(sql,conn);
                ds = new DataSet( );
                da.Fill(ds,"s");
                this.DataGrid1.DataSource = ds.Tables["s"];
                this.DataGrid1.DataBind( );
            }
            catch(Exception ex)
            {
                Response.Write(ex);
            }
            finally
            {
                if(conn!=null)
                conn.Close( );
            }

        }
        #endregion
        #region 编辑链接的事件响应
        private void DataGrid1_EditCommand(object source, System.Web.UI.WebControls.
DataGridCommandEventArgs e)
        {
            this.DataGrid1.EditItemIndex=e.Item.ItemIndex;
            GetClassName( );
        }
        #endregion
        #region 编辑->取消按钮的事件响应
```

```
        private void DataGrid1_CancelCommand(object source, System.Web.UI.WebControls.
DataGridCommandEventArgs e)
        {
            this.DataGrid1.EditItemIndex=-1;
            GetClassName( );
        }
        #endregion
        #region 更新按钮对应的事件
        private void DataGrid1_UpdateCommand(object source, System.Web.UI.WebControls.
DataGridCommandEventArgs e)
        {
            TextBox ClassNameText = (TextBox)e.Item.Cells[1].Controls[0];
            string className = ClassNameText.Text;
            int classID = Int32.Parse((e.Item.Cells[0].Text).ToString( ));
            string sql = string.Format("update [shopclass] set classname='{0}' where
classid={1}",className,classID);
            DataBase.ExecuteUpData(sql);
            this.DataGrid1.EditItemIndex=-1;
            GetClassName( );
        }
        #endregion
        #region 删除链接的事件响应
        private void DataGrid1_DeleteCommand(object source, System.Web.UI.WebControls.
DataGridCommandEventArgs e)
        {
            int id = Convert.ToInt32(e.Item.Cells[0].Text);
            string sql = string.Format("delete from [shopclass] where classid={0}",id);
            DataBase.ExecuteUpData(sql);
            this.DataGrid1.EditItemIndex=-1;
            GetClassName( );
        }
        #endregion
    }
}
```

（15）在admin目录中，添加一个名为admin_user.aspx的Web窗体，单击HTML标签，在<form></form>标签之间输入如下代码：

```
<table cellSpacing="1" cellPadding="0" width="700" align="center" bgColor="#698cc3" bor-
der="0">
    <tr>
        <td align="center" bgColor="#8caed5" height="24"><FONT size="2">用户名
</FONT></td>
        <td align="center" bgColor="#8caed5"><FONT size="2">真实姓名</FONT> </td>
        <td align="center" bgColor="#8caed5"><FONT size="2">联系电话</FONT> </td>
        <td align="center" bgColor="#8caed5"><FONT size="2">E-MAIL</FONT> </td>
```

```
                <td align="center" bgColor="#8caed5"><FONT size="2">注册时间</FONT> </td>
                <td align="center" bgColor="#8caed5"><FONT size="2">操  作</
FONT></td>
            </tr>
            <asp:repeater id="userlist" runat="server">
            <ItemTemplate>
            <tr>
                <td width="91" align="center" height="24" bgcolor="#FFFFFF"><FONT
size="2"><%# DataBinder.Eval(Container.DataItem,"username") %></FONT></td>
                <td width="140" align="center" bgcolor="#FFFFFF"><FONT size="2"><%#
DataBinder.Eval(Container.DataItem,"truename") %></FONT></td>
                <td width="124" align="center" bgcolor="#FFFFFF"><FONT size="2"><%#
DataBinder.Eval(Container.DataItem,"tel") %></FONT></td>
                <td width="100" align="center" bgcolor="#FFFFFF"><FONT size="2"><%#
DataBinder.Eval(Container.DataItem,"e_mail") %></FONT></td>
                <td width="180" align="center" bgcolor="#FFFFFF"><FONT size="2"><%#
DataBinder.Eval(Container.DataItem,"regdate") %></FONT></td>
                <td width="160" align="center" bgcolor="#FFFFFF"><FONT
size="2"><%#"<a href=admin_money.aspx?userid="+DataBinder.Eval(Container.DataItem,"id")+">资金管理</
a>" %> | <%#"<a href=showuser.aspx?userid="+DataBinder.Eval(Container. DataItem,"id")+">查
看</a>" %> | <%#"<a href=deluser.aspx?userid ="+DataBinder.Eval(Container.DataItem,"id")+">
删除</a>" %></FONT></td>
            </tr>
            </ItemTemplate>
            </asp:repeater>
        </table>
```

（16）右击页面空白处，选择【查看代码】命令，然后在出现的admin_user.aspx.cs中输入如下代码：

```
using System;
using System.Collections;
using System.ComponentModel;
using System.Data;
using System.Drawing;
using System.Web;
using System.Web.SessionState;
using System.Web.UI;
using System.Web.UI.WebControls;
using System.Web.UI.HtmlControls;
using System.Data.SqlClient;

namespace shop.admin
{
    /// <summary>
    /// admin_user的摘要说明
    /// </summary>
    public class admin_user : System.Web.UI.Page
```

```
        {
            protected System.Web.UI.WebControls.Repeater userlist;
            private void Page_Load(object sender, System.EventArgs e)
            {
                // 在此处放置用户代码以初始化页面
                if(!IsPostBack)
                {
    DataBase.IsAdmin( );
                    userlistshow( );
                }
            }
            #region 显示用户列表
            public void userlistshow( )
            {
                string sql = string.Empty;
                SqlConnection conn =DataBase.GetConn( );
                sql="SELECT id, username, truename, tel, e_mail, regdate FROM userinfo
ORDER BY id DESC";
                SqlDataAdapter myCommand=new SqlDataAdapter(sql,conn);
                DataSet ds = new DataSet( );
                myCommand.Fill(ds,"0");
                userlist.DataSource = ds.Tables["0"].DefaultView;
                userlist.DataBind( );
                conn.Close( );
            }
            #endregion

            #region Web窗体设计器生成的代码
            override protected void OnInit(EventArgs e)
            {
                //
                // CODEGEN: 该调用是ASP.NET Web窗体设计器所必需的
                //
                InitializeComponent( );
                base.OnInit(e);
            }

            /// <summary>
            /// 设计器支持所需的方法——不要使用代码编辑器修改
            /// 此方法的内容
            /// </summary>
            private void InitializeComponent( )
            {
                this.Load += new System.EventHandler(this.Page_Load);
            }
            #endregion
        }
    }
```

（17）在admin目录中，添加一个名为showuser.aspx的Web窗体，单击HTML标签，将<LINK href="../shopcss.css" type="text/css" rel="stylesheet">添加到<HEAD>和</HEAD>之间，在<form></form>标签之间输入如下代码：

```
<table cellSpacing="0" cellPadding="0" width="700" align="center" border="0" id="Table1">
        <tr>
            <td align="right" width="180" height="36">用户基本信息:</td>
            <td> </td>
        </tr>
        <tr>
            <td bgColor="#f2f2f2" colSpan="2" height="1"></td>
        </tr>
        <tr>
            <td class="content" align="right" height="30">用户名:</td>
            <td> 
            <asp:Label id="usernameLB" runat="server">Label</asp:Label></td>
        </tr>
        <tr>
            <td class="content" style="HEIGHT: 29px" align="right" height="30">性
  别:</td>
            <td> 
            <asp:radiobutton id="manRB" runat="server" Text="男" Checked="True"> </
asp:radiobutton> 
            <asp:radiobutton id="womanRB" runat="server" Text="女"></asp:radiobutton>
<FONT face="宋体"></FONT></td>
        </tr>
        <tr>
            <td class="content" align="right" height="30">E-Mail:</td>
            <td> 
            <asp:Label id="emailLB" runat="server">Label</asp:Label></td>
        </tr>
        <tr>
            <td colSpan="2" height="10"> </td>
        </tr>
        <tr>
            <td align="right" height="36">收货人及联系信息:</td>
            <td><FONT face="宋体"></FONT></td>
        </tr>
        <TR>
            <TD bgColor="#f2f2f2" colSpan="2" height="1"></TD>
        </TR>
        <TR>
            <TD class="content" align="right" height="30">姓名:</TD>
            <TD> 
            <asp:Label id="turenameLB" runat="server">Label</asp:Label></TD>
        </TR>
```

```
<TR>
        <td class="content" align="right" height="30">地址:</td>
        <td> 
        <asp:Label id="addressLB" runat="server">Label</asp:Label></td>
</TR>
<tr>
        <td class="content" align="right" height="30">邮编:</td>
        <td> 
        <asp:Label id="postalcodeLB" runat="server">Label</asp:Label></td>
</tr>
<tr>
        <td class="content" align="right" height="30">联系电话:</td>
        <td> 
        <asp:Label id="telTB" runat="server">Label</asp:Label></td>
</tr>
<tr>
        <td align="center" colSpan="2" height="60">
        <asp:HyperLink id="HyperLink1" runat="server" CssClass="top" NavigateUrl
="admin_user.aspx">返回用户管理</asp:HyperLink> </td>
</tr>
</table>
```

（18）右击页面空白处，选择【查看代码】命令，然后在出现的showuser.aspx.cs中输入如下代码：

```
using System;
using System.Collections;
using System.ComponentModel;
using System.Data;
using System.Drawing;
using System.Web;
using System.Web.SessionState;
using System.Web.UI;
using System.Web.UI.WebControls;
using System.Web.UI.HtmlControls;
using System.Data.SqlClient;
namespace shop.admin
{
    /// <summary>
    /// upuser的摘要说明
    /// </summary>
    public class upuser : System.Web.UI.Page
    {
        protected System.Web.UI.WebControls.Label usernameLB;
        protected System.Web.UI.WebControls.Label emailLB;
        protected System.Web.UI.WebControls.Label addressLB;
        protected System.Web.UI.WebControls.Label postalcodeLB;
```

```
protected System.Web.UI.WebControls.Label telTB;
protected System.Web.UI.WebControls.RadioButton womanRB;
protected System.Web.UI.WebControls.RadioButton manRB;
protected System.Web.UI.WebControls.HyperLink HyperLink1;
protected System.Web.UI.WebControls.Label turenameLB;
private void Page_Load(object sender, System.EventArgs e)
{
        // 在此处放置用户代码以初始化页面
        if(!IsPostBack)
        {
                DataBase.IsAdmin( );
                adminshowuser( );
        }
}
#region 获取并显示用户信息
private void adminshowuser( )
{
        string sql = string.Empty;
        SqlConnection conn=DataBase.GetConn( );
        if(Request.QueryString["userid"]==null)
        {
    DataBase.ReturnBox("提示：请选择用户","admin_user.aspx");
        }
        else
        {
            string userid=Request.QueryString["userid"].ToString( );
              sql= string.Format("SELECT * FROM userinfo WHERE (id
="+userid+")");
                if (DataBase.JudSQL(sql))
                {
                        SqlDataAdapter myCommand=new SqlDataAdapter(sql,conn);
                        DataSet ds=new DataSet( );
                        myCommand.Fill(ds,"0");
                        usernameLB.Text=ds.Tables[0].Rows[0].ItemArray[1].ToString( );
                        emailLB.Text=ds.Tables[0].Rows[0].ItemArray[5].ToString( );
                        turenameLB.Text=ds.Tables[0].Rows[0].ItemArray[2].ToString( );
                        addressLB.Text=ds.Tables[0].Rows[0].ItemArray[8].ToString( );
                        postalcodeLB.Text=ds.Tables[0].Rows[0].ItemArray[7].ToString( );
                        telTB.Text=ds.Tables[0].Rows[0].ItemArray[6].ToString( );
                        int sex=int.Parse(ds.Tables[0].Rows[0].ItemArray[4].ToString( ));
                        if(sex==0)
                        {
                        }
                        else
                        {
                                manRB.Checked=false;
```

```
                    womanRB.Checked=true;
                }
            }
            else
            {
                DataBase.ReturnBox("提示：找不到该用户！","admin_
user.aspx");
            }
        }
    }
    #endregion

    #region Web窗体设计器生成的代码
    override protected void OnInit(EventArgs e)
    {
        //
        // CODEGEN: 该调用是ASP.NET Web窗体设计器所必需的
        //
        InitializeComponent( );
        base.OnInit(e);
    }

    /// <summary>
    /// 设计器支持所需的方法——不要使用代码编辑器修改
    /// 此方法的内容
    /// </summary>
    private void InitializeComponent( )
    {
        this.Load += new System.EventHandler(this.Page_Load);
}
    #endregion
  }
}
```

（19）在admin目录中，添加一个名为deluser.aspx的Web窗体，右击页面空白处，选择【查看代码】命令，然后在出现的deluser.aspx.cs中输入如下代码：

```
using System;
using System.Collections;
using System.ComponentModel;
using System.Data;
using System.Drawing;
using System.Web;
using System.Web.SessionState;
using System.Web.UI;
using System.Web.UI.WebControls;
using System.Web.UI.HtmlControls;
using System.Data.SqlClient;
```

```
namespace shop.admin
{
    /// <summary>
    /// deluser的摘要说明
    /// </summary>
    public class deluser : System.Web.UI.Page
    {
        private void Page_Load(object sender, System.EventArgs e)
        {
            // 在此处放置用户代码以初始化页面
            if(!IsPostBack)
            {
                DataBase.IsAdmin( );
                admindeluser( );
            }
        }
        #region 删除用户
        public void admindeluser( )
        {
            if (Request.QueryString["userid"]==null)
            {
                DataBase.ReturnBox("提示：请选择用户！","admin_user.aspx");
            }
            else
            {
                string sql = string.Empty;
                SqlConnection conn=DataBase.GetConn( );
                string userid=Request.QueryString["userid"].ToString( );
                sql= string.Format("DELETE FROM userinfo WHERE (id
="+userid+")");
                SqlCommand MC=new SqlCommand(sql,conn);
                MC.Connection.Open( );
                MC.ExecuteNonQuery( );
                MC.Connection.Close( );
                DataBase.ReturnBox("提示：删除用户成功！","admin_user.aspx");
            }
        }
        #endregion

        #region Web窗体设计器生成的代码
        override protected void OnInit(EventArgs e)
        {
            //
            // CODEGEN: 该调用是ASP.NET Web窗体设计器所必需的
            //
            InitializeComponent( );
            base.OnInit(e);
```

```
        }

        /// <summary>
        /// 设计器支持所需的方法——不要使用代码编辑器修改
        /// 此方法的内容
        /// </summary>
        private void InitializeComponent( )
        {
            this.Load += new System.EventHandler(this.Page_Load);
        }
        #endregion
    }
}
```

（20）在admin目录中，添加一个名为admin_money.aspx的Web窗体，单击HTML标签，在<form></form>标签之间输入如下代码：

```
<asp:Label id="Label1" style="Z-INDEX: 101; LEFT: 32px; POSITION: absolute; TOP: 8px" runat="server" Width="104px" Height="24px" ForeColor="Red" Font-Bold="True">用户账户管理</asp:Label>
    <HR style="Z-INDEX: 102; LEFT: 24px; POSITION: absolute; TOP: 40px" width="630" SIZE="1">
    <HR style="Z-INDEX: 103; LEFT: 24px; POSITION: absolute; TOP: 80px" width="630" SIZE="1">
    <asp:Label id="Label2" style="Z-INDEX: 104; LEFT: 32px; POSITION: absolute; TOP: 56px" runat="server">当前账户：</asp:Label>
    <asp:Label id="username" style="Z-INDEX: 105; LEFT: 112px; POSITION: absolute; TOP: 56px" runat="server">Label</asp:Label>
    <asp:Label id="Label3" style="Z-INDEX: 106; LEFT: 224px; POSITION: absolute; TOP: 56px" runat="server">账户余额：</asp:Label>
    <asp:Label id="balance" style="Z-INDEX: 108; LEFT: 312px; POSITION: absolute; TOP: 56px" runat="server">Label</asp:Label>
    <asp:TextBox id="balanceTB" style="Z-INDEX: 109; LEFT: 112px; POSITION: absolute; TOP: 96px" runat="server" Width="96px"></asp:TextBox>
    <asp:TextBox id="explainTB" style="Z-INDEX: 110; LEFT: 304px; POSITION: absolute; TOP: 96px" runat="server" Width="209px"></asp:TextBox>
    <asp:Label id="Label4" style="Z-INDEX: 111; LEFT: 32px; POSITION: absolute; TOP: 104px" runat="server">预付金额：</asp:Label>
    <asp:Label id="Label5" style="Z-INDEX: 112; LEFT: 224px; POSITION: absolute; TOP: 104px" runat="server">预付说明：</asp:Label>
    <asp:Button id="addmoney" style="Z-INDEX: 113; LEFT: 552px; POSITION: absolute; TOP: 96px" runat="server" Text="添加预付款"></asp:Button>
    <asp:DataGrid id="DataGrid1" style="Z-INDEX: 107; LEFT: 32px; POSITION: absolute; TOP: 144px" runat="server" ForeColor="Black" Height="30px" Width="620px" BorderColor ="#DEDFDE" BorderStyle="None" AutoGenerateColumns="False" BorderWidth="1px" BackColor="White" CellPadding="2" GridLines="Vertical">
    <FooterStyle BackColor="#CCCC99"></FooterStyle>
    <SelectedItemStyle Font-Bold="True" ForeColor="White" BackColor="#CE5D5A"> </
```

```
SelectedItemStyle>
            <AlternatingItemStyle BackColor="White"></AlternatingItemStyle>
            <ItemStyle BackColor="#F7F7DE"></ItemStyle>
            <HeaderStyle Font-Bold="True" ForeColor="White" BackColor="#6B696B"> </HeaderStyle>
            <Columns>
                <asp:BoundColumn DataField="id" HeaderText="ID"></asp:BoundColumn>
                <asp:BoundColumn DataField="operation" HeaderText="操作员"></asp:Bound Col-
umn>
                <asp:BoundColumn DataField="amount" HeaderText="金额"></asp:BoundColumn>
                <asp:BoundColumn DataField="explain" HeaderText="说明"></asp:BoundColumn>
                <asp:BoundColumn DataField="logdate" HeaderText="日期"></asp:BoundColumn>
            </Columns>
            <PagerStyle HorizontalAlign="Right" ForeColor="Black" BackColor="#F7F7DE"
Mode="NumericPages"></PagerStyle>
            </asp:DataGrid>
            <asp:RegularExpressionValidator id="RegularExpressionValidator1" style="Z-INDEX: 114;
LEFT: 112px; POSITION: absolute; TOP: 128px" runat="server" ErrorMessage="请输入合法金额！"
ValidationExpression="^\d+$" Font-Size="X-Small" ControlToValidate="balanceTB"></
asp:RegularExpressionValidator>
            <asp:RequiredFieldValidator id="RequiredFieldValidator1" style="Z-INDEX: 115; LEFT:
304px; POSITION: absolute; TOP: 128px" runat="server" ErrorMessage="请输入预付说明！" Font-Size="X-
Small" ControlToValidate="explainTB"></asp:RequiredFieldValidator>
            <asp:RequiredFieldValidator id="RequiredFieldValidator2" style="Z-INDEX: 116; LEFT:
112px; POSITION: absolute; TOP: 128px" runat="server" ErrorMessage="请输入预付金额！" Font-Size="X-
Small" ControlToValidate="balanceTB"></asp:RequiredFieldValidator>
```

(21) 右击页面空白处，选择【查看代码】命令，然后在出现的admin_money.aspx.cs中输入如下代码：

```
using System;
using System.Collections;
using System.ComponentModel;
using System.Data;
using System.Drawing;
using System.Web;
using System.Web.SessionState;
using System.Web.UI;
using System.Web.UI.WebControls;
using System.Web.UI.HtmlControls;
using System.Data.SqlClient;

namespace shop.admin
{
    /// <summary>
    /// admin_money的摘要说明
    /// </summary>
    public class admin_money : System.Web.UI.Page
    {
```

```
            protected System.Web.UI.WebControls.Label Label2;
            protected System.Web.UI.WebControls.Label username;
            protected System.Web.UI.WebControls.Label Label3;
            protected System.Web.UI.WebControls.Label balance;
            protected System.Web.UI.WebControls.Label Label4;
            protected System.Web.UI.WebControls.Label Label5;
            protected System.Web.UI.WebControls.DataGrid DataGrid1;
            protected System.Web.UI.WebControls.TextBox balanceTB;
            protected System.Web.UI.WebControls.TextBox explainTB;
            protected System.Web.UI.WebControls.Button addmoney;
            protected System.Web.UI.WebControls.RegularExpressionValidator RegularExpre
ssionValidator1;
            protected System.Web.UI.WebControls.RequiredFieldValidator RequiredFieldValidat or1;
            protected System.Web.UI.WebControls.RequiredFieldValidator RequiredFieldValidat or2;
            protected System.Web.UI.WebControls.Label Label1;
            private void Page_Load(object sender, System.EventArgs e)
            {
                // 在此处放置用户代码以初始化页面
                if(!IsPostBack)
                {
                    DataBase.IsAdmin( );
                    showuserbalance( );
                    showlogmoney( );
                }
            }
            #region 显示用户余额信息
            private void showuserbalance( )
            {
                string sql = string.Empty;
                SqlConnection conn=DataBase.GetConn( );
                if(Request.QueryString["userid"]==null)
                {
                    DataBase.ReturnBox("提示：请选择用户","admin_user.aspx");
                }
                else
                {
                    string userid=Request.QueryString["userid"].ToString( );
                    sql= string.Format("SELECT userinfo.username, shopconnection.balance
FROM shopconnection INNER JOIN userinfo ON shopconnection.userid = userinfo.id WHERE (userinfo.id
="+userid+")");
                    if (DataBase.JudSQL(sql))
                    {
                        SqlDataAdapter myCommand=new SqlDataAdapter(sql,conn);
                        DataSet ds=new DataSet( );
                        myCommand.Fill(ds,"0");
                        username.Text=ds.Tables[0].Rows[0].ItemArray[0].ToString( );
```

```
                    balance.Text=ds.Tables[0].Rows[0].ItemArray[1].ToString( );
                }
                else
                {
                    sql= string.Format("SELECT username FROM userinfo
WHERE (id ="+userid+")");
                    SqlDataAdapter myCommand=new SqlDataAdapter(sql,conn);
                    DataSet ds=new DataSet( );
                    myCommand.Fill(ds,"0");
                    username.Text=ds.Tables[0].Rows[0].ItemArray[0].ToString( );

                    balance.Text="0.0000";
                }
            }
        }
        #endregion
        #region 显示用户资金记录信息
        private void showlogmoney( )
        {
            string sql = string.Empty;
            SqlConnection conn = null;
            DataSet ds = null;
            string userid=Request.QueryString["userid"].ToString( );
            try
            {
                sql= string.Format("SELECT * FROM moneynote WHERE (userid ="
+userid+")");
                conn = DataBase.GetConn( );
                SqlDataAdapter da = new SqlDataAdapter(sql,conn);
                ds = new DataSet( );
                da.Fill(ds,"s");
                this.DataGrid1.DataSource = ds.Tables["s"];
                this.DataGrid1.DataBind( );
            }
            catch(Exception ex)
            {
                Response.Write(ex);
            }
            finally
            {
                if(conn!=null)
                    conn.Close( );
            }
        }
        #endregion
        #region Web窗体设计器生成的代码
```

```
override protected void OnInit(EventArgs e)
{
    //
    // CODEGEN: 该调用是ASP.NET Web窗体设计器所必需的
    //
    InitializeComponent( );
    base.OnInit(e);
}

/// <summary>
/// 设计器支持所需的方法——不要使用代码编辑器修改
/// 此方法的内容
/// </summary>
private void InitializeComponent( )
{
    this.addmoney.Click += new System.EventHandler(this.addmoney_Click);
    this.Load += new System.EventHandler(this.Page_Load);
}
#endregion

#region 添加预付款按钮动作
private void addmoney_Click(object sender, System.EventArgs e)
{
    string sql = string.Empty;
    SqlConnection conn=DataBase.GetConn( );
    string userid=Request.QueryString["userid"].ToString( );
    //记录添加事件
    sql=string.Format("insert into moneynote(userid,operation,amount,explain,
logdate) values("+userid+",'admin',"+balanceTB.Text.Trim( )+",'"+explainTB.Text.Trim( )+"', getdate( ))");
    SqlCommand MC=new SqlCommand(sql,conn);
    MC.Connection.Open( );
    MC.ExecuteNonQuery( );
    MC.Connection.Close( );
    //将预付款加到余额上
    sql=string.Format("SELECT * FROM shopconnection WHERE (userid =
"+userid+")");
    if(DataBase.JudSQL(sql))
    {
        sql=string.Format("UPDATE shopconnection SET balance = balance +
"+balanceTB.Text.Trim( )+" WHERE (userid = "+userid+")");
        MC=new SqlCommand(sql,conn);
        MC.Connection.Open( );
        MC.ExecuteNonQuery( );
        MC.Connection.Close( );
    }
    else
    {
```

```
                        sql=string.Format("INSERT INTO shopconnection(userid, balance, 
userlevel, integral, degree) VALUES ("+userid+","+balanceTB.Text.Trim( )+", 1, 0, 0)");
                        MC=new SqlCommand(sql,conn);
                        MC.Connection.Open( );
                        MC.ExecuteNonQuery( );
                        MC.Connection.Close( );
                    }
                    showuserbalance( );
                    showlogmoney( );
                }
                #endregion
            }
        }
```

（22）在admin目录中，添加一个名为admin_cart.aspx的Web窗体，单击HTML标签，将<LINK href="../shopcss.css" type="text/css" rel="stylesheet">添加到<HEAD>和</HEAD>之间，在<form></form>标签之间输入如下代码：

```
        <table width="700" border="0" cellpadding="0" cellspacing="1" bgcolor="#cccccc" 
align="center">
                <tr>
                    <td width="110" height="22" bgcolor="#96aada" align="center" class= "con-
tent">用户名</td>
                    <td width="150" bgcolor="#96aada" align="center" class="content">商品名称
</td>
                    <td width="100" bgcolor="#96aada" align="center" class="content">价 
 格</td>
                    <td width="130" bgcolor="#96aada" align="center" class="content">定购时间
</td>
                    <td width="130" bgcolor="#96aada" align="center" class="content">付款时间
</td>
                    <td width="80" bgcolor="#96aada" align="center" class="content">操
  作</td>
                </tr>
                <asp:repeater id="paycartlist" runat="server">
                <ItemTemplate>
                <tr>
                    <td height="24" align="center" bgcolor="#ffffff" class="content"><%#
DataBinder.Eval(Container.DataItem,"username") %></td>
                    <td bgcolor="#ffffff" align="center" class="content"><%# DataBinder.Eval
(Container.DataItem,"shopname") %></td>
                    <td bgcolor="#ffffff" align="center" class="content"><%# DataBinder.Eval
(Container.DataItem,"finallyprice") %></td>
                    <td bgcolor="#ffffff" align="center" class="content"><%# DataBinder.Eval
(Container.DataItem,"indentdate") %></td>
                    <td bgcolor="#ffffff" align="center" class="content"><%# DataBinder.Eval
(Container.DataItem,"paydate") %></td>
```

```
					<td bgcolor="#ffffff" align="center" class="content"><%#"<a href=
postshop.aspx?cartid="+DataBinder.Eval(Container.DataItem,"id")+">发货</a>" %></td>
				</tr>
				</ItemTemplate>
				</asp:repeater>
		</table>
```

（23）右击页面空白处，选择【查看代码】命令，然后在出现的showuser.aspx.cs中输入如下代码：

```
using System;
using System.Collections;
using System.ComponentModel;
using System.Data;
using System.Drawing;
using System.Web;
using System.Web.SessionState;
using System.Web.UI;
using System.Web.UI.WebControls;
using System.Web.UI.HtmlControls;
using System.Data.SqlClient;
namespace shop.admin
{
	/// <summary>
	/// admin_cart的摘要说明
	/// </summary>
	public class admin_cart : System.Web.UI.Page
	{
		protected System.Web.UI.WebControls.Repeater paycartlist;
		private void Page_Load(object sender, System.EventArgs e)
		{
			// 在此处放置用户代码以初始化页面
			if(!IsPostBack)
			{
				DataBase.IsAdmin( );
				showpaycart( );
			}
		}
		#region 获取已经付款的订单信息
		private void showpaycart( )
		{
			string sql = string.Empty;
			SqlConnection conn = null;
			sql= string.Format("SELECT userinfo.username, shop.shopname,
orderform.finallyprice, orderform.indentdate,orderform.paydate,userinfo.id FROM orderform INNER JOIN
userinfo ON orderform.userid = userinfo.id INNER JOIN shop ON orderform.shopid = shop.shopid WHERE
(orderform.indent = 2)");
```

```
            conn =DataBase.GetConn( );
            SqlDataAdapter myCommand=new SqlDataAdapter(sql,conn);
            DataSet ds = new DataSet( );
            myCommand.Fill(ds,"0");
            paycartlist.DataSource = ds.Tables["0"].DefaultView;
            paycartlist.DataBind( );
        }
        #endregion

        #region Web窗体设计器生成的代码
        override protected void OnInit(EventArgs e)
        {
            //
            // CODEGEN: 该调用是ASP.NET Web窗体设计器所必需的
            //
            InitializeComponent( );
            base.OnInit(e);
        }

        /// <summary>
        /// 设计器支持所需的方法——不要使用代码编辑器修改
        /// 此方法的内容
        /// </summary>
        private void InitializeComponent( )
        {
            this.Load += new System.EventHandler(this.Page_Load);
        }
        #endregion
    }
}
```

（24）在admin目录中，添加一个名为postshop.aspx的Web窗体，右击页面空白处，选择【查看代码】命令，然后在出现的postshop.aspx.cs中输入如下代码：

```
using System;
using System.Collections;
using System.ComponentModel;
using System.Data;
using System.Drawing;
using System.Web;
using System.Web.SessionState;
using System.Web.UI;
using System.Web.UI.WebControls;
using System.Web.UI.HtmlControls;
using System.Data.SqlClient;
namespace shop.admin
{
    /// <summary>
```

```
/// postshop的摘要说明
/// </summary>
public class postshop : System.Web.UI.Page
{
    private void Page_Load(object sender, System.EventArgs e)
    {
        // 在此处放置用户代码以初始化页面
        if(!IsPostBack)
        {
            DataBase.IsAdmin( );
            uppostshop( );
        }
    }
    #region 修改订单状态
    private void uppostshop( )
    {
        if (Request.QueryString["cartid"]==null)
        {
            DataBase.ReturnBox("提示：订单ID丢失！","admin_cart.aspx");
        }
        else
        {
            string sql = string.Empty;
            SqlConnection conn=DataBase.GetConn( );
            string cartid=Request.QueryString["cartid"].ToString( );

            sql= string.Format("UPDATE orderform SET indent = 3,
consignmentdate = GETDATE( ) WHERE (id ="+cartid+")");
            SqlCommand MC=new SqlCommand(sql,conn);
            MC.Connection.Open( );
            MC.ExecuteNonQuery( );
            MC.Connection.Close( );
            DataBase.ReturnBox("提示：订单状态更新成功！","admin_cart.aspx");
        }
    }
    #endregion

    #region Web窗体设计器生成的代码
    override protected void OnInit(EventArgs e)
    {
        //
        // CODEGEN: 该调用是ASP.NET Web窗体设计器所必需的
        //
        InitializeComponent( );
        base.OnInit(e);
    }

    /// <summary>
```

```
/// 设计器支持所需的方法——不要使用代码编辑器修改
/// 此方法的内容
/// </summary>
private void InitializeComponent( )
{
        this.Load += new System.EventHandler(this.Page_Load);
}
#endregion
    }
}
```

（25）在admin目录中，添加一个名为postshoplist.aspx的Web窗体，单击HTML标签，将<LINK href="../shopcss.css" type="text/css" rel="stylesheet">添加到<HEAD>和</HEAD>之间，在<form></form>标签之间输入如下代码：

```
<table width="700" border="0" cellpadding="0" cellspacing="1" bgcolor="#cccccc" align="center">
    <tr>
        <td width="100" height="22" bgcolor="#96aada" align="center" class= "content">用户名</td>
        <td width="150" bgcolor="#96aada" align="center" class="content">商品名称</td>
        <td width="90" bgcolor="#96aada" align="center" class="content">价  格</td>
        <td width="120" bgcolor="#96aada" align="center" class="content">定购时间</td>
        <td width="120" bgcolor="#96aada" align="center" class="content">付款时间</td>
        <td width="120" bgcolor="#96aada" align="center" class="content">发货时间</td>
    </tr>
    <asp:repeater id="postcartlist" runat="server">
    <ItemTemplate>
    <tr>
        <td height="24" align="center" bgcolor="#ffffff" class="content"><%# DataBinder.Eval(Container.DataItem,"username") %></td>
        <td bgcolor="#ffffff" align="center" class="content"><%# DataBinder.Eval (Container.DataItem,"shopname") %></td>
        <td bgcolor="#ffffff" align="center" class="content"><%# DataBinder.Eval (Container.DataItem,"finallyprice") %></td>
        <td bgcolor="#ffffff" align="center" class="content"><%# DataBinder.Eval (Container.DataItem,"indentdate") %></td>
        <td bgcolor="#ffffff" align="center" class="content"><%# DataBinder.Eval (Container.DataItem,"paydate") %></td>
        <td bgcolor="#ffffff" align="center" class="content"><%# DataBinder.Eval (Container.DataItem,"consignmentdate") %></td>
    </tr>
    </ItemTemplate>
    </asp:repeater>
</table>
```

（26）右击页面空白处，选择【查看代码】命令，然后在出现的postshoplist.aspx.cs中输入如下代码：

```
using System;
using System.Collections;
using System.ComponentModel;
using System.Data;
using System.Drawing;
using System.Web;
using System.Web.SessionState;
using System.Web.UI;
using System.Web.UI.WebControls;
using System.Web.UI.HtmlControls;
using System.Data.SqlClient;
namespace shop.admin
{
    /// <summary>
    /// postshoplist的摘要说明
    /// </summary>
    public class postshoplist : System.Web.UI.Page
    {
        protected System.Web.UI.WebControls.Repeater postcartlist;
        private void Page_Load(object sender, System.EventArgs e)
        {
            // 在此处放置用户代码以初始化页面
            if(!IsPostBack)
            {
                DataBase.IsAdmin( );
                showpostlist( );
            }
        }
        #region 获取已发货商品信息并绑定到postcartlist控件上
        private void showpostlist( )
        {
            string sql = string.Empty;
            SqlConnection conn = null;
            sql= string.Format("SELECT userinfo.username, shop.shopname, orderform.finallyprice, orderform.indentdate,orderform.paydate,orderform.consignmentdate, userinfo.id FROM orderform INNER JOIN userinfo ON orderform.userid = userinfo.id INNER JOIN shop ON orderform.shopid = shop.shopid WHERE (orderform.indent = 3)");
            conn =DataBase.GetConn( );
            SqlDataAdapter myCommand=new SqlDataAdapter(sql,conn);
            DataSet ds = new DataSet( );
            myCommand.Fill(ds,"0");
            postcartlist.DataSource = ds.Tables["0"].DefaultView;
            postcartlist.DataBind( );
```

```
        }
        #endregion

        #region Web窗体设计器生成的代码
        override protected void OnInit(EventArgs e)
        {
            //
            // CODEGEN: 该调用是ASP.NET Web窗体设计器所必需的
            //
            InitializeComponent( );
            base.OnInit(e);
        }

        /// <summary>
        /// 设计器支持所需的方法——不要使用代码编辑器修改
        /// 此方法的内容
        /// </summary>
        private void InitializeComponent( )
        {
            this.Load += new System.EventHandler(this.Page_Load);
        }
        #endregion
    }
}
```

（27）在admin目录中，添加一个名为Logout.aspx的Web窗体，然后在出现的Logout.aspx.cs中输入如下代码：

```
using System;
using System.Collections;
using System.ComponentModel;
using System.Data;
using System.Drawing;
using System.Web;
using System.Web.SessionState;
using System.Web.UI;
using System.Web.UI.WebControls;
using System.Web.UI.HtmlControls;
namespace shop.admin
{
    /// <summary>
    /// Logout的摘要说明
    /// </summary>
    public class Logout : System.Web.UI.Page
    {
        private void Page_Load(object sender, System.EventArgs e)
        {
            // 在此处放置用户代码以初始化页面
```

```
                Session.Clear( );
                Session.Abandon( );
                Response.Write("<script>top.location.href='/index.aspx';</script>");
            }
            #region Web窗体设计器生成的代码
            override protected void OnInit(EventArgs e)
            {
                //
                // CODEGEN: 该调用是ASP.NET Web窗体设计器所必需的
                //
                InitializeComponent( );
                base.OnInit(e);
            }
            /// <summary>
            /// 设计器支持所需的方法——不要使用代码编辑器修改
            /// 此方法的内容
            /// </summary>
            private void InitializeComponent( )
            {
                this.Load += new System.EventHandler(this.Page_Load);
            }
            #endregion
        }
    }
```

到此为此，一个简单的电子商场就设计完成了。

10.4　经验总结

本范例设计制作了一个简单的电子商场程序。通过本范例的学习，读者可以了解电子商场系统的基本常识，熟悉使用ASP.NET进行电子商场系统设计的基本方法。下面简要总结本例的一些设计制作技巧。

（1）系统模式、架构和业务流程，是Web系统设计的重点内容。其实系统模式和架构主要影响系统本身的升级性、效率和安全等，而业务流程则关系到系统功能、实用性和易用性等。要做好业务流程，不仅需要在需求分析时下功夫，而且需要贯穿整个设计过程。

（2）ASP.NET拥有丰富的控件资源，这使得设计制作Web系统的速度进一步提高。但控件也不是万能的，更不是完美的，优秀的系统应该合理地使用控件，既不是什么都亲自设计，也不是控件的堆积。

10.5　举一反三训练

训练1　BLOG（博客）系统设计

试从网上查找一个你认为功能比较完善的博客系统，然后参照其外观，使用ASP.NET和SQL设计制作一个BLOG。

训练2　BBS（论坛）系统设计

试从网上查找一个你认为功能比较完善的BBS系统，然后参照其外观，使用ASP.NET和SQL设计制作一个BBS。

第四篇　ASP.NET与SQL网站开发实训指导

程序设计重在“看”和“练”，“看”就是多看优秀的代码，“练”就是要求初学者反复练习，一方面通过反复练习来熟悉语法、对象、方法等基本功，另一方面只有通过大量练习才能让设计者真正理解设计思想、模式，最终达到运用自如。为此，本篇将安排一系列实训项目，通过这些行之有效的实训项目来驱动读者掌握ASP.NET和SQL的应用技能和应用技巧，逐步学会将ASP.NET的优越之处应用在实际的设计过程中，设计出优秀的作品。本篇的每个实训项目都设置有“实训目的”、“实训要求及说明”、“实训要领”、“实训过程”、“实训总结”和“思考与练习”等环节。建议读者在动手实训前，先弄清每个实训项目要实现的目标，了解具体实训的具体要求，明白该项实训的技术和艺术要领，然后再进行具体的实训操作。制作出作品后，请认真进行实训总结，将实际操作过程中的经验和教训记录下来，并与他人交流。同时，请认真解答“思考与练习”中提出的针对性极强的问题，以便举一反三。本篇包含了两章的内容，分别安排有以下两种类型的实训项目：

◊ ASP.NET应用实训

◊ ASP.NET与SQL综合应用实训

第11章　ASP.NET应用实训

ASP.NET作为新一代Web程序开发语言，其实践性很强。只有通过大量的实际操作训练，才能熟悉ASP.NET的特点，逐步将ASP.NET的优点应用到实际设计工作中去。本章结合ASP.NET的主要知识点，重点安排了以下4个强化实训项目：

- C#程序设计实训
- ASP.NET控件应用实训
- 服务器对象应用实训
- 数据库操作实训

实训1　C#程序设计

C#是一种易学易用的面向对象的编程语言，它使得程序员可以快速地编写各种基于Microsoft.NET平台的应用程序。Microsoft.NET提供了一系列的工具和服务来最大程度地开发利用计算机进行通信的领域。由于C#面向对象的卓越设计，使它成为构建各类组件的理想之选——无论是高级的商业对象还是系统级的应用程序。使用简单的C#语言结构，这些组件可以方便地转化为XML网络服务，由任何语言在任何操作系统上通过Internet进行调用。

实训目的

本实训项目将设计一个数据处理类。通过实训，可以驱动读者快速上手，从认识基本类的设计开始，体验C#强大的功能。

具体目的如下：

（1）掌握C#类的基本设计方法。

（2）熟悉面向对象的编程方法。

（3）初步认识C#的数据处理方法。

（4）掌握C#的基本语法。

实训要求及说明

本次实训的要求如下：

（1）在2学时内完成制作。

（2）在动手上机操作前，务必认真复习本书第2章介绍的内容。

（3）由于本次实训以认识C#类、学会基本的编程为目标，因此，对于设计过程中用到的一些特殊命令和方法暂时只需大致了解其用法。

实训要领

本实训项目比较简单，只需在实际操作过程中把握好以下要领：

（1）C#类及C#程序设计是本次实训的关键之一。要以向面对象的思维方式来思考相关的问题。

（2）类及相关方法的名称应采用具有实际意义的名字，增强代码的可读性和类的易用性。

（3）不论设计什么样的程序，资源回收、垃圾处理都是非常重要的。

实训过程

具体实训操作过程如下：

（1）通常，一个C#类应该存在一个项目中，所以要编写一个类，首先应该创建一个项目。这里以一个名为user的项目为例。

（2）选择【文件】|【添加新项】命令，出现“添加新项”对话框，然后选择“类”，并在“名称”文本框中输入DataBase.cs作为文件名。

（3）由于本类是MSSQL数据处理类，所以需要加上以下两个命名空间：

```
using System.Data;
using System.Data.SqlClient;
```

（4）添加命名空间后，接着应该定义以下几个变量和对象：

```
private string c_sql;
private string c_ConnectionString;
private SqlConnection c_Connection;
private SqlCommand c_Command;
```

（5）使用以下代码定义一个公共方法：

```
public DataBase(string sql)
{
    c_sql = sql;
}
```

（6）使用以下代码定义一个私有方法，实现获取连接字符串的功能：

```
private void ConnectionString( )
    {
            try
            {
                    c_ConnectionString = System.Configuration.ConfigurationSettings.AppSettings
["str"];
            }
            catch(Exception ex)
            {
        System.Web.HttpContext.Current.Response.Write(ex.Message);
        }
    }
```

（7）使用以下代码定义一个私有方法，实现创建一个SQL连接的功能：

```
private void GetConnection( )
{
    ConnectionString( );
    c_Connection = new SqlConnection(c_ConnectionString);
}
```

（8）使用以下代码定义一个私有方法，实现创建一个SqlCommand的功能：

```
private void GetCMD( )
{
    GetConnection( );
    c_Command = new SqlCommand(c_sql,c_Connection);
    c_Connection.Open( );
}
```

（9）使用以下代码定义一个公用方法，实现创建一个SqlDataAdapter的功能：

```
public SqlDataAdapter GetAdapter( )
{
    GetConnection( );
    SqlDataAdapter Adapter = new SqlDataAdapter(c_sql,c_Connection);
    return Adapter;
}
```

（10）使用以下代码定义一个公用方法，实现创建一个SqlDataReader的功能：

```
public SqlDataReader GetReader( )
{
    GetCMD( );
    SqlDataReader Reader = c_Command.ExecuteReader( );
    return Reader;
}
```

（11）使用以下代码定义一个公用方法，实现ExecuteNonQuery方法：

```
public void ExecuteNonQuery( )
{
    GetCMD( );
    c_Command.ExecuteNonQuery( );
}
```

（12）使用以下代码定义一个公用方法，实现ExecuteScalar方法：

```
public object ExecuteScalar( )
{
    GetCMD( );
    return (object) c_Command.ExecuteScalar( );
}
```

（13）使用以下代码定义一个公用方法，实现Close方法：

```
public void Close( )
{
        if(c_Connection!=null)
        c_Connection.Close( );
        if(c_Command!=null)
        c_Command.Dispose( );
}
```

实训总结

本实训项目制作完成了一个C#的数据库处理类。这是读者首次独立制作完成的作品，请认真写出实际操作过程中的经验和教训，并与其他人交流。

实训2　控件应用

控件是一种很常用的编程对象，使用控件可以简化编程过程，大大提高编程效率。ASP.NET拥有很多常用的Web控件，学会灵活使用这些控件，是学习ASP.NET的核心内容之一。

实训目的

本实训项目将设计一个用户注册程序。通过实训，可以驱动读者快速上手，从认识基本类的设计开始，体验ASP.NET控件的功能。

具体目的如下：

（1）掌握ASP.NET常用控件的使用方法。

（2）熟悉基于控件的编程方法。

（3）初步掌握常用控件的配合。

实训要求及说明

本次实训的要求如下：

（1）在2学时内完成制作。

（2）在动手上机操作前，务必认真复习本书第3章介绍的内容。

实训要领

本实训项目比较简单，只需在实际操作过程中把握好以下要领：

（1）常用控件的作用及常用属性是本次实训的关键之一，应通过反复练习来提高熟悉程度。

（2）控件虽然是一种特定固化的对象，但控件并不是必须且只能这样用或那样用的，很多控件都提供了多种方法和接口。

（3）不论设计什么样的程序，资源回收、垃圾处理都是非常重要的。

实训过程

具体实训操作过程如下：

（1）启动Microsoft SQL Server的企业管理器，新建一个名为user的数据库。

（2）在user数据库中创建一个名为user的表，用于存放用户信息，user表的详细描述如表11-1所示。

表11-1 user表的定义

字段名	数据类型	长度	允许为空	是否为主键	说明
id	int	4	否	是	唯一标识
username	char	50	是	否	用户名
password	char	50	是	否	用户密码
sex	tinyint	1	是	否	性别
email	char	50	是	否	电子邮件
profession	int	4	是	否	用户职业
tel	char	20	是	否	联系电话
address	char	255	是	否	家庭住址
postalcode	int	4	是	否	邮政编码

（3）在user数据库中创建一个名为profession的表，用于存放职业分类信息，profession表的详细描述如表11-2所示。

表11-2 profession表的定义

字段名	数据类型	长度	允许为空	是否为主键	说明
id	int	4	否	是	唯一标识
profession	char	20	是	否	职业分类

（4）在profession表中输入一些测试数据。

（5）由于设计需要，还应添加一个名为Message的类，其详细代码如下：

```
using System;
using System.Collections;
using System.ComponentModel;
using System.Data;
using System.Drawing;
using System.Web;
using System.Text;
using System.Web.SessionState;
using System.Web.UI;
using System.Web.UI.WebControls;
using System.Web.UI.HtmlControls;
```

```
using System.Data.SqlClient;
using System.Text.RegularExpressions;
using System.Security.Cryptography;

namespace user
{
    /// <summary>
    /// Message的摘要说明
    /// </summary>
    public class Message
    {
            public Message( )
            {
                    //
                    // TODO: 在此处添加构造函数逻辑
                    //
            }
            #region 弹出对话框
            public static void MessageBox(string Message)
            {
                    HttpContext.Current.Response.Write("<script language='javascript'>alert('"+
Message+"');</script>");
            }
            #endregion

            #region 弹出对话框后返回指定页面
            public static void ReturnBox(string Message,string Url)
            {
                    HttpContext.Current.Response.Write("<script language='javascript'>alert('"+
Message+"');location.href='"+Url+"';</script>");
                    HttpContext.Current.Response.End( );
            }
            #endregion
    }
}
```

（6）添加一个名为userreg.aspx的Web窗体，并制作如图11-1所示的页面效果。

（7）在“用户名”、“密码”、“再输入一次密码”、“电子邮箱”、“联系电话”、“家庭住址”、“邮编”等对应的表格中分别插入一个TextBox控件，并在属性栏分别设置其ID值为：username、pwd1、pwd2、email、tel、address、postalcode。

（8）在“性别”栏对应的表格中插入两个RadioButton控件，分别设置其Text、ID属性为“男、man”和“女、woman”。

（9）在“职业”栏对应的表格中插入一个DropDownList控件，并设置其ID属性为profession。

（10）在表格的第10行插入一个Button控件，并设置其ID属性为regBU，设置其Text属性为“同意以下条款，并提交”，效果如图11-2所示。

用户名：		请输入用户名。
密码：		请输入用户密码。
再输入一次密码：		请再输入一次密码，与上面相同。
性别：		请选择性别。
电子邮箱：		请输入电子邮箱，以方便联系。
职业：		请选择您的职业
联系电话：		请输入电话号码，以方便联系。
家庭住址：		请输入您的常住地址。
邮编：		请输入邮编。

（一）煽动抗拒、破坏宪法和法律、行政法规实施的；
（二）煽动颠覆国家政权，推翻社会主义制度的；
（三）煽动分裂国家、破坏国家统一的；
（四）煽动民族仇恨、民族歧视，破坏民族团结的；
（五）捏造或者歪曲事实，散布谣言，扰乱社会秩序的；
（六）宣扬封建迷信、淫秽、色情、赌博、暴力、凶杀、恐怖、教唆犯罪的；
（七）公然侮辱他人或者捏造事实诽谤他人的，或者进行其他恶意攻击的；
（八）损害国家机关信誉的；
（九）其他违反宪法和法律行政法规的；
（十）进行商业广告行为的。

图11-1　页面效果

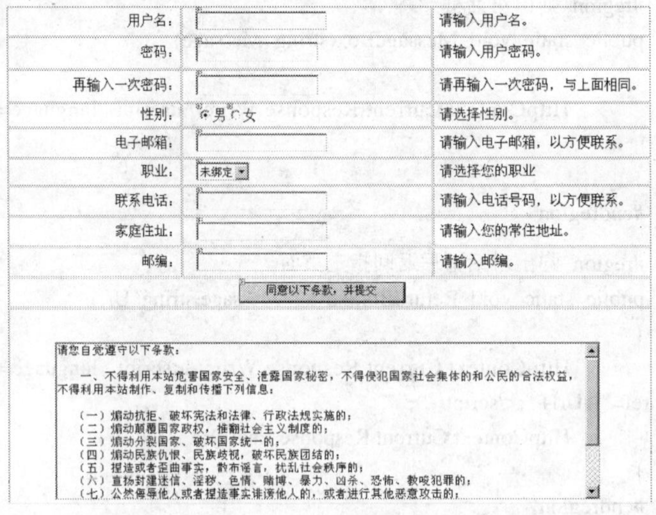

图11-2　添加基本控件

（11）添加完基本控件后，接下来通过几个检验控件来实现必要的验证。在“用户名”栏对应的TextBox控件后面，添加一个RequiredFieldValidator控件，并设置其ControlToValidate属性为username，设置ErrorMessage属性为“请输入用户名!”。这样就可以实现对username控件的验证。如果用户没在username文本框中输入任何信息就单击【提交】按钮，就会出现“请输入用户名!”的提示信息。用同样的方法，实现对“密码”、“联系电话”、“家庭住址”、“邮编”等文本框控件的验证。

（12）在“再输入一次密码”栏对应的TextBox控件后面，添加一个CompareValidator控件，并设置其ControlToCompare属性为pwd1，设置ControlToValidate属性为pwd2，设置ErrorMessage属性为“两次密码不相同!”。这样就可实现检查两次输入的密码是否相同。

（13）在“再输入一次密码”栏对应的TextBox控件后面，添加一个RegularExpression-Validator控件，并设置其ControlToValidate属性为email，设置ErrorMessage属性为“请输入

正确的E-mail”，设置ValidationExpression属性为“\w+([-+.]\w+)*　@\w+([-.]\w+)*\.\w+([-.]\w+)*”。这样即可实现对电子邮件的正确性进行检查，效果如图11-3所示。

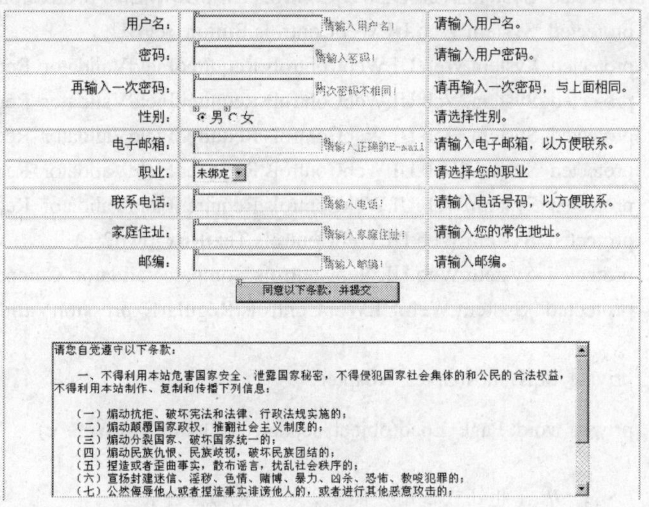

图11-3　添加验证控件

（14）右击页面空白处，选择【查看代码】命令，在userreg.aspx.cs文件的代码窗口中输入如下代码：

```
using System;
using System.Collections;
using System.ComponentModel;
using System.Data;
using System.Drawing;
using System.Web;
using System.Web.SessionState;
using System.Web.UI;
using System.Web.UI.WebControls;
using System.Web.UI.HtmlControls;
using System.Data.SqlClient;
namespace user
{
    /// <summary>
    /// userreg的摘要说明
    /// </summary>
    public class userreg : System.Web.UI.Page
    {
            protected System.Web.UI.WebControls.RadioButton man;
            protected System.Web.UI.WebControls.RadioButton woman;
            protected System.Web.UI.WebControls.TextBox username;
            protected System.Web.UI.WebControls.TextBox pwd1;
            protected System.Web.UI.WebControls.TextBox email;
            protected System.Web.UI.WebControls.TextBox tel;
```

```
protected System.Web.UI.WebControls.TextBox address;
protected System.Web.UI.WebControls.TextBox postalcode;
protected System.Web.UI.WebControls.DropDownList profession;
protected System.Web.UI.WebControls.Button regBU;
protected System.Web.UI.WebControls.RequiredFieldValidator RequiredFieldValidat or1;
protected System.Web.UI.WebControls.RequiredFieldValidator RequiredFieldValidat or2;
protected System.Web.UI.WebControls.RequiredFieldValidator RequiredFieldValidat or4;
protected System.Web.UI.WebControls.RequiredFieldValidator RequiredFieldValidat or5;
protected System.Web.UI.WebControls.RequiredFieldValidator RequiredFieldValidat or6;
protected System.Web.UI.WebControls.TextBox pwd2;
protected System.Web.UI.WebControls.CompareValidator CompareValidator1;
protected System.Web.UI.WebControls.RegularExpressionValidator Regular Expre-
ssionValidator1;
private SqlDataAdapter Adapter;
private void Page_Load(object sender, System.EventArgs e)
{
    // 在此处放置用户代码以初始化页面
    if(!IsPostBack)
    {
        GetprofessionList( );
    }
}
#region 取得职业分类列表
private void GetprofessionList( )
{
    this.profession.Items.Clear( );
    string sql = string.Format("SELECT * FROM profession");
    DataBase da= new DataBase(sql);
    Adapter = da.GetAdapter( );
    DataSet ds=new DataSet( );
    Adapter.Fill(ds,"0");
    profession.DataSource=ds.Tables[0].DefaultView;
    profession.DataTextField="profession";
    profession.DataValueField="id";
    profession.DataBind( );
    da.Close( );
}
#endregion
#region Web窗体设计器生成的代码
override protected void OnInit(EventArgs e)
{
    //
    // CODEGEN: 该调用是ASP.NET Web窗体设计器所必需的
    //
    InitializeComponent( );
```

```
            base.OnInit(e);
        }

        /// <summary>
        /// 设计器支持所需的方法——不要使用代码编辑器修改
        /// 此方法的内容
        /// </summary>
        private void InitializeComponent( )
        {
            this.regBU.Click += new System.EventHandler(this.regBU_Click);
            this.Load += new System.EventHandler(this.Page_Load);
        }
        #endregion

        private void regBU_Click(object sender, System.EventArgs e)
        {
            int sex=0;
            if(man.Checked)
            {
                sex=0;
            }
            else
            {
                sex=1;
            }
            string password=System.Web.Security.FormsAuthentication.HashPassword-
ForStoringInConfigFile(pwd1.Text.Trim( ), "MD5");
            string sql="INSERT INTO [user](username, password, sex, email, profession,
tel, address, postalcode) VALUES ('"+username.Text.Trim( )+"', '"+password+"', "+sex+", '"+email.Text.Trim( )
+"', "+profession.SelectedValue.ToString( )+", '"+tel.Text.Trim( )+"', '"+address.Text.Trim( )+"', "
+postalcode.Text.Trim( )+")";
            DataBase da= new DataBase(sql);
            da.ExecuteNonQuery( );
            Message.ReturnBox("注册成功!","userreg.aspx");
            da.Close( );
        }
    }
}
```

实训总结

请认真写出实际操作过程中的经验和教训，并与其他人交流。

实训3　服务器对象应用

服务器对象是所有Web系统中常用的对象，也是学习ASP.NET的核心内容之一。

实训目的

本实训项目将设计一个用户登录程序。通过实训，可以驱动读者快速上手，从认识基本的对象开始，体验服务器对象的功能。

具体目的如下：

（1）掌握ASP.NET常用服务器对象的编程方法。

（2）熟悉服务器的用途。

（3）初步掌握控件、服务器对象和类的配合。

实训要求及说明

本次实训的要求如下：

（1）在2学时内完成制作。

（2）在动手上机操作前，务必认真复习本书第4章介绍的内容。

实训要领

本实训项目比较简单，只需在实际操作过程中把握好以下要领：

（1）常用服务器对象的应用是本次实训的关键之一，应通过反复练习来提高熟悉程度。

（2）服务器对象运行在服务器上，安全性较高，但要耗费一定的服务器资源，使用前应反复考虑。

实训过程

具体实训操作过程如下：

（1）打开Microsoft SQL Server企业管理器，在user数据库中创建一个名为admin的表，用于存放管理员账户信息，admin表的详细描述如表11-3所示。

表11-3　admin表的定义

字段名	数据类型	长度	允许为空	是否为主键	说明
id	int	4	否	是	唯一标识
admin	char	50	是	否	管理账号
password	char	50	是	否	管理员密码

（2）由于设计需要，还应添加一个名为userReader的类，其详细代码如下：

```
using System;
using System.Data;
using System.Data.SqlClient;

namespace user
{
    /// <summary>
    /// userReader的摘要说明
```

```
/// </summary>
public class userReader:System.Data.IDataReader
{
    private SqlDataReader dr;
    private DataBase database;
    public userReader(string sql)
    {
        database = new DataBase(sql);
        dr = database.GetReader( );
    }
    #region IDataReader成员
    public int RecordsAffected
    {
        get
        {
            // TODO:  添加userReader.RecordsAffected getter实现
            return 0;
        }
    }
    public bool IsClosed
    {
        get
        {
            // TODO:  添加userReader.IsClosed getter实现
            return dr.IsClosed;
        }
    }
    public bool NextResult( )
    {
        // TODO:  添加userReader.NextResult实现
        return dr.NextResult( );
    }
    public void Close( )
    {
        // TODO:  添加userReader.Close实现
        database.Close( );
        dr.Close( );
    }
    public bool Read( )
    {
        // TODO:  添加userReader.Read实现
        return dr.Read( );
    }
    public int Depth
    {
```

```
        get
        {
            // TODO:  添加userReader.Depth getter实现
            return 0;
        }
    }

    public DataTable GetSchemaTable( )
    {
        // TODO:  添加userReader.GetSchemaTable实现
        return null;
    }
    #endregion

    #region IDisposable成员
    public void Dispose( )
    {
        // TODO:  添加userReader.Dispose实现
    }
    #endregion

    #region IDataRecord成员
    public int GetInt32(int i)
    {
        // TODO:  添加userReader.GetInt32实现
        return dr.GetInt32(i);
    }

    public object this[string name]
    {
        get
        {
            // TODO:  添加userReader.this getter实现
            return (object)dr[name];
        }
    }

    object System.Data.IDataRecord.this[int i]
    {
        get
        {
            // TODO:  添加userReader.System.Data.IDataRecord.this getter实现
            return null;
        }
    }

    public object GetValue(int i)
    {
        // TODO:  添加userReader.GetValue实现
        return (object)dr.GetValue(i);
```

```
}

public bool IsDBNull(int i)
{
        // TODO:  添加userReader.IsDBNull实现
        return dr.IsDBNull(i);
}

public long GetBytes(int i, long fieldOffset, byte[] buffer, int bufferoffset, int length)
{
        // TODO:  添加userReader.GetBytes实现
        return dr.GetBytes(i,fieldOffset,buffer,bufferoffset,length);
}

public byte GetByte(int i)
{
        // TODO:  添加userReader.GetByte实现
        return dr.GetByte(i);
}

public Type GetFieldType(int i)
{
        // TODO:  添加userReader.GetFieldType实现
        return dr.GetFieldType(i);
}

public decimal GetDecimal(int i)
{
        // TODO:  添加userReader.GetDecimal实现
        return dr.GetDecimal(i);
}

public int GetValues(object[] values)
{
        // TODO:  添加userReader.GetValues实现
        return dr.GetValues(values);
}

public string GetName(int i)
{
        // TODO:  添加userReader.GetName实现
        return dr.GetName(i);
}

public int FieldCount
{
        get
        {
                // TODO:  添加userReader.FieldCount getter实现
                return dr.FieldCount;
        }
```

```
}
public long GetInt64(int i)
{
        // TODO:  添加userReader.GetInt64实现
        return dr.GetInt64(i);
}
public double GetDouble(int i)
{
        // TODO:  添加userReader.GetDouble实现
        return dr.GetDouble(i);
}
public bool GetBoolean(int i)
{
        // TODO:  添加userReader.GetBoolean实现
        return dr.GetBoolean(i);
}
public Guid GetGuid(int i)
{
        // TODO:  添加userReader.GetGuid实现
        return dr.GetGuid(i);
}
public DateTime GetDateTime(int i)
{
        // TODO:  添加userReader.GetDateTime实现
        return dr.GetDateTime(i);
}
public int GetOrdinal(string name)
{
        // TODO:  添加userReader.GetOrdinal实现
        return dr.GetOrdinal(name);
}
public string GetDataTypeName(int i)
{
        // TODO:  添加userReader.GetDataTypeName实现
        return dr.GetDataTypeName(i);
}
public float GetFloat(int i)
{
        // TODO:  添加userReader.GetFloat实现
        return dr.GetFloat(i);
}
public IDataReader GetData(int i)
```

```
            {
                // TODO:  添加userReader.GetData实现
                return null;
            }

            public long GetChars(int i, long fieldoffset, char[] buffer, int bufferoffset, int length)
            {
                // TODO:  添加userReader.GetChars实现
                return 0;
            }

            public string GetString(int i)
            {
                // TODO:  添加userReader.GetString实现
                return dr.GetString(i);
            }

            public char GetChar(int i)
            {
                // TODO:  添加userReader.GetChar实现
                return '\0';
            }

            public short GetInt16(int i)
            {
                // TODO:  添加userReader.GetInt16实现
                return dr.GetInt16 (i);
            }
            #endregion
        }
    }
```

（3） 添加一个名为login.aspx的Web窗体，并在<form>与</form>之间添加如下HTML代码：

```
<table cellSpacing="0" cellPadding="0" width="582" align="center" border="0">
    <tr>
        <td width="582" height="233"> </td>
    </tr>
    <tr>
        <td height="42">
        <table cellSpacing="1" cellPadding="4" width="100%" bgColor="#c0c0c0" border="0">
            <tr>
                <td bgColor="#ffffff" height="40">  
                <asp:label id="Lable1" runat="server" DESIGNTIMEDRAGDROP="42">账号: </asp:label>  
                <asp:textbox id="adminuser" runat="server" Width="112px"> </asp:textbox>    
```

```
                        <asp:label id="Label2" runat="server">密码:</asp:label> 
                        <asp:textbox id="password" runat="server" Width="120px" TextMode
="Password"></asp:textbox>  
                        <asp:button id="Enter" runat="server" Text=" 登 录"></asp:button> </
td>
                </tr>
                </table>
                </td>
            </tr>
            <tr>
                <td height="32">
                <P align="left"><FONT face="宋体"> </FONT> 
                <asp:label id="info" runat="server" Width="534px" ToolTip="出错提示"> </
asp:label></P>
                </td>
            </tr>
        </table>
```

（4） 右击页面空白处，选择【查看代码】命令，在login.aspx.cs代码窗口中输入如下代码：

```
using System;
using System.Collections;
using System.ComponentModel;
using System.Data;
using System.Drawing;
using System.Web;
using System.Web.SessionState;
using System.Web.UI;
using System.Web.UI.WebControls;
using System.Web.UI.HtmlControls;

namespace user
{
    /// <summary>
    /// login的摘要说明
    /// </summary>
    public class login : System.Web.UI.Page
    {
        protected System.Web.UI.WebControls.Label Lable1;
        protected System.Web.UI.WebControls.TextBox adminuser;
        protected System.Web.UI.WebControls.Label Label2;
        protected System.Web.UI.WebControls.TextBox password;
        protected System.Web.UI.WebControls.Button Enter;
        protected System.Web.UI.WebControls.Label info;

        private void Page_Load(object sender, System.EventArgs e)
        {
```

```
            // 在此处放置用户代码以初始化页面
        }
        private void Enter_Click(object sender, System.EventArgs e)
        {
            if(this.adminuser.Text.Trim( ).Length==0||this.password.Text.Trim( ).Length
==0)
                this.info.Text = "有选项未填写!";
            if(Page.IsValid)
                CheckAdminUser(this.adminuser.Text,this.password.Text);
        }
        private void CheckAdminUser(string adminuser,string password)
        {
            string sql = string.Format("SELECT password FROM [admin] WHERE admin
='{0}'",adminuser);
            userReader dr = new userReader(sql);
            if(dr.Read( ))
            {
                string pwd=System.Web.Security.FormsAuthentication.HashPassword-
ForStoringInConfigFile(password.Trim( ), "MD5");
                if(dr.GetString(0).Trim( ).Equals(pwd))
                {
                    this.Session["adminuser"] = adminuser.Trim( );
                    this.Session["password"] = dr.GetString(0).Trim( );
                    Response.Redirect("index.aspx");
                }
                else
                {
                    info.Text =pwd;
                }
            }
            else
            {
            this.info.Text = "您输入的账号不存在!";
            }
                dr.Close( );
            }
        #region Web窗体设计器生成的代码
        override protected void OnInit(EventArgs e)
        {
            //
            // CODEGEN: 该调用是ASP.NET Web窗体设计器所必需的
            //
            InitializeComponent( );
            base.OnInit(e);
        }
```

```
        /// <summary>
        /// 设计器支持所需的方法——不要使用代码编辑器修改
        /// 此方法的内容
        /// </summary>
        private void InitializeComponent( )
        {
            this.Enter.Click += new System.EventHandler(this.Enter_Click);
            this.Load += new System.EventHandler(this.Page_Load);
        }
        #endregion
    }
}
```

实训总结

请认真写出实际操作过程中的经验和教训，并与其他人交流。

实训4　数据库操作

数据库是Web系统的核心、Web系统设计的重点，也是学习ASP.NET的核心内容之一。

实训目的

本实训项目将设计一个用户管理程序。通过实训，可以驱动读者快速上手，从认识基本的数据库操作开始，熟悉ASP.NET操作MSSQL的方法。

具体目的如下：

（1）掌握基本的数据库操作方法。

（2）熟悉数据库操作相关的对象。

（3）初步掌握ADO.NET的应用。

实训要求及说明

本次实训的要求如下：

（1）在2学时内完成制作。

（2）在动手上机操作前，务必认真复习本书第5章介绍的内容。

实训要领

本实训项目比较简单，只需在实际操作过程中把握好以下要领：

（1）通过C#程序来操作数据库是本次实训的关键之一，应通过反复练习来提高熟悉程度。

（2）读写数据库的方法和效率对Web系统整体性能影响比较大，在设计过程中，应该注意采用正确的方法和回收资源。

实训过程

具体实训操作过程如下：

（1）由于设计需要，还应添加一个名为admin的类，其详细代码如下：

```
using System;

namespace user
{
    /// <summary>
    /// admin的摘要说明
    /// </summary>
    public class admin
    {
        public admin( )
        {
            //
            // TODO: 在此处添加构造函数逻辑
            //
        }
        #region 验证管理员是否有效
        public static void IsAdmin( )
        {
            string adminuser = string.Empty;
            try
            {
                adminuser = System.Web.HttpContext.Current.Session ["adminuser"].
ToString( );
            }
            catch
            {
                adminuser = string.Empty;
            }
            if(adminuser.Trim( ).Length==0)
            {
                System.Web.HttpContext.Current.Response.Write("<script>top.location.
href='Login.aspx';</script>");
                System.Web.HttpContext.Current.Response.End( );
            }
        }
        #endregion
    }
}
```

（2） 添加一个名为index.aspx的Web窗体，并在<form>与</form>之间添加如下HTML代码：

```
<table cellSpacing="1" cellPadding="0" width="700" align="center" bgColor="#698cc3" border="0">
    <tr>
        <td width="183" height="24" align="center" bgColor="#8caed5"><FONT size="2">用户名</FONT></td>
        <td width="353" align="center" bgColor="#8caed5"><FONT size="2">E-MAIL </FONT></td>
        <td align="center" bgColor="#8caed5"><FONT size="2">操  作</FONT></td>
    </tr>
    <asp:repeater id="userlist" runat="server">
    <ItemTemplate>
    <tr>
        <td height="24" align="center" bgcolor="#FFFFFF"><FONT size="2"><%# DataBinder.Eval(Container.DataItem,"username") %></FONT></td>
        <td align="center" bgcolor="#FFFFFF"><FONT size="2"><%# DataBinder.Eval(Container.DataItem,"email") %></FONT></td>
        <td width="160" align="center" bgcolor="#FFFFFF"><FONT size="2"> <%#"<a href=upuser.aspx?id="+DataBinder.Eval(Container.DataItem,"id")+">编辑</a>" %> | <%#"<a href=deluser.aspx?id="+DataBinder.Eval(Container.DataItem,"id") +">删除</a>" %></FONT></td>
    </tr>
    </ItemTemplate>
    </asp:repeater>
</table>
```

（3） 右击页面空白处，选择【查看代码】命令，在index.aspx.cs代码窗口中输入如下代码：

```
using System;
using System.Collections;
using System.ComponentModel;
using System.Data;
using System.Drawing;
using System.Web;
using System.Web.SessionState;
using System.Web.UI;
using System.Web.UI.WebControls;
using System.Web.UI.HtmlControls;
using System.Data.SqlClient;

namespace user
{
    /// <summary>
    /// index的摘要说明
    /// </summary>
    public class index : System.Web.UI.Page
    {
```

```
        protected System.Web.UI.WebControls.Repeater userlist;

        private void Page_Load(object sender, System.EventArgs e)
        {
            // 在此处放置用户代码以初始化页面
            if(!IsPostBack)
            {
                admin.IsAdmin( );
                showuserlist( );
            }
        }

        #region 显示用户列表
        private void showuserlist( )
        {
            string sql="SELECT id, username, email FROM [user] ORDER BY id
DESC";

            DataBase da= new DataBase(sql);
            SqlDataAdapter Adapter = da.GetAdapter( );
            DataSet ds=new DataSet( );
            Adapter.Fill(ds,"0");
            userlist.DataSource = ds.Tables["0"].DefaultView;
            userlist.DataBind( );
        }
        #endregion

        #region Web窗体设计器生成的代码
        override protected void OnInit(EventArgs e)
        {
            //
            // CODEGEN: 该调用是ASP.NET Web窗体设计器所必需的
            //
            InitializeComponent( );
            base.OnInit(e);
        }

        /// <summary>
        /// 设计器支持所需的方法——不要使用代码编辑器修改
        /// 此方法的内容
        /// </summary>
        private void InitializeComponent( )
        {
            this.Load += new System.EventHandler(this.Page_Load);
        }
        #endregion
    }
}
```

（4）添加一个名为deluser.aspx的Web窗体，右击页面空白处，选择【查看代码】命令，在deluser.aspx.cs代码窗口中输入如下代码：

```
using System;
using System.Collections;
using System.ComponentModel;
using System.Data;
using System.Drawing;
using System.Web;
using System.Web.SessionState;
using System.Web.UI;
using System.Web.UI.WebControls;
using System.Web.UI.HtmlControls;

namespace user
{
    /// <summary>
    /// deluser的摘要说明
    /// </summary>
    public class deluser : System.Web.UI.Page
    {
            private void Page_Load(object sender, System.EventArgs e)
            {
                    // 在此处放置用户代码以初始化页面
                    if(!IsPostBack)
                    {
                            admin.IsAdmin( );
                            deluser1( );
                    }
            }
            #region  删除用户代码
            private void deluser1( )
            {
                    if (Request.QueryString["id"]==null)
                    {
                            Message.ReturnBox("提示：请选择要删除的用户！","index.aspx");
                    }
                    else
                    {
                            string userid=Request.QueryString["id"].ToString( ).Trim( );
                            string sql= string.Format("DELETE FROM [user] WHERE (id
="+userid+")");
                            DataBase mc=new DataBase(sql);
                            mc.ExecuteNonQuery( );
                mc.Close( );
                            Message.ReturnBox("提示：删除用户成功！","index.aspx");
                    }
```

```
            }
            #endregion

            #region Web窗体设计器生成的代码
            override protected void OnInit(EventArgs e)
            {
                //
                // CODEGEN: 该调用是ASP.NET Web窗体设计器所必需的
                //
                InitializeComponent( );
                base.OnInit(e);
            }

            /// <summary>
            /// 设计器支持所需的方法——不要使用代码编辑器修改
            /// 此方法的内容
            /// </summary>
            private void InitializeComponent( )
            {
                this.Load += new System.EventHandler(this.Page_Load);
            }
            #endregion
        }
    }
```

（5）添加一个名为upuser.aspx的Web窗体，并在<form>与</form>之间添加如下HTML代码：

```
    <table height="292" cellSpacing="1" cellPadding="0" width="700" align="center"
bgColor="#e7e7e7" border="0">
        <tr>
            <td align="right" width="229" bgColor="#ffffff">用户名：</td>
            <td width="471" bgColor="#ffffff"> 
            <asp:label id="username" runat="server">Label</asp:label></td>
        </tr>
        <TR>
            <TD align="right" bgColor="#ffffff">还原密码：</TD>
            <TD bgColor="#ffffff"> 
            <asp:button id="uppwd" runat="server" Text="将密码还原为123456"></asp:button></
TD>
        </TR>
        <tr>
            <td align="right" bgColor="#ffffff">职业：</td>
            <td bgColor="#ffffff"> 
            <asp:label id="profession" runat="server">Label</asp:label></td>
        </tr>
        <tr>
            <td align="right" bgColor="#ffffff">电子邮件：</td>
```

```
                <td bgColor="#ffffff"> 
                <asp:textbox id="email" runat="server"></asp:textbox></td>
        </tr>
        <tr>
                <td align="right" bgColor="#ffffff">联系电话：</td>
                <td bgColor="#ffffff"> 
                <asp:textbox id="tel" runat="server"></asp:textbox></td>
        </tr>
        <tr>
                <td align="right" bgColor="#ffffff">家庭住址：</td>
                <td bgColor="#ffffff"> 
                <asp:textbox id="address" runat="server"></asp:textbox></td>
        </tr>
        <tr>
                <td align="right" bgColor="#ffffff">邮政编码：</td>
                <td bgColor="#ffffff"> 
                <asp:textbox id="postalcode" runat="server"></asp:textbox></td>
        </tr>
        <tr>
                <td align="center" bgColor="#ffffff" colSpan="2"><asp:button id="update"
runat="server" Text="更 新"></asp:button></td>
        </tr>
    </table>
```

（6）右击页面空白处，选择【查看代码】命令，在upuser.aspx.cs代码窗口中输入如下代码：

```
    using System;
    using System.Collections;
    using System.ComponentModel;
    using System.Data;
    using System.Drawing;
    using System.Web;
    using System.Web.SessionState;
    using System.Web.UI;
    using System.Web.UI.WebControls;
    using System.Web.UI.HtmlControls;
    namespace user
    {
        /// <summary>
        /// upuser的摘要说明
        /// </summary>
        public class upuser : System.Web.UI.Page
        {
                protected System.Web.UI.WebControls.Label username;
                protected System.Web.UI.WebControls.TextBox email;
                protected System.Web.UI.WebControls.TextBox tel;
```

```
		protected System.Web.UI.WebControls.TextBox address;
		protected System.Web.UI.WebControls.TextBox postalcode;
		protected System.Web.UI.WebControls.Button update;
		protected System.Web.UI.WebControls.Button uppwd;
		protected System.Web.UI.WebControls.Label profession;

		private void Page_Load(object sender, System.EventArgs e)
		{
			// 在此处放置用户代码以初始化页面
			if(!IsPostBack)
			{
				admin.IsAdmin( );
				userinfo( );
			}
		}

		#region 显示用户信息
		private void userinfo( )
		{
			if (Request.QueryString["id"]==null)
			{
				Message.ReturnBox("提示：请选择要修改的用户！","index.aspx");
			}
			else
			{
				string userid=Request.QueryString["id"].ToString( ).Trim( );
				string sql= string.Format("SELECT [user].id, [user].username, profes-
sion. profession,[user].email, [user].tel, [user].address,[user].postalcode FROM [user] INNER JOIN profession
ON [user].profession = profession.id WHERE ([user].id ="+userid+")");
				userReader dr = new userReader(sql);
				if(dr.Read( ))
				{
					username.Text= dr.GetString(1).Trim( );
					profession.Text= dr.GetString(2).Trim( );
					email.Text=dr.GetString(3).Trim( );
					tel.Text=dr.GetString(4).Trim( );
					address.Text=dr.GetString(5).Trim( );
					postalcode.Text=dr.GetInt32(6).ToString( ).Trim( );
				}
				else
				{
					Message.ReturnBox("提示：用户不存在！","index.aspx");
				}
				dr.Close( );
			}
		}
		#endregion
```

```
#region Web窗体设计器生成的代码
override protected void OnInit(EventArgs e)
{
        //
        // CODEGEN: 该调用是ASP.NET Web窗体设计器所必需的
        //
        InitializeComponent( );
        base.OnInit(e);
}
/// <summary>
/// 设计器支持所需的方法——不要使用代码编辑器修改
/// 此方法的内容
/// </summary>
private void InitializeComponent( )
{
        this.uppwd.Click += new System.EventHandler(this.uppwd_Click);
        this.update.Click += new System.EventHandler(this.update_Click);
        this.Load += new System.EventHandler(this.Page_Load);
}
#endregion
#region 还原密码
private void uppwd_Click(object sender, System.EventArgs e)
{
        if (Request.QueryString["id"]==null)
        {
                Message.ReturnBox("提示：请选择要修改的用户！","index.aspx");
        }
        else
        {
                string userid=Request.QueryString["id"].ToString( ).Trim( );
                string password=System.Web.Security.FormsAuthentication.Hash-
PasswordForStoringInConfigFile("123456", "MD5");
                string sql= string.Format("UPDATE [user] SET password = '"+pass-
word+"' WHERE id ="+userid+"");
                DataBase mc=new DataBase(sql);
                mc.ExecuteNonQuery( );
                mc.Close( );
                Message.MessageBox("提示：还原密码成功！");
        }
}
#endregion
#region 修改资料
private void update_Click(object sender, System.EventArgs e)
{
        if (Request.QueryString["id"]==null)
        {
```

```
                        Message.ReturnBox("提示：请选择要修改的用户！","index.aspx");
                    }
                    else
                    {
                        string userid=Request.QueryString["id"].ToString( ).Trim( );
                        string sql= string.Format("UPDATE [user] SET email= '"+email.Text.
Trim( )+"',tel='"+tel.Text.Trim( )+"',address='"+address.Text.Trim( )+"',postalcode='"+postalcode.Text.Trim( )+"'
WHERE id ='"+userid+"'");
                        DataBase mc=new DataBase(sql);
                        mc.ExecuteNonQuery( );
                        mc.Close( );
                        Message.ReturnBox("提示：修改用户信息成功！","index.aspx");
                    }
                }
                #endregion
            }
        }
```

实训总结

请认真写出实际操作过程中的经验和教训，并与其他人交流。

思考与练习

以下问题请在实际动手上机操作的基础上回答。

（1）公共方法和私有方法有什么区别，分别如何声明？

（2）SqlDataReader与SqlDataAdapter有什么区别？

（3）如何判断两个文本框中输入的内容是否相同？

（4）如何获取DropDownList控件的选择值？

（5）如何获取TextBox控件中的值？

第12章 ASP.NET与SQL综合实训

在ASP.NET中，使用ADO.NET不仅可以获得功能强大的数据库操作功能，而且效率极高。要面向应用并解决实际创作问题，必须要先掌握ADO.NET操作数据库的方式和方法，熟悉数据库操作类的基本编写方法和运用。本章将综合应用ASP.NET和SQL，进行一个完整留言系统的实训。

实训目的

本实训项目将设计制作一个留言系统（如图12-1所示）。通过实训，可以驱动读者掌握ASP.NET与数据库交互的相关技能，体验ASP.NET的强大功能。

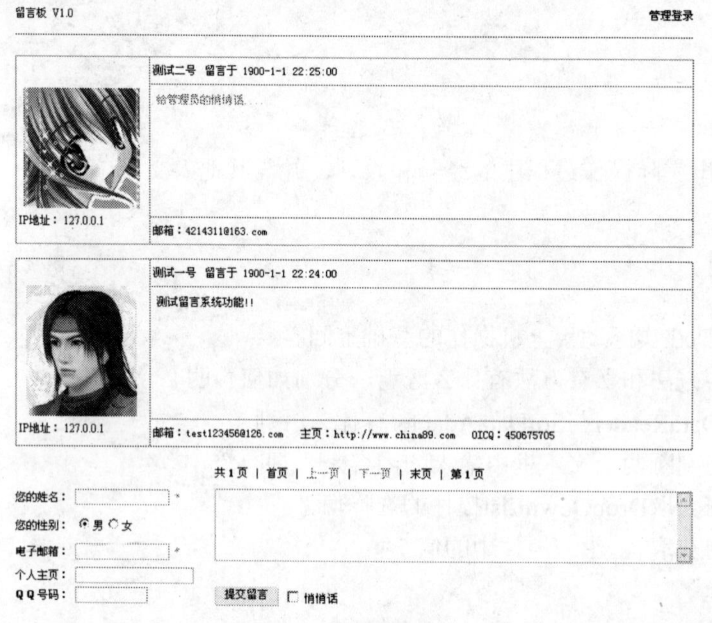

图12-1 留言系统

具体目的如下：

（1）掌握ADO.NET操作数据库的方式和方法。

（2）进一步练习SQL基本语法。

（3）熟悉相关控件的运用方法。

（4）熟悉C#类的编写方法。

实训要求及说明

本次实训的要求如下：

（1）在4学时内完成制作。

（2）在动手上机操作前，务必认真复习本书第2章、第5章、第7章介绍的内容。

（3）样式和界面可以根据自己的喜好设定。

（4）除完成实训要求的任务外，建议读者顺便扩展一下留言系统的功能，多做一些练习。

实训要领

本实训项目比较简单，只需在实际操作过程中把握好以下要领：

（1）与数据库的交互是本次实训的关键之一。要确保使用完数据库连接随即关闭连接及释放其他资源的习惯。

（2）熟练地编写和使用类，将极大地提高开发效率，所以要养成使用常用类的习惯。

（3）ASP.NET中可以连接和操作数据库的组件、对象和方法很多，分别适用于不同的场合，请注意它们之间的区别。

实训过程

具体实训操作过程如下：

（1）启动Microsoft SQL Server的企业管理器，新建一个名为GuestBook的数据库。

（2）在GuestBook数据库中创建一个名为Content的表，用于存放留言信息及回复信息，Content表的详细描述如表12-1所示。

表12-1　Content表的定义

字段名	数据类型	长度	允许为空	主键	说明
id	int	4	否	是	唯一标识
UserName	nvarchar	50	是	否	用户名
Face	nvarchar	10	是	否	用户头像
Sex	int	4	是	否	用户性别
Ip	nvarchar	20	是	否	用户IP
QQ	nvarchar	20	是	否	用户QQ
HomePage	nvarchar	50	是	否	个人主页
Email	nvarchar	50	是	否	电子邮件
AddTime	smalldatetime	4	是	否	留言时间
Content	ntext	16	是	否	留言内容
IsHidden	int	4	是	否	是否为悄悄话
IsReplyed	int	4	是	否	是否回复
ReplyTime	smalldatetime	4	是	否	回复时间
ReplyContent	ntext	16	是	否	回复内容

（3）在GuestBook数据库中创建一个名为PassWord的表，用于存放管理员密码，PassWord表的详细描述如表12-2所示。

表12-2 PassWord表的定义

字段名	数据类型	长度	允许为空	主键	说明
PassWord	nvarchar	50	是	否	管理员密码

（4）启动Microsoft Visual Studio .NET 2003，创建一个名为gbookmdb的空Web项目。

（5）在Web.config中加入如下数据库连接字符串：

```
<appSettings>
    <add key="ConnectionString" value="server=.;database=GuestBook;uid=sa;pwd=" />
</appSettings>
```

（6）选择【文件】|【添加新项】命令，出现“添加新项”对话框，如图12-2所示。在“类别”栏选择“Web项目项”下的“代码”选项，在“模板”栏选择“类”，在“名称”文本框中输入GuestBook.cs，然后单击【打开】按钮。

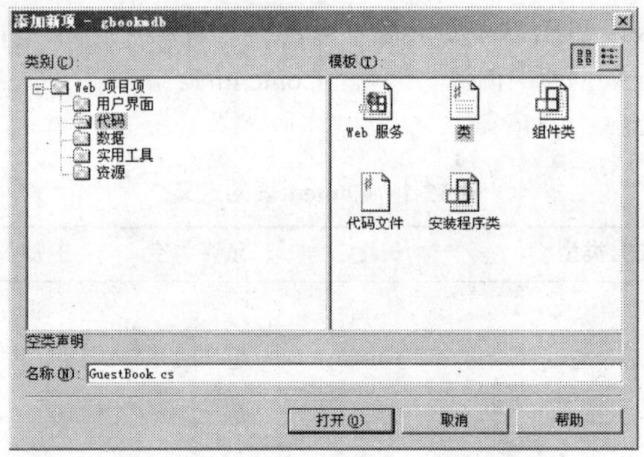

图12-2 “添加新项”对话框

（7）在GuestBook.cs类文件中输入如下代码：

```
using System;
using System.IO;
using System.Data;
using System.Text;
using System.Collections;
using System.Data.SqlClient;
using System.Configuration;
using System.Security.Cryptography;
using System.Text.RegularExpressions;
namespace gbookmdb
{
    /// <summary>
    /// GuestBook的摘要说明
    /// </summary>
```

```
public class GuestBook
{
        public string UserName;
        public string Email;
        public string Content;
        public int IsHidden;
        public int Sex;
        public string Ip;
        public string HomePage;
        public string QQ;
        public string Face;
        #region 数据库连接函数
        public static SqlConnection CreateConnection( )
        {
                SqlConnection conn=null;
                string ConnectionString = System.Configuration.ConfigurationSettings.
AppSettings["ConnectionString"];
                try
                {
                        conn = new SqlConnection(ConnectionString);
                }
                catch
                {
                        System.Web.HttpContext.Current.Response.Write("数据库链接出错!");
                }
                finally
                {
                        if(conn!=null)
                        conn.Close( );
                }
                return conn;
        }
        #endregion
        #region 检查是否为合法ID
        public static bool IsID(string PostStr)
        {
                string RegStr = @"^[0-9]*[1-9][0-9]*$";
                if (Regex.IsMatch(PostStr,RegStr))
                {
                        return true;
                }
                else
                {
                        return false;
                }
```

```
        }
        #endregion

        #region 保存留言函数
        public static bool SaveInfo(GuestBook p)
        {
            SqlConnection conn =CreateConnection( );
            conn.Open( );
            try
            {
                string sql="Insert Into Content(UserName,Face,Sex,Ip,QQ,HomePage,
Email,AddTime,Content,IsHidden,IsReplyed) Values('"+p.UserName+"','"+p.Face+"',"+p.Sex+",'"+p.Ip+"','"+
p.QQ+"','"+p.HomePage+"','"+p.Email+"','"+System.DateTime.Now.ToLongTimeString( )+"','"+p.Content+"',
"+p.IsHidden+",0)";
                SqlCommand MC=new SqlCommand(sql,conn);
                MC.ExecuteNonQuery( );
                MC.Connection.Close( );
                conn.Close( );
                return true;
            }
            catch
            {
                conn.Close( );
                return false;
            }
        }
        #endregion

        #region 根据s返回16位的md5字符串
        public static string GetMD5(string s)
        {
            byte[] md5Bytes = Encoding.Default.GetBytes( s );
            // compute MD5 hash.
            MD5 md5 = new MD5CryptoServiceProvider( );
            byte[] cryptString = md5.ComputeHash ( md5Bytes );
            int len;
            string temp=String.Empty;
            len=cryptString.Length;
            for(int i=0;i<len;i++)
            {
                temp +=cryptString[i].ToString("X2");
            }
            return temp.Substring(8,16).ToLower( );  //返回16位的md5字符串
        }
        #endregion
    }
}
```

（8）添加一个名为style.css的样式表，在输入如下样式代码：

```
BODY {
    font-size:9pt;
    color:black;
    font-family: "宋体";
}
TABLE {
    font-size:9pt;
    color:black;
    font-family: "宋体";
    line-height: 20px;
}
TR {
    font-size:9pt;
    color:black;
    font-family: "宋体";
}
TD {
    font-size:9pt;
    color:black;
    word-break:break-all;
    WORD-WRAP:break-word;
    font-family: "宋体";
}

A:link {
      text-decoration: none;color:#000000;
}
A:visited {
    text-decoration: none;color:#000000;
}
A:hover {
    text-decoration: underline;color:#FB6316;
}
A:active {
    text-decoration: none;color:#000000;
}

a.whitea:link {
    color: #ffffff;
    text-decoration: none;
}
a.whitea:visited {
    color: #ffffff;
    text-decoration: none;
}
```

```
a.whitea:active {
    color: #ffffff;
    text-decoration: none;
}
a.whitea:hover {
    color: black;
    text-decoration: underline;
}

.black8 {font-size:8pt;color:black;}
.black9 {font-size:9pt;color:black;}
.black10 {font-size:10pt;color:black;}
.black11 {font-size:11pt;color:black;}
.black12 {font-size:12pt;color:black;}
.black13 {font-size:13pt;color:black;}
.black14 {font-size:14pt;color:black;}
.black15 {font-size:15pt;color:black;}

.red8 {font-size:8pt;color:red;}
.red9 {font-size:9pt;color:red;}
.red10 {font-size:10pt;color:red;}
.red11 {font-size:11pt;color:red;}
.red12 {font-size:12pt;color:red;}
.red13 {font-size:13pt;color:red;}
.red14 {font-size:14pt;color:red;}
.red15 {font-size:15pt;color:red;}

.blue8 {font-size:8pt;color:blue;}
.blue9 {font-size:9pt;color:blue;}
.blue10 {font-size:10pt;color:blue;}
.blue11 {font-size:11pt;color:blue;}
.blue12 {font-size:12pt;color:blue;}
.blue13 {font-size:13pt;color:blue;}
.blue14 {font-size:14pt;color:blue;}
.blue15 {font-size:15pt;color:blue;}

.gray8 {font-size:8pt;color:gray;}
.gray9 {font-size:9pt;color:gray;}
.gray10 {font-size:10pt;color:gray;}
.gray11 {font-size:11pt;color:gray;}
.gray12 {font-size:12pt;color:gray;}
.gray13 {font-size:13pt;color:gray;}
.gray14 {font-size:14pt;color:gray;}
.gray15 {font-size:15pt;color:gray;}

.yellow8 {font-size:8pt;color:yellow;}
.yellow9 {font-size:9pt;color:yellow;}
.yellow10 {font-size:10pt;color:yellow;}
.yellow11 {font-size:11pt;color:yellow;}
```

```
.yellow12  {font-size:12pt;color:yellow;}
.yellow13  {font-size:13pt;color:yellow;}
.yellow14  {font-size:14pt;color:yellow;}
.yellow15  {font-size:15pt;color:yellow;}

.green8  {font-size:8pt;color:green;}
.green9  {font-size:9pt;color:green;}
.green10  {font-size:10pt;color:green;}
.green11  {font-size:11pt;color:green;}
.green12  {font-size:12pt;color:green;}
.green13  {font-size:13pt;color:green;}
.green14  {font-size:14pt;color:green;}
.green15  {font-size:15pt;color:green;}

.white8  {font-size:8pt;color:white;}
.white9  {font-size:9pt;color:white;}
.white10  {font-size:10pt;color:white;}
.white11  {font-size:11pt;color:white;}
.white12  {font-size:12pt;color:white;}
.white13  {font-size:13pt;color:white;}
.white14  {font-size:14pt;color:white;}
.white15  {font-size:15pt;color:white;}

.size5  {font-size:5pt;}
.size6  {font-size:6pt;}
.size7  {font-size:7pt;}
.size8  {font-size:8pt;}
.size9  {font-size:9pt;}
.size10  {font-size:10pt;}
.size11  {font-size:11pt;}
.size12  {font-size:12pt;}
.size13  {font-size:13pt;}

.line_under {
    text-decoration:  underline;
}
.line_over {
    text-decoration:  overline;
}
.line_through {
    text-decoration:  line-through;
}
.line_double {
    text-decoration:  underline  overline;
}
.button_gray{
      border-right:  #cccccc  1px  groove;
    font-weight:  normal;
```

```
        font-size: 9pt;
        line-height: normal;
        border-bottom: #cccccc 1px groove;
        font-style: normal;
        background-color: #eeeeee;
        font-variant: normal;
        cursor:hand;
    }

    .button_black{
        border-right: #999999 1px groove;
        font-weight: normal;
        font-size: 9pt;
        line-height: normal;
        border-bottom: #999999 1px groove;
        font-style: normal;
        background-color: #333333;
        font-variant: normal;
        color:white;
        cursor:hand;
    }

    .inputbox_black{
    BORDER-RIGHT: silver 1px solid #000000; BORDER-TOP: silver 1px solid; BORDER-LEFT: silver 1px solid; background-color:ffffff; height:13pt; COLOR: black; border-color:black; border-bottom: silver 1px solid #000000;font-size:9pt;cursor:hand;
    }

    .inputbox_gray{
    BORDER-RIGHT: silver 1px solid #aaaaaa; BORDER-TOP: silver 1px solid; BORDER-LEFT: silver 1px solid; background-color:ffffff; height:13pt; COLOR: black; border-color:#aaaaaa; border-bottom: silver 1px solid #aaaaaa;font-size:9pt;
    }

    .inputbox_line_black{
    BORDER-RIGHT: 0px; BORDER-TOP: 0px; BORDER-LEFT: 0px; background-color:ffffff; height:11pt; COLOR: black; border-color:black; border-bottom: silver 1px solid #000000;font-size:9pt;
    }

    .inputbox_line_gray{
    {
    BORDER-RIGHT: 0px; BORDER-TOP: 0px; BORDER-LEFT: 0px; background-color:ffffff; height:11pt; COLOR: black; border-color:aaaaaa; border-bottom: silver 1px solid #aaaaaa;font-size:9pt;
    }

    .textarea_black{
    BORDER-RIGHT: silver 1px solid; BORDER-TOP: silver 1px solid; BORDER-LEFT: silver 1px solid; background-color:ffffff; COLOR: black; border-color:black; border-bottom: silver 1px solid #000000;font:9pt;scrollbar-3dlight-color:#aaaaaa;
```

```
scrollbar-arrow-color:#efefef;
scrollbar-base-color:#efefef;
scrollbar-darkshadow-color:#efefef;
scrollbar-face-color:#efefef;
scrollbar-highlight-color:#efefef;
scrollbar-shadow-color:#aaaaaa;}
}

.textarea_gray{
BORDER-RIGHT: silver 1px solid; BORDER-TOP: silver 1px solid; BORDER-LEFT: silver
1px solid; background-color:ffffff; COLOR: black; border-color:aaaaaa; border-bottom: silver 1px solid
#aaaaaa;font:9pt;scrollbar-3dlight-color:#aaaaaa;
scrollbar-arrow-color:#efefef;
scrollbar-base-color:#efefef;
scrollbar-darkshadow-color:#efefef;
scrollbar-face-color:#efefef;
scrollbar-highlight-color:#efefef;
scrollbar-shadow-color:#aaaaaa;}
}

.img_border_black{
BORDER: silver 1px solid #000000;
}

.img_border_gray {
BORDER: silver 1px solid #aaaaaa;
}

.img_shadow_black {
filter:dropshadow(color=black,offx=15,offy=5,positive=positive)
}

.img_shadow_gray {
filter:dropshadow(color=aaaaaa,offx=15,offy=5,positive=positive)
}

.img_black_white{filter: Gray;}
.img_bottom_block{filter:Invert;}
.img_xray {filter: Xray;}
.img_over_x {filter: FlipH;}
.img_over_y {filter: FlipV;}
.img_alpha_80 {filter:alpha(opacity=80);}
.img_alpha_60 {filter:alpha(opacity=60);}
.img_alpha_50 {filter:alpha(opacity=50);}
.img_alpha_30 {filter:alpha(opacity=30);}
.img_alpha_20 {filter:alpha(opacity=20);}
.img_alpha_10 {filter:alpha(opacity=10);}
.img_wave_100 {filter:wave(freq=100,add=1);}
.img_wave_75 {filter:wave(freq=75,add=1);}
.img_wave_50 {filter:wave(freq=50,add=1);}
```

```
.img_wave_25 {filter:wave(freq=25,add=1);}
.img_mask_black {filter:mask(color=black)}
.img_mask_gray {filter:mask(color=aaaaaa)}
.img_mask_green {filter:mask(color=green)}
.img_mask_yellow {filter:mask(color=yellow)}
.img_glow_black{filter:glow(color=black,strength)}
.img_glow_gray{filter:glow(color=aaaaaa,strength)}
.img_glow_green{filter:glow(color=green,strength)}
.img_glow_white{filter:glow(color=white,strength)}
.img_glow_yellow{filter:glow(color=yellow,strength)}
.img_glow_red{filter:glow(color=red,strength)}
.img_chroma_blue {filter:chroma(color=blue);}
.img_chroma_red {filter:chroma(color=red);}
.img_chroma_green {filter:chroma(color=green);}
.img_chroma_yellow {filter:chroma(color=yellow);}
#f {
border-collapse: collapse;
}
```

（9）添加一个名为index.aspx的Web窗体，将<LINK href="style.css" rel="stylesheet">添加到index.aspx的<HEAD>和</HEAD>之间。

（10）在<body>和</body>之间，输入如下代码：

```
<div align="center">
<form id="Form1" method="post" runat="server">
<table cellSpacing="0" cellPadding="0" width="740">
  <tr>
      <td style="WIDTH: 353px" align="left" height="30">留言板 V1.0</td>
          <td align="right" height="30"><FONT face="宋体"><asp:hyperlink id="hlkChgPwd" runat="server" Visible="False" NavigateUrl="ChgPwd.aspx">修改密码</asp:hyperlink>   <asp:hyperlink id="hlkLogin" runat="server" NavigateUrl="Login.aspx">管理登录</asp:hyperlink></FONT></td>
  </tr>
  <tr>
          <td align="center" colSpan="2" height="2"><hr width="100%" color="#777777" SIZE="1"></td>
  </tr>
</table>
<br>
<asp:repeater id="rptList" runat="server">
      <ItemTemplate>
      <table width="740" cellpadding="0" cellspacing="0" bgcolor="#888888">
          <tr>
              <td>
      <table width="100%" cellpadding="0" cellspacing="1">
              <tr bgcolor="#ffffff">
          <td align="left" width="20%" rowspan="3">
```

```
<div align="center">
    <%# " <br><img src=face/"+DataBinder.Eval(Container.DataItem,"Face") +".gif
border=0>" %> IP地址： <%# DataBinder.Eval(Container.DataItem,"Ip") %></FONT></td>
    <td width="80%">
    <table width="100%" cellpadding="0" cellspacing="0">
        <tr>
            <td height="28"> <%# DataBinder.Eval(Container.DataItem,"UserName")
%>  留言于 <FONT face="宋体"><%# DataBinder.Eval (Container. DataItem,"AddTime") %></
FONT></td>
        <td align="right"><asp:Panel ID="panControl" Runat="server">
        <%# "<a href=Reply.aspx?id="+DataBinder.Eval(Container.DataItem,"ID")+">回复
</a><a href=Del.aspx?id="+ DataBinder.Eval(Container.DataItem,"ID") +" onclick= "+(char)34+"return con-
firm('确定删除吗？');"+(char)34+">删除</a>" %>
            </asp:Panel></td>
        </tr>
    </table>
    </td>
        </tr>
        <tr bgcolor="ffffff">
    <td align="left" valign="top" height="140">
    <table width="100%" cellpadding="5" cellspacing0>
    <tr>
    <td valign="top" align="left"><FONT face="宋体">
        <%# ShowContent(Convert.ToInt32(DataBinder.Eval(Container.DataItem,
"IsHidden")),DataBinder.Eval(Container.DataItem,"Content").ToString( )) %>
        <%# ShowReply(Convert.ToInt32(DataBinder.Eval(Container.DataItem,
"IsReplyed")),DataBinder.Eval(Container.DataItem,"ReplyTime").ToString( ),DataBinder.Eval(Container.
DataItem,"ReplyContent").ToString( )) %>
        </FONT></td>
    </tr>
    </table>
    </td>
</tr>
<tr>
    <td bgcolor="#ffffff" height="28" valign="middle"> <FONT face="宋体">
<%#ShowInfo(DataBinder.Eval(Container.DataItem,"Email").ToString( ),"email")%>
    <%# ShowInfo(DataBinder.Eval(Container.DataItem,"HomePage").ToString( ),"web") %>
    <%# ShowInfo(DataBinder.Eval(Container.DataItem,"QQ").ToString( ),"oicq") %>
    </FONT></td>
        </tr>
        </table>
    </td>
  </tr>
</table>
<br>
</ItemTemplate>
```

```
        </asp:repeater>
        <TABLE id="Table1" cellSpacing="1" cellPadding="1" width="100%" border="0">
            <TR>
                <TD align="center">共 <FONT face="宋体"><b><asp:label id="lbTotalPage" runat="server">1</asp:label></b></FONT> 页   |     <asp:hyperlink id="hlkFirstPage" runat="server">首页</asp:hyperlink>    |   <asp:hyperlink id="hlkPrevPage" runat="server">上一页</asp:hyperlink>   |   <asp:hyperlink id="hlkNext Page" runat="server">下一页</asp:hyperlink>   |    <asp:hyperlink id="hlkLastPage" runat="server">末页</asp:hyperlink>   |   第 <FONT face="宋体"><b><asp:label id="lbCurrentPage" runat="server">1</asp:label></b></FONT> 页</TD>
            </TR>
        </TABLE>
        <CENTER>
        <TABLE id="Table2" cellSpacing="0" cellPadding="0" width="740" border="0">
            <TR>
                <TD style="WIDTH: 204px; HEIGHT: 20px">您的姓名:
                <asp:textbox id="txtUserName" runat="server" Width="104px" CssClass= "inputbox_gray" EnableViewState="False"></asp:textbox>  <FONT color="red">* </FONT></TD>
                <TD style="HEIGHT: 88px" align="right" bgColor="#ffffff" rowSpan="3"> <P> 
                <asp:textbox id="txtContent" runat="server" Width="520px" CssClass= "textarea_gray" EnableViewState="False" Height="77px" TextMode="MultiLine"> </asp:textbox></P></TD>
            </TR>
            <TR>
                <TD style="WIDTH: 204px; HEIGHT: 20px">您的性别:
                <asp:radiobutton id="rbtnBoy" runat="server" GroupName="Sex" Checked="True" Text="男"></asp:radiobutton><asp:radiobutton id="rbtnGirl" runat="server" GroupName="Sex" Text="女"></asp:radiobutton></TD>
            </TR>
            <TR>
                <TD style="WIDTH: 204px; HEIGHT: 20px">电子邮箱:
                <asp:textbox id="txtEmail" runat="server" Width="104px" CssClass="inputbox_gray" EnableViewState="False"></asp:textbox>  <FONT color="red">*</FONT></TD>
            </TR>
            <TR>
                <TD style="WIDTH: 204px; HEIGHT: 18px">个人主页:
                <asp:textbox id="txtHomePage" runat="server" CssClass="inputbox_gray" EnableViewState="False"></asp:textbox></TD>
                <TD style="HEIGHT: 18px" align="left">    
                <asp:requiredfieldvalidator id="RequiredFieldValidator1" runat="server" Display= "Dynamic" ErrorMessage=" 请填写姓名"
        ControlToValidate="txtUserName"></asp:requiredfieldvalidator><asp:requiredfieldvalidator id="RequiredFieldValidator2" runat="server" Display="Dynamic" ErrorMessage=" 请填写邮箱"
        ControlToValidate="txtEmail"></asp:requiredfieldvalidator><asp:regularexpressionvalidator id="RegularExpressionValidator1" runat="server" Display="Dynamic" ErrorMessage=" 请填写邮箱"
        ControlToValidate="txtEmail" ValidationExpression="\w+([-+.]\w+)*@\w+([-.]\ w+)*\.\w+([-
```

```
.]\w+)*"></asp:regularexpressionvalidator><asp:requiredfieldvalidator id="valContent1" runat="server" Display= "Dynamic" ErrorMessage=" 留言内容必须填写" ControlToValidate="txtContent"></asp:requiredfieldvalidator><asp:regularexpressionvalidator id="RegularExpressionValidator2" runat="server" Display="Dynamic" ErrorMessage="主页地址错误"
            ControlToValidate="txtHomePage" ValidationExpression="http://([\w-]+\.)+[\w-] +(/[\w-./?%&amp;=]*)?"></asp:regularexpressionvalidator><asp:regularexpressionvalidator id="RegularExpressionValidator3" runat="server" Display="Dynamic" ErrorMessage="OICQ号码错误"
            ControlToValidate="txtQQ" ValidationExpression="\d{5,15}"> </asp:regularexpressionvalidator> </TD>
        </TR>
        <TR>
            <TD style="WIDTH: 204px; HEIGHT: 20px">ＱＱ号码：
                <asp:textbox id="txtQQ" runat="server" Width="80px" CssClass="inputbox_gray" EnableViewState="False"></asp:textbox></TD>
            <TD align="left">    
            <asp:button id="btnSubmit" runat="server" CssClass="button_gray" Text="提交留言"></asp:button> 
            <asp:checkbox id="chkIsHidden" runat="server" CssClass="black9" Text=" 悄悄话"></asp:checkbox></TD>
        </TR>
    </TABLE>
    </CENTER>
    </form>
    </div>
```

（11）右击选择【查看代码】命令，在出现的index.aspx.cs代码窗口中输入如下代码：

```
using System;
using System.Collections;
using System.ComponentModel;
using System.Data;
using System.Drawing;
using System.Web;
using System.Web.SessionState;
using System.Web.UI;
using System.Web.UI.WebControls;
using System.Web.UI.HtmlControls;
using System.Data.SqlClient;

namespace gbookmdb
{
    /// <summary>
    /// index的摘要说明
    /// </summary>
    public class index : System.Web.UI.Page
    {
        protected System.Web.UI.WebControls.HyperLink hlkLogin;
        protected System.Web.UI.HtmlControls.HtmlForm Form1;
```

```
protected System.Web.UI.WebControls.Label lbTotalPage;
protected System.Web.UI.WebControls.HyperLink hlkFirstPage;
protected System.Web.UI.WebControls.HyperLink hlkPrevPage;
protected System.Web.UI.WebControls.HyperLink hlkNextPage;
protected System.Web.UI.WebControls.HyperLink hlkLastPage;
protected System.Web.UI.WebControls.HyperLink HyperLink1;
protected System.Web.UI.WebControls.HyperLink hlkChgPwd;
protected System.Web.UI.WebControls.Label lbCurrentPage;
protected System.Web.UI.WebControls.CheckBox chkIsHidden;
protected System.Web.UI.WebControls.Button btnSubmit;
protected System.Web.UI.WebControls.TextBox txtQQ;
protected System.Web.UI.WebControls.RegularExpressionValidator Regular Expression
Validator3;
protected System.Web.UI.WebControls.RegularExpressionValidator Regular
ExpressionValidator2;
protected System.Web.UI.WebControls.RequiredFieldValidator valContent1;
protected System.Web.UI.WebControls.RegularExpressionValidator Regular
ExpressionValidator1;
protected System.Web.UI.WebControls.RequiredFieldValidator RequiredField
Validator2;
protected System.Web.UI.WebControls.RequiredFieldValidator RequiredField
Validator1;
protected System.Web.UI.WebControls.TextBox txtHomePage;
protected System.Web.UI.WebControls.TextBox txtEmail;
protected System.Web.UI.WebControls.RadioButton rbtnGirl;
protected System.Web.UI.WebControls.RadioButton rbtnBoy;
protected System.Web.UI.WebControls.TextBox txtContent;
protected System.Web.UI.WebControls.TextBox txtUserName;
protected System.Web.UI.WebControls.Repeater rptList;

private void Page_Load(object sender, System.EventArgs e)
{
    // 在此处放置用户代码以初始化页面
    if (!this.IsPostBack)
    {
        string ToPage = Request.QueryString["ToPage"];
        if (ToPage == null)
        {
            ToPage = "1";
        }
        if (!GuestBook.IsID(ToPage))
        {
            ToPage = "1";
        }
        this.Bind_rptList(Convert.ToInt32(ToPage));
    }
    if (Request.Cookies["GuestBookAdmin"] == null)
```

```
            {
                Response.Cookies["GuestBookAdmin"].Value = "no";
            }

            if (Request.Cookies["GuestBookAdmin"].Value=="yes")
            {
                this.hlkLogin.Text = "退出管理";
                this.hlkLogin.NavigateUrl = "Logout.aspx";
                this.hlkChgPwd.Visible = true;
                foreach(RepeaterItem rptItem in rptList.Items)
                {
                    Panel pan = (Panel)rptItem.FindControl("panControl");
                    pan.Visible = true;
                }
            }
            else
            {
                this.hlkLogin.Text = "管理登录";
                this.hlkLogin.NavigateUrl = "Login.aspx";
                this.hlkChgPwd.Visible = false;
                foreach(RepeaterItem rptItem in rptList.Items)
                {
                    Panel pan = (Panel)rptItem.FindControl("panControl");
                    pan.Visible = false;
                }
            }
        }
        private void Bind_rptList(int ToPage)
        {
            int CurrentPage = ToPage;
            int PageSize = 5;
            int PageCount;
            int RecordCount;
            string PageSQL;
            string DataTable = "Content";
            string DataFiled = "ID";
            string DataFileds = "ID,UserName,Face,Sex,Ip,QQ,HomePage,Email,IsHidden,
AddTime,Content,IsReplyed,ReplyTime,ReplyContent ";
            string DataOrders = "ID Desc";
            SqlConnection conn =GuestBook.CreateConnection( );
            conn.Open( );
            //取得记录总数，计算总页数
            SqlCommand cmd = new SqlCommand("Select Count("+DataFiled+") From "
+DataTable,conn);
            RecordCount = Convert.ToInt32(cmd.ExecuteScalar( ));
            if ((RecordCount % PageSize) != 0)
```

```
            {
                PageCount = RecordCount/PageSize + 1;
            }
            else
            {
                PageCount = RecordCount/PageSize;
            }
            if (ToPage > PageCount)
            {
                CurrentPage = PageCount;
            }
            if (CurrentPage <= 1)
            {
                PageSQL = "Select Top "+PageSize+" "+DataFileds+" From "
+DataTable+" Order By "+DataOrders;
            }
            else
            {
                PageSQL = "Select Top "+PageSize+" "+DataFileds+" From "
+DataTable+" Where "+DataFiled+" Not In ( Select Top "+PageSize*(CurrentPage-1)+" "+DataFiled+" From
"+DataTable+" Order By "+DataOrders+" ) Order By "+DataOrders;
            }
            SqlDataAdapter oda = new SqlDataAdapter(PageSQL,conn);
            DataSet ds = new DataSet( );
            oda.Fill(ds,"infList");
            this.lbTotalPage.Text = Convert.ToString(PageCount);
            this.hlkFirstPage.NavigateUrl = "?ToPage=1";
            this.hlkLastPage.NavigateUrl = "?ToPage="+PageCount;
            this.lbCurrentPage.Text = Convert.ToString(CurrentPage);
            if (CurrentPage <= 1)
            {
                this.hlkPrevPage.Enabled = false;
                CurrentPage = 1;
            }
            else
            {
                this.hlkPrevPage.Enabled = true;
                this.hlkPrevPage.NavigateUrl = "?ToPage="+(ToPage-1);
            }
            if (CurrentPage >= PageCount)
            {
                this.hlkNextPage.Enabled = false;
                CurrentPage = PageCount;
            }
            else
            {
```

```
                this.hlkNextPage.Enabled = true;
                this.hlkNextPage.NavigateUrl = "?ToPage="+(ToPage+1);
            }
            rptList.DataSource = ds.Tables["infList"].DefaultView;
            rptList.DataBind( );
            conn.Close( );
        }

        #region Web窗体设计器生成的代码
        override protected void OnInit(EventArgs e)
        {
            //
            // CODEGEN: 该调用是ASP.NET Web窗体设计器所必需的
            //
            InitializeComponent( );
            base.OnInit(e);
        }

        /// <summary>
        /// 设计器支持所需的方法——不要使用代码编辑器修改
        /// 此方法的内容
        /// </summary>
        private void InitializeComponent( )
        {
            this.btnSubmit.Click += new System.EventHandler(this.btnSubmit_Click);
            this.Load += new System.EventHandler(this.Page_Load);
        }
        #endregion

        public string ShowContent(int IsHidden, string Content)
        {
            if (Request.Cookies["GuestBookAdmin"] == null)
            {
                Response.Cookies["GuestBookAdmin"].Value = "no";
            }
            if (IsHidden==0 && (Request.Cookies["GuestBookAdmin"].Value != "yes"))
            {
                return "<font color=red>给管理员的悄悄话....</font>";
            }
            else
            {
                return Content.Replace("\r\n","<br>");
            }
        }

        public string ShowReply(int IsReplyed, string ReplyTime, string ReplyContent)
        {
            if (IsReplyed==0)
```

```
            {
                return "";
            }
            else
            {
                return "<br><hr size=1 width=100% align=center><font color=
#009966>管理员于 "+ReplyTime+" 回复</font><br><font color=#666666>"+ReplyContent.Replace
("\r\n","<br>")+"</font>";
            }
        }
        public string ShowInfo(string PostMessage, string PostType)
        {
            if (PostMessage.Length > 4)
            {
                switch(PostType)
                {
                    case "email":
                        return "邮箱：<a href='mailto:"+PostMessage+"'>"+
PostMessage +"</a> · ";
                        break ;
                    case "web":
                        return "主页：<a href='"+PostMessage+"' target=
_blank>"+ PostMessage+"</a> · ";
                        break ;
                    case "oicq":
                        return "OICQ："+PostMessage+" · ";
                        break ;
                    default:
                        return "";
                }
            }
            else
                return "";
        }
        private void btnSubmit_Click(object sender, System.EventArgs e)
        {
            GuestBook p = new GuestBook( );
            p.UserName = Server.HtmlEncode(this.txtUserName.Text);
            p.Email = this.txtEmail.Text;
            p.Content = Server.HtmlEncode(this.txtContent.Text);
            p.HomePage = this.txtHomePage.Text;
            p.Ip = Page.Request.UserHostAddress.ToString( );
            p.QQ = this.txtQQ.Text;
            if (this.chkIsHidden.Checked)
            {
                p.IsHidden = 0;
```

```
                }
                else
                {
                        p.IsHidden = 1;
                }
                if (this.rbtnBoy.Checked)
                {
                        p.Sex = 0;
                        p.Face = "boy";
                }
                else
                {
                        p.Sex = 1;
                        p.Face = "girl";
                }
                if (GuestBook.SaveInfo(p))
                {
                        Response.Redirect("index.aspx");
                }
                else
                {
                        Response.Write("<script>");
                        Response.Write("alert('服务器错误，留言失败！');");
                        Response.Write("history.back( );");
                        Response.Write("</script>");
                }
            }
        }
    }
```

（12）添加一个名为Login.aspx的Web窗体，进入HTML代码视图下，将<LINK href="style.css" rel="stylesheet">添加到Login.aspx的<HEAD>和</HEAD>之间。然后在<form>和</form>之间，输入如下代码：

```
<table width="300" align="center">
    <tr>
        <td height="150"> </td>
    </tr>
    <tr>
        <td align="center">
        <FONT face="宋体">
            <asp:TextBox id="txtPassWord" runat="server" CssClass="inputbox_gray" Height=
"20px"></asp:TextBox>
            <asp:Button id="btnLogin" runat="server" Text="登 · 录" CssClass= "button_gray"></
asp:Button>
        </FONT>
        </td>
```

```
    </tr>
</table>
```

（13）右击选择【查看代码】命令，在出现的Login.aspx.cs代码窗口中输入如下代码：

```
using System;
using System.Collections;
using System.ComponentModel;
using System.Data;
using System.Drawing;
using System.Web;
using System.Web.SessionState;
using System.Web.UI;
using System.Web.UI.WebControls;
using System.Web.UI.HtmlControls;
using System.Data.SqlClient;

namespace gbookmdb
{
    /// <summary>
    /// Login的摘要说明
    /// </summary>
    public class Login : System.Web.UI.Page
    {
            protected System.Web.UI.WebControls.TextBox txtPassWord;
            protected System.Web.UI.WebControls.Button btnLogin;
            protected System.Web.UI.WebControls.Label Label1;
            private void Page_Load(object sender, System.EventArgs e)
            {
                    // 在此处放置用户代码以初始化页面
            }
            #region Web窗体设计器生成的代码
            override protected void OnInit(EventArgs e)
            {
                    //
                    // CODEGEN: 该调用是ASP.NET Web窗体设计器所必需的
                    //
                    InitializeComponent( );
                    base.OnInit(e);
            }

            /// <summary>
            /// 设计器支持所需的方法——不要使用代码编辑器修改
            /// 此方法的内容
            /// </summary>
            private void InitializeComponent( )
            {
                    this.btnLogin.Click += new System.EventHandler(this.btnLogin_Click);
```

```
            this.Load += new System.EventHandler(this.Page_Load);
        }
        #endregion
        private void btnLogin_Click(object sender, System.EventArgs e)
        {
            SqlConnection conn = GuestBook.CreateConnection( );
            conn.Open( );
            string password=GuestBook.GetMD5(txtPassWord.Text);
            string sql="Select * From [PassWord] Where [PassWord] ='"+password+"'";
            if (JudSQL(sql))
            {
                Response.Cookies["GuestBookAdmin"].Value = "yes";
            }
            else
            {
                Response.Cookies["GuestBookAdmin"].Value = "no";
            }
            conn.Close( );
            Response.Redirect("Index.aspx");
        }
        #region  数据库执行SQL语句并返回值TRUE/FALSE string SQL
        public bool JudSQL (string sSQL)
        {
            bool Jud=false;
            SqlConnection conn =GuestBook.CreateConnection( );
            conn.Open( );
            SqlCommand cmd=new SqlCommand(sSQL,conn);
            SqlDataReader reader=cmd.ExecuteReader( );
            if(reader.Read( ))
            {
                Jud=true;
            }
            reader.Close( );
            conn.Close( );
            return Jud;
        }
        #endregion
    }
}
```

（14）添加一个名为Reply.aspx的Web窗体，将<LINK href=" style.css" type="text/css" rel="stylesheet">添加到Reply.aspx的<HEAD>和</HEAD>之间。然后在<body>和</body>之间，输入如下代码：

```
<div align="center">
<form id="Form1" method="post" runat="server">
```

```
<P></P>
<FONT face="宋体"></FONT><FONT face="宋体"></FONT><FONT face="宋体"></
FONT><FONT face="宋体"></FONT>
<FONT face="宋体"></FONT><FONT face="宋体"></FONT><FONT face="宋体"></
FONT><FONT face="宋体"></FONT>
<FONT face="宋体"></FONT><FONT face="宋体"></FONT>
<TABLE id="Table1" cellSpacing="0" cellPadding="5" width="488" align="center" border="1"
style="WIDTH: 488px; HEIGHT: 200px" bordercolordark="#ffffff" bordercolorlight="#777777">
    <TR>
        <TD width="84" align="center"><FONT face="宋体">留言者：</FONT></TD>
        <TD width="391"><FONT face="宋体">
        <asp:Label id="lbUserName" runat="server"></asp:Label></FONT></TD>
    </TR>
    <TR>
        <TD align="center" valign="top"><FONT face="宋体">内 容：</FONT></TD>
    <TD>
        <asp:Label id="lbContent" runat="server"></asp:Label>
        <asp:Label id="lbMessageID" runat="server" Visible="False"></asp:Label></TD>
    </TR>
    <TR>
        <TD colspan="2" style="HEIGHT: 26px"> </TD>
    </TR>
    <TR>
        <TD colspan="2" align="center" style="HEIGHT: 124px"><FONT face="宋体">
            <asp:TextBox id="txtContent" runat="server" TextMode="MultiLine" Width="461px"
Rows="5" CssClass="textarea_gray"></asp:TextBox>
            <asp:RequiredFieldValidator id="RequiredFieldValidator1" runat="server" ErrorMessage="
必须填写回复内容" ControlToValidate="txtContent"></asp:Required FieldValidator></FONT></TD>
        </TR>
    <TR>
        <TD align="center" colspan="2">
            <asp:Button id="btnReply" runat="server" Text="回复" CssClass="button_gray"> </
asp:Button></TD>
    </TR>
</TABLE>
</form>
</div>
```

（15）右击选择【查看代码】命令，在出现的Reply.aspx.cs代码窗口中输入如下代码：

```
using System;
using System.Collections;
using System.ComponentModel;
using System.Data;
using System.Drawing;
using System.Web;
using System.Web.SessionState;
```

```
using System.Web.UI;
using System.Web.UI.WebControls;
using System.Web.UI.HtmlControls;
using System.Data.SqlClient;
namespace gbookmdb
{
    /// <summary>
    /// Reply的摘要说明
    /// </summary>
    public class Reply : System.Web.UI.Page
    {
            protected System.Web.UI.WebControls.Button btnReply;
            protected System.Web.UI.WebControls.Label lbUserName;
            protected System.Web.UI.WebControls.Label lbContent;
            protected System.Web.UI.HtmlControls.HtmlForm Form1;
            protected System.Web.UI.WebControls.RequiredFieldValidator RequiredField-
Validator1;
            protected System.Web.UI.WebControls.Label lbMessageID;
            protected System.Web.UI.WebControls.TextBox txtContent;
            private void Page_Load(object sender, System.EventArgs e)
            {
                    // 在此处放置用户代码以初始化页面
                    if (Request.Cookies["GuestBookAdmin"] == null)
                    {
                            Response.Cookies["GuestBookAdmin"].Value = "no";
                    }
                    if (Request.Cookies["GuestBookAdmin"].Value != "yes")
                    {
                            Response.Write("<script>alert('对不起，您没有权限！');history.back(
);</script>");
                            Response.End( );
                    }
                    string MessageID;
                    MessageID = Request.QueryString["id"].ToString( );
                    this.lbMessageID.Text = MessageID;
                    if (!this.IsPostBack)
                    {
                            SqlConnection conn =GuestBook.CreateConnection( );
                            conn.Open( );
                            try
                            {
                                    SqlCommand cmd = new SqlCommand("Select UserName,
Content,ReplyContent From Content Where ID = @MessageID",conn);
                                    cmd.Parameters.Add(new SqlParameter("@MessageID", SqlDb-
Type.Int));
```

```
                    cmd.Parameters["@MessageID"].Value = MessageID;
                    SqlDataReader reader = cmd.ExecuteReader( );
                    if (reader.Read( ))
                    {
                        this.lbUserName.Text = reader[0].ToString( );
                        this.lbContent.Text = reader[1].ToString( ).Replace
("\r\n","<br>");
                        this.txtContent.Text = reader[2].ToString( );
                        reader.Close( );
                        conn.Close( );
                    }
                    else
                    {
                        reader.Close( );
                        conn.Close( );
                        Response.Write("<script>alert('参数错误!');history.back(
);</script>");
                        Response.End( );
                    }
                }
                catch
                {
                    conn.Close( );
                    Response.Write("<script>alert('参数错误!');history.back( );</
script>");
                    Response.End( );
                }
            }
        }
        #region Web窗体设计器生成的代码
        override protected void OnInit(EventArgs e)
        {
            //
            // CODEGEN: 该调用是ASP.NET Web窗体设计器所必需的
            //
            InitializeComponent( );
            base.OnInit(e);
        }
        /// <summary>
        /// 设计器支持所需的方法——不要使用代码编辑器修改
        /// 此方法的内容
        /// </summary>
        private void InitializeComponent( )
        {
            this.btnReply.Click += new System.EventHandler(this.btnReply_Click);
            this.Load += new System.EventHandler(this.Page_Load);
```

```
            }
            #endregion
            private void btnReply_Click(object sender, System.EventArgs e)
            {
                    SqlConnection conn =GuestBook.CreateConnection( );
                    conn.Open( );
                    string sql="Update Content Set IsReplyed =1,ReplyTime =getdate( ),
ReplyContent='"+txtContent.Text+"' Where ID = "+lbMessageID.Text+"";
                    SqlCommand MC=new SqlCommand(sql,conn);
                    MC.ExecuteNonQuery( );
                    MC.Connection.Close( );
                    conn.Close( );
                    Response.Redirect("index.aspx");
            }
        }
    }
```

（16）添加一个名为ChgPwd.aspx的Web窗体，将<LINK href=" style.css" type="text/css" rel="stylesheet">添加到ChgPwd.aspx的<HEAD>和</HEAD>之间。然后在<body>和</body>之间，输入如下代码：

```
    <form id="Form1" method="post" runat="server">
    <table width="494" align="center" style="WIDTH: 494px; HEIGHT: 248px">
        <tr>
            <td height="150"> </td>
        </tr>
        <tr>
            <td align="center"><FONT face="宋体">原密码：<asp:TextBox id="txtOldPwd" runat=
"server" CssClass="inputbox_gray" Height="20px" TextMode="Password"> </asp:TextBox><br>
                                        新密码：<asp:TextBox id="txtPwd1" runat="server"
CssClass= "inputbox_gray" Height="20px" TextMode="Password"></asp:TextBox><br>
                                        新密码：<asp:TextBox id="txtPwd2" runat="server"
CssClass= "inputbox_gray" Height="20px" TextMode="Password"></asp:TextBox></FONT>
        </td>
        </tr>
        <tr>
            <td align="center">
            <FONT face="宋体">
            <asp:RequiredFieldValidator id="RequiredFieldValidator1" runat="server" ErrorMessage="
原密码必须填写 " ControlToValidate="txtOldPwd" Display="Dynamic"> </asp:RequiredFieldValidator>
            <asp:RequiredFieldValidator id="RequiredFieldValidator2" runat="server" ErrorMessage="
新密码必须填写 " Display="Dynamic" ControlToValidate="txtPwd1"> </asp:RequiredFieldValidator>
              <asp:RegularExpressionValidator id="RegularExpressionValidator1" runat="server"
ErrorMessage="密码长度4-10位 " ControlToValidate="txtPwd1" ValidationExpression ="\w{4,10}"
Display="Dynamic"></asp:RegularExpressionValidator>
            <asp:CompareValidator id="CompareValidator1" runat="server" ErrorMessage="两次密码
```

```
不相同 " ControlToValidate="txtPwd2" ControlToCompare="txtPwd1" Display= "Dynamic"></asp:Compare-
Validator>
            <asp:RequiredFieldValidator id="RequiredFieldValidator3" runat="server" ErrorMessage="
重复密码必须填写" Display="Dynamic" ControlToValidate="txtPwd2"> </asp:RequiredFieldValidator></
FONT>
            </td>
        </tr>
        <tr>
            <td align="center">
            <asp:Button id="btnSubmit" runat="server" CssClass="button_gray" Text="修改密码"></
asp:Button></td>
        </tr>
    </table>
    </form>
```

（17）右击选择【查看代码】命令，在出现的ChgPwd.aspx.cs代码窗口中输入如下代码：

```
using System;
using System.Collections;
using System.ComponentModel;
using System.Data;
using System.Drawing;
using System.Web;
using System.Web.SessionState;
using System.Web.UI;
using System.Web.UI.WebControls;
using System.Web.UI.HtmlControls;
using System.Data.SqlClient;
namespace gbookmdb
{
   /// <summary>
   /// ChgPwd的摘要说明
   /// </summary>
   public class ChgPwd : System.Web.UI.Page
   {
          protected System.Web.UI.WebControls.TextBox txtOldPwd;
          protected System.Web.UI.WebControls.TextBox txtPwd1;
          protected System.Web.UI.WebControls.CompareValidator CompareValidator1;
          protected System.Web.UI.WebControls.RegularExpressionValidator RegularExpression-
Validator1;
          protected System.Web.UI.WebControls.RequiredFieldValidator RequiredField-
Validator1;
          protected System.Web.UI.WebControls.Button btnSubmit;
          protected System.Web.UI.WebControls.RequiredFieldValidator RequiredField-
Validator2;
          protected System.Web.UI.WebControls.RequiredFieldValidator RequiredField-
```

```
Validator3;
                protected System.Web.UI.WebControls.TextBox txtPwd2;
                private void Page_Load(object sender, System.EventArgs e)
                {
                        // 在此处放置用户代码以初始化页面
                        if (Request.Cookies["GuestBookAdmin"] == null)
                        {
                                Response.Cookies["GuestBookAdmin"].Value = "no";
                        }
                        if (Request.Cookies["GuestBookAdmin"].Value != "yes")
                        {
                                Response.Write("<script>alert('对不起，您没有权限！');history.back( );
</script>");
                                Response.End( );
                        }
                }
                #region Web窗体设计器生成的代码
                override protected void OnInit(EventArgs e)
                {
                        //
                        // CODEGEN: 该调用是ASP.NET Web窗体设计器所必需的
                        //
                        InitializeComponent( );
                        base.OnInit(e);
                }

                /// <summary>
                /// 设计器支持所需的方法——不要使用代码编辑器修改
                /// 此方法的内容
                /// </summary>
                private void InitializeComponent( )
                {
                        this.btnSubmit.Click += new System.EventHandler(this.btnSubmit_Click);
                        this.Load += new System.EventHandler(this.Page_Load);
                }
                #endregion
                private void btnSubmit_Click(object sender, System.EventArgs e)
                {
                        SqlConnection conn =GuestBook.CreateConnection( );
                        conn.Open( );
                        string oldpassword=GuestBook.GetMD5(txtOldPwd.Text);
                      string sql="Select * From [PassWord] Where [PassWord] = '"+oldpassword+"'";
                        if (JudSQL(sql))
                        {
                                string newpassword=GuestBook.GetMD5(txtPwd1.Text);
                                sql="Update [PassWord] Set [PassWord] ='"+newpassword+"'";
                                SqlCommand MC=new SqlCommand(sql,conn);
```

```
                    MC.ExecuteNonQuery( );
                    MC.Connection.Close( );
                    conn.Close( );
                    Response.Write("<script>alert('密码修改成功！');location.href=
'index.aspx';</script>");
                    Response.End( );
                }
                else
                {
                    conn.Close( );
                    Response.Write("<script>alert('原密码错误！');history.back( );</s
cript>");
                    Response.End( );
                }
            }
            #region  数据库执行SQL语句并返回值TRUE/FALSE string SQL
            public bool JudSQL (string sSQL)
            {
                bool Jud=false;
                SqlConnection conn =GuestBook.CreateConnection( );
                conn.Open( );
                SqlCommand cmd=new SqlCommand(sSQL,conn);
                SqlDataReader reader=cmd.ExecuteReader( );
                if(reader.Read( ))
                {
                    Jud=true;
                }
                reader.Close( );
                conn.Close( );
                return Jud;
            }
            #endregion
        }
    }
```

（18）添加一个名为Del.aspx的Web窗体。右击选择【查看代码】命令，在出现的Del.aspx.cs代码窗口中输入如下代码：

```
using System;
using System.Collections;
using System.ComponentModel;
using System.Data;
using System.Data.SqlClient;
using System.Drawing;
using System.Web;
using System.Web.SessionState;
using System.Web.UI;
```

```
using System.Web.UI.WebControls;
using System.Web.UI.HtmlControls;

namespace gbookmdb
{
    /// <summary>
    /// Del的摘要说明
    /// </summary>
    public class Del : System.Web.UI.Page
    {
            private void Page_Load(object sender, System.EventArgs e)
            {
                    // 在此处放置用户代码以初始化页面
                    if (Request.Cookies["GuestBookAdmin"] == null)
                    {
                            Response.Cookies["GuestBookAdmin"].Value = "no";
                    }
                    if (Request.Cookies["GuestBookAdmin"].Value != "yes")
                    {
                            Response.Write("<script>alert('对不起，您没有权限！');history.back(
);</script>");
                            Response.End( );
                    }
                    string ID;
                    ID = Request.QueryString["id"].ToString( );
                    if (!GuestBook.IsID(ID))
                    {
                            Response.Redirect("index.aspx");
                    }
                    else
                    {
                            SqlConnection conn =GuestBook.CreateConnection( );
                            conn.Open( );
                            string sql="Delete From Content Where ID ='"+ID+"'";
                            SqlCommand MC=new SqlCommand(sql,conn);
                            MC.ExecuteNonQuery( );
                            MC.Connection.Close( );
                            conn.Close( );
                            if (Request.ServerVariables["HTTP_REFERER"] == null)
                                    Response.Redirect("index.aspx");
                            else
                                    Response.Redirect(Request.ServerVariables["HTTP_REFERER"].
ToString( ));
                    }
            }
            #region Web窗体设计器生成的代码
            override protected void OnInit(EventArgs e)
```

```
		{
			//
			// CODEGEN: 该调用是ASP.NET Web窗体设计器所必需的
			//
			InitializeComponent( );
			base.OnInit(e);
		}
		/// <summary>
		/// 设计器支持所需的方法——不要使用代码编辑器修改
		/// 此方法的内容
		/// </summary>
		private void InitializeComponent( )
		{
			this.Load += new System.EventHandler(this.Page_Load);
		}
		#endregion
	}
}
```

（19）添加一个名为Logout.aspx的Web窗体。右击选择【查看代码】命令，在出现的Logout.aspx代码窗口中输入如下代码：

```
using System;
using System.Collections;
using System.ComponentModel;
using System.Data;
using System.Drawing;
using System.Web;
using System.Web.SessionState;
using System.Web.UI;
using System.Web.UI.WebControls;
using System.Web.UI.HtmlControls;
namespace gbookmdb
{
	/// <summary>
	/// Logout的摘要说明
	/// </summary>
	public class Logout : System.Web.UI.Page
	{
		private void Page_Load(object sender, System.EventArgs e)
		{
			// 在此处放置用户代码以初始化页面
			Response.Cookies["GuestBookAdmin"].Value = "no";
			Response.Redirect("index.aspx");
		}
		#region Web窗体设计器生成的代码
		override protected void OnInit(EventArgs e)
```

```
        {
            //
            // CODEGEN: 该调用是ASP.NET Web窗体设计器所必需的
            //
            InitializeComponent( );
            base.OnInit(e);
        }
        /// <summary>
        /// 设计器支持所需的方法——不要使用代码编辑器修改
        /// 此方法的内容
        /// </summary>
        private void InitializeComponent( )
        {
            this.Load += new System.EventHandler(this.Page_Load);
        }
        #endregion
    }
}
```

到此为止，留言本设计完毕，选择【调试】|【启动】命令，即可查看效果。

实训总结

本实训项目制作完成了留言系统。这是读者首次独立制作完成的作品，请认真写出实际操作过程中的经验和教训，并与其他人交流。

思考与练习

以下问题请在实际动手上机操作的基础上回答。

（1）要连接、操作MS SQL数据库，必须引用哪个命名空间？

（2）在ASP.NET中，如何在页面与页面之前传递参数？

（3）请描述将数据操作类写入公共类的好处。

（4）请说出两种不同的向数据库添加记录的方法及其区别。

部分习题参考答案

第1章　ASP.NET开发基础

一、选择题

（1）B　（2）C　（3）D　（4）D　（5）B

二、填空题

（1）XML Web服务

（2）.NET Framework（架构），.NET开发者工具，ASP.NET

（3）Visual Basic.NET，Visual C#

（4）服务器本身的固定IP，测试服务器

（5）连接Microsoft .NET

（6）开发数据库

（7）Web窗体，Web用户控件，HTML页，Web类

（8）以HTML代码形式表示的界面，程序代码

第2章　C#编程基础

一、选择题

（1）D　（2）A　（3）C　（4）D　（5）A　（6）D　（7）D　（8）C　（9）D　（10）D　（11）A

二、填空题

（1）Microsoft.NET，Web

（2）值类型，引用类型

（3）加以声明，显式转换

（4）操作数，运算符

（5）类型、名称

（6）方法调用，增量和减量

（7）程序流程，选择性控制，循环控制，编译控制

（8）for

（9）它所在的封闭迭代语句的下一次迭代

（10）捕捉在块的执行期间发生的异常，try块，catch

（11）临界区

（12）数据结构，动态创建类实例

（13）实例，静态

（14）类，所引用的方法，声明，实例化，调用

（15）其他类，冒号，类

第3章 常用内置对象及其应用

一、选择题

（1）A （2）D （3）D （4）D （5）B （6）C （7）C （8）C

二、填空题

（1）属性，方法，集合，事件

（2）向浏览器输出字符串，停止输出

（3）Response，Request

（4）相关属性

（5）Application_onstart，Application_onend

（6）Application，单一网页

（7）Global.asa

（8）对特定的字符串进行HTML编码

（9）Cookies

（10）Output Cache，Data Cache

第4章 ASP.NET的控件

一、选择题

（1）D （2）A （3）A （4）A （5）D （6）D （7）D （8）C （9）A （10）C

二、填空题

（1）HTML标注

（2）表单，只能

（3）HtmlImage

（4）文本域和密码域，Text，Password

（5）编程

（6）【提交】，【命令】

（7）单选按钮

（8）RadioButtonList

（9）表格，TableRows

（10）表单填写的正确性，输入窗体

（11）特定的规则

第5章 ADO.NET数据库操作初步

一、选择题

（1）C （2）D （3）C （4）A

二、填空题

（1）数据源，可收缩

（2）编程模型

（3）DataTable，TablesCollection

（4）连接数据源，连接数据存储

（5）自上而下

（6）Update

（7）XML数据流

（8）简单型，复杂型

（9）DataSource，DisplayMember

第6章　Web数据库基础

一、选择题

（1）A　（2）C　（3）C　（4）C　（5）A

二、填空题

（1）访问中间件，访问中间件

（2）报表，视图

（3）存储过程

（4）企业管理器

（5）char，符号

（6）nvarchar，ntext

第7章　SQL的应用

一、选择题

（1）D　（2）D　（3）C　（4）C　（5）A

二、填空题

（1）UPDATE

（2）DELETE

（3）SELECT

（4）逗号

（5）NOT，OR

（6）子查询

第8章　SQL的其他功能和应用

一、选择题

（1）B　（2）A　（3）C　（4）D　（5）D　（6）B　（7）C

二、填空题

（1）方便数据库查询，基表

（2）筛选

（3）ALTER VIEW

（4）保证数据的唯一性和提高对数据的访问速度，指针

（5）存储位置

（6）聚集索引，非聚集索引

（7）非聚集

（8）名字

（9）系统，用户定义，扩展

（10）存储过程

举报电话：（010）88254396；（010）88258888

传　　真：（010）88254397

E-mail:　　dbqq@phei.com.cn

通信地址：北京市万寿路173信箱

　　　　　电子工业出版社总编办公室

邮　　编：100036